软件开发微视频讲堂

HTML5+CSS3+JavaScript 从入门到精通

（微视频精编版）

明日科技 编著

清華大学出版社

北 京

内容简介

本书内容浅显易懂，实例丰富，详细介绍了 HTML5+CSS3+JavaScript 开发需要掌握的各类实战知识。

全书分为两册：核心技术分册和强化训练分册。核心技术分册共 17 章，包括 HTML 基础、文本、图像和超链接、CSS3 概述、CSS3 高级应用、表格与<div>标签、列表、表单、多媒体、HTML5 新特性、JavaScript 基础、绘制图形、文件与拖放、JavaScript 对象编程、响应式网页设计、响应式组件、课程设计——游戏公园等内容。通过学习，读者可快速开发一些中小型应用程序。强化训练分册共 15 章，通过大量源于实际生活的趣味案例，强化上机实践，拓展和提升软件开发中对实际问题的分析与解决能力。

本书除纸质内容外，配书资源包中还给出了海量开发资源，主要内容如下。

☑ **视频讲解：总时长 17 小时，共 162 集**
☑ **技术资源库：800 页技术参考文档**
☑ **实例资源库：400 个实用范例**
☑ **测试题库系统：138 道能力测试题目**
☑ **面试资源库：369 道企业面试真题**

本书可作为软件开发入门者的自学用书或高等院校相关专业的教学参考书，也可供开发人员查阅、参考。

图书在版编目（CIP）数据

HTML5+CSS3+JavaScript 从入门到精通：微视频精编版 / 明日科技编著. —北京：清华大学出版社，2020.5（2022.7 重印）
（软件开发微视频讲堂）
ISBN 978-7-302-53610-9

Ⅰ.①H… Ⅱ.①明… Ⅲ.①超文本标记语言-程序设计 ②网页制作工具 ③JAVA 语言-程序设计 Ⅳ.①TP312.8 ②TP393.092.2

中国版本图书馆 CIP 数据核字（2019）第 173918 号

责任编辑：贾小红
封面设计：魏润滋
版式设计：文森时代
责任校对：马军令
责任印制：丛怀宇

出版发行：清华大学出版社
网　址：http://www.tup.com.cn，http://www.wqbook.com
地　址：北京清华大学学研大厦 A 座　　**邮　编**：100084
社 总 机：010-83470000　　**邮　购**：010-62786544
投稿与读者服务：010-62776969，c-service@tup.tsinghua.edu.cn
质量反馈：010-62772015，zhiliang@tup.tsinghua.edu.cn
印 装 者：三河市龙大印装有限公司
经　销：全国新华书店
开　本：203mm×260mm　　**印　张**：33.5　　**字　数**：887 千字
版　次：2020 年 6 月第 1 版　　**印　次**：2022 年 7 月第 3 次印刷
定　价：99.80 元（全 2 册）

产品编号：082571-01

前　言

Preface

通过网站获取资讯及进行学习、娱乐、消费，已经成为人们生活和工作中不可或缺的一部分。随着技术的发展，网站内容越来越丰富，网页页面越来越美观，页面与用户的交互性也越来越强。HTML5、CSS3 和 JavaScript 的出现，使得网页设计从外观上更炫，技术上更简单。因此，HTML5+CSS3+JavaScript 这一开发组合受到广大程序员的青睐，成为网页开发人员使用的主流编程语言。

本书内容

本书分为两册：核心技术分册和强化训练分册。

核心技术分册共 17 章，提供了从入门到编程高手所必需的 HTML5、CSS3 和 JavaScript 各类核心知识，大体结构如下图所示。

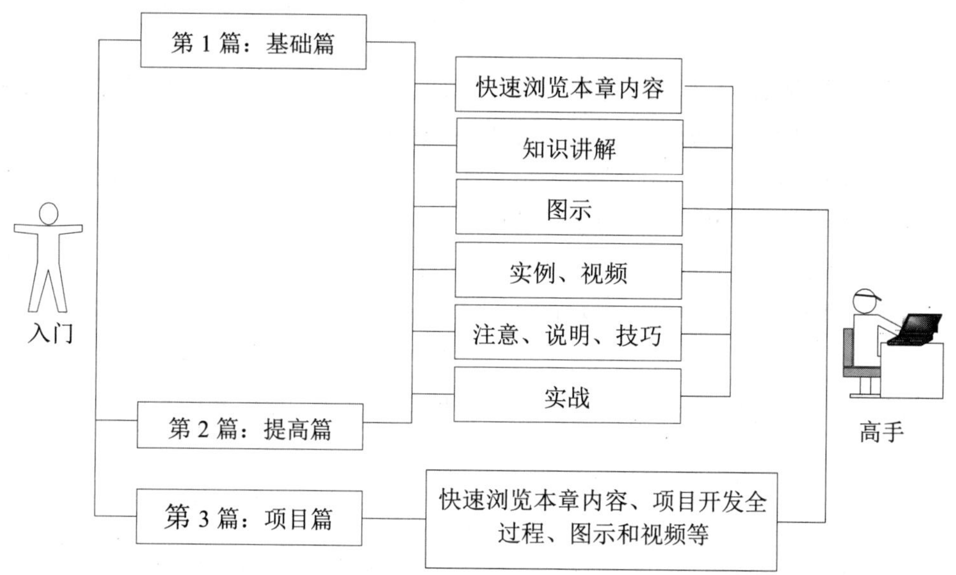

第 1 篇：基础篇。本篇介绍了 HTML 基础、文本、图像和超链接、CSS3 概述、CSS3 高级应用、表格与<div>标签、列表、表单、多媒体、HTML5 新特性、JavaScript 基础等内容，使读者快速掌握开发基本内容，为以后编程奠定坚实的基础。

第 2 篇：提高篇。本篇介绍了绘制图形、文件与拖放、JavaScript 对象编程、响应式网页设计、响应式组件等内容。学习完本篇，能够开发一些中小型应用程序。

第 3 篇：项目篇。本篇通过制作一个“游戏公园”主题的网站，运用软件工程的设计思想，让读者学习如何进行软件项目的实践开发。书中按照“需求分析→系统设计→主页实现→博客列表实现→博客详情实现→关于我们”的流程进行介绍，带领读者亲身体验开发项目的全过程。

强化训练分册共 15 章，通过 250 个来源于实际生活的趣味案例，强化上机实战，拓展和提升读者对实际问题的分析与解决能力。

本书特点

☑ **深入浅出，循序渐进**。本书以初、中级程序员为对象，先从语言基础学起（HTML 基础、CSS 基础和 JavaScript 基础），再学习网站制作常用组件的功能实现，最后学习开发一个完整项目。讲解过程步骤详尽，版式新颖，使读者在阅读时一目了然，从而快速掌握书中内容。

☑ **实例典型，轻松易学**。通过例子学习是最好的学习方式，本书通过“一个知识点、一个例子、一个结果、一段评析、一个综合应用”的模式，透彻详尽地讲述了实际开发中所需的各类知识。另外，为了便于读者阅读程序代码，快速学习编程技能，书中几乎每行代码都提供了注释。

☑ **微课视频，可听可看**。为便于读者直观感受程序开发的全过程，书中大部分章节都配备了教学微视频。这些微课可听、可看，能快速引导初学者入门，使其感受编程的快乐和成就感，进一步增强学习的信心。

☑ **强化训练，实战提升**。软件开发学习，实战才是硬道理。核心技术分册中提供了 40 个实战练习，强化训练分册中更是给出了 250 个源自生活的真实案例。应用编程思想来解决这些生活中的难题，不但能锻炼动手能力，还可以快速提升实战技巧。如果在实现过程中遇到问题，可以从资源包中获取相应实战的源码进行解读。

☑ **精彩栏目，贴心提醒**。本书根据需要在各章安排了很多“注意”“说明”“技巧”等小栏目，让读者可以在学习过程中更轻松地理解相关知识点及概念，更快地掌握个别技术的应用技巧。在强化训练分册中，更设置了“▷①②③④⑤⑥”栏目，读者每亲手完成一次实战练习，即可涂上一个序号。通过反复实践，可真正实现强化训练和提升。

本书资源

为帮助读者学习，本书配备了长达 17 个小时（共 162 集）的微课视频讲解。除此以外，还为读者提供了“Java Web 开发资源库”系统，可以帮助读者快速提升编程水平和解决实际问题的能力。

本书和 Java Web 开发资源库配合学习的流程如下图所示。

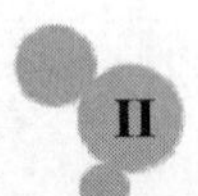

Java Web 开发资源库系统的主界面如下图所示。

开发资源库
使用说明

在学习本书的过程中，可以配合技术资源库和实例资源库的相应内容，全面提升个人综合编程技能和解决实际开发问题的能力，为成为软件开发工程师打下坚实基础。

对于数学逻辑能力和英语基础较为薄弱的读者，或者想了解个人数学逻辑思维能力和编程英语基础的用户，本书提供了数学及逻辑思维能力测试和编程英语能力测试以供练习和测试。

面试资源库提供了大量国内外软件企业的常见面试真题，同时还提供了程序员职业规划、程序员面试技巧、虚拟面试系统等精彩内容，是程序员求职面试的绝佳指南。

读者对象

- ☑ 初学编程的自学者
- ☑ 编程爱好者
- ☑ 大中专院校的老师和学生
- ☑ 相关培训机构的老师和学员
- ☑ 做毕业设计的学生
- ☑ 初、中级程序开发人员
- ☑ 程序测试及维护人员
- ☑ 参加实习的“菜鸟”程序员

读者服务

学习本书时，请先扫描封底的权限二维码（需要刮开涂层）获取学习权限，然后即可免费学习书中的所有线上线下资源。本书所附赠的各类学习资源，读者可登录清华大学出版社网站（www.tup.com.cn），在对应图书页面下获取其下载方式。也可扫描图书封底的“文泉云盘”二维码，获取其下载方式。

致读者

本书由明日科技软件开发团队组织编写。明日科技是一家专业从事软件开发、教育培训以及软件开发教育资源整合的高科技公司，其编写的教材非常注重选取软件开发中的必需、常用内容，同时也很注重内容的易学、方便性以及相关知识的拓展性，深受读者喜爱。其教材多次荣获“全行业优秀畅销品种”“中国大学出版社优秀畅销书”等奖项，多个品种长期位居同类图书销售排行榜的前列。

在编写本书的过程中，我们始终本着科学、严谨的态度，力求精益求精，但错误、疏漏之处在所难免，敬请广大读者批评指正。

感谢您购买本书，希望本书能成为您编程路上的领航者。

“零门槛”编程，一切皆有可能。

祝读书快乐！

编　者

2020年6月

目　录

Contents

第1篇　基　础　篇

第1章　HTML 基础 2

视频讲解：58 分钟

1.1　HTML 概述 3

1.1.1　什么是 HTML 3

1.1.2　HTML 的发展历程 3

1.2　HTML 文件的基本结构 3

1.2.1　HTML 的基本结构 4

1.2.2　HTML 的基本标签 5

1.3　编写第一个 HTML 文件 9

1.3.1　HTML 文件的编写方法 9

1.3.2　手工编写页面 9

1.3.3　使用可视化软件 WebStorm 制作页面 10

1.4　小结 16

1.5　实战 17

1.5.1　实战一：设置背景颜色 17

1.5.2　实战二：设置链接颜色 17

第2章　文本 18

视频讲解：1 小时 14 分钟

2.1　标题 19

2.1.1　标题标签 19

2.1.2　标题的对齐方式 21

2.2　文字 23

2.2.1　文字的斜体、下画线、删除线 23

2.2.2　文字的上标与下标 24

2.2.3　特殊文字符号 25

2.3　段落 27

2.3.1　段落标签 27

2.3.2　段落的换行标签 28

2.3.3　段落的原格式标签 29

2.4　水平线 31

2.4.1　水平线标签 31

2.4.2　水平线标签的宽度 32

2.5　小结 33

2.6　实战 34

2.6.1　实战一：实现一则天气预报 34

2.6.2　实战二：实现一则唐诗 34

2.6.3　实战三：实现商品打折清单 34

2.6.4　实战四：实现一个人物字符画 34

第3章　图像和超链接 35

视频讲解：39 分钟

3.1　添加图像 36

3.1.1　图像的基本格式 36

3.1.2　添加图像 36

3.2　设置图像属性 38

3.2.1　图像大小与边框 38

3.2.2　图像间距与对齐方式 39

3.2.3　替换文本与提示文字 41

3.3　链接标签 42

3.3.1　文本链接 42

3.3.2　书签链接 44

3.4　图像的超链接 45

3.4.1　图像的基本链接 45

3.4.2　图像热区链接 47

3.5　小结 49

3.6　实战 50

3.6.1　实战一：显示图书封面 50

3.6.2　实战二：制作商品评价页面 50

3.6.3　实战三：制作抽奖页面 50

第4章　CSS3概述 51
视频讲解：1小时6分钟
4.1　CSS3概述 52
4.1.1　CSS的发展史 52
4.1.2　一个简单的CSS示例 52
4.2　CSS3中的选择器 55
4.2.1　属性选择器 56
4.2.2　类和ID选择器 58
4.2.3　伪类和伪元素选择器 60
4.2.4　其他选择器 63
4.3　常用属性 65
4.3.1　文本相关属性 66
4.3.2　背景相关属性 69
4.3.3　列表相关属性 71
4.4　小结 73
4.5　实战 73
4.5.1　实战一：制作登录注册页面 73
4.5.2　实战二：制作网页版生日贺卡 74
4.5.3　实战三：实现个人主页 74

第5章　CSS3高级应用 75
视频讲解：1小时3分钟
5.1　框模型 76
5.1.1　外边距margin 76
5.1.2　内边距padding 79
5.1.3　边框border 81
5.2　布局常用属性 85
5.2.1　浮动 85
5.2.2　定位相关属性 87
5.3　动画与特效 88
5.3.1　变换（transform） 88
5.3.2　过渡（transition） 90
5.3.3　动画（animation） 92
5.4　小结 96
5.5　实战 96
5.5.1　实战一：设置手机筛选页面 96
5.5.2　实战二：制作横向导航 97
5.5.3　实战三：制作图片轮播 97

第6章　表格与<div>标签 98
视频讲解：1小时12分钟
6.1　简单表格 99
6.1.1　简单表格的制作 99
6.1.2　表头的设置 101
6.2　表格的高级应用 103
6.2.1　表格的样式 103
6.2.2　表格的合并 105
6.2.3　表格的分组 107
6.3　<div>标签 109
6.3.1　<div>标签的介绍 109
6.3.2　<div>标签的应用 110
6.4　<span>标签 112
6.4.1　<span>标签的介绍 112
6.4.2　<span>标签的应用 113
6.5　小结 114
6.6　实战 114
6.6.1　实战一：制作每日工作计划表 114
6.6.2　实战二：实现网页版工作总结 114
6.6.3　实战三：制作一则公司公告 114

第7章　列表 115
视频讲解：11分钟
7.1　列表的标签 116
7.2　无序列表 116
7.2.1　无序列表标签 116
7.2.2　无序列表属性 117
7.3　有序列表 119
7.3.1　有序列表标签 119
7.3.2　有序列表属性 120
7.4　列表的嵌套 122
7.4.1　定义列表的嵌套 122
7.4.2　无序列表和有序列表的嵌套 124
7.5　小结 125
7.6　实战 126
7.6.1　实战一：制作网站购买提示内容 126
7.6.2　实战二：制作QQ联系人列表 126
7.6.3　实战三：制作商品列表内容 126

第 8 章　表单 127

视频讲解：42 分钟

8.1　表单概述 128

8.1.1　概述 128

8.1.2　表单标签<form> 128

8.2　输入标签 131

8.2.1　文本框 131

8.2.2　单选框和多选框 133

8.2.3　按钮 135

8.2.4　文件域和图像域 137

8.3　文本域和列表 139

8.3.1　文本域 139

8.3.2　列表/菜单 140

8.4　小结 142

8.5　实战 143

8.5.1　实战一：制作 QQ 登录页面 143

8.5.2　实战二：制作象棋游戏注册页面 143

8.5.3　实战三：制作个人档案 143

第 9 章　多媒体 144

视频讲解：1 小时 5 分钟

9.1　HTML5 多媒体的简述 145

9.1.1　HTML4 中多媒体的应用 145

9.1.2　HTML5 页面中的多媒体 145

9.2　多媒体元素基本属性 146

9.3　多媒体元素常用方法 150

9.3.1　多媒体播放时的方法 150

9.3.2　canPlayType(type)方法 153

9.4　多媒体元素重要事件 153

9.4.1　事件处理方式 153

9.4.2　事件介绍 154

9.4.3　事件实例 155

9.5　小结 157

9.6　实战 157

9.6.1　实战一：制作音乐小球 157

9.6.2　实战二：加载一段视频文件 157

9.6.3　实战三：制作一段音频文件 157

第 10 章　HTML5 新特性 158

视频讲解：57 分钟

10.1　谁在开发 HTML5 159

10.2　HTML5 的新特性 159

10.3　HTML5 和 HTML4 的区别 161

10.3.1　HTML5 的语法变化 161

10.3.2　HTML5 中的标记方法 161

10.3.3　HTML5 语法中需要掌握的几个要点 162

10.4　新增和废除的元素 164

10.4.1　新增的结构元素 164

10.4.2　新增的块级（block）的语义元素 167

10.4.3　新增的行内（inline）的语义元素 169

10.4.4　新增的嵌入多媒体元素与交互性元素 171

10.4.5　新增的 input 元素的类型 172

10.4.6　废除的元素 172

10.5　新增的属性和废除的属性 173

10.5.1　新增的属性 173

10.5.2　废除的属性 175

10.6　小结 176

10.7　实战 177

实战一：制作一个图像链接 177

第 11 章　JavaScript 基础 178

视频讲解：2 小时 13 分钟

11.1　JavaScript 概述 179

11.1.1　JavaScript 的发展史 179

11.1.2　JavaScript 在 HTML 中的使用 180

11.2　JavaScript 语言基础 183

11.2.1　数据类型 183

11.2.2　运算符与表达式 186

11.2.3　流程控制 190

11.3　JavaScript 对象编程 193

11.3.1　Window 窗口对象 193

11.3.2　Document 文档对象 195

11.4　JavaScript 事件处理 198

11.4.1　鼠标键盘事件 198

11.4.2　页面事件 201

11.5　小结 203

11.6 实战 203
11.6.1 实战一：制作九九乘法表 203
11.6.2 实战二：制作手机抽奖页面 203
11.6.3 实战三：制作购物车结算页面 203

第2篇 提 高 篇

第12章 绘制图形 206
视频讲解：1小时15分钟
12.1 认识HTML5中的画布Canvas 207
12.1.1 Canvas概述 207
12.1.2 使用Canvas绘制矩形 207
12.2 绘制基本图形 209
12.2.1 绘制直线 209
12.2.2 绘制曲线 212
12.2.3 绘制圆形 214
12.3 绘制变形图形 216
12.3.1 绘制平移效果的图形 216
12.3.2 绘制缩放效果的图形 217
12.3.3 绘制旋转效果的图形 219
12.4 绘制文字 220
12.4.1 绘制轮廓文字 220
12.4.2 绘制填充文字 221
12.4.3 文字相关属性 222
12.5 小结 224
12.6 实战 224
12.6.1 实战一：Canvas绘制移动的正方形 224
12.6.2 实战二：制作游戏弹幕效果 224
12.6.3 实战三：实现计时器 224
第13章 文件与拖放 225
视频讲解：37分钟
13.1 选择文件 226
13.1.1 通过file对象选择文件 226
13.1.2 使用Blob接口获取文件的类型与大小 227
13.2 读取文件 228
13.2.1 FileReader接口的方法以及事件 228
13.2.2 使用readAsDataURL方法预览图片 229
13.2.3 使用readAsText方法读取文本文件 231
13.3 拖放文件 233
13.3.1 拖放页面元素 233
13.3.2 DataTransfer对象的属性与方法 234
13.3.3 使用effectAllowed和dropEffect属性设置拖放效果 235
13.4 小结 236
13.5 实战 237
13.5.1 实战一：实现编辑照片墙中上传图片的功能 237
13.5.2 实战二：查看网页源码 237
13.5.3 实战三：预览文件功能 237
第14章 JavaScript对象编程 238
视频讲解：1小时2分钟
14.1 Window窗口对象 239
14.1.1 Window对象 239
14.1.2 对话框（Dialog） 241
14.1.3 窗口对象常用操作 244
14.2 Document文档对象 247
14.2.1 文档对象概述 247
14.2.2 文档对象的常用属性、方法与事件 248
14.2.3 Document对象的应用 250
14.3 JavaScript与表单操作 255
14.3.1 在JavaScript中访问表单 255
14.3.2 在JavaScript中访问表单域 256
14.3.3 表单的验证 256
14.4 DOM对象 258
14.4.1 DOM概述 258
14.4.2 DOM对象节点属性 260
14.4.3 节点的几种操作 261
14.4.4 获取文档中的指定元素 262
14.4.5 与DHTML相对应的DOM 264
14.5 小结 265
14.6 实战 266

实战一：在页面的指定位置显示当前日期 266

第 15 章　响应式网页设计 267

视频讲解：38 分钟

15.1　概述 268

15.1.1　响应式网页设计的概念 268

15.1.2　响应式网页设计的优缺点和技术原理 268

15.2　像素和屏幕分辨率 269

15.2.1　像素和屏幕分辨率 269

15.2.2　设备像素和 CSS 像素 270

15.3　视口 271

15.3.1　视口 271

15.3.2　视口常用属性 272

15.3.3　媒体查询 273

15.4　响应式网页的布局设计 274

15.4.1　常用布局类型 274

15.4.2　布局的实现方式 275

15.4.3　响应式布局的设计与实现 276

15.5　小结 278

15.6　实战 278

实战一：实现主页响应式实现 278

第 16 章　响应式组件 279

视频讲解：1 小时 14 分钟

16.1　响应式图片 280

16.1.1　方法 1：使用<picture>标签 280

16.1.2　方法 2：使用 CSS 图片 281

16.2　响应式视频 284

16.2.1　方法 1：使用<meta>标签 284

16.2.2　方法 2：使用 HTML5 手机播放器 285

16.3　响应式导航菜单 288

16.3.1　方法 1：CSS3 响应式菜单 288

16.3.2　方法 2：JavaScript 响应式菜单 290

16.4　响应式表格 293

16.4.1　方法 1：隐藏表格中的列 293

16.4.2　方法 2：滚动表格中的列 295

16.4.3　方法 3：转换表格中的列 296

16.5　小结 298

16.6　实战 298

实战一：实现一个响应式菜单 298

第 3 篇　项　目　篇

第 17 章　课程设计——游戏公园 300

视频讲解：1 小时 5 分钟

17.1　课程设计目的 301

17.2　游戏公园网站概述 301

17.2.1　网站特点 302

17.2.2　功能结构 303

17.3　主页的设计与实现 303

17.3.1　主页的设计 303

17.3.2　顶部区和底部区功能的实现 304

17.3.3　推荐游戏功能的实现 306

17.3.4　最新游戏功能的实现 307

17.4　博客列表的设计与实现 309

17.4.1　博客列表的设计 309

17.4.2　博客列表的实现 310

17.5　博客详情的设计与实现 311

17.5.1　博客详情的设计 311

17.5.2　博客详情的实现 312

17.6　关于我们的设计与实现 313

17.6.1　关于我们的设计 313

17.6.2　关于我们的实现 314

17.7　小结 316

基础篇

- 第 1 章 HTML 基础
- 第 2 章 文本
- 第 3 章 图像和超链接
- 第 4 章 CSS3 概述
- 第 5 章 CSS3 高级应用
- 第 6 章 表格与<div>标签
- 第 7 章 列表
- 第 8 章 表单
- 第 9 章 多媒体
- 第 10 章 HTML5 新特性
- 第 11 章 JavaScript 基础

本篇介绍了 HTML 基础、文本、图像和超链接、CSS3 概述、CSS3 高级应用、表格与 div 标签、列表、表单、多媒体、HTML5 新特性、JavaScript 基础等内容，使读者快速掌握开发基本内容，为以后编程奠定坚实的基础。

第 1 章

HTML 基础

（视频讲解：58 分钟）

浏览网站已经成为人们生活和工作不可或缺的一部分，网页页面也随着技术的发展越来越丰富，越来越美观，网页上不仅有文字、图片，还有影像、动画效果等。而 HTML 语言就可以实现网页设计和制作，尤其是可以开发动态网站。那么什么是 HTML？如何编写 HTML 文件？使用什么工具编写呢？带着这些问题我们来学习本章内容。

学习摘要：

- HTML 的发展历程
- HTML 的基本结构
- HTML 的基本标签
- HTML 文件的编写方法

1.1　HTML 概述

1.1.1　什么是 HTML

HTML 语言是纯文本类型的语言，它是 Internet 上用于编写网页的主要语言，使用 HTML 编写的网页文件也是标准的纯文本文件。

HTML 语言可以使用文本编辑器（如 Windows 系统中的记事本程序）打开它，查看其中的 HTML 源代码，也可以在用浏览器打开网页时，通过选择“查看”→“源文件”命令，查看网页中的 HTML 代码。HTML 文件可以直接由浏览器解释执行，而无须编译。当用浏览器打开网页时，浏览器读取网页中的 HTML 代码，分析其语法结构，然后根据解释的结果显示网页内容。

HTML 语言是一种简易的文件交换标准，它旨在定义文件内的对象和描述文件的逻辑结构，而并不定义文件的显示。由于 HTML 所描述的文件具有极高的适应性，所以特别适合于 WWW（World Wide Web，万维网）的出版环境。

1.1.2　HTML 的发展历程

HTML 的历史可以追溯到很久以前。1993 年 HTML 首次以因特网草案的形式发布。20 世纪 90 年代的人见证了 HTML 的大幅发展，从 2.0 版，到 3.2 版和 4.0 版，再到 1999 年的 4.01 版，一直到现在正逐步普及的 HTML5。

在快速发布了 HTML 的前 4 个版本之后，业界普遍认为 HTML 已经“无路可走”了，对 Web 标准的焦点也开始转移到了 XML 和 XHTML，HTML 被放在次要位置。不过在此期间，HTML 体现了顽强的生命力，主要的网站内容还是基于 HTML 的。为能支持新的 Web 应用，同时克服现有的缺点，HTML 迫切需要添加新功能，制定新规范。

为了将 Web 平台提升到一个新的高度，在 2004 年 WHATWG（Web Hypertext Application Technology Working Group，Web 超文本应用技术工作组）成立了，他们创立了 HTML5 规范，同时开始专门针对 Web 应用开发新功能，这被 WHATWG 认为是 HTML 中最薄弱的环节。Web 2.0 这个新词也就是在那个时候被发明的，开创了 Web 的第二个时代，旧的静态网站逐渐让位于需要更多特性的动态网站和社交网站。

因为 HTML5 能解决非常实际的问题，得益于浏览器的实验性反馈，HTML5 规范也得到了持续地完善，HTML5 以这种方式迅速地融入了对 Web 平台的实质性改进中。HTML5 成为 HTML 语言的新一代标准。

1.2　HTML 文件的基本结构

一个 HTML 文件是由一系列的元素和标签组成的。元素是 HTML 文件的重要组成部分，而 HTML5

用标签来规定元素的属性和它在文件中的位置。本节将对HTML文件的元素、标签以及文件结构进行详细介绍。

1.2.1 HTML的基本结构

1. 标签

HTML 的标签分为单独出现的标签（以下简称为单独标签）和成对出现的标签（以下简称为成对标签）两种。

☑ 单独标签。

单独标签的格式为<元素名称>，其作用是在相应的位置插入元素，例如，
标签就是单独出现的标签，意思在该标签所在位置插入一个换行符。

☑ 成对标签。

大多数标签都是成对出现的，是由首标签和尾标签组成的。首标签的格式为<元素名称>，尾标签的格式为</元素名称>，其语法格式如下。

```
<元素名称>要控制的元素</元素名称>
```

成对标签仅对包含在其中的文件部分发生作用，例如，<title>和</title>标签就是成对出现的标签，用于界定标题元素的范围，也就是说，<title>和</title>标签之间的部分是此HTML5文件的标题。

说明

在HTML标签中不区分大小写。例如，<HTML>、<Html>和<html>，其结果都是一样的。

在每个HTML标签中，还可以设置一些属性，用来控制HTML标签所建立的元素。这些属性将位于首标签，因此，首标签的基本语法如下。

```
<元素名称  属性 1="值 1" 属性 2="值 2"...>
```

而尾标签的建立方式则为：

```
</元素名称>
```

因此，在HTML文件中某个元素的完整定义语法如下。

```
<元素名称  属性 1="值 1" 属性 2="值 2"...>元素资料</元素名称>
```

说明

在HTML语法中，设置各属性所使用的“"”可省略。

2. 元素

当用一组HTML标签将一段文字包含在中间时，这段文字与包含文字的HTML标签被称为一个

元素。

在 HTML 语法中，每个由 HTML 标签与文字所形成的元素内，还可以包含另一个元素。因此，整个 HTML 文件就像是一个大元素包含了许多小元素。

在所有的 HTML 文件中，最外层的元素是由<html>标签建立的。在<html>标签所建立的元素中，包含了两个主要的子元素，这两个子元素是由<head>标签与<body>标签所建立的。<head>标签所建立的元素内容为文件标题，而<body>标签所建立的元素内容为文件主体。

3．HTML 文件结构

在介绍 HTML 文件结构之前，先来看一个简单的 HTML 文件及其在浏览器上的显示结果。

下面使用文件编辑器（如 Windows 自带的记事本）编写一个 HTML 文件，代码如下。

```
<html>
<head>
<title>文件标题</title>
</head>
<body>
文件正文
</body>
</html>
```

在浏览器中运行代码，运行效果如图 1.1 所示。

从上述代码和运行效果图中可以看出 HTML 文件的基本结构如图 1.2 所示。

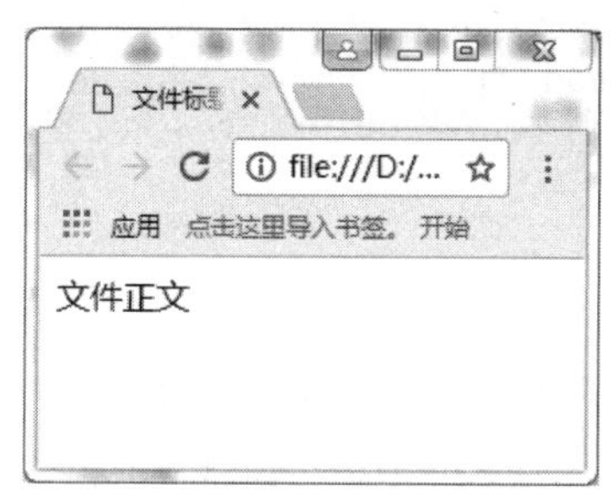

图 1.1　HTML 示例运行效果图

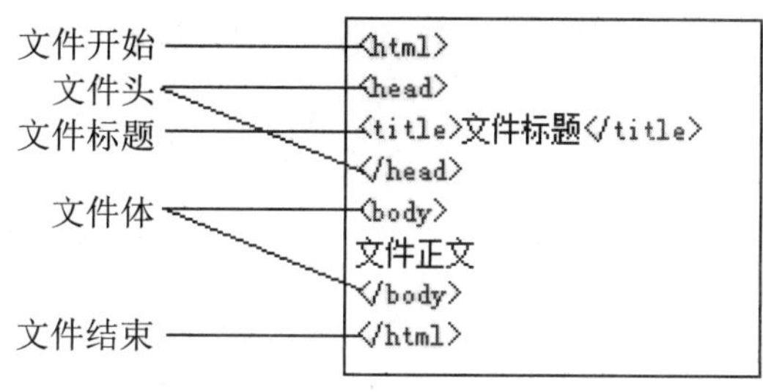

图 1.2　HTML 文件的基本结构

其中，<head>与</head>之间的部分是 HTML 文件的文件头部分，用以说明文件的标题和整个文件的一些公共属性。<body>与</body>之间的部分是 HTML 文件的主体部分，下面介绍的标签，如果不加特别说明，均是嵌套在这一对标签中使用的。

1.2.2　HTML 的基本标签

1．文件开始标签<html>

在任何一个 HTML 文件里，最先出现的 HTML 标签就是<html>，它用于表示该文件是以超文本标识语言（HTML）编写的。<html>是成对出现的，首标签<html>和尾标签</html>分别位于文件的最前

面和最后面，文件中的所有文件和HTML标签都包含在其中。例如：

```
01  <html>
02  文件的全部内容
03  </html>
```

该标签不带任何属性。

事实上，现在常用的Web浏览器（例如IE）都可以自动识别HTML文件，并不要求有<html>标签，也不对该标签进行任何操作。但是，为了提高文件的适用性，使编写的HTML文件能适应不断变化的Web浏览器，还是应该养成使用这个标签的习惯。

2．文件头部标签<head>

习惯上，把HTML文件分为文件头和文件主体两个部分。文件主体部分就是在Web浏览器窗口的用户区内看到的内容，而文件头部分用来规定该文件的标题（出现在Web浏览器窗口的标题栏中）和文件的一些属性。

<head>是一个表示网页头部的标签。在由<head>标签所定义的元素中，并不放置网页的任何内容，而是放置关于HTML文件的信息，也就是说它并不属于HTML文件的主体。它包含文件的标题、编码方式及URL等信息。这些信息大部分是用于提供索引、辨认或其他方面的应用。

写在<head>与</head>中间的文本，如果又写在<title>标签中，表示该网页的名称，并作为窗口的名称显示在这个网页窗口的最上方。

说明

如果HTML文件并不需要提供相关信息时，可以省略<head>标签。

3．文件标题标签<title>

每个HTML文件都需要有一个文件名称。在浏览器中，文件名称作为窗口名称显示在该窗口的最上方。这对浏览器的收藏功能很有用。如果浏览者认为某个网页对自己很有用，今后想经常阅读，可以选择IE浏览器“收藏”菜单中的“添加到收藏夹”命令将它保存起来，供以后调用。网页的名称要写在<title>和</title>之间，并且<title>标签应包含在<head>与</head>标签之中。

HTML 文件的标签是可以嵌套的，即在一对标签中可以嵌入另一对子标签，用来规定母标签所含范围的属性或其中某一部分内容，嵌套在<head>标签中使用的主要有<title>标签。

4．元信息标签<meta>

meta元素提供的信息是用户不可见的，它不显示在页面中，一般用来定义页面信息的名称、关键字、作者等。在HTML中，meta标记不需要设置结束标记，在一对尖括号内就是一个meta内容，而在一个HTML头页面中可以有多个meta元素。meta元素的属性有两种：name和http-equiv，其中name属性主要用于描述网页，以便于搜索引擎机器人查找、分类。

5．页面的主体标签<body>

网页的主体部分以标签<body>标志它的开始，以标签</body>标志它的结束。<body>标签是成对出

现的。在网页的主体标签中常用属性设置如表 1.1 所示。

表 1.1　body 元素的属性

属　性	描　述
text	设定页面文字的颜色
bgcolor	设定页面背景的颜色
background	设定页面的背景图像
bgproperties	设定页面的背景图像为固定，不随页面的滚动而滚动
link	设定页面默认的链接颜色
alink	设定鼠标正在单击时的链接颜色
vlink	设定访问过后的链接颜色
topmargin	设定页面的上边距
leftmargin	设定页面的左边距

6. 页面的注释

在网页中，除了以上这些基本标签外，还包含一种不显示在页面中的元素，那就是代码的注释文字。适当的注释可以帮助用户更好地了解网页中各个模块的划分，也有助于以后对代码的检查和修改。给代码加注释，是一种很好的编程习惯。在 HTML5 文档中，注释分为 3 类：在文件开始标签<html>和结束标签</html>中的注释、在 CSS 样式中的注释和在 JavaScript 中的注释，其中在 JavaScirpt 中的注释又有两种形式：单行注释和多行注释。下面将对这 3 类注释的具体语法进行介绍。

（1）在文件开始标签<html>和结束标签</html>中的注释，具体语法如下。

```
01    <!--注释的文字-->
```

注释文字的标记很简单，只需要在语法中“注释的文字”的位置上添加需要的内容即可。

（2）在 CSS 样式中的注释，具体语法如下。

```
01    /*注释的文字*/
```

在 CSS 样式中注释时，只需要在语法中“注释的文字”的位置上添加需要的内容即可。

（3）在 JavaScript 中的注释有两种形式：单行注释和多行注释。

单行注释的具体语法如下。

```
01    //注释的文字
```

注释文字的标记很简单，只需要在语法中“注释的文字”的位置上添加需要的内容即可。

注意

在 JavaScript 中添加单行注释时，只需要在语法中“注释的文字”的位置上添加需要的内容即可。

多行注释的具体语法如下。

```
/*注释的文字*/
```

在 JavaScript 脚本中添加多行注释时，只需要在语法中“注释的文字”的位置上添加需要的注释内容即可。

注意

在 JavaScript 中添加多行注释或单行注释时，其形式不是一成不变的，在进行多行注释时，单行注释也是有效的。运用“//注释的文字”和运用“/*注释的文字*/”对每一行文字进行注释，其达到的效果是一样的。

常见错误

在 HTML 代码中，注释语法使用错误时，浏览器将注释视为文本内容，注释内容会显示在页面中。例如，下面给出的一个网页代码中有 4 处注释使用错误的情况。

```
<!-- 这里可以加注释吗？-->
<!DOCTYPE html>
<html>
<head>
    <meta charset="utf-8">
    <title>&lt;!--吉林省--&gt;吉林省明日科技有限公司</title>
    <style type="text/css">
        .err {
            margin-left: 20px;
            color: red;
            font-size: 20px;
            font-family: fantasy;
        }
    </style>
</head>
<body>
<div class="cen">
    <h4 class="err">/* 注释 1：本身我是一个注释 */ </h4>
    <div>
        <iframe id="top" name="top" scrolling="No" src="inc/top.html" height="240" frameborder="0"
            width="947"></iframe>
    </div>
    <h4 class="err"><-- 注释 2： 本身我也是一个注释 --> </h4>
</div>
</body>
</html>
<!--也可以在<html>标签后面添加注释-->
```

错误 1：<!DOCTYPE html>之前不可以添加注释

错误 2：<title>标签内部不可以添加注释

错误 3：注释符号使用错误，应使用<! --注释-->

错误 4：注释标签不完整，缺少一个英文感叹号

用谷歌浏览器打开这个 HTML5 文件，运行效果如图 1.3 所示。

图 1.3　错误使用代码注释的运行效果

1.3　编写第一个 HTML 文件

1.3.1　HTML 文件的编写方法

编写 HTML 文件主要有 3 种方法，以下分别进行介绍。

（1）手工直接编写。由于 HTML 语言编写的文件是标准的 ASCII 文本文件，所以我们可以使用任何的文本编辑器来打开并编写 HTML 文件，如 Windows 系统中自带的记事本。

（2）使用可视化软件。可以使用 WebStorm、Dreamweaver、Sublime 等软件进行可视化的网页编辑制作。

（3）由 Web 服务器一方实时动态生成。这需要进行后端的网页编程来实现，如 JSP、ASP、PHP 等，一般情况下都需要数据库的配合。

1.3.2　手工编写页面

下面先使用记事本来编写第一个 HTML 文件，操作步骤如下。

（1）选择“开始”→“程序”→“附件”→“记事本”程序，打开 Windows 系统自带的记事本，如图 1.4 所示。

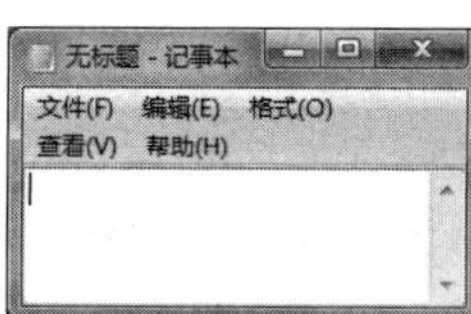

图 1.4　打开记事本

（2）在记事本中直接输入 HTML 代码，具体代码如下。

```
<html>
<head>
    <title>简单的 HTML 文件</title>
</head>
<body text="blue">
<h2 align="center">HTML5 初露端倪</h2>
<hr>
<p>让我们一起体验超炫的 HTML5 旅程吧</p>
</body>
</html>
```

（3）输入代码后，记事本中显示出代码的内容，如图 1.5 所示。

（4）打开记事本菜单栏中的“文件”→“保存”命令，弹出如图 1.6 所示的“另存为”对话框。

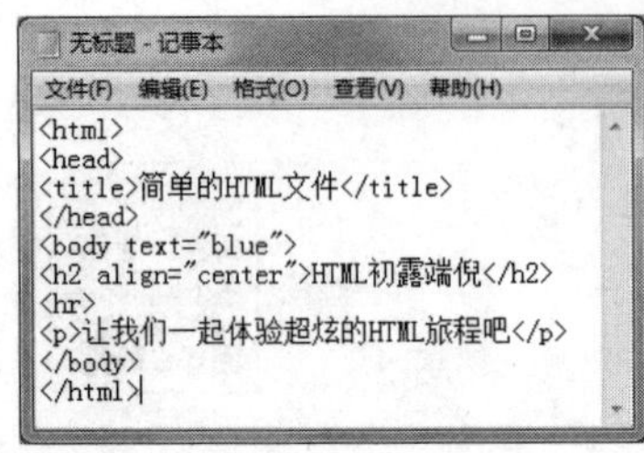

图 1.5　显示了代码的记事本

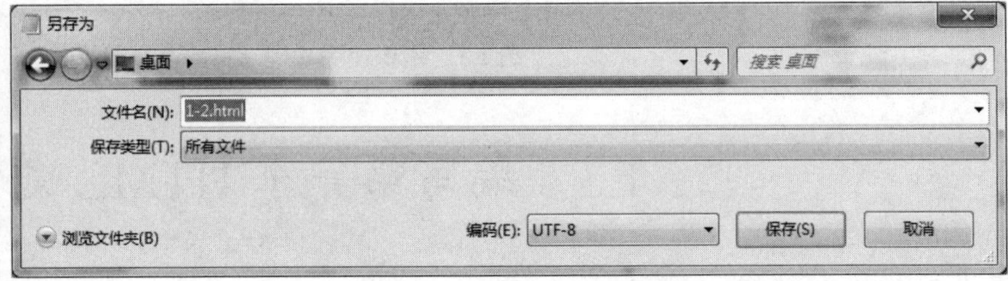

图 1.6　“另存为”对话框

（5）在“另存为”对话框中，首先选择存盘的文件夹，然后设置“保存类型”为“所有文件”，“编码”为 UTF-8，并填写文件名，例如，将文件命名为 1-2.html，最后单击“保存”按钮。

（6）关闭记事本，回到存盘的文件夹，双击如图 1.7 所示的 1-2.html 文件，可以在浏览器（推荐谷歌浏览器）中看到最终页面效果，如图 1.8 所示。

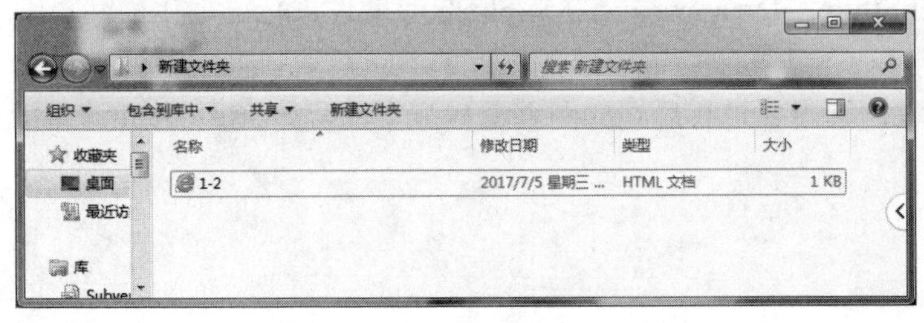

图 1.7　保存好的 HTML 文件

图 1.8　页面效果

1.3.3　使用可视化软件 WebStorm 制作页面

WebStorm 是 jetbrains 公司旗下一款 JavaScript 开发工具。软件支持不同浏览器的提示，还包括所有用户自定义的函数（项目中）。代码补全包含了所有流行的库，如 jQuery、YUI、Dojo、Prototype、Mootools 和 Bindows 等。被广大 JavaScript 开发者誉为 Web 前端开发神器、最强大的 HTML5 编辑器、最智能的 JavaScript IDE 等。

下面以 WebStorm 英文版为例，首先说明安装 WebStorm11.0.4 的过程，然后再介绍制作 HTML5

页面的方法。

1. 下载与安装

（1）首先打开浏览器，输入网址 https://www.jetbrains.com/webstorm/download/previous.html，进入 WebStorm 官网地址下载页，如图 1.9 所示。

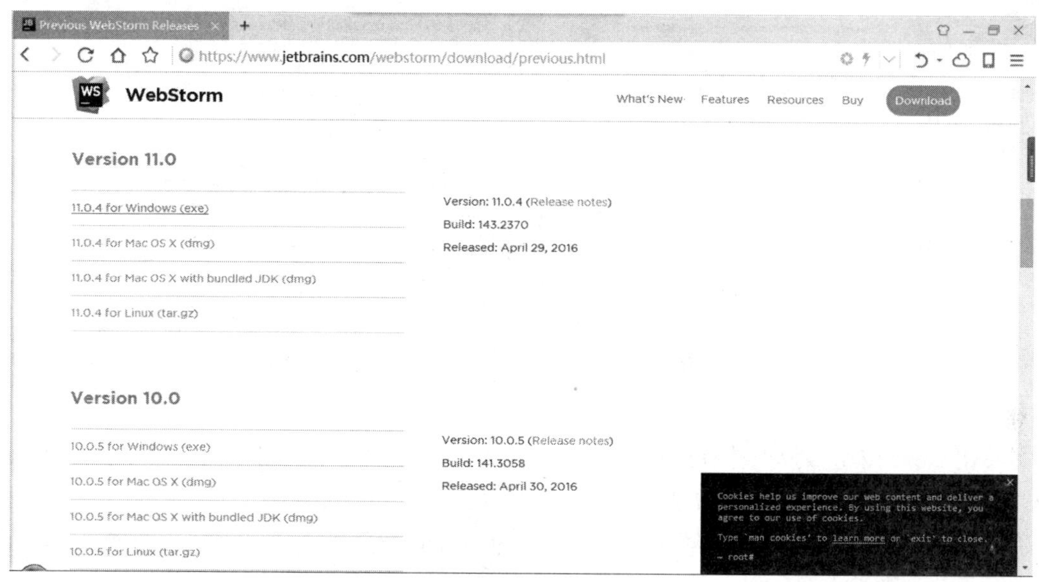

图 1.9　WebStorm 官网地址下载页

（2）单击 11.0.4 for Windows(exe)链接，开始下载 WebStorm-11.0.4.exe 程序，如图 1.10 所示。

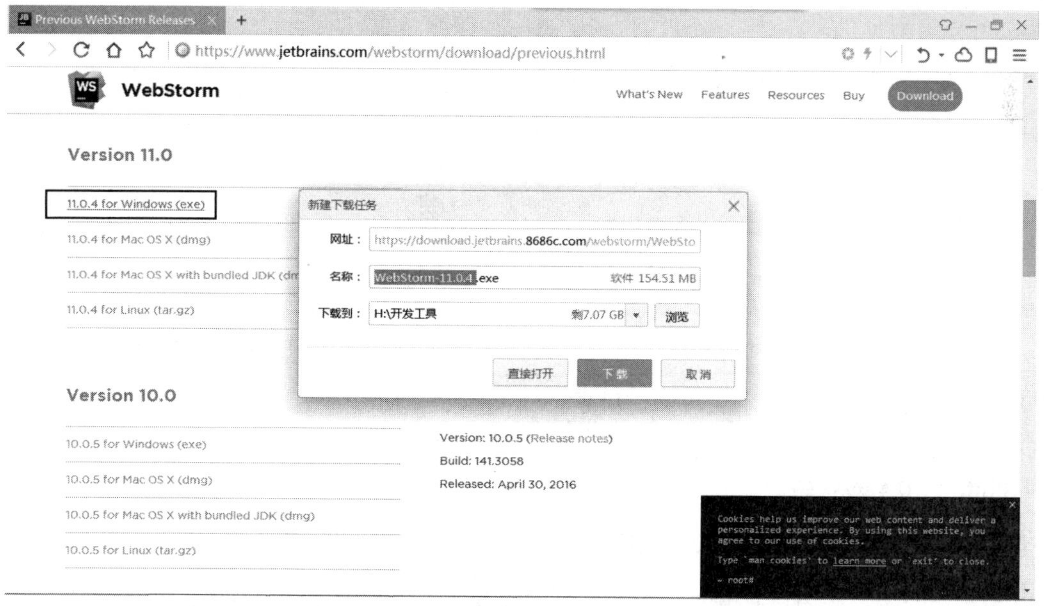

图 1.10　下载 WebStorm-11.0.4 程序

（3）下载完成之后，双击打开 WebStorm-11.0.4.exe 这个应用程序，如图 1.11 所示。

（4）单击 Next 按钮，将显示如图 1.12 所示的界面，在该界面单击 Browse 按钮选择一个安装路径（默认的路径是 C:\Program Files\JetBrains\WebStorm 11.0.4）。

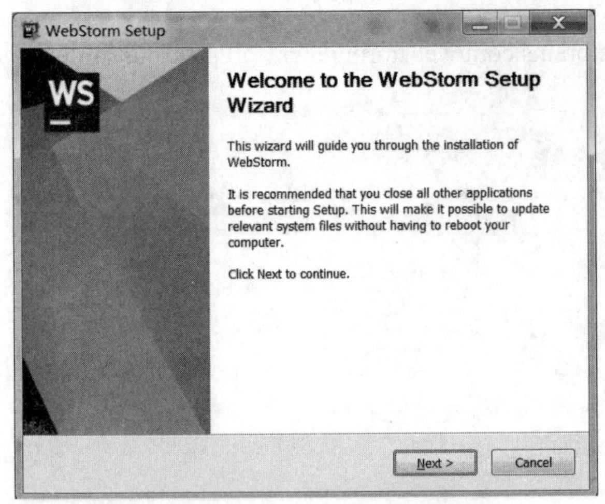

图 1.11　开始安装界面

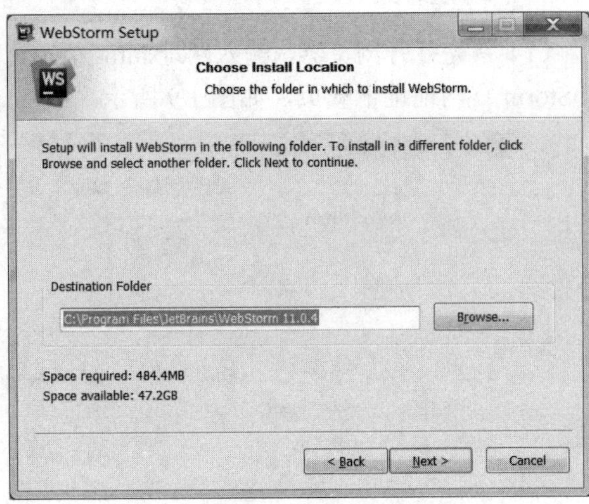

图 1.12　选择安装路径

（5）单击 Next 按钮，弹出选择安装选项的界面，这里需要选中全部的复选框，如图 1.13 所示。

（6）单击 Next 按钮，选择开始菜单文件夹，默认为 JetBrains，如图 1.14 所示。

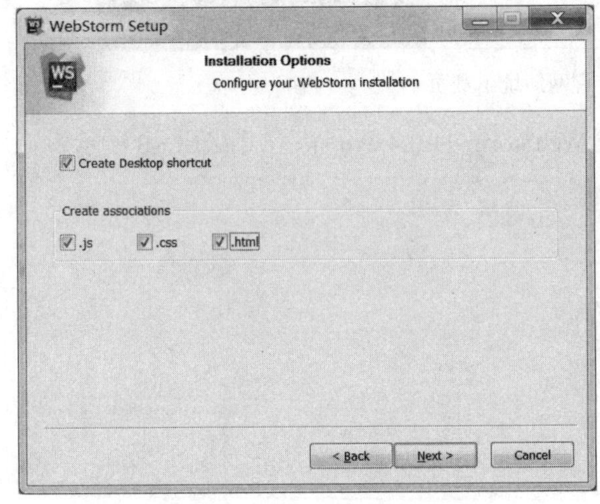

图 1.13　选择安装选项

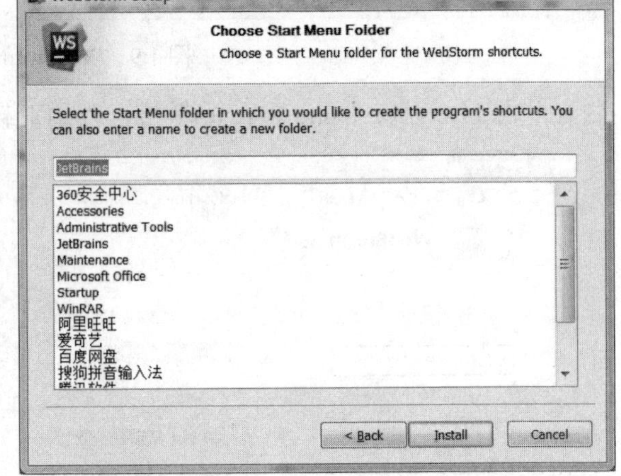

图 1.14　选择开始菜单文件夹

（7）单击 Install 按钮，显示安装的进度条，如图 1.15 所示。

（8）安装进程结束后，单击 Next 按钮，弹出如图 1.16 所示界面，在该界面单击 Finish 按钮，完成对 WebStorm 11.0.4 的安装。

2. 创建 HTML 文件和运行 HTML 程序

（1）单击“开始”按钮以打开“开始”菜单，接着在“所有程序”列表中选择 JetBrains WebStorm 11.0.4 命令，启动 WebStorm 软件的主程序，其主界面如图 1.17 所示。

（2）选择菜单栏中的 File→New Project 命令，新建一个工程，如图 1.18 所示。

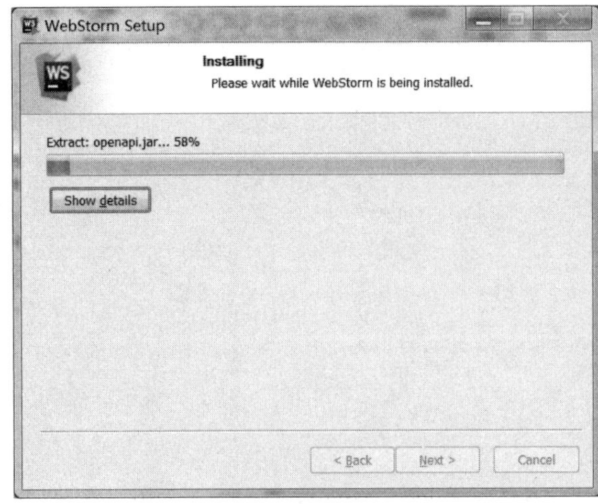

图 1.15　显示 WebStorm 11.0.4 的安装进程

图 1.16　安装完成

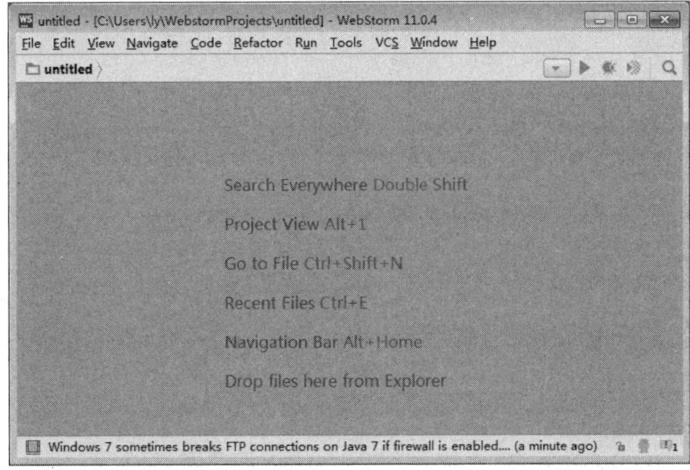

图 1.17　JetBrains WebStorm 11.0.4 主界面

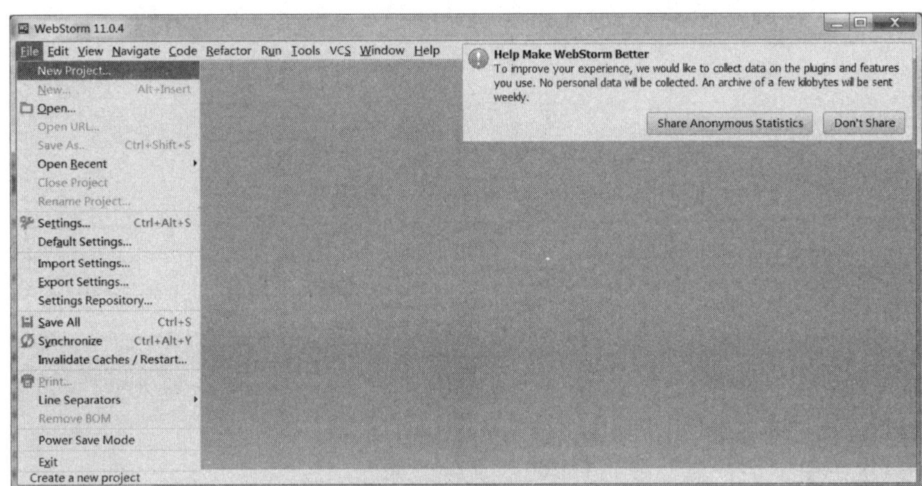

图 1.18　新建 HTML 工程

（3）在Location文本框中输入工程存放的路径，也可以单击▭按钮选择路径，如图1.19所示。然后单击Create按钮，完成工程的创建。

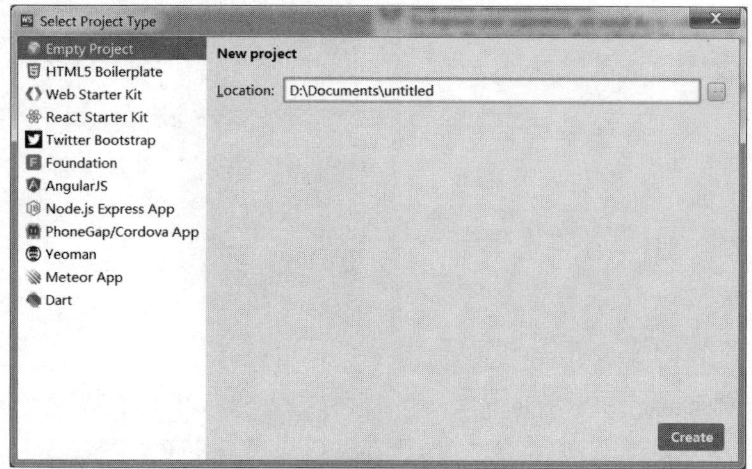

图1.19　输入工程存放的路径

（4）选定新建好的HTML工程，右击，在弹出的快捷菜单中选择New→HTML File命令，创建一个HTML文件，如图1.20所示。

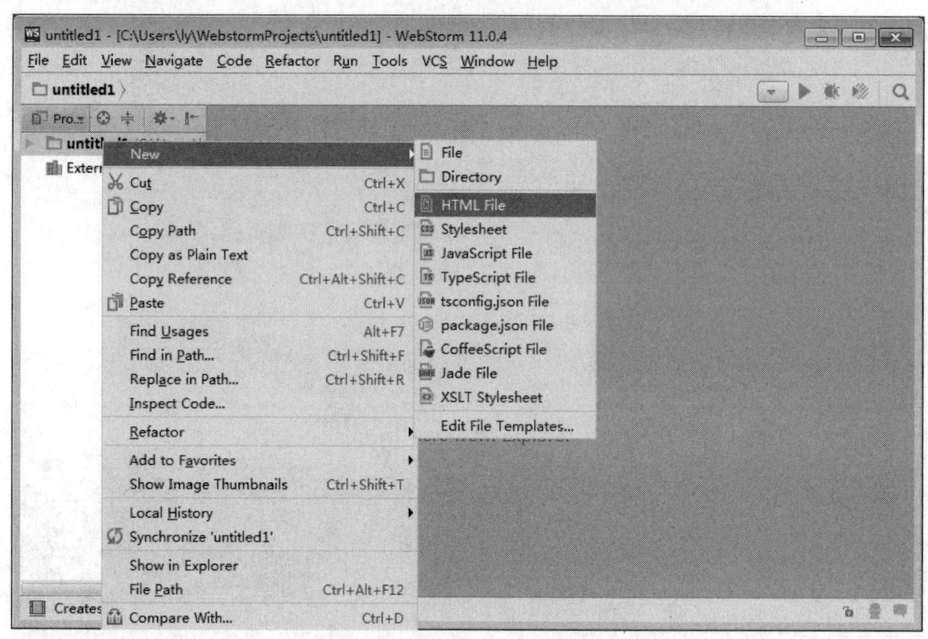

图1.20　创建HTML文件

（5）选择完成之后会弹出如图1.21所示的新窗口，在Name文本框中输入文件名，在这里将文件名命名为index.html，并在Kind下拉列表框中选择HTML 5 file。

（6）单击OK按钮，弹出新建好的HTML5文件，如图1.22所示。

（7）接下来，即可编辑HTML5文件，在<body>标签中输入文字，如图1.23所示。

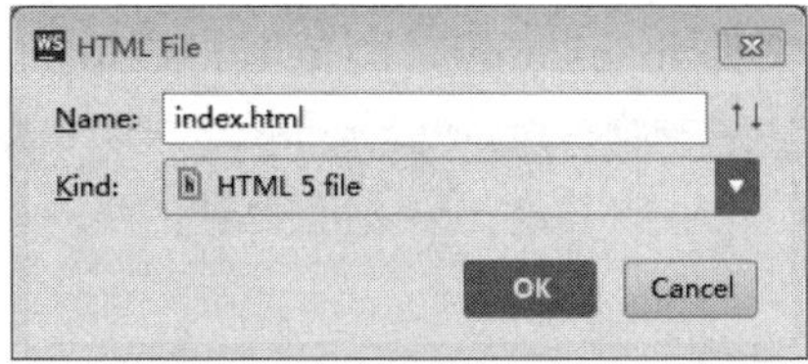

图 1.21　为 HTML 5 文件命名

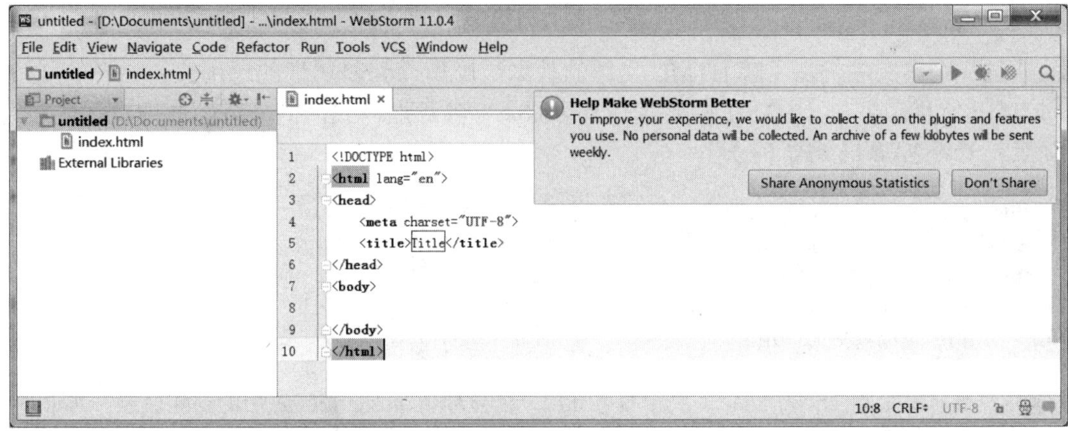

图 1.22　新建好的 HTML5 文件

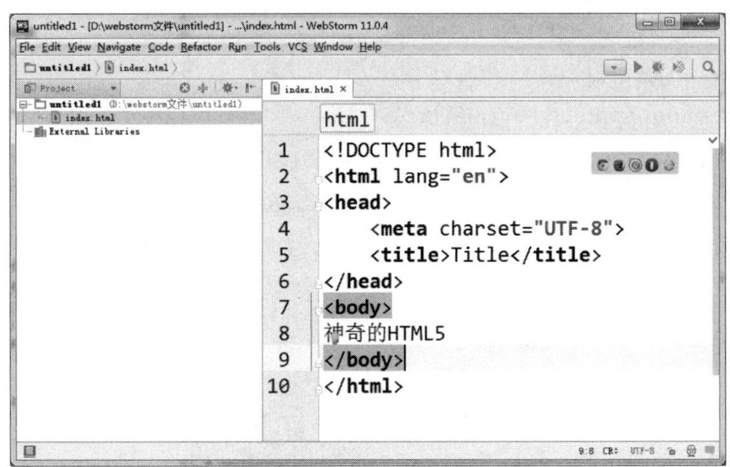

图 1.23　编辑 HTML5 文件

（8）设置完成之后，保存文件。选择 File→Save As 命令，选择需要保存的路径，如图 1.24 所示。

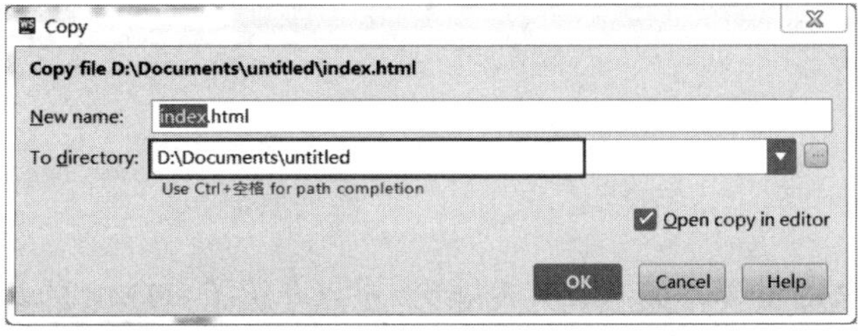

图 1.24　选择需要保存 HTML5 文件的路径

此时，双击保存好的 HTML5 文件 index.html，浏览器将显示如图 1.25 所示的运行效果。

图 1.25　运行 HTML5 文件

下面通过一个实例进一步了解 HTML 文件的基本结构和<body>属性的运用。

例 1.01　在主新建一个 HTML5 文件，为<body>标签添加样式，渲染页面效果，具体代码如下。**（实例位置：资源包\源码\01\1.01）**

```
<!doctype html>
<html>
<head>
    <meta charset="utf-8">
    <title>无标题文档</title>
</head>
<!--设置背景图片:background，文字颜色:text，链接颜色:link，访问过后的链接颜色：vlink，外边距:topmargin，topmargin -->
<body background="images/bg.jpg" bgproperties="fixed" text="blue" link="red" vlink="#CCCCCC" topmargin="100px" leftmargin="50px">
长风破浪会有时<br/><br/>
直挂云帆济沧海<br/><br/>
<a href="www.mingrisoft.com">点击链接</a>
</html>
```

保存文件后，用鼠标双击该 HTML5 文件，运行效果如图 1.26 所示。

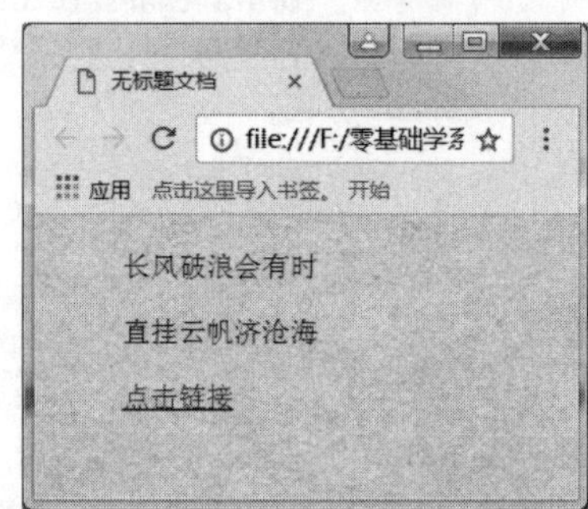

图 1.26　<body>标签的属性运用实例效果

1.4　小　　结

本章主要介绍了 HTML 的基本概念及其发展史，重点介绍了 HTML 的基本结构并详细介绍了如何编写 HTML 文件的两种方式。

希望读者能好好学习本章，有一个扎实的基础，为以后的学习做一个好的铺垫。

1.5　实　　战

1.5.1　实战一：设置背景颜色

试着使用<body>标签，为页面设置背景颜色为蓝色。（**资源包\源码\01\实战\01**）

1.5.2　实战二：设置链接颜色

试着使用<body>标签，设置不同状态下的链接的颜色。（**资源包\源码\01\实战\02**）

第 2 章

文本

（视频讲解：1 小时 14 分钟）

在网页的设计制作过程中，文本是最基本的要素。文本在网页中的呈现，就如同音符在音乐中的表现一样，优秀的网页文本设计，带给人资讯信息的同时，更给人以美的视觉体验；而糟糕的网页文本设计，就好像五音不全的人在嘶吼嚎叫，使人掩耳逃走，贻笑大方。本章将对网页文本的知识内容进行详细讲解。

学习摘要：

- **标题标签**
- **文字**
- **段落**
- **水平线**

视频讲解

2.1　标　　题

标题是对一段文字内容的概括和总结。书籍文本少不了标题，网页文本也不能没有标题。一篇文档的好坏，标题占有重要的作用。在越来越追求“视觉美感”的今天，一个好标题的设计，对用户的留存尤为关键。例如，图 2.1 和图 2.2 显示的界面效果，同样的标题内容，却使用了不同的页面标签，显示的效果则大相径庭。

图 2.1　较好的标题设计

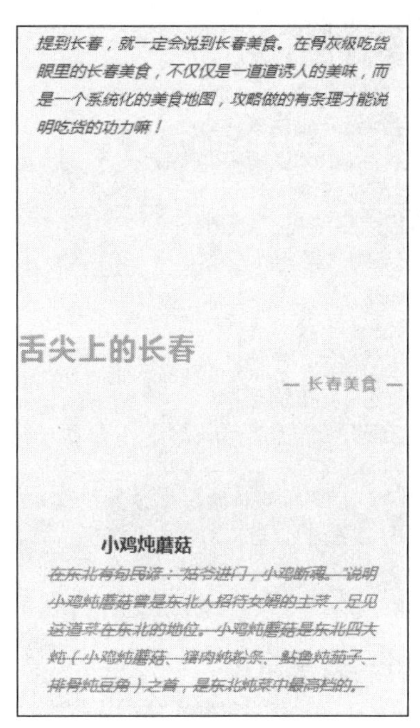

图 2.2　糟糕的标题设计

2.1.1　标题标签

标题标签共有 6 个，分别是<h1>、<h2>、<h3>、<h4>、<h5>和<h6>，每一个标签在字体大小上都有明显的区别，从<h1>标签到<h6>标签依次变小。<h1>标签表示最大的标题，<h6>标签表示最小的标题。一般使用<h1>标签来表示网页中最上层的标题，而且有些浏览器会默认把<h1>标签显示为非常大的字体，所以一些开发者会使用<h2>标签代替<h1>标签来显示最上层的标题。

标题标签语法如下。

```
<h1>文本内容</h1>
<h2>文本内容</h2>
<h3>文本内容</h3>
<h4>文本内容</h4>
<h5>文本内容</h5>
<h6>文本内容</h6>
```

说明

在 HTML5 中，标签大都是由起始标签和结束标签组成的。例如，<h1>标签在编码使用时，首先编写<h1>起始标签和</h1>结束标签，然后将文本内容放入两个标签之间。

例 2.01 本实例巧用<h1>标签、<h4>标签和<h5>标签，实现一则关于程序员笑话的对话内容。把“程序猿的笑话”放入<h1>标签中，代表文章的标题，把发布时间、发布者和阅读数等内容放入较小字号的<h5>标签中，最后将笑话的对话内容放入字号适中的<h4>标签中，具体代码如下。（**实例位置：资源包\源码\02\2.01**）

```
<!DOCTYPE html>
<html>
<head>
<!--指定页面编码格式-->
<meta charset="UTF-8">
<!--指定页头信息-->
<title>程序猿的笑话</title>
</head>
<body>
<!--表示文章标题-->
<h1>程序猿的笑话</h1>
<!--表示相关发布信息-->
<h5>发布时间：19:20 03/24 | 发布者：程序源 | 阅读数：156 次</h5>
<!--表示对话内容-->
<h4>甲：《c++面向对象程序设计》这本书怎么比《c 程序设计语言》厚了好几倍？</h4>
<h4>乙：当然了，有“对象”后肯定麻烦呀！</h4>
</body>
</html>
```

运行效果如图 2.3 所示。

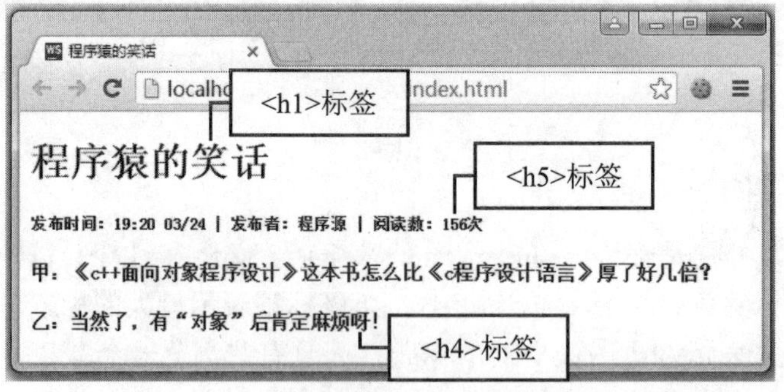

图 2.3 使用标题标签写笑话

常见错误

如果结束标签漏加“/”，比如把</h1>写成<h1>，导致浏览器认为是新标题标签的开始，从而导致页面布局错乱。例如，在下面代码的第 2 行，就将</h1>结束标签写成了<h1>开始标签。

```
01 <!--表示文章标题-->
02 <h1>程序猿的笑话<h1>
```

```
<!--表示相关发布信息-->
发布时间：19:20 03/24 | 发布者：程序源 | 阅读数：156 次
<!--表示对话内容-->
<h4>甲：《c++面向对象程序设计》这本书怎么比《c 程序设计语言》厚了好几倍？</h4>
<h4>乙：当然了，有“对象”后肯定麻烦呀！</h4>
```

将会出现如图 2.4 所示的错误提示。

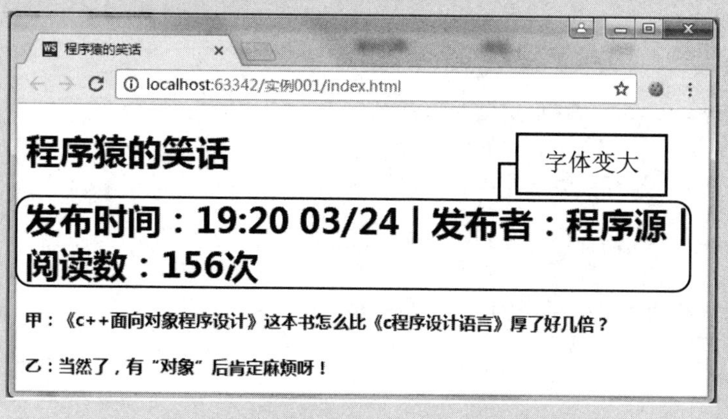

图 2.4 结束标签漏加“/”出现的错误

2.1.2 标题的对齐方式

在默认情况下，标题文字是左对齐的。而在网页制作的过程中，可以实现标题文字的编排设置。最常用的就是关于对齐方式的设置，可以为标题标签添加 align 属性进行设置。

语法格式如下。

```
<h1 align="对齐方式">文本内容</h1>
```

在上面的语法中，align 属性需要设置在标题标签的后面，具体的对齐方式属性值如表 2.1 所示。

表 2.1 标题文字的对齐方式

属 性 值	含 义
left	文字左对齐
center	文字居中对齐
right	文字右对齐

注意

在编写代码的过程中，请注意添加双引号。

例 2.02 本实例使用标题标签中的 align 属性，实现图书商品介绍的文字展示。首先使用<h5>标题标签，将图书名称、图书作者、出版社等介绍内容放入标签内，然后在每个标题标签中，添加 align 属性，属性值设为 center，具体代码如下。（**实例位置：资源包\源码\02\2.02**）

```
<!DOCTYPE html>
<html>
```

```
03  <head>
04  <!--指定页面编码格式-->
05  <meta charset="UTF-8">
06  <!--指定页头信息-->
07  <title>介绍图书商品</title>
08  </head>
09  <body>
10  <!--显示商品图片-->
11  <h1 align="center"><img src="book.jpg"/></h1>
12  <!--显示图书名称-->
13  <h5 align="center">书名：《Java 从入门到精通》</h5>
14  <!--显示图书作者-->
15  <h5 align="center">作者：明日科技</h5>
16  <!--显示出版社-->
17  <h5 align="center">出版社：清华大学出版社</h5>
18  <!--显示图书出版时间-->
19  <h5 align="center">出版时间：2017 年 1 月</h5>
20  <!--显示图书页数-->
21  <h5 align="center">页数：436 页</h5>
22  <!--显示图书价格-->
23  <h5 align="center">价格：25.00 元</h5>
24  </body>
25  </html>
```

注意

在代码 11 行，使用了<img>图像标签。<img>图像标签可以将外部图片引入当前网页内。有关<img>图像标签的具体使用方法请参考本书第 3 章的内容。

运行效果如图 2.5 所示。

图 2.5　图书商品介绍的页面效果

视频讲解

2.2 文 字

除了标题文字外，在网页中普通的文字信息也不可缺少，而多种多样的文字装饰效果更可以让用户眼前一亮，记忆深刻。在网页的编码中，可以直接在<body>标签和</body>标签之间输入文字，这些文字可以显示在页面中，同时可以为这些文字添加装饰效果的标签，如斜体、下画线等。下面将详细讲解这些文字装饰标签。

2.2.1 文字的斜体、下画线、删除线

在浏览网页时，常常可以看到一些特殊效果的文字，如斜体字、带下画线的文字和带删除线的文字，而这些文字效果也可以通过设置 HTML 语言的标签来实现。

语法格式如下。

```
<em>斜体内容</em>
<u>带下画线的文字</u>
<strike>带删除线的文字</strike>
```

这几种文字装饰效果的语法类似，只是标签不同。其中，斜体字也可以使用标记<I>或<cite>表示。

例 2.03 本实例使用<em>文字斜体标签、<u>文字下画线标签和<strike>文字删除线标签，为图书商品的推荐内容增添更多的文字特效，可以让读者眼前一亮，提高商品购买率。例如，如果商品打折，可以将商品原来价格的文字添加<strike>删除线标签，表示不再以原来价格进行销售，具体代码如下。**（实例位置：资源包\源码\02\2.03）**

```
<!DOCTYPE html>
<html>
<head>
<!--指定页面编码格式-->
<meta charset="UTF-8">
<!--指定页头信息-->
<title>斜体、下画线、删除线</title>
</head>
<body>
<!--显示商品图片-->
<img src="book.jpg"/>
<!--显示图书名称，书名文字用斜体效果-->
<h3>书名：<em>《JavaScript 从入门到精通》</em></h3>
<!--显示图书作者-->
<h3>作者：明日科技</h3>
<!--显示出版社-->
<h3>出版社：清华大学出版社</h3>
<!--显示出版时间，文字用下画线效果-->
<h3>出版时间：<u>2017 年 1 月</u></h3>
<!--显示页数-->
```

```
<h3>页数：436 页</h3>
<!--显示图书价格，文字使用删除线效果-->
<h3>原价：<strike>45.00</strike>元　促销价格：25.00 元</h3>
</body>
</html>
```

运行效果如图 2.6 所示。

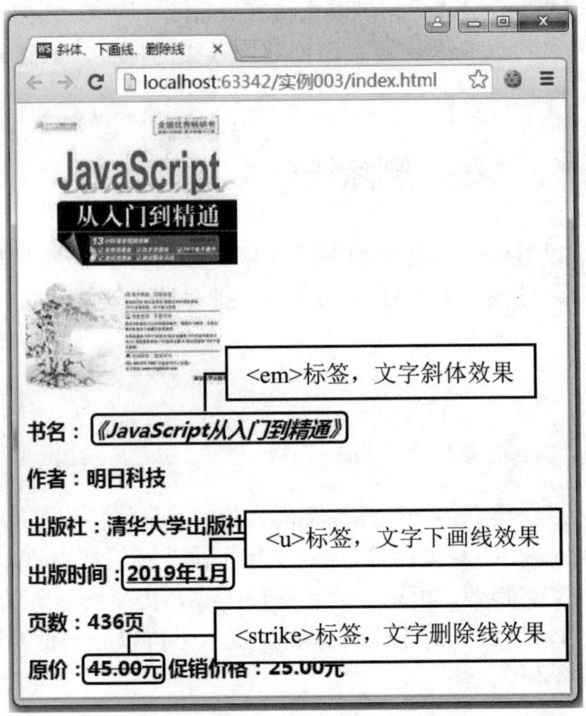

图 2.6　活用文字装饰的页面效果

2.2.2　文字的上标与下标

除了设置不同的文字装饰效果外，有时还需要设置一种特殊的文字装饰效果，即上标和下标。上标或下标经常会在数学公式或方程式中出现。

语法格式如下。

```
<sup>上标标签内容</sup>
<sub>下标标签内容</sub>
```

在上面的语法中，上标标签和下标标签的使用方法基本相同，只需要将文字放在标记中间即可。

例 2.04　本实例使用<sup>上标标签和<sub>下标标签，实现数学方程式的网页展示。首先将数学方程式中数字符号全部输入，比如输入方程式“X3+9X2-3=0”，然后将需要置上或置下的数字符号放入上标或下标标签中，具体代码如下。（**实例位置：资源包\源码\02\2.04**）

```
<!DOCTYPE html>
<html>
```

```
<head>
<!--指定页面编码格式-->
<meta charset="UTF-8">
<!--指定页头信息-->
<title>上标和下标</title>
</head>
<body>
<!--表示文章标题-->
<h1 align="center">上标和下标标签</h1>
<h3 align="center">在数字计算中:</h3>
<!--使用上标标签，将文字置上-->
<h3 align="center">上标：X<sup>3</sup>+9X<sup>2</sup>-3=0</h3>
<!--使用下标标签，将文字置下-->
<h3 align="center">下标：3X<sub>1</sub>+2X<sub>2</sub>=10</h3>
</body>
</html>
```

运行效果如图 2.7 所示。

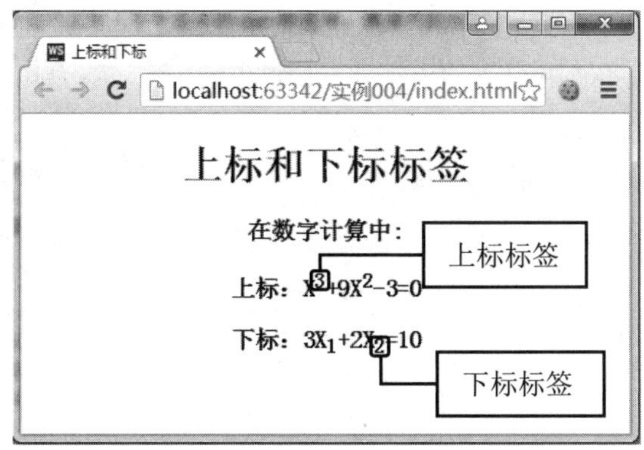

图 2.7　上标下标标签的界面效果

2.2.3　特殊文字符号

在网页的制作过程中，特殊的符号（如引号、空格等）也需要使用代码进行控制。一般情况下，特殊符号的代码由前缀“&”、字符名称和后缀分号“;”组成。使用方法与空格符号类似，具体如表 2.2 所示。

表 2.2　特殊符号的表示

符　　号	属 性 值	含　　义
"	"	引号
<	&It;	左尖括号
>	>	右尖括号
×	×	乘号
©	§	小节符号
		空格占位符

例 2.05　本实例巧用特殊的文字符号，绘制出一个可爱小狗的字符画，用来表示未找到的内容，或者是错误的页面内容。在真正的网页设计中，需要设计出应对网页出错或是未找到网页的解决方案页面，俗称“404 页面”。利用字符画的趣味表现手法，可以进一步提高用户体验，具体代码如下。（**实例位置：资源包\源码\02\2.05**）

```
<!DOCTYPE html>
<html>
<head>
<!--指定页面编码格式-->
<meta charset="UTF-8">
<!--指定页头信息-->
<title>特殊文字符号</title>
</head>
<body>
<!--表示文章标题-->
<h1 align="center">汪汪！你想找的页面让我吃喽！</h1>
<!--绘制可爱小狗的字符号-->
<pre align="center">
.----.
_.'__      `.
.--($)($$)---/#\
.' @             /###\
:              ,    #####
`-..__.-' _.-\###/
`;_:        `"'
.'"""""""`.
/,   hi ,\\
//   你好!   \\
`-._______.-'
___`. | .'___
(______|______)
</pre>
</body>
</html>
```

运行效果如图 2.8 所示。

图 2.8　小狗字符画的页面效果

2.3　段　落

一块块砖瓦组合就形成了高楼大厦，一行行文字组合就形成了段落篇章。在实际的文本编码中，输入完一段文字后，按 Enter 键就生成了一个段落，但是在 HTML5 中需要通过标签来实现段落的效果，下面具体介绍和段落相关的一些标签。

2.3.1　段落标签

在 HTML5 中，段落效果是通过<p>标签来实现的。<p>标签会自动在其前后创建一些空白，浏览器则会自动添加这些空间。

语法格式如下。

```
<p>段落文字</p>
```

其中，可以使用成对的<p>标签来包含段落，也可以使用单独的<p>标签来划分段落。

例 2.06　本实例使用<p>段落标签，实现明日学院的内容介绍。首先结合特殊文字符号将“明日学院，专注编程教育十八年”放入<p>段落标签中，然后将明日学院的具体介绍内容分别放在<p>标签中，最后也结合特殊符号将明日学院的网址放入底部的段落标签中，具体代码如下。（**实例位置：资源包\源码\02\2.06**）

```
<!DOCTYPE html>
<html>
<head>
<!--指定页面编码格式-->
<meta charset="UTF-8">
<!--指定页头信息-->
<title>段落标签</title>
</head>
<body>
<!--使用段落标签，进行创意性排版-->
<p> ╭──────────┤ 明日学院，专注编程教育十八年 ├──────────╮ </p>
<p> ┃         明日学院，
    是吉林省明日科技有限公司倾力打造的在线实用   ┃ </p>
<p> ┃   技能学习平台，该平台于 2016 年正式上线，主要为学习者提供海  ┃ </p>
<p> ┃   量、优质的课程，课程结构严谨，用户可以根据自身的学习程度,  ┃ </p>
<p> ┃   自主安排学习进度。我们的宗旨是，为编程学习者提供一站式服   ┃ </p>
<p> ┃   务，培养用户的编程思维，小白手册，视频教程，一学就会。    ┃ </p>
<p> ╰──────────┤ 网址:http://www.mingrisoft.com ├──────────╯ </p>
</body>
</html>
```

运行效果如图 2.9 所示。

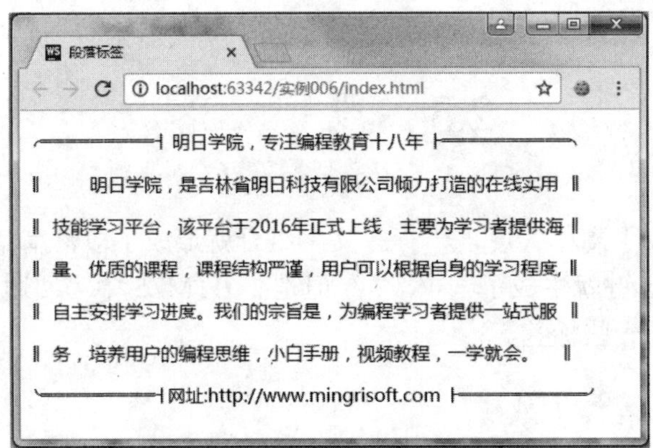

图 2.9　使用段落标签的界面效果

2.3.2　段落的换行标签

段落与段落之间是隔行换行的，这样会导致文字的行间距过大，这时可以使用换行标签来完成文字的紧凑换行显示。

语法格式如下。

```
<p>
一段文字<br/>一段文字
</p>
```

其中，
标签代表换行，如果要多次换行，可以连续使用多个换行标签。

例 2.07　本实例巧用
换行标签，实现唐诗《望庐山瀑布》中诗句的页面布局。通常可以使用多个<p>段落标签达到换行的目的，也同样可以使用
换行标签，在<p>段落标签内部进行换行，具体代码如下。（**实例位置：资源包\源码\02\2.07**）

```
<!DOCTYPE html>
<html>
<head>
    <!--指定页面编码格式-->
    <meta charset="UTF-8">
    <!--指定页头信息-->
    <title>段落的换行标签</title>
</head>
<body>
<!--使用段落标签书写古诗-->
<p align="center">
    <!--使用 2 个换行标签-->
    《望庐山瀑布》    李白<br/><br/>
    <!--使用 1 个换行标签-->
    日照香炉生紫烟，遥看瀑布挂前川。<br/>
    <!--使用 1 个换行标签-->
    飞流直下三千尺，疑是银河落九天。<br/>
</p>
```

```
</body>
</html>
```

运行效果如图 2.10 所示。

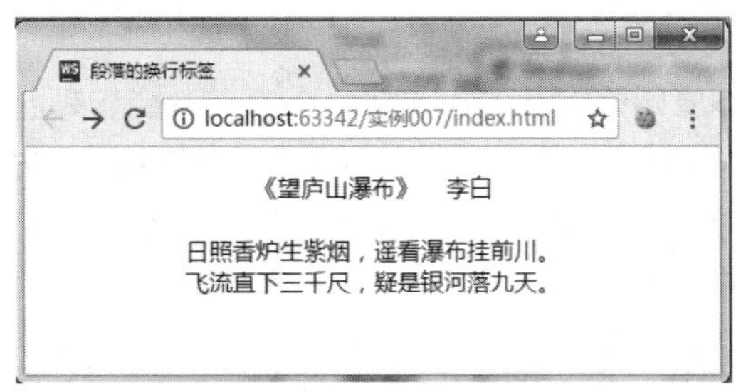

图 2.10　段落换行标签的页面效果

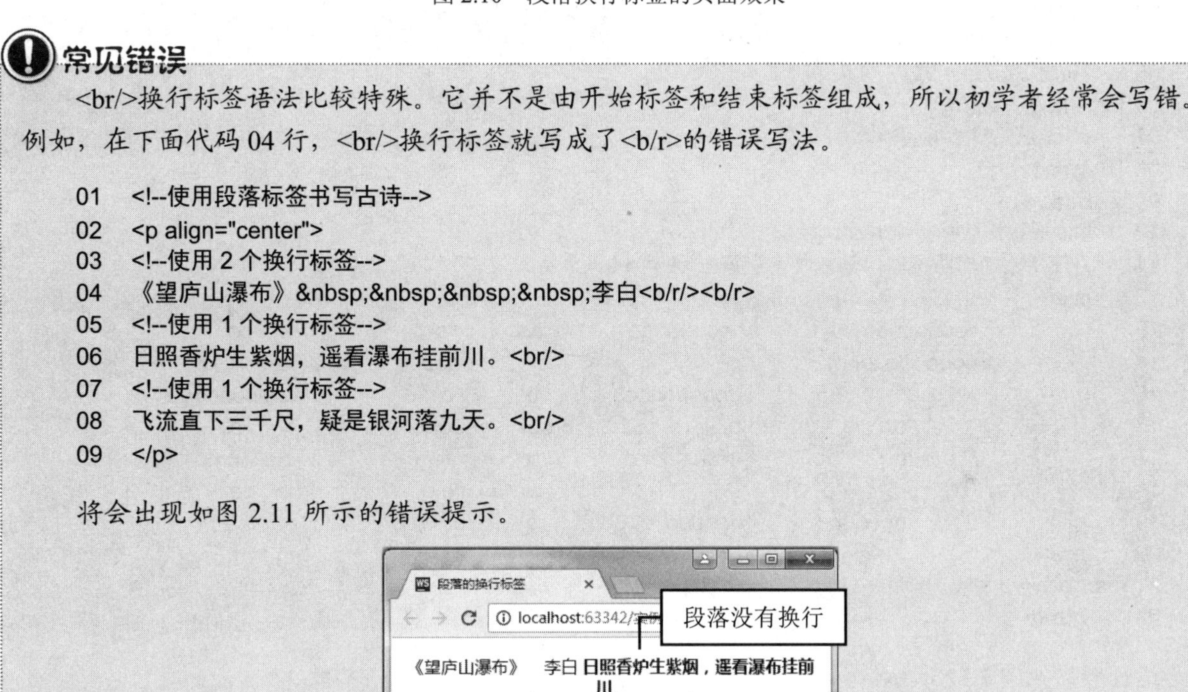

常见错误

换行标签语法比较特殊。它并不是由开始标签和结束标签组成，所以初学者经常会写错。例如，在下面代码 04 行，
换行标签就写成了<b/r>的错误写法。

```
01    <!--使用段落标签书写古诗-->
02    <p align="center">
03    <!--使用 2 个换行标签-->
04    《望庐山瀑布》    李白<b/r/><b/r>
05    <!--使用 1 个换行标签-->
06    日照香炉生紫烟，遥看瀑布挂前川。<br/>
07    <!--使用 1 个换行标签-->
08    飞流直下三千尺，疑是银河落九天。<br/>
09    </p>
```

将会出现如图 2.11 所示的错误提示。

图 2.11　结束标签漏加“/”出现的错误

2.3.3　段落的原格式标签

在网页制作中，一般是通过各种标签对文字进行排版的。但在实际应用中，往往需要一些特殊的排版效果，这样使用标签控制非常麻烦。解决的方法就是使用原格式标签进行排版，如空格、制表符等。原格式标签<pre>就可以解决这个问题。

语法格式如下。

```
<pre>
文本内容
</pre>
```

例 2.08 本实例利用<pre>原始排版标签，实现一个“元旦快乐”的字符画。<pre>原始排版标签，保留代码中的原始文字格式，利用此特性，可以通过键盘上的特殊符号绘制出多种多样的字符画效果。本实例中使用键盘上的 o 键，绘制了一个“元旦快乐”的字符画，可爱生动，表现力强，具体代码如下。（**实例位置：资源包\源码\02\2.08**）

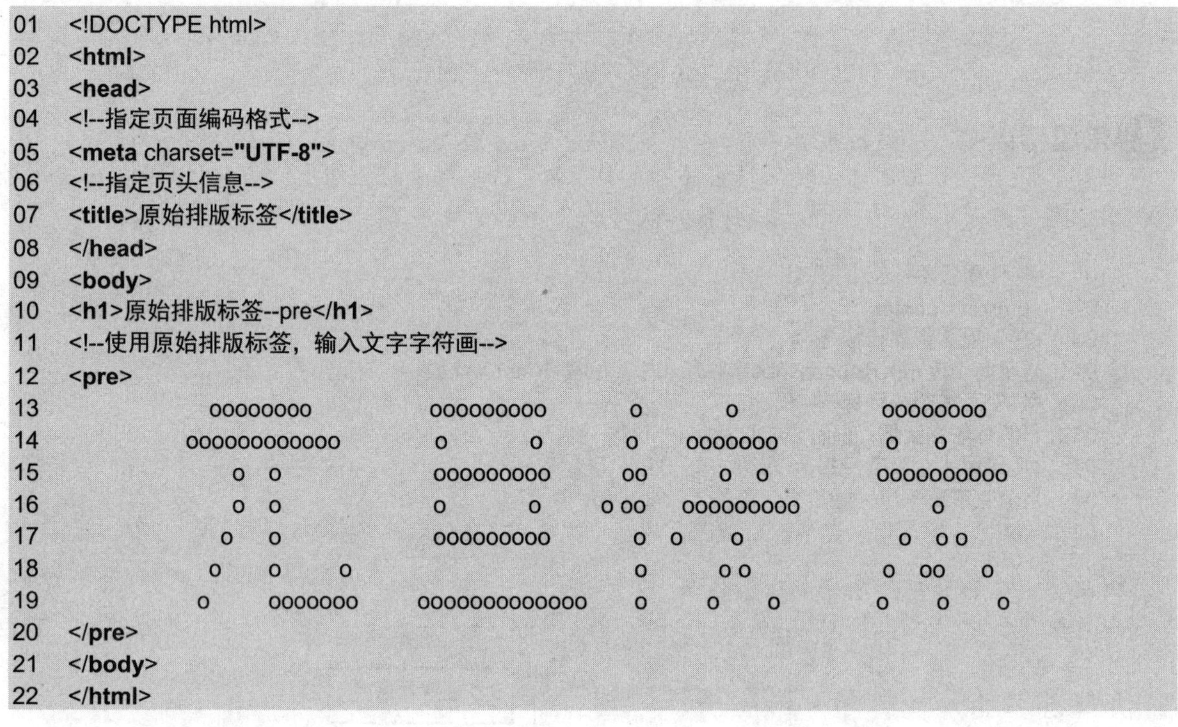

```
<!DOCTYPE html>
<html>
<head>
<!--指定页面编码格式-->
<meta charset="UTF-8">
<!--指定页头信息-->
<title>原始排版标签</title>
</head>
<body>
<h1>原始排版标签--pre</h1>
<!--使用原始排版标签，输入文字字符画-->
<pre>
              oooooooo          ooooooooo       o       o           oooooooo
            oooooooooooo         o       o      o    ooooooo         o   o
                o  o             ooooooooo      oo      o  o        oooooooooo
                o  o             o       o    o oo   ooooooooo          o
               o   o             ooooooooo      o  o    o             o  o o
             o     o     o                      o      o o          o  oo   o
            o     ooooooo      ooooooooooooo    o    o    o         o   o    o
</pre>
</body>
</html>
```

运行效果如图 2.12 所示。

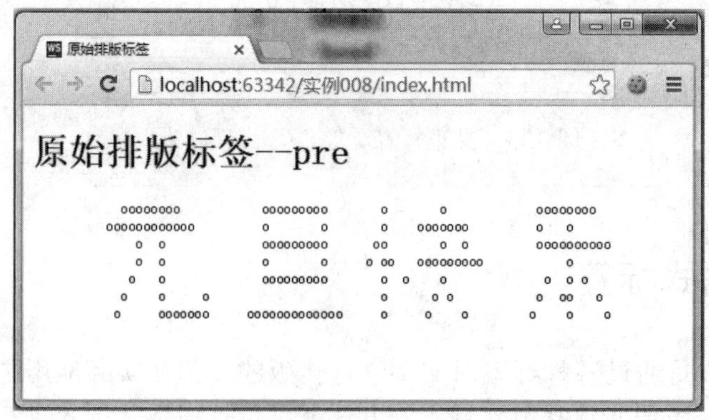

图 2.12 原始排版标签的页面效果

视频讲解

2.4 水 平 线

水平线用于段落与段落之间的分隔，使文档结构清晰明白，文字的编排更整齐。水平线自身具有很多属性，如宽度、高度、颜色、排列对齐等。在 HTML5 中经常会用到水平线，合理使用水平线可以获取非常好的页面装饰效果。一篇内容繁杂的文档，如果合理放置几条水平线，就会变得层次分明，便于阅读。

2.4.1 水平线标签

在 HTML5 中使用<hr>标签来创建一条水平线。水平线可以在视觉上将文档分割成各个部分。在网页中输入一个<hr>标签，就添加了一条默认样式的水平线。

语法格式如下。

```
<hr>
```

例 2.09 本实例使用<hr>水平线标签，实现一个果酱制作原料的列表清单。<hr>水平线标签，经常在段落之间进行提醒分组的作用来使用，同时，也可以使用<hr>水平线标签制作一些简单的列表清单，如餐厅菜单、食品原料等，具体代码如下。（**实例位置：资源包\源码\02\2.09**）

```
<!DOCTYPE html>
<html>
<head>
<!--指定页面编码格式-->
<meta charset="UTF-8">
<!--指定页头信息-->
<title>水平线标签</title>
</head>
<body>
<!--表示文章主题-->
<h1 align="center">果酱制作的材料准备</h1>
<!--使用水平线来画表格-->
<hr>
<p align="center">苹果         两颗</p>
<!--使用水平线来画表格-->
<hr/>
<p align="center">方形酥皮        四片</p>
<!--使用水平线来画表格-->
<hr/>
<p align="center">柠檬汁         一匙</p>
<!--使用水平线来画表格-->
<hr/>
<p align="center">砂糖         一匙</p>
<!--使用水平线来画表格-->
```

```
<hr/>
<p align="center">肉桂粉         适量</p>
<!--使用水平线来画表格-->
<hr/>
</body>
</html>
```

运行效果如图 2.13 所示。

图 2.13　使用水平线标签的页面效果

2.4.2　水平线标签的宽度

默认情况下，在网页中添加的水平线是 100%的宽度，而在实际创建网页时，可以对水平线的宽度进行设置。

语法格式如下。

```
<hr width="水平线宽度" >
```

在上面的语法中，水平线的宽度值可以是确定的像素值，也是可以窗口宽度值的百分比。

例 2.10　本实例利用<hr>水平线标签中的宽度属性，实现了一则微故事的页面文字装饰效果。首先使用<p>段落标签，将“故事是这样开始的：”文本内容放入。然后在<p>标签代码上方，添加<hr>水平线标签，并且添加 width 宽度属性，属性值为 120，具体代码如下。（**实例位置：资源包\源码\02\2.10**）

```
<!DOCTYPE html>
<html lang="en">
<head>
<!--指定页面编码格式-->
<meta charset="UTF-8">
```

```
<!--指定页头信息-->
<title>水平线的宽度、高度、颜色</title>
</head>
<body>
<!--设置水平线的宽度，居左-->
<hr width="120" align="left">
<p>故事是这样开始的:</p>
<!--使用段落标签，输入故事内容-->
<p align="center">
    当初看《简爱》的时候，哭得稀里哗啦
</p>
<p align="center">
    泪点在哪里呢？
</p>
<p align="center">
    我喜欢悲伤的故事
</p>
<p align="center">
    不喜欢悲伤的结局
</p>
<!--设置水平线的宽度，居右-->
<hr width="120" align="right">
<p align="right">故事就这样结束的<p>
</body>
</html>
```

运行效果如图 2.14 所示。

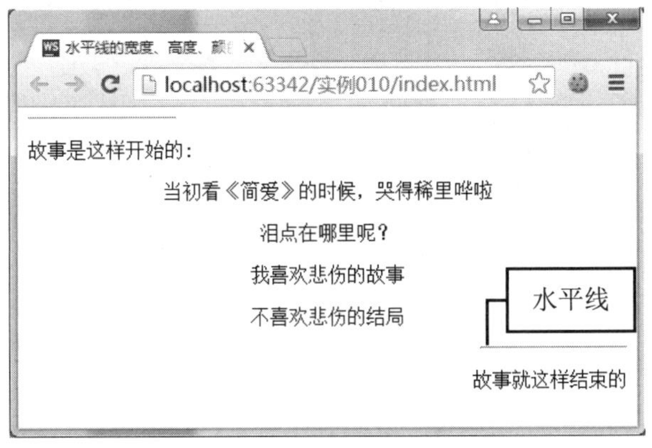

图 2.14　利用<hr>标签装饰文字

2.5　小　　结

本章介绍了网页文本中标题（标题标签和标题的对齐方式）的使用，文字（文字的斜体、下画线、删除线、文字的上标与下标和特殊文字符号）的调整，段落（段落标签、段落的换行标签和段落的原格式标签）的用法，水平线（水平线标签和水平线标签的宽度）的巧用。通过本章的学习，读者应该学会如何使用各种文本标签，灵活地进行网页文本的布局和装饰。

2.6 实　　战

2.6.1 实战一：实现一则天气预报

请试着利用<h1>、<h4>和<h5>标签，实现一则“天气预报”的消息发布。（**资源包\源码\02\实战\01**）

2.6.2 实战二：实现一则唐诗

试着利用 align 属性中的“居中”排版方式，完成一首唐诗的页面效果。（**资源包\源码\02\实战\02**）

2.6.3 实战三：实现商品打折清单

试着使用<strike>标签，完成一个“打折商品清单”的页面效果。（**资源包\源码\02\实战\03**）

2.6.4 实战四：实现一个人物字符画

试着使用特殊文字符号，发挥想象创意，完成一个人物的字符画。（**资源包\源码\02\实战\04**）

第 3 章

图像和超链接

（视频讲解：39 分钟）

万维网（World Wide Web）与其他网络类型（如 FTP）最大的不同就在于，它在网页上可呈现丰富的色彩及图像。用户可以在网页中放入自己的照片；也可以放入公司的商标；还可以把图像作为一个按钮来链接到另一个网页，这就让网页变得丰富多彩了。

学习摘要：

- **图像的基本格式**
- **设置图像属性**
- **链接标签**
- **图像的超链接**

视频讲解

3.1 添加图像

3.1.1 图像的基本格式

我们今天所看到的网页，越来越丰富多彩，是因为添加了各种各样的图像，对网页进行了美化。当前万维网上流行的图像格式以 GIF 及 JPEG 为主，另外还有一种 PNG 格式的图像文件，也越来越多地被应用于网络中。以下分别对这 3 种图像格式的特点进行介绍。

1. GIF 格式

GIF 格式采用 LZW 压缩，是以压缩相同颜色的色块来减少图像大小的。由于 LZW 压缩不会造成任何品质上的损失，而且压缩效率高，再加上 GIF 在各种平台上都可使用，所以很适合在互联网上使用，但 GIF 只能处理 256 色。

GIF 格式适合于商标、新闻式的标题或其他小于 256 色的图像。想要将图像以 GIF 的格式存储，可参考下面范例的方法。

LZW 压缩是一种能将数据中重复的字符串加以编码制作成数据流的一种压缩法，通常应用于 GIF 图像文件的格式。

2. JPEG 格式

对于照片之类全彩的图像，通常都以 JPEG 格式来进行压缩，也可以说，JPEG 格式通常用来保存超过 256 色的图像格式。JPEG 的压缩过程会造成一些图像数据的损失，所造成的“损失”是剔除了一些视觉上不容易觉察的部分。如果剔除适当，视觉上不但能够接受，而且图像的压缩效率也会提高，使图像文件变小；反之，剔除太多图像数据，则会造成图像过度失真。

3. PNG 格式

PNG 图像格式是一种非破坏性的网页图像文件格式，它提供了将图像文件以最小的方式压缩却又不造成图像失真的技术。它不仅具备了 GIF 图像格式的大部分优点，而且还支持 48-bit 的色彩，更快的交错显示，跨平台的图像亮度控制，更多层的透明度设置。

3.1.2 添加图像

有了图像文件之后，就可以使用 img 标记将图像插入网页中，从而达到美化页面的效果，其语法格式如下。

```
<img src="图像文件的地址">
```

src 用来设置图像文件所在的地址，这一路径可以是相对地址，也可以是绝对地址。

绝对地址就是主页上的文件或目录在硬盘上的真正路径，如路径“D:\mr\5\5-1.jpg”。使用绝对路径定位链接目标文件比较清晰，但是其有两个缺点：一是需要输入更多的内容；二是如果该文件被移动了，就需要重新设置所有的相关链接。例如，在本地测试网页时链接全部可用，但是到了网上就不可用。

相对地址是最适合网站的内部文件引用的。只要是属于同一网站之下的，即使不在同一个目录下，相对地址也非常适用。只要是处于站点文件夹之内，相对地址可以自由地在文件之间构建链接。这种地址形式利用的是构建链接的两个文件之间的相对关系，不受站点文件夹所处服务器位置的影响。因此这种书写形式省略了绝对地址中的相同部分。这样做的优点是：站点文件夹所在服务器地址发生改变时，文件夹的所有内部文件地址都不会出问题。

相对地址的使用方法如下。

- ☑ 如果要引用的文件位于该文件的同一目录下，则只需输入要链接文档的名称，如 5-2.jpg。
- ☑ 如果要引用的文件位于该文件的下一级目录中，只需先输入目录名，然后加“/”，再输入文件名，如 mr/5-2.jpg。
- ☑ 如果要引用的文件位于该文件的上一级目录中，则先输入“../”，再输入目录名和文件名，如../mr/5-2.jpg。

例 3.01　在 HTML 页面中，分别通过<h2>标签添加网页的标题，然后分别使用<p>标签和<img>标签添加文本和图片，实现五子棋的游戏简介，具体代码如下。（**实例位置：资源包\源码\03\3.01**）

```
<body>
<!--插入五子棋游戏的文字简介-->
<h2 align="center">五子棋游戏简介</h2>
<p>  《五子棋》是由明日科技研发的一款老少皆宜的休闲类棋牌游戏。其起源于中国古代传统的黑白棋中之一，玩起来妙趣横生，引人入胜，不仅能增强思维能力，而且可以富含哲理，有助于修身养性。</p>
游戏规则：
<p>  玩游戏时，既可以随机匹配玩家，也可以与朋友对弈，或者无聊时选择人机对弈。画面简单大方。游戏中，最先在棋盘的横向、纵向或斜向形成连续的相同的五个棋子的一方为胜。</p>
<!--插入五子棋的游戏图片，并且设置水平间距为 180 像素-->
<img src="img/wuzi.png" alt="" hspace="180">
</body>
```

编辑完代码后，在浏览器中运行代码，显示页面效果如图 3.1 所示。

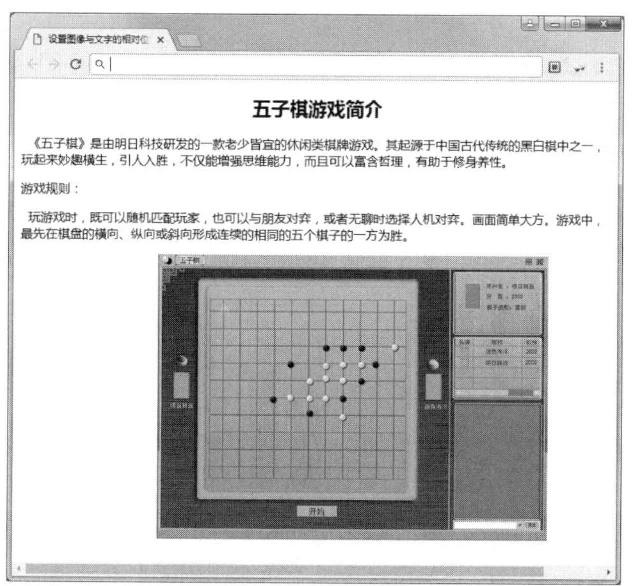

图 3.1　插入图片的效果

3.2 设置图像属性

3.2.1 图像大小与边框

在网页中直接插入图片时，图像的大小和原图是相同的，而在实际应用时可以通过各种图像属性的设置调整图像的大小、分辨率等内容。

1．调整图像大小

在<img>标签中，通过 height 属性和 width 属性可以设置图片显示的高度和宽度，其语法格式如下。

```
<img src="图像文件的地址" height="" width="">
```

☑ height：用于设置图像的高度，单位是像素，可以省略。

☑ width：用于设置图像的宽度，单位是像素，可以省略。

说明

设置图片大小时，如果只设置了高度或宽度，则另一个参数会按照相同比例进行调整；如果同时设置两个属性，且缩放比例不同的情况下，图像很可能会变形。

2．设置图像边框——border

在默认情况下，页面中插入的图像是没有边框的，但是可以通过 border 属性为图像添加边框，其语法格式如下。

```
<img src="图像文件的地址" border="">
```

其中，border 用于设置图片边框的大小，单位是像素。

例 3.02　在商品详情页面中添加两张手机图片，其中，一张设置宽高为 350 像素，另一张设置宽高为 50 像素，并为其添加边框，其代码如下。（**实例位置：资源包\源码\03\3.02**）

```
<body>
<div class="mr-content">
    <!--添加第一张图片，并且设置图片没有边框-->
<img src="images/img.jpg" alt="" height="350" width="350" border="0"><br/>
    <!--添加第二张图片，并且设置图片边框大小为 2 像素-->
<img src="images/img.jpg" alt="" height="50" width="50" border="2">
</div>
</body>
```

编辑完代码后，在浏览器中运行代码，显示页面效果如图 3.2 所示。

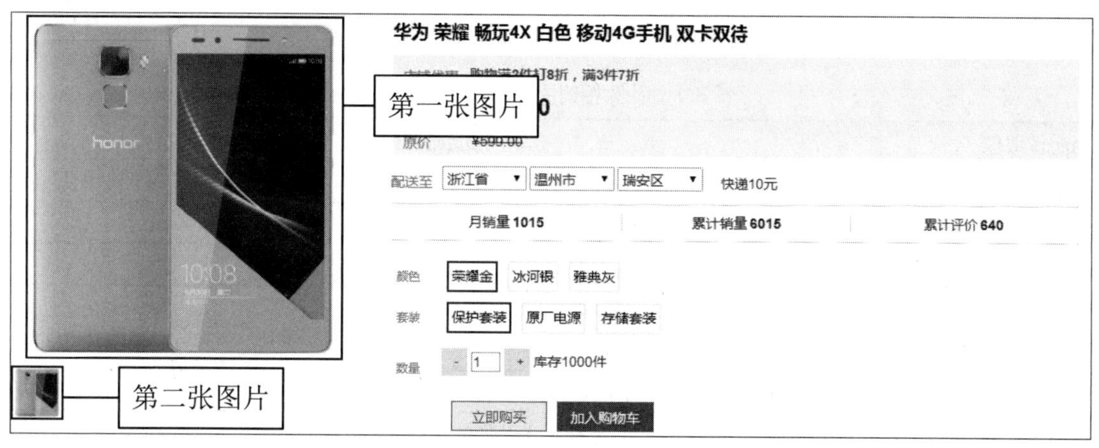

图 3.2　设置图像的边框[①]

说明

在实例 3.02 中，运用了<div>标签，<div>标签是 HTML 中一种常用的块级元素，使用它可以在 CSS3 中方便地设置其宽高以及内外边距等样式。另外，本实例还运用 CSS3 给页面添加背景图片、设置页面内容居中，关于 CSS3 的具体知识在第 4 章会有所讲述，本实例的具体 CSS3 代码请参照资源包中源码。

3.2.2　图像间距与对齐方式

HTML5 不仅有用于添加图像的标签，而且还可以调整图像在页面中的间距和对齐方式，从而改变图像的位置。

1．调整图像间距

如果不使用
标签或者<p>标签进行换行显示，那么添加的图像会紧跟在文字之后。但是，通过 hspace 和 vspace 属性可以调整图像与文字之间的距离，使文字和图像的排版不那么拥挤，看上去会更加协调，其语法格式如下。

```
<img src="图像文件的地址"hspace="" vspace="">
```

☑　hspace：用于设置图像的水平间距，单位是像素，可以省略。
☑　vspace：用于设置图像的垂直间距，单位是像素，可以省略。

2．设置图像相对于文字基准线的对齐方式

图像和文字之间的排列通过 align 参数来调整。其对齐方式可分为两类，即绝对对齐和相对文字对齐方式，绝对对齐方式包括左对齐、右对齐和居中对齐 3 种，而相对文字对齐方式则是指图像与一行文字的相对位置，其语法格式如下。

```
<img src="图像文件的地址" align="相对文字的对齐方式">
```

① 书中手机图片仅作为案例演示使用，没有考虑具体手机名称，后文不再赘述。

在该语法中，align 的取值如表 3.1 所示。

表 3.1　图像相对文字的对齐方式

align 取值	表示的含义
top	把图像的顶部和同行的最高部分对齐（可能是文本的顶部，也可能是图像的顶部）
middle	把图像的中部和行的中部对齐（通常是文本行的基线，并不是实际行的中部）
bottom	把图像的底部和同行文本的底部对齐
absmiddle	把图像的中部和同行中最大项的中部对齐
baseline	把图像的底部和文本的基线对齐
absbottom	把图像的底部和同行中的最低项对齐
left	使图像和左边界对齐（文本环绕图像）
right	使图像和右边界对齐（文本环绕图像）

例 3.03　在头像选择页面，插入两行供选择的头像图片，并且设置图像与同行文字的中部对齐，代码如下。（**实例位置：资源包\源码\03\3.03**）

```
<body>
    <h3>请选择您喜欢的头像：</h3>
     <hr size="2" />
     <!--在插入的两行图片中，分别设置图片的对齐方式为 middle-->
     第一组人物头像<img src="images/01.gif" border="1" align="middle"/>
                   <img src="images/02.gif" border="1" align=" middle "/>
                   <img src="images/03.gif" border="1" align=" middle "/>
                   <img src="images/04.gif" border="1" align=" middle "/>
     <br /><br />
     第二组人物头像<img src="images/8.gif" border="1" align="middle"/>
                   <img src="images/9.gif" border="1" align=" middle "/>
                   <img src="images/10.gif" border="1"align=" middle "/>
                   <img src="images/11.gif" border="1"align=" middle "/>
</body>
```

编辑完代码后，在浏览器中运行代码，显示页面效果如图 3.3 所示。

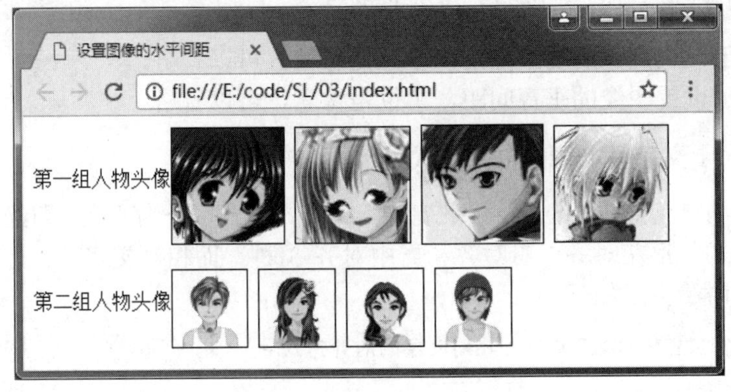

图 3.3　设置图像的水平间距

3.2.3　替换文本与提示文字

在 HTML 中，可以通过为图像设置替换文本和替换文字来添加提示信息，其中，提示文字在鼠标悬停在图像上时显示，而替换文本是在图像无法正常显示时显示，用以告知用户这是一张什么图片。

1．添加图像的提示文字——title

通过 title 属性可以为图像设置提示文字。当浏览网页时，如果图像下载完成，鼠标放在该图像上，鼠标旁边会出现提示文字。也就是说，当鼠标指向图像上方时，稍等片刻，可以出现图像的提示性文字，用于说明或者描述图像，其语法格式如下。

```
<img src="图像文件的地址" title="">
```

其中，title 后面的双引号中的内容为图像的提示文字。

2．添加图像的替换文字——alt

如果图片由于下载或者路径的问题无法显示时，可以通过 alt 属性在图片的位置显示定义的替换文字，其语法格式如下。

```
<img src="图像文件的地址" alt="">
```

其中，alt 后面的双引号中的内容为图像的替换文本。

说明

在上面语法中，提示文字和替换文本的内容可以是中文的，也可以是英文的。

例 3.04　在五子棋游戏简介页面中，为图片添加提示文字与替换文本，代码如下。（**实例位置：资源包\源码\03\3.04**）

```
<body>
<h2 align="center">五子棋游戏简介</h2>
<p>  《五子棋》是由明日科技研发的一款老少皆宜的休闲类棋牌游戏。其起源于中国古代传
    统的黑白棋中之一，玩起来妙趣横生，引人入胜，不仅能增强思维能力，而且可以富含哲理，有助于修
    身养性。</p>
游戏规则：
<p>  玩游戏时，既可以随机匹配玩家，也可以与朋友对弈，或者无聊时选择人机对弈。画面
    简单大方。游戏中，最先在棋盘的横向、纵向或斜向形成连续的相同的五个棋子的一方获胜。</p>
<!--插入五子棋的游戏图片，并且分别设置其提示文字和替换文本-->
<img src="img/gamehall.jpg" alt="游戏大厅" title="欢迎进入五子棋游戏大厅" hspace="50"
align="top">
<img src="img/welcome.png" alt="五子棋欢迎界面" title="欢迎体验五子棋游戏" height="400">
</body>
```

编辑完代码后，在浏览器中运行代码，页面效果如图 3.4 所示，左边图片由于图片格式错误，无法正常显示，所以图片位置显示替换文本“游戏大厅”，而鼠标放置在第二张图片时，图片上会显示提示文字“欢迎体验五子棋游戏”。

图 3.4　设置图片替换文本和提示文字

视频讲解

3.3　链接标签

链接（link），全称为超文本链接，也称为超链接，是 HTML 的一个很强大和非常有价值的功能。它可以实现将文档中的文字或者图像与另一个文档、文档的一部分或者一幅图像链接在一起。一个网站是由多个页面组成的，页面之间依据链接确定相互的导航关系。当在浏览器中用鼠标单击这些对象时，浏览器可以根据指示载入一个新的页面或者转到页面的其他位置。常用的链接分为文本链接和书签链接。下面具体介绍这两种链接的使用方法。

3.3.1　文本链接

在网页中，文本链接是最常见的一种。它通过网页中的文件和其他的文件进行链接，语法格式如下。

```
<a href="" target="">链接文字</a>
```

☑ href：为链接地址，是 Hypertext Reference 的缩写。

☑ target：为打开新窗口的方式，主要有以下 4 个属性值。

- _blank：新建一个窗口打开。
- _parent：在上一级窗口打开，常在分帧的框架页面中使用。
- _self：在同一窗口打开，默认值。
- _top：在浏览器的整个窗口打开，将会忽略所有的框架结构。

在该语法中，链接地址可以是绝对地址，也可以是相对地址。

例 3.05　在页面中添加文字导航和图像，并且通过<a>标签为每个导航栏添加超链接，代码如下。（**实例位置：资源包\源码\03\3.05**）

```
<div class="mr-cont">
    <img src="img/logo.png" alt="51 购商城">   
    <a href="#">首页</a>   
    <a href="link.html" target="_blank">手机酷玩</a>   
    <a href="link.html"target="_blank">精品抢购</a>   
    <a href="link.html"target="_blank">手机配件</a><br>
    <img src="img/ban.jpg" alt="">
</div>
```

完成代码编辑后，在浏览器中运行，显示页面效果如图 3.5 所示，当单击“手机酷玩”“精品抢购”“手机配件”时，页面会跳转到 51 购商城的欢迎界面，如图 3.6 所示。

图 3.5　51 购商城导航页面

图 3.6　单击超链接后的跳转页面

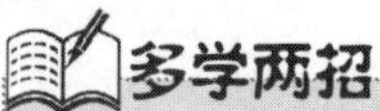

在填写链接地址时，为了简化代码和避免文件位置改变而导致链接出错，一般使用相对地址。

3.3.2 书签链接

在浏览页面时，如果页面的内容较多，页面过长，浏览时需要不断地拖曳滚动条，很不方便，如果要寻找特定的内容，就更加不方便。这时如果能在该网页或另一个页面上建立目录，浏览者只要单击目录上的项目就能自动跳到网页相应的位置进行阅读，这样无疑是最方便的事，并且还可以在页面中设定诸如“返回页首”之类的链接。这就称为书签链接。

建立书签链接分为两步，一是建立书签，二是为书签制作链接。

例 3.06　在网页中添加书签链接，单击文字时，页面跳转到相应位置。其实现过程如下。（**实例位置：资源包\源码\03\3.06**）

（1）建立书签。分别为每一版块的位置后面的文字（例如“华为荣耀”“华为 p8”等）建立书签，部分代码如下。

```
<div class="mr-txt">
<h3> 位置：<a name="rongyao">华为荣耀</a><a href="#top">>>回到顶部</a></h3>
<div class="mr-phone rongyao">
    <div class="mr-pic"><img src="images/ry1.jpg" alt=""></div>
    <div class="mr-pic"><img src="images/z5.jpg" alt=""></div>
    <div class="mr-pic"><img src="images/z7.jpg" alt=""></div>
    <div class="mr-pic"><img src="images/ry4.jpg" alt=""></div>
    <div class="mr-pic"><img src="images/ry5.jpg" alt=""></div>
    <div class="mr-pic"><img src="images/ry6.jpg" alt=""></div>
    <div class="mr-pic"><img src="images/ry7.jpg" alt=""></div>
    <div class="mr-pic"><img src="images/ry8.jpg" alt=""></div>
</div>
<h3 class="local"> 位置：<a name="mate8">华为 mate8<a href="#top">>>回到顶部</a></h3>
<div class="mr-phone mate8">
    <div class="mr-pic"><img src="images/mate81.jpg" alt=""></div>
    <div class="mr-pic"><img src="images/mate82.jpg" alt=""></div>
    <div class="mr-pic"><img src="images/mate89.jpg" alt=""></div>
    <div class="mr-pic"><img src="images/mate84.jpg" alt=""></div>
    <div class="mr-pic"><img src="images/mate85.jpg" alt=""></div>
    <div class="mr-pic"><img src="images/mate86.jpg" alt=""></div>
    <div class="mr-pic"><img src="images/mate87.jpg" alt=""></div>
    <div class="mr-pic"><img src="images/mate88.jpg" alt=""></div>
</div>
<h3 class="local"> 位置：<a name="huaweip8">华为 p8</a><a href="#top">>>回到顶部
    </a></h3>
```

（2）给在网页导航部分的书签建立链接，代码如下。

```
<div class="mr-top">
    <a name="top"><div class="mr-nav">
```

```
            <ul>
                <li><a href="#rongyao">华为荣耀</a></li>
                <li><a href="#mate8">华为 mate8</a></li>
                <li><a href="#huaweip8">华为 p8</a></li>
                <li><a href="#huawei5c">华为 5a</a></li>
                <li><a href="#huaweig9">华为 g9</a></li>
            </ul>
        <img class="mr-banner"src="images/1.jpg"width='945' height="430"></a>
        </div>
    </div>
```

完成代码编辑后，在浏览器中打开文件，显示页面如图 3.7 所示，当单击上面的“华为荣耀”“华为 mate8”等文字时，页面会跳转到相应位置。

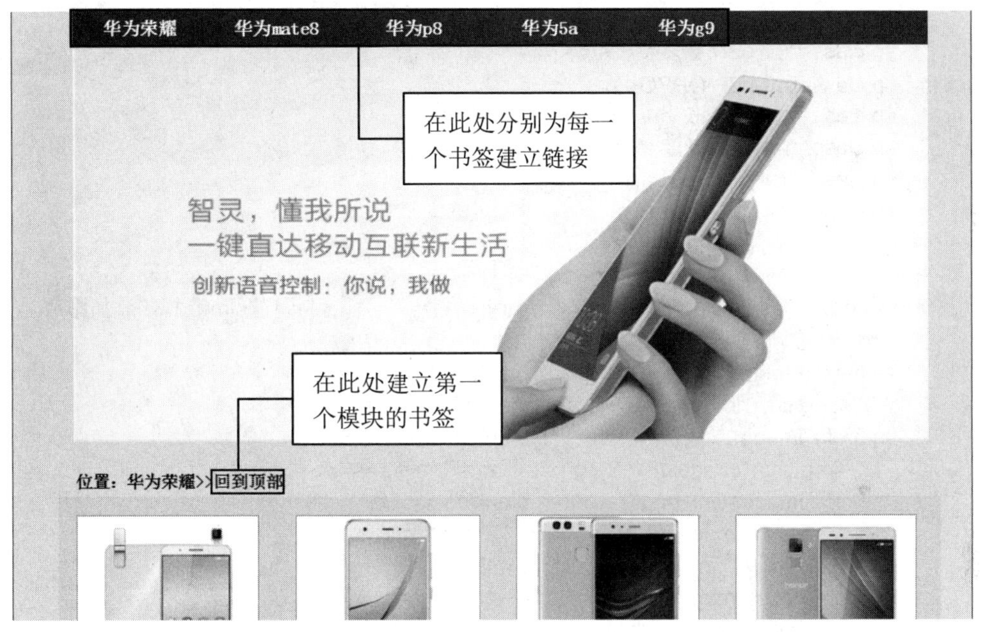

图 3.7　实现在 51 商城手机页面中添加书签链接

说明

本实例中使用了 CSS 样式，有关 CSS 的学习，请参照第 4 章。另外，上述代码省略了实例中添加第二、三版块手机图片的代码，详细代码，请参照资源包中的源码。

3.4　图像的超链接

3.4.1　图像的基本链接

对于给整个一幅图像文件设置超链接来说，实现的方法比较简单，其实现的方法与文本链接类似，其语法格式如下。

```
<a href="链接地址" target="目标窗口的打开方式"><img src="图像文件的地址"></a>
```

在上面的语法中，href 参数用来设置图像的链接地址，而在图像属性中可以添加图像的其他参数，如 height、border、hspace 等。

例 3.07 新建一个 HTML 文件，应用<img>标签添加 5 张手机图片，并为其设置图像的超链接，然后再应用<img>标签添加 5 张购物车图标，代码如下。（**实例位置：资源包\源码\03\3.07**）

```
<div id="mr-content">
    <div class="mr-top">
        <h2>手机</h2>                                    <!--通过<h2>标签添加二级标题-->
        <p class="mr-p1">手机风暴</p>                     <!--通过<p>标签添加文字-->
        <p class="mr-p2">></p>
        <p class="mr-p2">更多手机</p>
        <p class="mr-p2">OPPO</p>
        <p class="mr-p2">联想</p>
        <p class="mr-p2">魅族</p>
        <p class="mr-p2">乐视</p>
        <p class="mr-p2">荣耀</p>
        <p class="mr-p2">小米</p>
    </div>
    <img src="images/8-1.jpg" alt="" class="mr-img1">       <!--通过<img>标签添加图片-->
    <div class="mr-right">
        <a href="images/link.png" target="_blank">
            <img src="images/8-1a.jpg" alt="" att="a"></a>
        <a href="images/link.png" target="_blank">
            <img src="images/8-1b.jpg" alt="" att="b"></a><br/>
        <a href="images/link.png" target="_blank">
            <img src="images/8-1c.jpg" alt="" att="c"></a>
        <a href="images/link.png" target="_blank">
            <img src="images/8-1d.jpg" alt="" att="d"></a>
        <a href="images/link.png" target="_blank">
            <img src="images/8-1e.jpg" alt="" att="e"></a>
        <img src="images/8-1g.jpg" alt="" class="mr-car1">
        <img src="images/8-1g.jpg" alt="" class="mr-car2">
        <img src="images/8-1g.jpg" alt="" class="mr-car3">
        <img src="images/8-1g.jpg" alt="" class="mr-car4">
        <img src="images/8-1g.jpg" alt="" class="mr-car5">
        <p class="mr-price1">OPPO R9 Plus<br/><span>3499.00</span></p>
        <p class="mr-price2">vivo Xplay6<br/><span>4498.00</span></p>
        <p class="mr-price3">Apple iPhone 7<br/><span>5199.00</span></p>
        <p class="mr-price4">360 NS4<br/><span>1249.00</span></p>
        <p class="mr-price5">小米 Note4<br/><span>1099.00</span></p>
    </div>
</div>
```

编辑完代码后，在浏览器中打开文件，可以看到如图 3.8 所示的页面。单击手机图片，页面将会跳转到一张展示商品详情的图片，如图 3.9 所示。

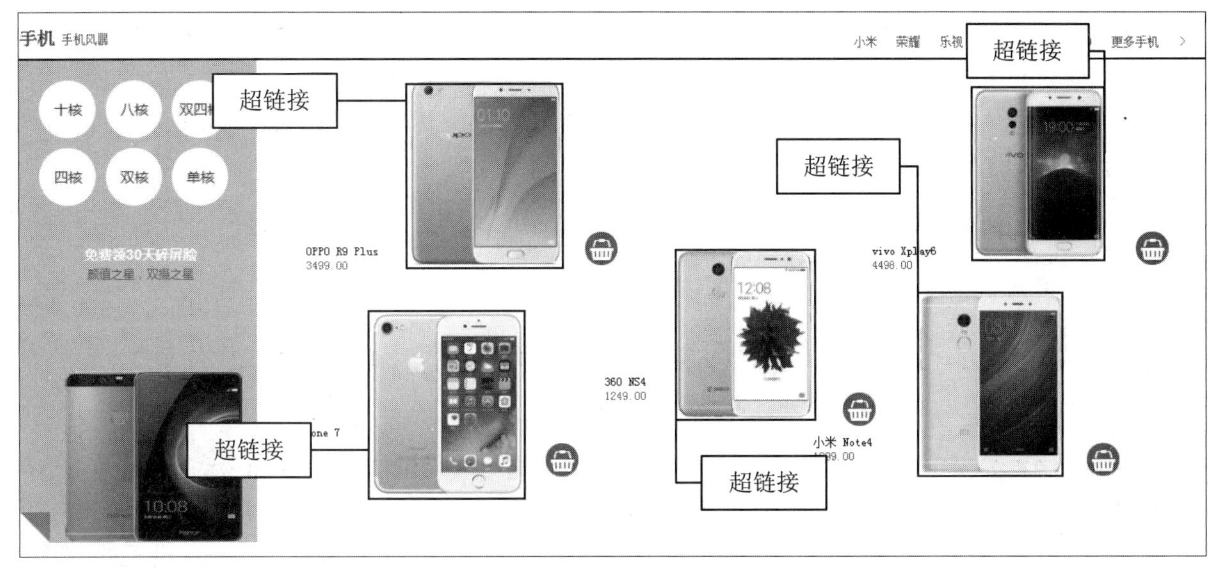

图 3.8　商品展示页面的效果

图 3.9　跳转后的商品详情页面

说明

本实例中使用了 CSS3 样式，有关 CSS3 的学习，请参照第 4 章。

3.4.2　图像热区链接

除了对整个图像进行超链接的设置外，还可以将图像划分成不同的区域进行链接设置。而包含热区的图像也可以称为映射图像。

为图像设置热区链接时，大致需要经过以下两个步骤。

首先需要在图像文件中设置映射图像名。在添加图像的<img>标签中使用 usemap 属性添加图像要引用的映射图像的名称，语法格式如下。

```
<img src="图像地址" usemap="映射图像名称">
```

然后需要定义热区图像以及热区的链接，语法格式如下。

```
<map name="映射图像名称">
        <area shape="热区形状" coords="热区坐标" href="链接地址" />
</map>
```

在该语法中，要先定义映射图像的名称，然后再引用这个映射图像。在<area>标签中定义了热区的位置和链接，其中 shape 用来定义热区形状，可以取值为 rect（矩形区域）、circle（圆形区域）以及 poly（多边形区域）；coords 参数则用来设置区域坐标，对于不同形状来说，coords 设置的方式也不同。

- ☑ 对于矩形区域 rect 来说，coords 包含 4 个参数，分别为 left、top、right 和 bottom，也可以将这 4 个参数看作矩形两个对角的点坐标。
- ☑ 对于圆形区域 circle 来说，coords 包含 3 个参数，分别为 center-x、center-y 和 tadius，也可以看作是圆形的圆心坐标（x,y）与半径的值。
- ☑ 对于多边形区域 poly 设置坐标参数比较复杂，跟多边形的形状息息相关。coords 参数需要按照顺序（可以是逆时针，也可以是顺时针）取各个点的 x、y 坐标值。由于定义坐标比较复杂而且难以控制，一般情况下都使用可视化软件进行这种参数的设置。

例 3.08 新建一个 HTML 文件，然后使用<img>标签添加图片，并且为图像添加热区链接，其代码如下。（**实例位置：资源包\源码\03\3.08**）

```
<div id="mr-cont">
    <img class="addr" src="img/big.png" usemap="mr-hotpoint" />
    <map name="mr-hotpoint">
        <area shape="rect" coords="45,126,143,203" href="img/ad.jpg" title="电脑精装" target="_blank"/>
        <area shape="rect"coords="410,80,508,174" href="img/ad4.png" title="常用家电" target="_blank" />
        <area shape="rect" coords="30,250,130,350" href="img/ad1.png" title="手机数码" target="_blank"   />
        <area shape="rect" coords="430,224,528,318" href="img/ad3.png"title="鲜货直达"target="_blank"/>
    </map>
</div>
```

编辑完代码后，在浏览器中运行文件，可以看到打开的页面中包含一张图片，如图 3.10 所示。当单击图片的“电脑精装”的彩色会话框时，页面会跳转至一张电脑图片，如图 3.11 所示。

说明

单击图像中的其他 3 个彩色会话框，页面将会跳转到对应的图片。本实例就不一一展示了。

图 3.10　图像热区链接页面的效果

图 3.11　单击热区链接的跳转页面

3.5　小　　结

本章着重讲解图片和超链接的使用。其中，图像是丰富多彩的网页必不可少的元素之一，本章主要讲解了如何在 HTML 中添加图像，并且对图像进行相关的设置。另外，链接也是网页必不可少的元素之一，它能完成各个页面之间的跳转，实现文档互联。

3.6 实　　战

3.6.1 实战一：显示图书封面

利用图像实现图书展示功能，即在页面中显示图书封面，如图 3.12 所示。（**资源包\源码\03\实战\01**）

图 3.12　显示图书封面

3.6.2 实战二：制作商品评价页面

制作一个商品评价页面，设置图片的提示文字为商品的相关信息。（**资源包\源码\03\实战\02**）

3.6.3 实战三：制作抽奖页面

制作抽奖效果，单击页面中的开始抽奖时，页面跳转到未中奖的页面。（**资源包\源码\03\实战\03**）

第 4 章

CSS3 概述

（视频讲解：1 小时 6 分钟）

CSS（Cascading Style Sheet，层叠样式表）是早在几年前就问世的一种样式表语言，至今还没有完成所有规范化草案的制订。虽然最终的、完整的、规范权威的CSS3 标准还没有尘埃落定，但是各主流浏览器已经开始支持其中的绝大部分特性。如果想成为前卫的高级网页设计师，那么就应该从现在开始积极去学习和实践，本章将对 CSS3 的新特性、CSS3 的常用属性，以及常用的几种 CSS3 选择器进行详细讲解。

学习摘要：

- CSS 的发展史
- CSS3 中的选择器
- CSS3 中的常用属性

4.1 CSS3 概述

本节为了解性内容，主要为大家介绍 CSS 的发展历史，并且通过举例向大家演示 CSS 的基本语法。而 CSS 的具体使用，在后面的小节会有具体介绍。

4.1.1 CSS 的发展史

CSS（Cascading Style Sheet，层叠样式表）是一种网页控制技术，采用 CSS 技术，可以有效地对页面布局、字体、颜色、背景和其他效果实现更加精准的控制。网页最初是用 HTML 标签定义页面文档及格式，例如标题标签<h1>、段落标签<p>等，但是这些标记无法满足更多的文档样式需求。为了解决这个问题，W3C 在 1997 年颁布 HTML4 标准的同时，也公布了 CSS 的第一个标准 CSS1。自 CSS1 版本之后，又在 1998 年 5 月发布了 CSS2 版本，在这个样式表中开始使用样式表结构。又过了 6 年，也就是 2004 年，CSS2.1 正式推出。它在 CSS2 的基础上略微做了改动，删除了许多诸如 text-shadow 等不被浏览器所支持的属性。

然而，现在所使用的 CSS3 基本上是在 1998 年推出的 CSS2 的基础上发展而来的。10 年前在 Internet 刚开始普及时，就能够使用样式表来对网页进行视觉效果的统一编辑，确实是一件可喜的事情。但是在这 10 年间 CSS 的版本可以说是基本上没有什么很大的变化，一直到 2010 年终于推出了一个全新的版本——CSS3。

与 CSS 以前的版本相比较，CSS3 的变化是革命性的，而不是仅限于局部功能的修订和完善。尽管 CSS3 的一些特性还不能被很多浏览器支持，或者说支持得还不够好，但是它依然让我们看到了网页样式的发展方向和使命。

4.1.2 一个简单的 CSS 示例

简单地说，CSS3 通过几行代码就可以实现很多以前需要使用脚本才能实现的效果，这不仅简化了设计师的工作，而且还能加快页面载入速度，其语法格式如下。

```
selector {property:value}
```

☑ selector：选择器。CSS 可以通过某种选择器选中想要改变样式的标签。

☑ property：希望改变的该标签的属性。

☑ value：该属性的属性值。

下面通过实现添加页面背景以及设置文字阴影来演示 CSS 的使用过程，示例效果如图 4.1 所示。

首先建立一个 HTML 文件，在 HTML 文件中通过添加标签，以完成页面的基本内容，具体代码如下。

```
<div class="mr-box">
    <div class="mr-shadow"><font>无可辨</font> “薄” </div>
    <div class="mr-shadow1">薄，<font>是仅 13 毫米，1.1kg 才有的意境</font></div>
</div>
```

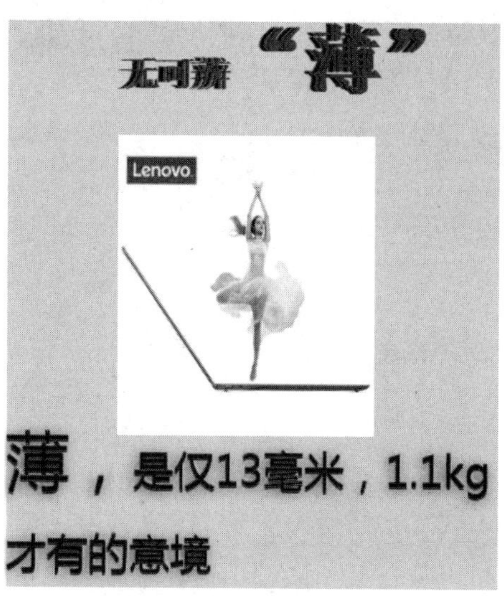

图 4.1　添加文字阴影和定位背景图片

然后建立一个 CSS 文件夹，这里，先讲解如何创建一个 CSS 文件。首先，进入 JetBrains WebStorm，如图 4.2 所示，在主菜单中选择 File→New 命令。进入新建文件类型选择页面如图 4.3 所示，然后在新建文件类型选择页面选择 Stylesheet 命令，页面跳转至编辑文件名称页面，如图 4.4 所示。

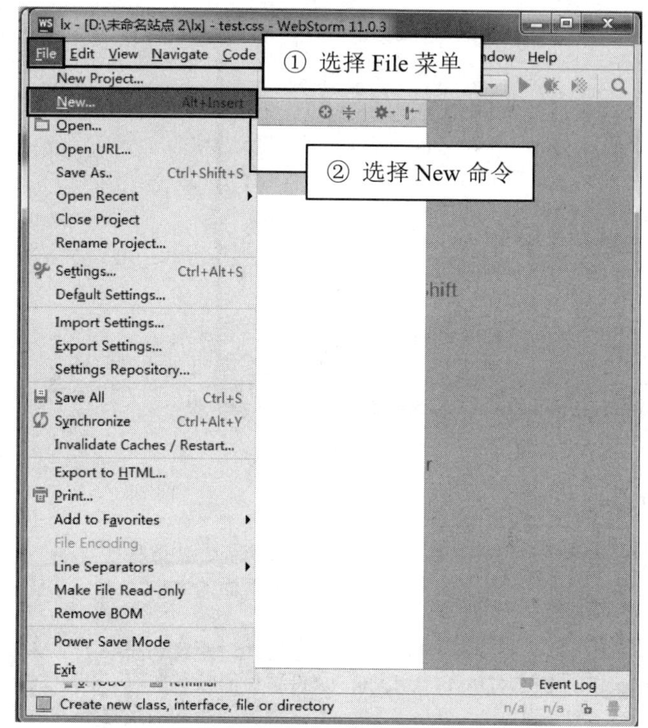

图 4.2　JetBrains WebStorm 主窗口图

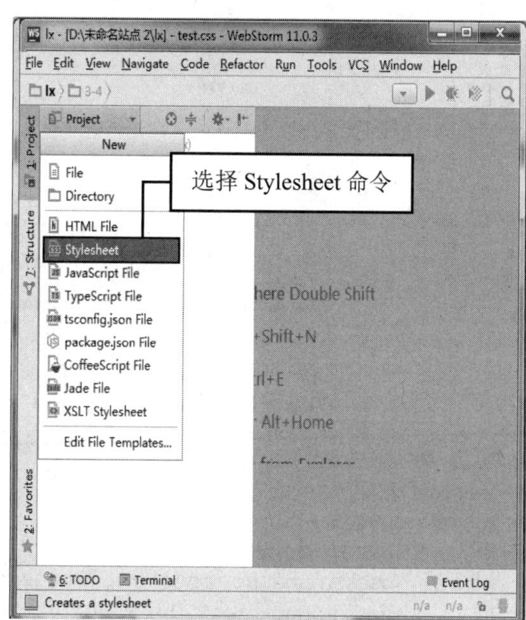

图 4.3　新建文件类型选择页面

在编辑 CSS 文件名称页面的 Name 一栏中，输入文件的名称，然后单击 OK 按钮，页面跳转至如图 4.5 所示的页面，此时一个 CSS 文件已经创建完成。

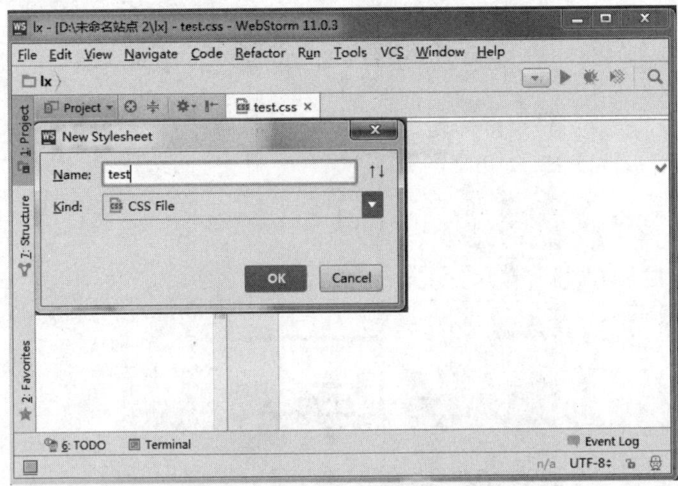

图 4.4　CSS 文件命名页面

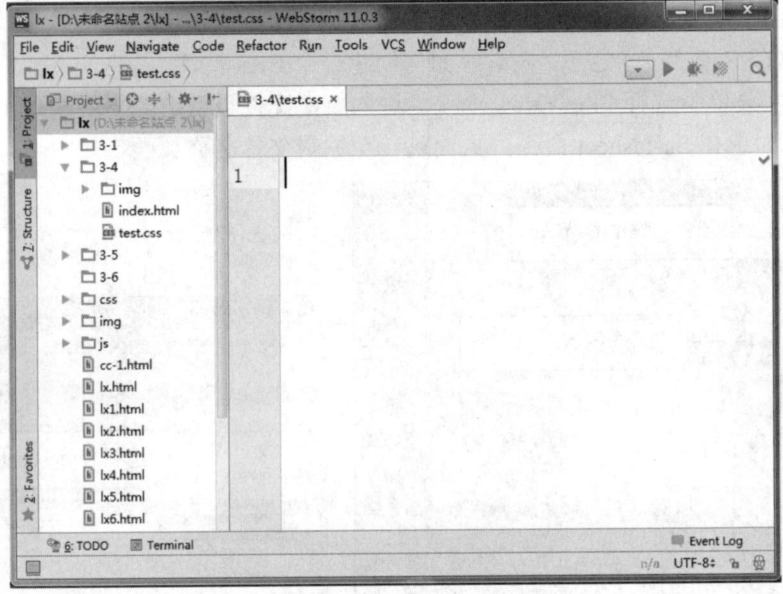

图 4.5　CSS 文件页面

建立 CSS 文件以后，在如图 4.5 所示的代码编辑区输入如下代码即可。

```
.mr-box{                                                            /*设置页面的总体样式*/
    width: 421px;                                                   /*设置页面的大小*/
    height: 480px;
    margin: 0 auto;                                                 /*左右外边距自动居中*/
    background: no-repeat url(../images/1.jpg)  #E0D4D4 47% 43%;   /*设置页面背景*/
    background-size: 220px 254px;                                   /*设置页面背景的尺寸*/
}
/*设置第一部分文字的样式*/
.mr-shadow {
    margin-left:100px;                                              /*设置文字的左边距*/
```

```
    color: #dc1844;                                              /*设置文字颜色*/
    font: 900 64px/64px sans-serif;                              /*设置文字的粗细、大小、字体*/
    /*设置文字的阴影，参数含义分别是水平方向位移、垂直方向位移、阴影宽度、阴影颜色*/
    text-shadow: -1px 0 0 #0a0a0a, -4px 0 0 #6f3b7b, -6px 0 0 #080808, -8px 0 0 #121ff1;
}
.mr-shadow font{
    font-size: 30px;
    }
.mr-shadow1 {                                                    /*设置第二部分文字样式*/
    color: #6C0305;                                              /*设置文字颜色*/
    margin-top: 264px;                                           /*设置向上的外边距*/
    font: 100 54px/64px '黑体';
    text-shadow: 0 -1px 0 #ca3636,0 2px 0 #ea1414,2px -2px 1px #c3d259,-2px 2px 15px #674242;
    }
.mr-shadow1 font{
    font-size: 35px;
}
```

最后，用户需要将 CSS 文件链接到 HTML 文件。在 HTML 页面的<head>标签中添加如下代码。

```
<link href="css/css.css" type="text/css" rel="stylesheet">
```

其中，href 为 CSS 文件的地址，type 表示所链接文件的类型，rel 表示所连接文件与该 HTML 文件的关系。type 和 rel 属性的属性值是不需要用户改变的。

说明

上面链接 CSS 文件的这行代码，正常可以写在 HTML 文件的任意位置，例如，在<body>标签中或上方都可以，但是，由于浏览网页时，系统加载文件的顺序为自上而下的，所以为了让页面内容加载出来时就显示其样式，上面这句代码一般写在<head>标签中，或者写在<head>标签与<body>之间。

4.2　CSS3 中的选择器

视频讲解

前面我们了解了 CSS 可以改变 HTML 中标签的样式，那么 CSS 是如何改变它的样式的呢？简单地说，就是告诉 CSS 的 3 个问题，就是改变谁、改什么、怎么改，告诉 CSS 改变谁时就需要用到选择器。选择器是用来选择标签的方式，例如，ID 选择器就是通过 ID 来选择标签，类选择器就是通过类名选择标签；改什么，就是告诉 CSS 改变这个标签的什么属性；怎么改，则是指定这个属性的属性值。

举个例子，如果我们要将 HTML 中所有<p>标签的文字变成红色，我们需要通过标签选择器告诉 CSS 要改变所有<p>标签，改变它的颜色属性，改为红色。清楚了这 3 个问题，CSS 就可以乖乖地为我们服务了。

说明

通过选择器所选中的是所有符合条件的选择器，所以不一定只有一个标签。

4.2.1 属性选择器

属性选择器就是通过属性来选择标签，这些属性既可以是标准属性（HTML 中默认该有的属性，例如，input 标签中的 type 属性），也可以是自定义属性。

在 HTML 中，通过各种各样的属性，可以给元素增加很多附加信息。例如，在一个 HTML 页面中，插入多个<p>标签，并且为每个<p>标签设定不同的属性，示例代码如下。

```
<p font="fontsize">编程图书</p>          <!--设置 font 属性的属性值为 fontsize -->
<p color="red">PHP 编程</p>              <!--设置 color 属性的属性值为 red -->
<p color="red">Java 编程</p>             <!--设置 color 属性的属性值为 red -->
<p font="fontsize">当代文学</p>          <!--设置 font 属性的属性值为 fontsize-->
<p color="green">盗墓笔记</p>            <!--设置 color 属性的属性值为 green-->
<p color="green">明朝那些事儿</p>        <!--设置 color 属性的属性值为 green -->
```

在 HTML 中为标签添加属性之后，就可以在 CSS3 中使用属性选择器选择对应的标签，来改变样式。在使用属性选择器时，需要声明属性与属性值，声明方法如下。

```
[att=val]{}
```

其中，att 代表属性，val 代表属性值。例如，如下代码就可以实现为相应的<p>标签设置样式。

```
[color=red]{                    /*选择所有 color 属性的属性值为 red 的标签*/
    color: red;                 /*设置其字体颜色为红色*/
 }
[color=green]{                  /*选择所有 color 属性的属性值为 green 的<p>标签*/
    color: green;               /*设置其字体颜色为绿色*/
 }
[font=fontsize]{                /*选择所有 font 属性的属性值为 fontsize 的<p>标签*/
    font-size: 20px;            /*设置其字体大小为 20 像素*/
}
```

注意

给元素定义属性和属性值时，可以任意定义属性，但是要尽量做到“见名知意”，也就是说，看到这个属性名和属性值，自己能看明白设置这个属性的用意。

例 4.01 使用属性选择器，实现 51 购商城首页的手机风暴版块，主要步骤如下。（**实例位置：资源包\源码\04\4.01**）

（1）新建一个 HTML 文件，通过<img>和<p>标签添加图片和文字，代码如下。

```
<div class="mr-right">
    <!--通过<img>标签添加 5 张手机图片-->
    <img src="images/8-1a.jpg" alt="" att="a">
    <img src="images/8-1b.jpg" alt="" att="b"><br/>
    <img src="images/8-1c.jpg" alt="" att="c">
    <img src="images/8-1d.jpg" alt="" att="d">
    <img src="images/8-1e.jpg" alt="" att="e">
```

```
    <!--通过<img>标签添加购物车侧图片-->
    <img src="images/8-1g.jpg" alt="" class="mr-car1">
    <img src="images/8-1g.jpg" alt="" class="mr-car2">
    <img src="images/8-1g.jpg" alt="" class="mr-car3">
    <img src="images/8-1g.jpg" alt="" class="mr-car4">
    <img src="images/8-1g.jpg" alt="" class="mr-car5">
    <!--通过<p>标签和<span>标签添加手机型号和价格-->
    <p class="mr-price1">OPPO R9 Plus<br/><span>3499.00</span></p>
    <p class="mr-price2">vivo Xplay6<br/><span>4498.00</span></p>
    <p class="mr-price3">Apple iPhone 7<br/><span>5199.00</span></p>
    <p class="mr-price4">360 NS4<br/><span>1249.00</span></p>
    <p class="mr-price5">小米 Note4<br/><span>1099.00</span></p>
</div>
```

（2）使用属性选择器改变页面中手机图片的大小以及位置，代码如下。

```
/*选择 HTML 中 att 属性分别为 a、b、c、d、e 的标签，即选中 5 个手机*/
[att=a],[att=b],[att=c],[att=d],[att=e]{
    width: 180px;                /*设置宽度*/
    height: 182px;               /*设置高度*/
}
[att=a]{                         /*使用属性选择器选择 HTML 中 att 属性分别为 a 的标签*/
    left: 140px;
    top: 20px;
}
[att=b]{                         /*使用属性选择器设置第 2 张手机图片位置及大小*/
    left: 700px;
    top: 20px;
}
[att=c]{                         /*使用属性选择器设置第 3 张手机图片位置及大小*/
    left: 400px;
    top: 180px;
}
```

完成代码编译后，在浏览器中运行代码，效果如图 4.6 所示。

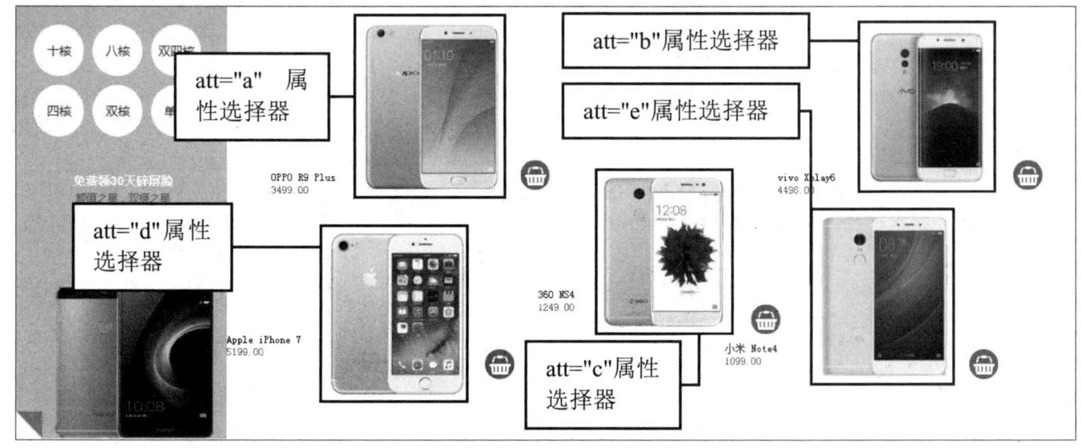

图 4.6　商城首页手机版块

说明

本实例综合使用类选择器和属性选择器，其中，类选择器主要实现购物车以及手机型号文字的样式。详细代码请参照资源包中的源码。

4.2.2 类和 ID 选择器

在 CSS3 中，除了属性选择器，类和 ID 选择器也是受到广泛支持的选择器。在某些方面，这两种选择器比较类似，不过也有一些重要差别。

第一个区别是 ID 选择器前面有一个“#”号，也称为棋盘号或井号，语法如下。

```
#intro{color:red;}
```

而类选择器前面有一个“.”号，即英文格式下的半角句号，语法如下。

```
.intro{color:red;}
```

第二个区别是 ID 选择器引用 id 属性的值，而类选择器引用的是 class 属性的值。

注意

在一个网页中标签的 class 属性可以定义多个，而 id 属性只能定义一个。例如，一个页面中只能有一个标签的 ID 的属性值为 intro。

例 4.02 通过类选择器和 ID 选择器实现一个商城首页的爆款特卖版块，主要实现步骤如下。

（1）新建一个 HTML 文件，在该文件中，首先通过<div>标签对页面进行布局，然后通过<img>标签和<p>标签添加手机的图片和价格、型号等文字，代码如下。（**实例位置：资源包\源码\04\4.02**）

```
<div id="mr-content">
   <div class="mr-top">爆款特卖</div>
   <div class="mr-bottom">
      <div class="mr-block1"><img src="images/8-2.jpg"class="mr-img">   <!--添加手机图片-->
         <p class="mr-title">华为 Mate8</p>                             <!--添加文字-->
         <div>
            <div class="mr-mon">￥2998.00</div>
            <div class="mr-minute">秒杀</div>
         </div>
      </div>
     <div class="mr-block1"> <img src="images/8-2c.jpg"class="mr-img">
         <p class="mr-title">华为 Mate9</p>
         <div>
            <div class="mr-mon">￥4798.00</div>
            <div class="mr-minute">秒杀</div>
         </div>
      </div>
   </div>
</div>
```

（2）新建一个 CSS3 文件，通过外部样式引入 HTML 文件中，然后使用 ID 选择器和类选择器设置图片和文字的大小、位置等，关键代码如下。

```
/*在页面中只有一个 mr-content，所以使用 ID 选择器*/
#mr-content{
    width: 1090px;                          /*设置整体页面宽度为 1090 像素*/
    height: 390px;                          /*设置整体页面高度为 390 像素*/
    margin: 0 auto;                         /*设置内容在浏览器中自适应*/
    background: #ffd800;                    /*设置整体页面的背景颜色*/
    border: 1px solid red;                  /*设置整体内容边框*/
    text-align: left;                       /*文字的对齐方式为向左对齐*/
}
.mr-top{                                    /*设置标题“热卖爆款”的属性*/
    width: 1073px;                          /*设置宽度*/
    height: 60px;                           /*设置高度*/
    padding: 20px 0 0 10px;                 /*设置内边距*/
    color: #8a5223;                         /*设置字体颜色*/
    font-size: 32px;                        /*设置字体大小*/
    font-weight: bolder;                    /*设置内字体粗细*/
}
.mr-bottom{
    width: 1200px;                          /*设置内容部分宽度*/
    height: 336px;                          /*设置内容部分高度*/
}
.mr-block1{
    width: 260px;                           /*设置宽度*/
    height: 300px;                          /*设置高度*/
    float: left;                            /*设置浮动*/
    text-align: center;
    margin-left: 10px;                      /*设置向左的外边距*/
    background: #FFF;                       /*设置背景*/
}
```

完成代码编辑后，在浏览器中运行代码，效果如图 4.7 所示。

图 4.7　商城首页爆款特卖版块

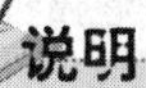

说明

上面的实例中省略了 HTML 中中间两部分的图片、文字的代码，实例的详细代码请参照资源包中的源码。

4.2.3 伪类和伪元素选择器

当我们浏览网页时，常遇到一种情况，就是每当鼠标放在某个元素上，这个元素就会发生一些变化，例如，当鼠标滑过导航栏时，展开导航栏里的内容。这些特效的实现都离不开伪类选择器。而伪元素选择器则是用来表示使用普通标记无法轻易修改的部分，比如，一段文字中的第一个文字等。

1. 伪类选择器

伪类选择器是 CSS3 中已经定义好的选择器，因此，程序员不能随意命名。它是用来对某种特殊状态的目标元素应用样式。比如，用户正在单击的元素，或者鼠标正在经过的元素等。伪类选择器，主要有以下 4 种。

☑ :link：表示对未访问的超链接应用样式。
☑ :visited：表示对已访问的超链接应用样式。
☑ :hover：表示对鼠标所停留的元素应用样式。
☑ :active：表示对用户正在单击的元素应用样式。

例如，下面的代码就是通过伪类选择器改变特定状态的标签样式。

```
a:link {                          /*表示对未访问的超链接应用样式*/
    color: #000;                  /*设置其字体为黑色*/
}
a:visited {                       /*表示对已访问的超链接应用样式*/
    color: #f00;                  /*设置其为红色*/
}
.hov:hover {                      /*表示对鼠标所停留的类名为 hov 的元素应用样式*/
    border: 2px red solid;        /*添加边框*/
}
.act:active {                     /*表示对鼠标所停留的类名为 act 的元素应用样式*/
    background: #ffff00;          /*添加背景颜色*/
}
```

注意

:link 和:visited 只对链接标签起作用，对其他标签无效。

说明

在使用伪类选择器时，其在样式表中的顺序是很重要的，如果顺序不当，程序员可能无法达到希望的样式。它们的正确顺序是，:hover 伪类必须定义在:link 和:visited 两个伪类之后，而:actived 伪类必须在:hover 之后。为了方便记忆，可以采用“爱恨原则”，即“L(:link)oV(:visited)e, H(:hover) A(:actived)te”。

2．伪元素选择器

伪元素选择器是用来改变文档中特定部分的效果样式，而这一部分是通过普通的选择器无法定义到的部分。CSS3 中，常用的有以下 4 种伪元素选择器。

- ☑ first-letter：该选择器对应的 CSS3 样式对指定对象内的第一个字符起作用。
- ☑ :first-line：该选择器对应的 CSS3 样式对指定对象内的第一行内容起作用。
- ☑ :before：该选择器与内容相关的属性结合使用，用于在指定对象内部的前端插入内容。
- ☑ :after：该选择器与内容相关的属性结合使用，用于在指定对象内部的尾端添加内容。

例如，下面代码就是通过伪元素选择器向页面中添加内容，并且修改类名为 txt 的标签中第一行文字以及<p>标签第一个字的样式。

```
.txt:first-line{                            /*设置第一行文本的样式*/
    font-size: 35px;                        /*设置第一行的字体*/
    height: 50px;                           /*设置第一行文本的高度*/
    line-height: 50px;                      /*设置第一行的行高*/
    color: #000;                            /*设置第一行文本的颜色*/
}
p:first-letter{                             /*设置<p>标签中第一个文字的样式*/
    font-size: 30px;                        /*设置字体大小*/
    margin-left: 20px;                      /*设置向左的外边距*/
    line-height: 30px;                      /*设置行高*/
}
.txt:after{                                 /*在类名为 txt 的 div 后面添加内容*/
    content: url("../img/phone1.png");      /*添加的内容为一张图片，url 为图片地址*/
    position: absolute;                     /*设置所添加图片的定位方式*/
    top: 75px;                              /*设置图片位置，相对于类名为 cont 的 div 的向下 75 像素*/
    left: 777px;                            /*设置图片位置，相对于类名为 cont 的 div 的向右 777 像素*/
}
```

例 4.03　结合类选择器、伪类选择器，以及伪元素选择器实现对 vivo X9s 手机的宣传页面的美化，具体实现步骤如下。（**实例位置：资源包\源码\04\4.03**）

首先在 HTML 页面中添加标签以及文字介绍，并且添加超链接。由于这里的超链接没有跳转的页面，所以链接地址使用“#”代替，具体代码如下。

```
<div class="cont">
    <h1><a href="#">vivo X9s</a></h1>
    <div class="top">更强大的分屏多任务 3.0<br>新增对 QQ 浏览器、天猫等应用的分屏功能，大幅增加
        了可以一屏二用的场景，不但可以边看视频边回复，更可以一边聊天一边购物、写文档、回邮件、
        看新闻。</div>
</div>
```

然后新建一个 CSS3 文件，在 CSS3 文件中设置页面的大小、外边矩等基本布局，具体代码如下。

```
.cont{                                      /*类选择器设置页面的整体大小以及背景图片*/
    width: 1536px;                          /*设置整体页面宽度为 1536 像素*/
```

```
        height: 840px;                              /*设置页面整体高度为 840 像素*/
        margin: 0 auto;                             /*设置页面外边距上下为 0，左右自适应*/
        text-align: center;                         /*文字对齐方式为居中对齐*/
        background: url("../img/bg.jpg");           /*为页面设置背景图片*/
}
h1{                                                 /*通过标签选择器选择 h1 标题标签*/
        padding-top: 80px;                          /*设置向上的内边距*/
}
.top{                                               /*使用类选择器，改变主体内容的样式*/
        line-height: 30px;                          /*类选择器设置行高为 30 像素*/
        margin: 0 auto;                             /*设置主体部分的外边距*/
        text-align: center;                         /*设置文字的对齐方式为居中对齐*/
        width: 650px;                               /*设置主体部分的宽度为 650 像素*/
        font-size: 20px                             /*设置文字的大小*/
}
```

最后分别使用伪元素选择器向页面添加图片，以及设置部分文字的样式，具体代码如下。

```
.top:after{                                         /*在类名为 top 的 div 后面添加内容*/
        content: url("../img/phone.png");           /*添加的内容为 1 张图片，url 为图片地址*/
        display: block;                             /*设置显示方式*/
        margin-top: 50px;                           /*设置所添加内容的向上的外边距*/
}
.top:first-line{                                    /*类选择器中第一行文字的样式*/
        font-size: 30px;                            /*设置第一行文字的字体*/
        line-height: 90px;                          /*设置第一行文字行高*/
}
a:link{                                             /*设置未被访问的超链接的样式*/
    text-decoration: none;                          /*取消其默认的下画线*/
        color: #000;                                /*设置字体颜色为黑色*/
}
a:visited{                                          /*设置访问后的超链接的样式*/
        color: purple;                              /*设置访问后的超链接字体为紫色*/
}
a:hover{                                            /*设置鼠标停在超链接上的样式*/
        text-decoration: underline;                 /*类选择器设置鼠标滑过时在文字下方出现下画线*/
        color: #B49668;                             /*设置鼠标悬停在超链接上时的字体颜色*/
}
a:active{                                           /*设置正在单击的超链接的样式*/
        color: red;                                 /*设置正在被单击的超链接字体颜色*/
        text-decoration: none;                      /*取消正在被单击的超链接的下画线*/
}
```

编辑完代码以后，在浏览器中运行 index.html 页面，可以查看页面效果如图 4.8 所示。在运行效果图中，当超链接 vivo X9s 分别处于未被访问、鼠标悬停、正在单击，以及单击以后这 4 种状态时的文字效果是不相同的，这 4 种效果都是通过伪类选择器实现的。而文本内容的第一行文字的字体变大，以及文本下方的图片都是通过伪元素选择器来实现。

图 4.8　vivo X9s 手机的宣传页面

4.2.4　其他选择器

在 CSS3 中，除了上面所介绍的选择器以外，还有很多其他的选择器。灵活运用这些选择器，可以完成一些意想不到的页面效果。表 4.1 列举了一些其他的选择器。

表 4.1　CSS3 中其他的选择器

选　择　器	类　　型	说　　明
E {}	标签选择器	指定该 CSS3 样式对所有 E 标签起作用
E F	包含选择器	匹配所有包含在 E 标签内部的 F 标签。注意，E 和 F 不仅仅是指类型选择器，可以是任意合法的选择器组合
*	通配选择器	选择文档中所有的标签
E > F	子包含选择器	选择匹配 E 的标签的子标签中的 F 标签。注意，E 和 F 不仅仅是指类型选择器，可以是任意合法的选择符组合
E + F	相邻兄弟选择器	选择匹配与 F 的标签同级，且位于 F 标签后面相邻位置的 F 标签。注意，E 和 F 不仅仅是指类型选择器，可以是任意合法的选择符组合
E~F	通用兄弟标签选择器	匹配所有与 E 同级且位于 E 后面的所有 F 标签。注意，这里的同级是指子标签和兄弟标签的父标签是同一个标签
E:lang(fr)	:lang()伪类选择器	选择匹配 E 的标签，且该标签显示内容的语言类型为 fr
E:first-child	结构伪类选择器	选择匹配 E 的标签的第一个子标签
E:focus	用户操作伪类选择器	选择匹配 E 的标签，且匹配标签获取了焦点

例 4.04　综合使用选择器实现下面的商城分类版块界面，主要实现步骤如下。（**实例位置：资源包\源码\04\4.04**）

（1）新建一个 HTML 文件，通过<ul>标签和<li>标签添加网页中的导航文字，并且通过<div>标签实现分类版块的布局和样式，关键代码如下。

```
        <nav class="mr-header">
          <ul>
            <li class="mr-li">你好，请登录</li>
              <li>我的订单</li>
              <li>我的商城</li>
              <li>商城会员</li>
              <li>企业采购</li>
              <li>客户服务</li>
              <li>网站导航</li>
              <li>手机商城</li>
          </ul>
        </nav>
<div class="mr-content">
    <div class="mr-block1">美妆会场</div>
    <div class="mr-block2">女装会场</div>
    <div class="mr-block3">男装会场</div>
    <div class="mr-block4">首饰会场</div>
    <div class="mr-block5">零食会场</div>
    <div class="mr-block6">家居会场</div>
    <div class="mr-block7">珠宝会场</div>
    <div class="mr-block8">电子会场</div>
</div>
```

（2）新建一个 CSS3 文件，并且通过外部样式引入 HTML 文件，然后通过类选择器改变导航栏背景颜色以及鼠标滑过等样式，部分代码如下。

```
.mr-header {                              /*类选择器，设置网页首部导航部分的样式*/
    height: 30px;                         /*设置其高度为 30 像素*/
    width: 100%;
    background: #393f52;                  /*设置其背景颜色*/
    color: white;                         /*设置字体颜色*/
}
/*类选择器和伪类选择器设置鼠标滑过无序列表中第一项时的样式*/
.mr-li:hover {
    color: #F00;                          /*设置鼠标滑过时颜色为红色*/
    background: #393f52;                  /*设置鼠标滑过时的背景颜色*/
}
nav ul {
    width: 1560px;
    padding: 0 365px;
}
ul li {                                   /*元素选择器，设置无序列表项的公共样式*/
    height: 28px;                         /*设置无序列表项的高度*/
    float: left;                          /*每一项都向左浮动*/
    line-height: 28px;                    /*设置行高，使其垂直居中显示*/
    text-align: center;                   /*水平对齐方式为居中*/
    cursor: pointer;                      /*鼠标悬停时，鼠标变为小手状*/
    font-size: 14px;                      /*设置字体大小*/
```

```
    }
ul .mr-li {                                /*类选择器，设置无序列表第一项的样式*/
    margin-right: 390px;                   /*右边距 390 像素*/
    float: left;                           /*向左浮动*/
}
```

（3）通过使用伪类选择器和通用兄弟标签选择器，设置页面中各分版块的宽高以及鼠标滑过的样式，关键代码如下。

```
.mr-block1~div {                           /*通用兄弟元素选择器，设置出第一个以外的其他版块的样式*/
    height: 160px;                         /*设置其高度为 160 像素*/
    margin-left: 10px;                     /*设置左边距 10 像素*/
    line-height: 160px;
}
.mr-content .mr-block2 {                   /*设置第二个版块的样式*/
    width: 210px;                          /*设置宽度为 210 像素*/
    background: #7ed5c2;                   /*设置背景颜色*/
}
.mr-content div:hover {                    /*伪类选择器，设置每一个版块鼠标滑过的样式*/
    opacity: 0.5;                          /*设置透明度*/
    color: #000;                           /*设置字体颜色*/
}
```

完成代码编译后，在浏览器中运行代码，效果如图 4.9 所示。

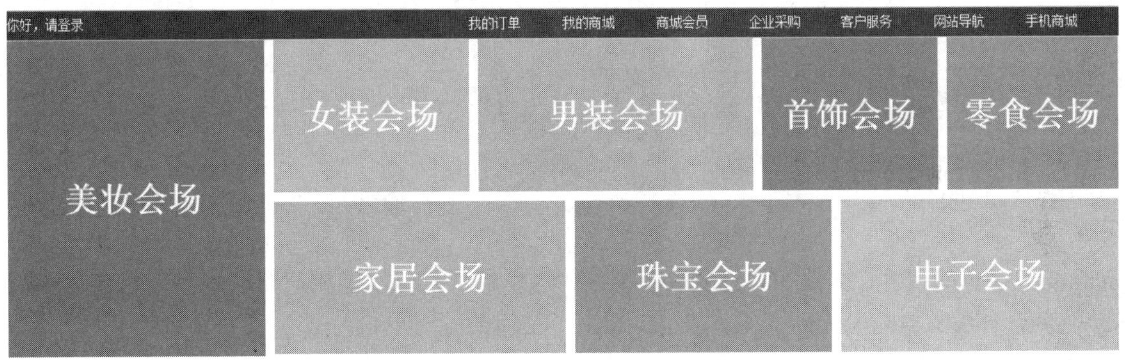

图 4.9　商城分类版块

说明

上面的实例省略了 CSS3 文件中部分设置导航文字以及分会场样式的代码，实例的详细代码请参照资源包中的源码。

4.3　常 用 属 性

本节将对 CSS3 中的常用属性，包括文本、背景以及列表的相关属性进行详细介绍。在浏览网页

时，页面中的美观大方的图片、整齐划一的文字等都是通过 CSS3 中的这些属性改变其在网页中的位置、背景以及文字样式而实现。

4.3.1 文本相关属性

本节主要介绍 CSS3 中常用的文本相关属性。前面介绍了 HTML 中常用的文字标签以及设置文本样式的基础方法。而这些样式效果使用 CSS3 同样可以实现。除此之外，文本的对齐方式、文本的换行风格等可以通过 CSS3 中文本相关属性来设置。

（1）设置字体属性 font-family，语法如下。

```
font-family: name1,[name2],[name3]
```

name：字体的名称，而 name2 和 name3 的含义类似于“备用字体”，即若计算机中含有 name1 字体，则显示为 name1 字体；若没有 name1 字体，则显示为 name2 字体；若计算机中也没有 name2 字体，则显示为 name3 字体。

例如，下面代码的含义为：设置所有类名为 mr-font1 的标签中文字的字体为宋体，如果计算机中没有宋体，则将文字设置为黑体；如果计算机中也没有黑体，就设置文字为楷体。

```
.mr-font1 {
    font-family: "宋体","黑体","楷体";
}
```

注意

输入字体名称时，不要输入中文（全角）的双引号，而要使用英文（半角）的双引号。

（2）设置字号属性 font-size，语法如下。

```
font-size: length
```

length 指字体的尺寸，由数字和长度单位组成。这里的单位可以是相对单位也可以是绝对单位，绝对单位不会随着显示器的变化而变化。表 4.2 列举了常用的绝对单位。

表 4.2　绝对单位及其含义

长 度 单 位	说　　明
in	inch：英寸
cm	Centimeter：厘米
mm	Millimeter：毫米
pt	point：印刷的点数，在一般的显示器中 1pt 相当于 1/72inch
pc	pica：1pc = 12pt

而常见的相对单位有 px、em 和 ex，下面将逐一介绍各相对单位的用法。

☑　相对长度单位 px。

px 是一个长度单位，表示在浏览器上 1 个像素的大小。因为不同访问者的显示器的分辨率不同，而且每个像素的实际大小也不同，所以 px 被称为相对单位，也就是相对于 1 个像素的比例。

☑　绝对长度单位 em 和 ex。

1em 表示的长度是其父标签中字母 m 的标准宽度，1ex 则表示字母 x 的标准高度。当父标签的文字大小变化时，使用这两个单位的子标签的大小会同比例变化。在文字排版时，有时会要求第一个字母比其他字母大很多，并下沉显示，就可以使用这个单位。

（3）设置文字颜色属性 color，语法如下。

```
color: color
```

color 指的是具体的颜色值。颜色值的表示方法可以是颜色的英文单词、十六进制、RGB 或者 HSL。

文字的各种颜色配合其他页面标签组成了整个五彩缤纷的页面。在 CSS3 中文字颜色是通过 color 属性设置的。例如，以下代码都表示蓝色，在浏览器中都可以正常显示。例如：

```
h3{color: blue;}                /*使用颜色词表示颜色*/
h3{color: #0000ff;}             /*使用十六进制表示颜色*/
h3{color: #00f;}                /*十六进制的简写，全写为#0000ff*/
h3{color: rgb(0,0,255);}        /*分别给出红、绿、蓝 3 个颜色分量的十进制数值，也就是 RGB 格式*/
```

说明

如果读者对颜色的表示方法还不熟悉，或者希望了解各种颜色的十六进制或 RGB 的表示方法，建议在互联网上继续检索相关信息。

（4）设置文字的水平对齐方式属性 text-align，语法如下。

```
text-align: left|center|right|justify
```

☑　left：左对齐。

☑　center：居中对齐。

☑　right：右对齐。

☑　justify：两端对齐。

（5）设置段首缩进属性 text-indent，语法如下。

```
text-indent: length
```

length 就是由百分比数值或浮点数和单位标识符组成的长度值，允许为负值。可以这样理解，text-indent 属性定义了两种缩进方式：一种是直接定义缩进的长度，由浮点数和单位标识符组合表示；另一种就是通过百分比定义缩进。

例 4.05　实现设置 51 购商城抢购页面的文字样式，实现步骤如下。（**实例位置：资源包\源码\04\4.05**）

新建一个 HTML 文件，在该文件中，通过<div>标签、<img>标签以及<p>标签添加商品抢购页面中的图片和文字，并且在各标签中设置 class 属性，代码如下。

```
<div class="mr-box">
   <div class="mr-img"><img src="images/1.jpg"></div>
   <p class="mr-font1">HUAWEI<span>Mate</span><span>9</span><span>Pro</span></p>
   <p class="mr-font2">进步，再进一步</p>
```

```
    <p class="mr-font3">每周一、周三、五 10:08 限量抢购</p>
    <p class="mr-font4"><span><font>￥</font>4699</span><span><font>￥</font>5299</span></p>
    <p class="mr-buy">立即购买</p>
</div>
```

通过使用类选择器改变网页中图片和文字的样式，部分代码如下。

```
.mr-img {
    width: 405px;                /*通过设置图片宽度改变图片的大小*/
    float: left;                 /*设置浮动为向左浮动*/
    margin: 42px;                /*设置图片的外边距，距离上、右、下、左都为 42 像素*/
}
.mr-font1 {
    width: 610px;
    float: left;                 /*设置浮动为左浮动*/
    font-size: 60px;             /*设置字体大小为 60 像素*/
    font-weight: bolder;         /*设置文字加粗*/
    text-align: center;          /*设置对齐方式为居中对齐*/
}
.mr-font2 {
    float: left;
    margin-left: 130px;
    font-size: 41px;
    margin-top: -64px;
}
```

完成代码编辑后，在浏览器中运行代码，效果如图 4.10 所示。

图 4.10　商品抢购页面

说明

在上面的代码中，为了控制页面布局和字体的样式，应用了 CSS3 样式，应用的 CSS3 样式表文件的具体代码请参见资源包中的源码。

4.3.2 背景相关属性

背景属性是给网页添加背景色或者背景图所用的 CSS3 样式中的属性，它的能力远远超于 HTML。通常，我们给网页添加背景主要运用到以下几个属性。

（1）添加背景颜色属性 background-color，语法如下。

```
background-color:color|transparent
```

☑ color：color 设置背景的颜色。它可以采用英文单词、十六进制、RGB、HSL、HSLA 和 RGBA 等表示方法。

☑ transparent：表示背景颜色透明。

（2）添加 HTML 中标签的背景图片 background-image。这与 HTML 中插入图片不同，背景图像放在网页的最底层，文字和图片等都位于其上，语法如下。

```
background-image:url()
```

url 为图片的地址，可以是相对地址也可以是绝对地址。

（3）设置图像的平铺方式 background-repeat，语法如下。

```
background-repeat:inherit|no-repeat|repeat|repeat-x|repeat-y
```

在 CSS3 样式中，background-repeat 属性包含 5 个属性值，表 4.3 列举出各属性值的含义。

表 4.3 background-repeat 的属性值的解释

属 性 值	含 义
inherit	从父标签继承 background-repeat 属性的设置
no-repeat	背景图像只显示一次，不重复
repeat	在水平和垂直方向上重复显示背景图像
repeat-x	只沿 X 轴方向重复显示背景图像
repeat-y	只沿 Y 轴方向重复显示背景图像

（4）设置背景图像是否随页面中的内容滚动 background-attachment，语法如下。

```
background-attachment:scroll|fixed
```

☑ scroll：当页面滚动时，背景图像跟着页面一起滚动。

☑ fixed：将背景图像固定在页面的可见区域。

（5）设定背景图像在页面中的位置 background-position，语法如下。

```
background-position:length|percentage|top|center|bottom|left|right
```

在 CSS3 样式中，background-position 属性包含 7 个属性值，表 4.4 列举出各属性值的含义。

表 4.4　background-position 的属性值的解释

属 性 值	含　义
length	设置背景图像与页面边距水平何和垂直方向的距离，单位为 cm、mm、px 等
percentage	根据页面标签框的宽度和高度的百分比放置背景图像
top	设置背景图像顶部居中显示
center	设置背景图像居中显示
bottom	设置背景图像底部居中显示
left	设置背景图像左部居中显示
right	设置背景图像右部居中显示

说明

当需要为背景设置多个属性时，可以将属性写为 background，然后将各属性值写在一行，并且以空格间隔。例如，下面的 CSS3 代码。

```
.mr-cont{
    background-image: url(../img/bg.jpg);
    background-position: left top;
    background-repeat: no-repeat;
}
```

上面代码分别定义了背景图像、背景图像的位置和重复方式，但是代码比较多，为了简化代码，也可以写成下面的形式。

```
.mr-cont{
    background: url(../img/bg.jpg) left top no-repeat;
}
```

例 4.06　为 51 购商城的登录界面设置一张背景图片，并且设置背景图片的位置、重复方式以及背景颜色，其关键代码如下。（**实例位置：资源包\源码\04\4.06**）

```
.bg{
    width: 1000px;                              /*设置宽度为 1000 像素*/
    height: 465px;                              /*设置高度为 465 像素*/
    margin: 0 auto;                             /*设置外边距，上下外边距为 0，左右外边距为默认外边距*/
    background-image: url("../images/1.jpg");   /*添加背景图片*/
    background-position: 10px top;              /*设置背景图片的位置*/
    background-repeat: no-repeat;               /*设置背景图片的重复方式为不重复*/
    background-color: #fd7a72;                  /*设置背景颜色*/
    border: 2px solid red;                      /*设置边框宽度为 2 像素，线型为实线，颜色为红色*/
}
```

完成代码编辑后，在浏览器中运行代码，效果如图 4.11 所示。

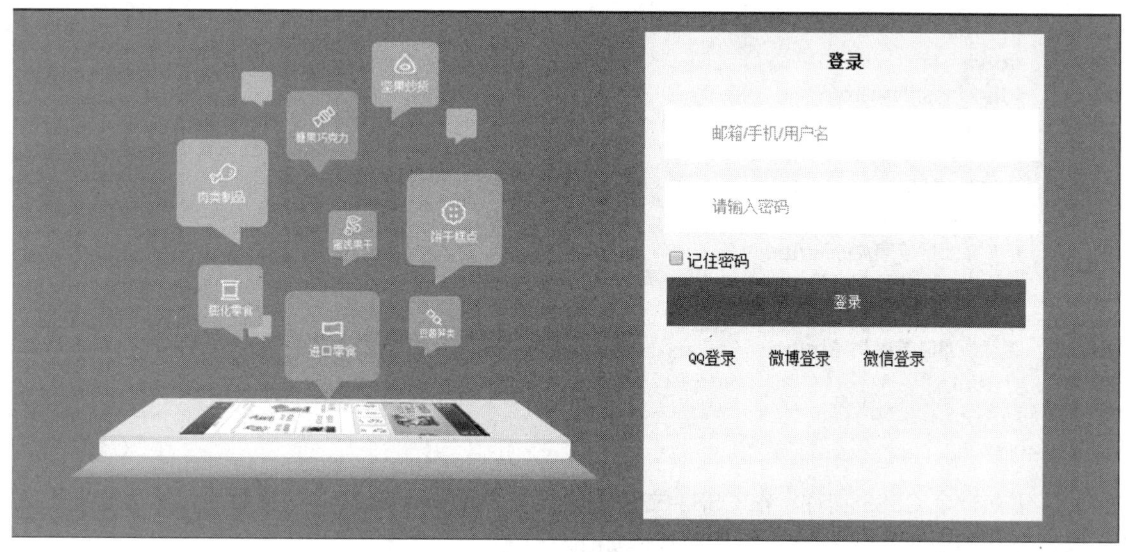

图 4.11　为登录界面设置背景图片

说明

上面的代码片段仅实现为网页插入背景图片，本实例实现登录界面的具体代码请参照资源包中的源码。

4.3.3　列表相关属性

HTML 语言中提供了列表标记，通过列表标记可以将文字或其他 HTML 元素以列表的形式依次排列。为了更好地控制列表的样式，CSS3 提供了一些属性，通过这些属性可以设置列表的项目符号的种类、图片以及排列位置等。下面仅列举列表中常用的 CSS3 属性。

☑　list-style：简写属性。用于把所有用于列表的属性设置于一个声明中。

☑　list-style-image：将图像设置为列表项标志。

☑　list-style-position：将列表中列表项标志的位置。

☑　list-style-type：设置列表项标志的类型。

例 4.07　实现购物商城的导航栏，并且使用 CSS3 中的相关列表属性添加列表项的项目图标以及美化页面，具体实现步骤如下。（**实例位置：资源包\源码\04\4.07**）

首先，建立一个 HTML 文件，在 HTML 文件中添加无序列表标签，并且添加内容，具体代码如下。

```
<div class="cont">
    <div class="top">
        <ul>
            <li>商品分类</li>
            <li>春节特卖</li>
            <li>会员特价</li>
            <li>鲜果时光</li>
            <li>机友必看</li>
```

```
            </ul>
        </div>
        <div class="bottom">
            <ul>
                <li>女装/内衣</li>
                <li>男装/户外</li>
                <li>女鞋/男鞋</li>
                <li>手表/饰品</li>
                <li>美妆/家居</li>
                <li>零食/鲜果</li>
                <li>电器/手机</li>
            </ul>
        </div>
</div>
```

然后，建立一个 CSS3 文件，在 CSS3 文件中先设置页面整体的大小以及布局，然后分别设置横向导航栏以及侧边导航栏大小等样式，具体代码如下。

```
*{                                                      /*通配选择器，选中页面中所有标签*/
    margin: 0;                                          /*清除页面中所有标签的外边距*/
    padding: 0;                                         /*清除页面中所有标签的内边距*/
}
.cont{                                                  /*类选择器设置页面的整体样式*/
    height: 400px;                                      /*设置页面的整体高度*/
    width: 800px;                                       /*设置页面的整体宽度*/
    margin: 0 auto;                                     /*使内容在页面中左右自适应*/
    background: url("../img/bg.jpg") no-repeat;         /*设置背景图片以及重复方式*/
    background-size: 100% 100%;                         /*设置背景图片的尺寸*/
}
.top{                                                   /*设置上方导航栏的样式*/
    height: 30px;                                       /*设置导航栏高度*/
    background: #ff0000;                                /*设置导航栏背景颜色*/
    text-align: left;                                   /*设置列表对齐方式*/
}
.bottom{                                                /*设置侧边导航栏的样式*/
    width: 210px;                                       /*设置侧边导航栏的宽度*/
    text-align: left;                                   /*设置侧边导航的对齐方式*/
    margin-left: 10px;                                  /*设置向左的外边距*/
}
```

最后，分别设置两个导航栏中列表项的样式，具体代码如下。

```
.top ul>:first-child{                                   /*单独设置导航栏中第一项的样式*/
    width: 250px;                                       /*设置导航栏中第一项的宽度*/
}
.top ul li{                                             /*设置导航栏中其他列表项的样式*/
    text-align: center;                                 /*文字的对齐方式*/
    width: 130px;                                       /*其他列表项的宽度*/
    list-style-type: none;                              /*设置列表项的项目符号的类型*/
    float: left;                                        /*设置列表项的浮动方式*/
```

```
    line-height: 30px;                              /*设置行高*/
}
.bottom ul li{                                      /*设置侧边导航的列表项的样式*/
    text-align: center;                             /*设置列表项中文字的对齐方式*/
    height: 40px;                                   /*设置列表项的高度*/
    list-style-image: url("../img/list1.png");      /*设置列表项的图标*/
    list-style-position: inside;                    /*设置列表项的图标的位置*/
    border-radius: 10px;                            /*设置列表项的圆角边框*/
    margin-top: 5px;                                /*设置列表项的向上的外边距*/
    border: 1px dashed red;                         /*设置边框样式*/
}
.bottom ul li:hover{                                /*设置当鼠标滑过列表项的样式*/
    list-style-image: url("../img/list2.png");      /*设置列表项的项目符号*/
    background: rgba(255,255,255,0.5);              /*设置背景颜色*/
}
```

编辑完代码以后。在浏览器中运行 HTML 文件，观看页面效果如图 4.12 所示。

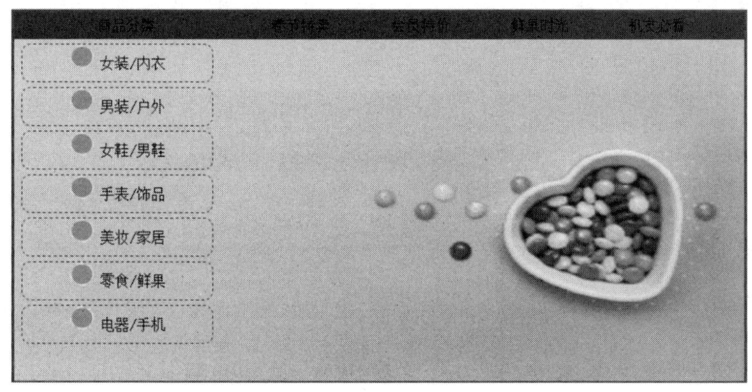

图 4.12　实现购物商城导航栏

4.4　小　　结

本章重点讲解 CSS3 的基本应用，主要包括 CSS3 中常用的选择器、常用属性。其中通过选择器绑定标签可以实现对标签的样式控制，常用属性可以实现网页中的文字、背景等样式设置。学完本章，可以完成对网页的基本布局以及样式控制。由于本章内容较多，希望读者学习时勤加练习。

4.5　实　　战

4.5.1　实战一：制作登录注册页面

当我们浏览一些网站时，网页中通常会需要注册或登录，试着编辑一个注册/登录页面，并且通过

CSS3 美化页面。（**资源包\源码\04\实战\01**）

4.5.2 实战二：制作网页版生日贺卡

小王生日快到了，请帮忙为他制作一份网页版生日贺卡。（**资源包\源码\04\实战\02**）

4.5.3 实战三：实现个人主页

尝试编写一个自己的空间主页并且通过 CSS3 美化自己的主页。（**资源包\源码\04\实战\03**）

第 5 章

CSS3 高级应用

（视频讲解：1 小时 3 分钟）

本章主要为 CSS3 的高级应用，主要向读者介绍了布局和动画的相关应用。如果一个页面的布局一团糟，那么无论动态特效多么炫酷，也无法博人眼球。所以布局是 CSS3 中相当重要的一点，而想要在 CSS3 中将布局应用的得心应手，就必须理解一个重要的概念——框模型。动画与特效是 CSS3 中的一个新属性，使用它可以制作许多网页中的特效，为网页增加亮点。所以本章首先向读者介绍框模型的概念，然后在理解了框模型的基础上对页面进行布局，最后为用户介绍了 CSS3 中动画与特效的制作方法。

学习摘要：

- **框模型**
- **布局常用属性**
- **动画与特效**

5.1 框 模 型

框模型（Box Model，也译作“盒模型”）是 CSS3 非常重要的概念，也是比较抽象的概念。文档树中的元素都产生矩形的框（Box），这些框影响了元素内容之间的距离、元素内容的位置、背景图片的位置等。而浏览器根据视觉格式化模型（Visual Formatting Model）来将这些框布局成访问者看到的样子。CSS3 框模型（Box Model）规定了元素框处理元素内容、内边距、边框和外边距的方式。

图 5.1 就是框模型的一个示意图，在这个图中，可以看到，元素框的最内部分是实际的内容，它有 width（宽度）和 height（高度）两个基本属性，第 4 章的实例中经常用到这两个属性，这里就不再过多解释。直接包围内容的是内边距。内边距呈现了元素的背景，它的边缘是边框。边框以外是外边距，外边距默认是透明的，因此不会遮挡其后的任何元素。

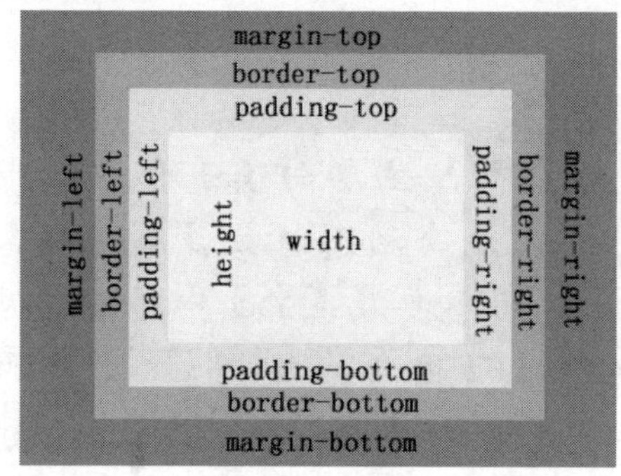

图 5.1 框模型

说明

如果没有为元素设定属性，它们的值就是 auto 关键字，auto 关键字会根据元素的类型，自动调整其大小。例如，当我们设置<div>元素的宽高为 auto 时，其宽度将横跨所有的可用空间，而高度则是能够容纳元素内部所有内容的最小高度。

5.1.1 外边距 margin

外边距也就是对象与对象之间的距离，它主要由 4 部分组成，分别是 margin-top（上外边距）、margin-right（右外边距）、margin-bottom（下外边距）、margin-left（左外边距）。这 4 部分既可以单独只设置其中一个属性，也可以使用 margin 将 4 个属性一起设置。当只需要单独设置某一个外边距时，以上边距为例，语法如下。

```
margin-top:<length>| auto |;
```

☑ auto：表示默认的外边距。

☑ length：使用百分比或者长度数值表示上边距。

如果需要同时设置上、下、左、右 4 个外边距的值，可以通过 margin 属性简写，简写时有 4 种表达方式，下面一一讲解。

1．只设置一个外边距的值

当 margin 只有一个属性值时，语法如下。

```
margin: 5px;
```

上面语法中的 5px 表示上、下、左、右这 4 个外边距的值都为 5 像素。相当于下面的表达方式。

```
margin-top: 5px;
margin-right: 5px;
margin-bottom: 5px;
margin-left: 5px;
```

2．设置两个外边距的值

当 margin 有两个属性值时，语法如下。

```
margin: 5px 10px;
```

上面的语法中，两个属性值以空格间隔开，其含义为该元素的上下外边距为 5 像素，左右外边距为 10 像素。相当于下面的表达方式。

```
margin-top: 5px;
margin-right: 10px;
margin-bottom: 5px;
margin-left: 10px;
```

3．设置 3 个外边距的值

当 margin 有 3 个属性值时，语法如下。

```
margin: 5px 10px 15px;
```

上面的语法中，3 个属性值同样以空格间隔开，其含义为该元素的上外边距为 5 像素，左右外边距为 10 像素，下外边距为 15 像素。相当于下面的表达方式。

```
margin-top: 5px;
margin-right: 15px;
margin-bottom: 10px;
margin-left: 15px;
```

4．设置 4 个外边距的值

当 margin 有 4 个属性值时，语法如下。

```
margin: 5px 10px 15px 20px;
```

当 margin 有 4 个属性值时，它表示从顶端开始，按照顺时针的顺序，依次描述各外边距的值，也就是依次设置上、右、下、左 4 个外边距的值。相当于下面的表达方式。

```
margin-top: 5px;
margin-right: 10px;
margin-bottom: 15px;
margin-left: 20px;
```

例 5.01　实现制作手机宣传页面，首先需要在 HTML 页面中添加页面的基本内容，然后通过 CSS3 对页面中的内容进行美化和布局。在 HTML 页面中添加内容的具体代码如下。（**实例位置：资源包\源码\05\5.01**）

```
<div class="cont">
    <dl>
        <dt>儿童模式</dt>
        <dd>日常生活中不可避免的会有小孩喜欢玩大人手机的情况，X9s/X9s Plus 的儿童模式为家长提供了贴心的解决方案，减少儿童使用手机的担忧和困扰。</dd>
    </dl>
    <div><img src="img/phone1.png" alt=""> </div>
</div>
```

在 CSS3 页面中，首先清除元素默认的内外边距，然后重新设置文字以及图片等样式，具体代码如下。

```
*{
    padding: 0;
    margin: 0
}
.cont{                                   /*类选择器设置页面的整体样式*/
    width: 1388px;                       /*设置整体页面宽度为 1388 像素*/
    height: 840px;                       /*设置页面整体高度为 840 像素*/
    margin: 0 auto;                      /*设置页面外边距上下为 0，左右自适应*/
    background: url("../img/bg1.jpg");   /*为页面设置背景图片*/
}
dl{                                      /*设置文本部分的样式*/
    margin: 320px 0px 0 300px;           /*设置文本部分的外边距*/
}
dl,.cont div{                            /*设置文本和图片的样式*/
    float: left;                         /*设置其浮动方式，使它们在一行显示*/
}
dl dt{                                   /*设置文本标题的样式*/
    font-size: 35px;                     /*设置字体的大小*/
    height: 50px;                        /*设置高度*/
    line-height: 50px;                   /*设置行高*/
    color: #000;                         /*设置字体颜色*/
}
dl dd{                                   /*设置文本内容的样式*/
    width: 284px;                        /*设置文本的宽度*/
    font-size: 18px;                     /*设置字体大小*/
    line-height: 25px;                   /*设置文本的行间距*/
```

```
}
.cont div{                                    /*设置图片部分的样式*/
    margin: 40px 0px 0px 103px;               /*添加外边距*/
}
```

编辑完代码以后，在浏览器中运行 HTML 文件，运行效果如图 5.2 所示。

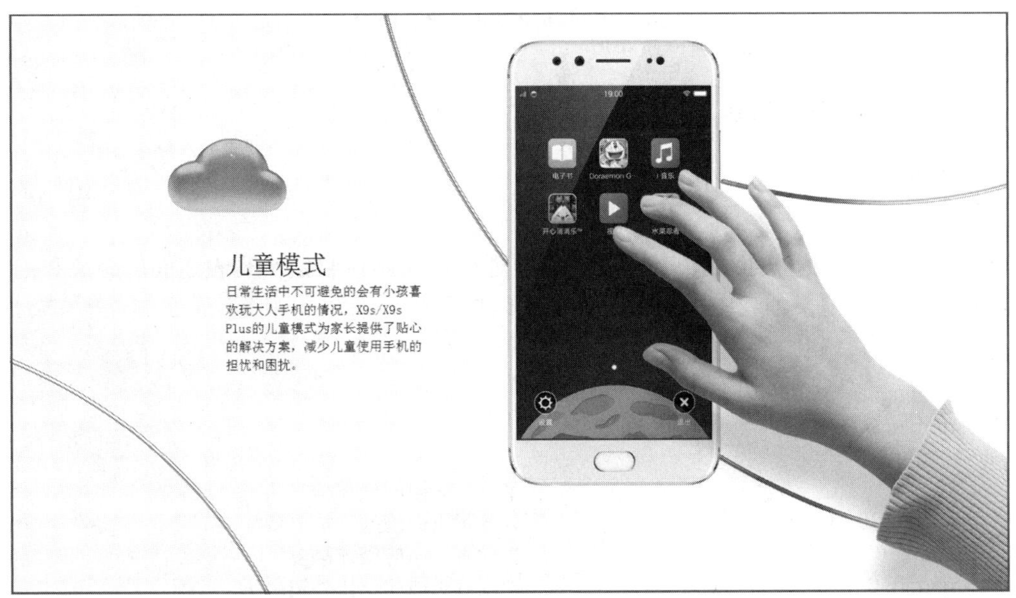

图 5.2　实现 vivo X9s Plus 手机宣传页面

5.1.2　内边距 padding

内边距也就是对象的内容与对象边框之间的距离，它可以通过 padding 属性进行设置。它同样有 padding-top、padding-right、paddin-bottom 以及 padding-left 这 4 个属性值，当然，设置内边距的方法与设置外边距的方法相同，既可以单独设置某个方向的内边距，也可以简写，从而设置多个方向的内边距，此处不再重复讲解。

例 5.02　实现手机商城中，新品专区的商品页面，需要合理的结合使用外边距 margin 和内边距 padding 以改变文字，以及图片在网页中的位置，具体实现步骤如下。（**实例位置：资源包\源码\05\5.02**）

在 HTML 页面中，通过定义列表以及<h1>标题标签添加页面中的文字和图片，具体代码如下。

```
<div class="cont">
    <h1>新品专区</h1>
    <div class="bottom">
        <dl>
            <dt><img src="img/phone1.jpg" alt=""> </dt>
            <dd>X9s  活力蓝</dd>
            <dd>活力蓝新配色，预定好礼</dd>
            <dd>￥2698</dd>
        </dl>
        <dl>
```

```
                <dt><img src="img/phone2.jpg" alt=""> </dt>
                <dd>X9s 活力蓝</dd>
                <dd>活力蓝新配色，预定好礼</dd>
                <dd>￥2698</dd>
            </dl>
            <dl>
                <dt><img src="img/phone3.png" alt=""> </dt>
                <dd>X9s plus 全网通</dd>
                <dd>耳返 K 歌，护眼模式</dd>
                <dd>￥2998</dd>
            </dl>
        </div>
</div>
```

在 CSS3 页面中，设置页面的整体样式，并且通过外边距调整定义列表之间的距离和内边距调整商品信息中的文字，再定义列表中的位置，具体代码如下。

```
*{
    padding: 0;
    margin: 0
}
.cont{                                    /*设置页面的整体样式*/
    width: 1200px;                        /*设置页面的整体宽度*/
    height: 620px;                        /*设置页面的整体高度*/
    margin: 0 auto;                       /*设置页面的整体外边距*/
    background: rgb(220,255,255);         /*设置整体的背景颜色*/
}
h1{                                       /*设置标题样式*/
    padding: 30px 50px 30px 525px;        /*设置标题文字的内边距*/
}
.bottom{                                  /*设置手机部分的整体样式*/
    height: 500px;                        /*设置其高度*/
}
dl{                                       /*设置手机部分的样式*/
    float: left;                          /*设置浮动为左浮动*/
    height: 511px;                        /*设置高度*/
    width: 394px;                         /*设置宽度*/
    margin-left: 4px;
    background: #fff;                     /*设置背景颜色*/
}
dd{                                       /*设置文字介绍部分的样式*/
    border: 1px dashed #f0f;              /*添加边框样式*/
    border-radius: 10px;                  /*设置圆角边框*/
    padding: 10px 90px;                   /*设置文字的内边距*/
    margin: 5px;                          /*设置文字的外边距*/
}
img{
    width: 250px;                         /*设置图片大小*/
    padding: 50px 65px;                   /*设置图片的内边距*/
}
```

编辑完代码以后，在浏览器中运行 HTML 文件，可以看到运行效果如图 5.3 所示。

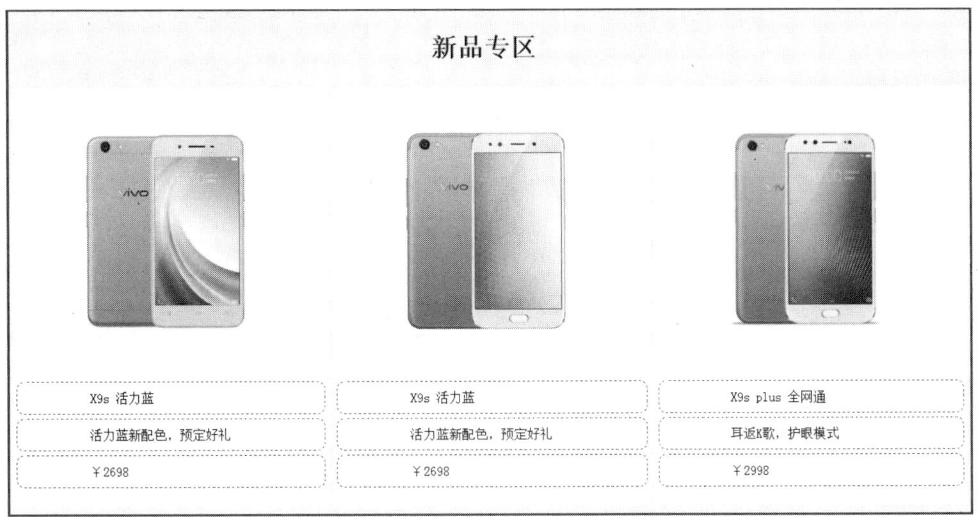

图 5.3　商品专区商品页面

注意

与外边距不同的是，关键字 auto 对 padding 属性是不起作用的，另外，padding 属性不接受负值，而 margin 可以。

5.1.3　边框 border

边框的属性，主要通过设置边框颜色（border-color）、边框宽度（border-width）以及边框样式（border-style）来完成。

1．边框的颜色属性 border-color

设置边框的颜色需要使用 border-color 属性来实现。可以将 4 条边设置为相同的颜色，也可以设置为不同的颜色。当设置元素的边框为相同颜色时，语法格式如下。

```
border-color: color;
```

该属性的属性值为颜色名称或是表示颜色的 RGB 值。例如，红色可以用 red 表示，也可以用#FF0000、#f00 或 rgb(255,0,0)表示。建议使用#rrggbb、#rgb、rgb()等表示的 RGB 值。

当然，如果为不同的边框设置不同的颜色值，其语法与外边距的语法类似。这里仅列举有 4 个边框的颜色值时的用法，如下所示。

```
border-color: #f00 #0f0 #00f #0ff;
```

上面这行代码依次设置了上、右、下以及左边框的颜色，这行代码也可以写成下面这种形式。

```
border-top-color: #f00;
border-right-color: #0f0;
```

```
border-bottom-color: #00f;
border-left-color: #0ff;
```

2．边框样式属性 border-style

边框的样式属性主要用来设置边框的样式，语法格式如下。

```
border-style: dashed|dotted|double|groove|hidden|inset|outset|ridge|solid|none;
```

border-style 属性的属性值及含义如表 5.1 所示。

表 5.1　border-style 属性的属性值及含义

属　性　值	含　义
dashed	边框样式为虚线
dotted	边框样式为点线
double	边框样式为双线
groove	边框样式为 3D 凹槽
hidden	隐藏边框
inset	设置线条样式为 3D 凹边
outset	设置线条样式为 3D 凸边
ridge	设置线条样式为菱形边框
solid	设置线条样式为实线
none	没有边框

例如，图 5.4 展示了部分线条样式。

border-style: dashed dotted double groove;

图 5.4　部分线条样式的示意图

说明

虽然表 5.1 列举了多种线条样式，但是部分线条样式目前浏览器还不支持，当浏览器不支持该线条样式时，就会将线条样式显示为实线。

3．边框的宽度属性 border-width

设置边框宽度主要依赖 border-width 属性，其语法结构如下。

```
border-width: medium|thin|thick|length
```

☑ medium：默认边框宽度。

☑ thin：比默认边框宽度窄。

☑ thick：比默认边框宽度宽。

☑ length：指定具体的线条的宽度。

注意

border-color 属性只有在设置了 border-style 属性，并且 border-style 属性值不为 none，而且 border-width 属性值不为 0 像素时，边框才有效，否则不显示边框。

当然，除了前面这样单独设置线条的颜色、样式和宽度以外，还可以通过 border 属性综合设置线条所有属性。综合设置其属性时，语法如下。

```
border: border-width border-style border-color;
```

在上面的语法中，各属性之间以空格间隔并且无顺序性，但是，要特别注意，这种方法所定义的是元素的 4 条边框的统一样式，如果要单独设置某条边框的样式，以上边框为例，语法如下。

```
border-top: border-width border-style border-color;
```

例 5.03　本实例为综合实例，通过运用 CSS3 中浮动、内外边距以及边框等属性实现购物商城中商品列表页面的美化，具体实现步骤如下。（**实例位置：资源包\源码\05\5.03**）

首先，建立一个 HTML 文件，在该文件中添加<div>标签以便于在 CSS 中实现页面的整体布局，然后在<div>通过定义列表和图片标签添加文字，下面仅列举了向第一个定义列表中添加内容的代码，其余 3 部分代码与此类似，第一部分代码如下。

```
<div class="cont">
<dl>
    <dt><img src="img/phone1.jpg" alt=""> </dt>
    <dd>
        <img src="img/phones1.jpg" alt="">
        <img src="img/phones2.jpg" alt="">
        <img src="img/phones3.jpg" alt="">
        <img src="img/phones4.jpg" alt="">
    </dd>
    <dd class="price">￥2998</dd>
    <dd>vivo X9s Plus  前置 2000 万双摄</dd>
    <dd>vivo 智轩优品专卖店</dd>
</dl>
```

然后，建立一个 CSS3 文件，在 CSS3 文件中输入代码，实现设置文本以及图片的样式，具体代码如下。

```
.cont{
    width: 1120px;                  /*设置页面的总体宽度*/
    height: 400px;                  /*设置页面的总体高度*/
    margin: 0 auto;                 /*设置页面的总体外边距*/
    border: 2px solid red;          /*设置总体页面的边框，设置 4 条边框的样式相同*/
}
dl{
    width: 265px;                   /*设置每一个商品列表的宽度*/
    height: 393px;                  /*设置每一个商品列表的高度*/
    text-align: center;             /*设置文字的对齐方式*/
    float: left;                    /*设置浮动方式*/
```

```
        margin: 5px;                            /*设置商品列表的外边距*/
}
dl:hover{                                       /*设置当鼠标滑过商品列表的样式*/
        border: 2px solid #447BD3;              /*设置边框样式*/
}
dl dt img{                                      /*设置商品图片的样式*/
        margin-top: 20px;;                      /*设置向上的外边距*/
        height: 210px;                          /*设置商品图片大小*/
}
dl dd{
        text-align: left;                       /*设置文字的总体样式*/
        margin: 8px 20px 8px;                   /*设置外边距*/
        border-bottom: 1px solid #fff;          /*设置底部边框的样式*/
}
dl dd img{                                      /*设置小图标的样式*/
        height: 35px;                           /*设置小图标的大小*/
        padding: 5px;                           /*设置图片的内边距*/
        border: 2px solid #fff ;                /*设置小图标边框*/
}
dl dd img:hover{                                /*设置当鼠标滑过小图标时的样式*/
        border-style: solid dashed ;            /*设置边框样式*/
        border-color: #00f #f0f;                /*设置边框颜色*/
}
.price~dd:hover{                                /*设置鼠标滑过价格后面的文字的样式*/
        border-bottom: 2px solid #00f;          /*设置下边框的样式*/
}
.price{                                         /*设置价格文字的样式*/
        color: red;                             /*设置字体颜色*/
        font-size: 20px;                        /*设置文字大小*/
}
.price:first-letter{                            /*设置价格符号的样式*/
        font-size: 12px;                        /*设置字体大小*/
}
```

完成代码编辑以后，在浏览器中运行 HTML 文件，运行效果如图 5.5 所示，当鼠标放置在第一部分时，第一部分就会出现一个整体的蓝色边框，并且当鼠标放置在手机小图标上时，小图标就会出现边框，并且左右边框为粉色虚线，上下边框为蓝色实线。

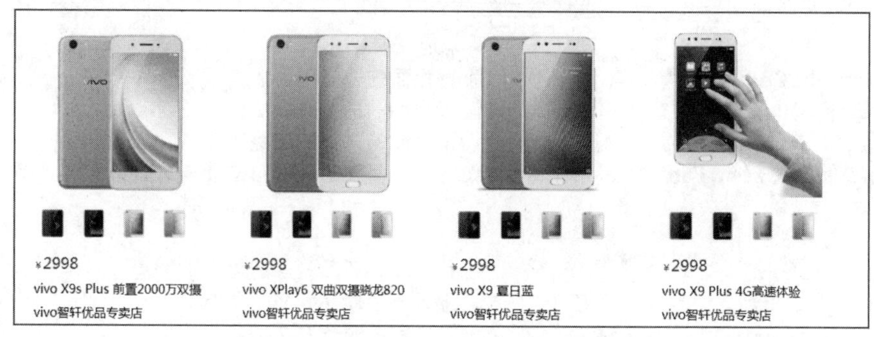

图 5.5　购物商城中的商品列表运行图

5.2　布局常用属性

浮动（float）和定位（position）是布局中常用的两个属性。因为，在一个文本中，任何一个元素都被文本限制了自身的位置。但是，在 CSS3 中通过 float 属性可以实现排列文档中的内容，而 position 属性可以实现改变元素的位置。它可以将元素框定义在你想出现的任何位置。这些属性只要应用得当，可以实现各种炫酷的效果。

5.2.1　浮动

float 是 CSS3 样式中的定位属性，用于设置标签对象（如<div>标签盒子、<p>标签）的浮动布局，通过设置其浮动属性，改变元素的排列方式，其语法如下。

```
float: left|right|none;
```

☑ left：元素浮动在左侧。

☑ right：元素浮动在右侧。

☑ none：元素不浮动。

例 5.04　本实例主要通过使用 float 属性实现不同的表情包浮动效果。首先在 HTML 页面中添加表情图片以及提示文字，具体代码如下。（**实例位置：资源包\源码\05\5.04**）

```
<div class="cont">
    <p>当前表情包的浮动属性为 none，当鼠标滑过本行文字时，浮动状态为 left，而单击文字时，则浮动
       状态为 right，快试一试吧*_*</p>
    <div><img src="img/cry.png" alt=""></div>
    <div><img src="img/amazed.png" alt=""></div>
    <div><img src="img/awkward.png" alt=""></div>
    <div><img src="img/laugh.png" alt=""></div>
</div>
```

然后，在 CSS3 页面中添加 CSS3 代码，并且结合伪类选择器设置不同的表情浮动方式，具体代码如下。

```
.cont {                                       /*设置页面的整体样式*/
    background: rgb(225, 255, 255);           /*设置页面的背景颜色*/
    width: 800px;                             /*设置页面的整体宽度*/
    height: 520px;                            /*设置页面的整体高度*/
    margin: 0 auto;                           /*设置页面的整体外边距*/
}
p {                                           /*设置提示文字的样式*/
    background: #ff0;                         /*设置提示文字的背景颜色*/
    font-size: 20px;                          /*设置字体的大小*/
    line-height: 30px;                        /*设置行高*/
}
```

```
img {                                       /*设置表情图片的样式*/
    height: 100px;                          /*设置图片统一高度*/
    width: 100px;                           /*设置图片统一宽度*/
}
.cont:hover.cont div {                      /*当鼠标放置在整体 div 上时，图片 div 的样式*/
    float: left;                            /*设置浮动为左浮动*/
}
.cont:active.cont div {                     /*当鼠标单击整体 div 上时，图片 div 的样式*/
    float: right;                           /*设置浮动为右浮动*/
}
```

完成代码编译以后，在浏览器中运行 HTML 文件，运行效果如图 5.6 所示。该效果图为没有为表情设置浮动方式，也就是浮动方式为 none；当鼠标放置在页面中时，图片的浮动方式为左浮动，也就是 float 的属性值为 left，页面的效果如图 5.7 所示；当鼠标单击页面时，图片的浮动方式为右浮动，即 float 属性值为 right，页面效果如图 5.8 所示。

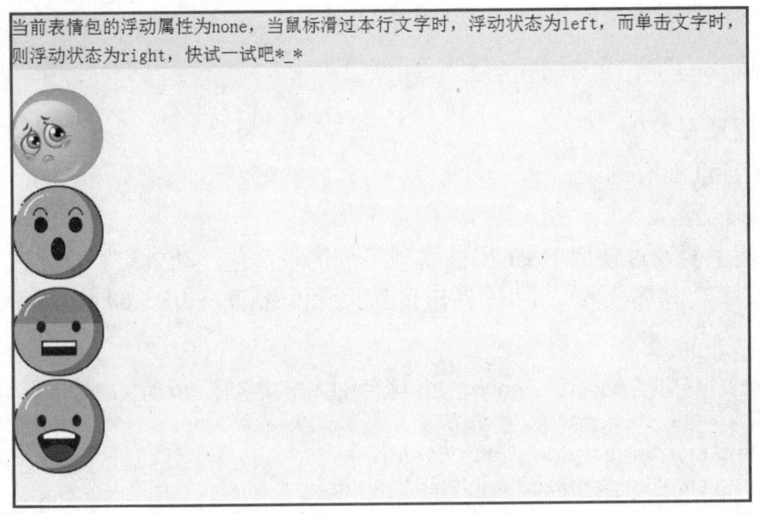

图 5.6　float 的属性值为 none 时的图片排列效果

图 5.7　float 的属性值为 left 时的图片排列效果

图 5.8　float 的属性值为 right 时的图片排列效果

5.2.2　定位相关属性

在一个文本中，任何一个标签都被文本限制了自身的位置。但是通过 CSS3 可以使这些标签改变自己的位置。CSS3 定位简单来说就是利用（positioning）属性使标签出现在你定义的位置上。

定位的基本思想很简单，你可以将标签框定义在你想其出现的任何位置上。

CSS3 中提供了用于设置定位方式的属性——position。position 属性的语法格式如下。

```
position: static|absolute|fixed|relative;
```

- ☑ static：无特殊定位，对象遵循 HTML 定位规则。使用该属性值时，top、right、bottom 和 left 等属性设置无效。
- ☑ absolute：绝对定位，使用 top、right、bottom 和 left 等属性指定绝对位置。使用该属性值可以让对象漂浮于页面之上。
- ☑ fixed：绝对定位，且对象位置固定，不随滚动条移动而改变位置。
- ☑ relative：相对定位，遵循 HTML 定位规则，并由 top、right、bottom 和 left 等属性决定位置。

例 5.05　在商城主页，当鼠标滑动到每个选项时，相应的内容就会呈现出来。实现原理就是在<div>标签上设置相对定位，并且设置其父标签<li>为相对定位，关键代码如下。（**实例位置：资源包\源码\05\5.05**）

```
li {
    list-style-type: none;              /*设置列表项的样式类型*/
    width: 202px;                       /*设置列表项的宽度*/
    height: 31px;                       /*设置列表项的高度*/
    text-align: center;                 /*列表项中文本的对齐方式*/
    background: #ddd;                   /*列表项的背景颜色*/
    line-height: 31px;                  /*设置行高*/
    font-size: 14px;                    /*设置字体大小为 14 像素*/
    position: relative;                 /*设置定位方式为相对定位*/
}
.mr-shop li .mr-shop-items {
    width: 864px;
    height: 496px;
    background: #eee;
    position: relative;                 /*设置定位方式为相对定位*/
    left: 202px;                        /*距离浏览器左方 202 像素*/
    top: -31px;                         /*距离浏览器上方-31 像素*/
    display: none;                      /*设置图片为隐藏*/
}
```

完成代码编辑后，在浏览器中运行代码，运行效果如图 5.9 所示。

说明

上面实例仅是实现对鼠标滑过文字时右边出现相应图片的关键代码。关于本实例具体代码，请参照资源包中的源码。

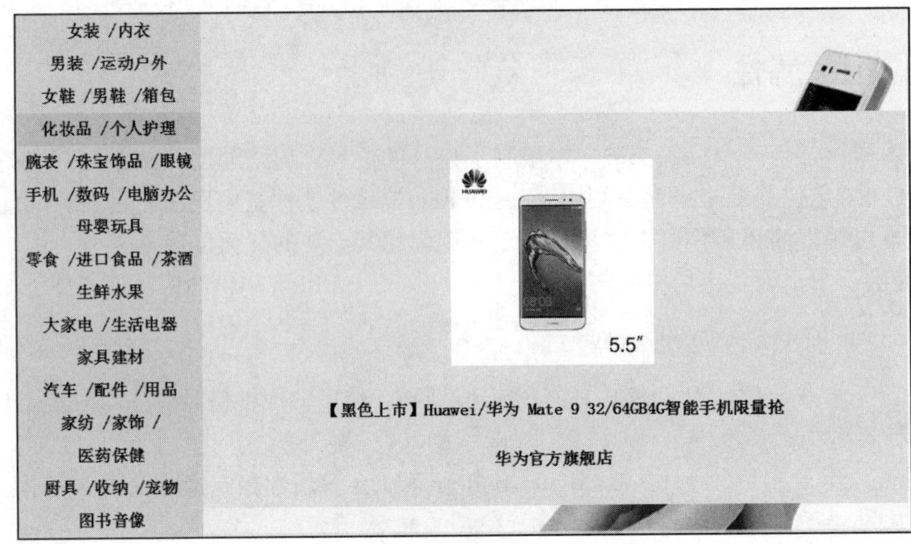

图 5.9　相对定位使用实例

5.3　动画与特效

CSS3 中新增了一些用来实现动画效果的属性，通过这些属性可以实现以前通常需要使用 JavaScript 或者 Flash 才能实现的效果。例如，对 HTML 中的标签进行平移、缩放、旋转、倾斜，以及添加过渡效果等，并且可以将这些变化组合成动画效果来进行展示。本节将对 CSS3 新增的这些属性进行详细介绍。

5.3.1　变换（transform）

在 CSS3 中提供了 transform 和 transform-origin 两个用于实现 2D 变换的属性。其中，transform 属性用于实现平移、缩放、旋转和倾斜等 2D 变换，而 transform-origin 属性则是用于设置中心点的变换。transform 属性的属性值如表 5.2 所示。

表 5.2　transform 属性的属性值

值/函数	说　明
none	表示无变换
translate(<length>[,<length>])	表示实现 2D 平移。第一个参数对应水平方向，第二个参数对应 Y 轴。如果第二个参数未提供，则默认值为 0
translateX(<length>)	表示在 X 轴（水平方向）上实现平移。参数 length 表示移动的距离
translateY(<length>)	表示在 Y 轴（垂直方向）上实现平移。参数 length 表示移动的距离
scaleX(<number>)	表示在 X 轴上进行缩放
scaleY(<number>)	表示在 Y 轴上进行缩放
scale(<number>[[,<number>])	表示进行 2D 缩放。第一个参数对应水平方向，第二个参数对应垂直方向。如果第二个参数未提供，则默认取第一个参数的值

续表

值/函数	说　　明
skew(<angle>[,<angle>])	表示进行 2D 倾斜。第一个参数对应水平方向，第二个参数对应垂直方向。如果第二个参数未提供，则默认值为 0
skewX(<angle>)	表示在 X 轴上进行倾斜
skewY(<angle>)	表示在 Y 轴上进行倾斜
rotate(<angle>)	表示进行 2D 旋转。参数<angle>用于指定旋转的角度
matrix(<number>,<number>,<number>,<number>,<number>,<number>)	代表一个基于矩阵变换的函数。它以一个包含六个值（a,b,c,d,e,f）的变换矩阵的形式指定一个 2D 变换，相当于直接应用一个[a b c d e f]变换矩阵。也就是基于 X 轴（水平方向）和 Y 轴（垂直方向）重新定位标签，此属性值的使用涉及数学中的矩阵

多学两招

transform 属性支持一个或多个变换函数。也就是说，通过 transform 属性可以实现平移、缩放、旋转和倾斜等组合的变换效果。不过，在为其指定多个属性值时不是使用常用的逗号“,”进行分隔，而是使用空格进行分隔。

例 5.06　在 HTML 页面中，当鼠标滑过手机图片时，逐渐向两边展开手机图片，实现步骤如下。**（实例位置：资源包\源码\05\5.06）**

（1）新建一个 HTML 文件，然后通过<img>标签添加 4 张要实现动画效果的图片，关键代码如下。

```
<div class="mr-content">
    <div class="mr-block">
        <h2>旋转</h2>
        <img src="images/10-1.jpg" alt="img1" class="mr-img1">
    </div>
    <div class="mr-block">
        <h2>缩放</h2>
        <img src="images/10-1a.jpg" alt="img1" class="mr-img2">
    </div>
    <div class="mr-block">
        <h2>平移</h2>
        <img src="images/10-1b.jpg" alt="img1" class="mr-img3">
    </div>
    <div class="mr-block">
        <h2>倾斜</h2>
        <img src="images/10-1c.jpg" alt="img1" class="mr-img4">
    </div>
</div>
```

（2）新建一个 CSS3 文件，通过外部样式引入 HTML 文件，通过 transform 中的 rotate 属性值实现旋转效果，关键代码如下。

```
.mr-content .mr-block .mr-img1:hover{
    transform:rotate(30deg);                    /*顺时针旋转 30 度*/
}
```

（3）通过 transform 中的 scale 属性值实现缩放效果，关键代码如下。

```
.mr-content .mr-block .mr-img2:hover{
    transform:scaleX(2);                    /*在 X 轴上进行缩放*/
}
```

（4）通过 transform 中的 translate 属性值实现平移效果，关键代码如下。

```
.mr-content .mr-block .mr-img3:hover{
    transform:translateX(60px);             /*在 X 轴上进行平移*/
}
```

（5）通过 transform 中的 skew 属性值实现倾斜效果，关键代码如下。

```
.mr-content .mr-block .mr-img4:hover{
    transform:skew(3deg,30deg);             /*在 X 和 Y 轴上进行倾斜*/
}
```

完成代码编辑后，在浏览器中运行代码，运行效果如图 5.10 所示，当鼠标停在图片上时，图片就会显示对应的动画效果，如图 5.11 所示。

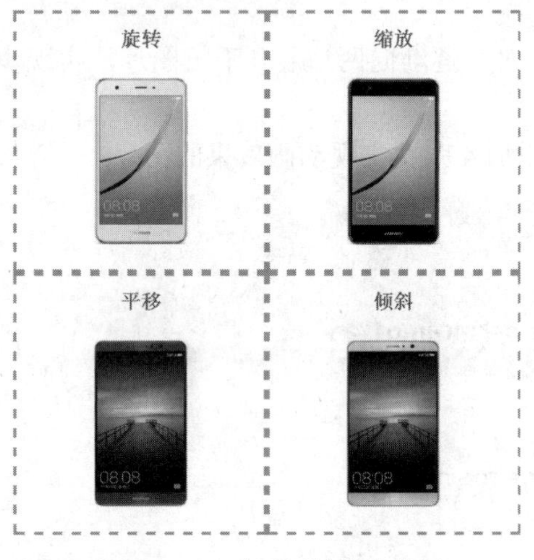

图 5.10　4 张不同的变换效果

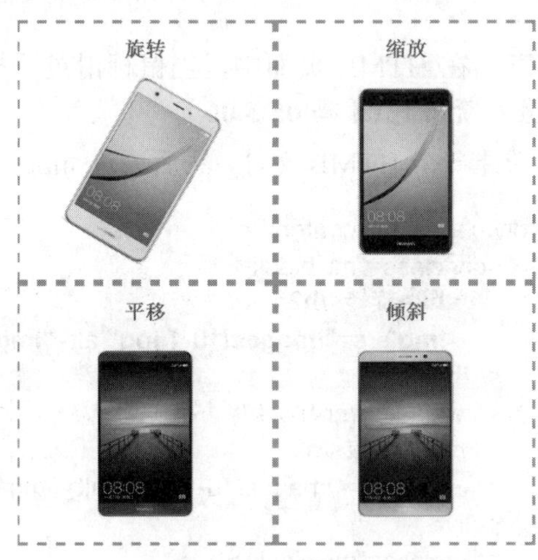

图 5.11　旋转后的效果

5.3.2　过渡（transition）

CSS3 提供了用于实现过渡效果的 transition 属性，该属性可以控制 HTML 标签的某个属性发生改变时所经历的时间，并且以平滑渐变的方式发生改变，从而形成动画效果。下面逐一介绍 transition 的各属性。

（1）指定参与过渡的属性。

CSS3 中指定参与过渡的属性为 transition-property，语法格式如下。

```
transition-property:all | none | <property>[ <property> ]
```

☑　all：默认值，表示所有可以进行过渡的 CSS3 属性。

☑　none：表示不指定过渡的 CSS3 属性。

☑ <property>：表示指定要进行过渡的 CSS3 属性。可以同时指定多个属性值，以英文格式下的逗号“,”进行分隔。

（2）指定过渡持续的时间。

CSS3 中指定过渡持续时间的属性为 transition-duration，语法格式如下。

```
transition-duration:<time>[ ,<time> ]
```

<time>用于指定过渡持续的时间，默认值为 0，如果存在多个属性值，以英文格式下的逗号“,”进行分隔。

（3）指定过渡的延迟时间的属性。

CSS3 中指定过渡的延迟时间的属性为 transition-duration，也就是延迟多长时间才开始过渡。语法格式如下。

```
transition-delay:<time>[ ,<time> ]
```

<time>用于指定延迟过渡的时间，默认值为 0，如果存在多个属性值，以英文格式下的逗号“,”进行分隔。

（4）指定过渡的动画类型属性。

CSS3 中指定过渡动画类型的属性为 transition-timing-function，该属性的语法格式如下。

```
transition-timing-function:linear | ease | ease-in | ease-out | ease-in-out | cubic-bezier(x1,y1,x2,y2)
[,linear|ease| ease-in|ease-out|ease-in-out|cubic-bezier(x1,y1,x2,y2) ]
```

属性值说明如表 5.3 所示。

表 5.3　transition-timing-function 属性的属性值说明

属 性 值	说　　明
linear	线性过渡，也就是匀速过渡
ease	平滑过渡，过渡的速度会逐渐慢下来
ease-in	由慢到快，也就是逐渐加速
ease-out	由快到慢，也就是逐渐减速
ease-in-out	由慢到快，再到慢，也就是先加速后减速
cubic-bezier(x1,y1,x2,y2)	特定的贝塞尔曲线类型，由于贝塞尔曲线比较复杂，所以此处不做过多描述

例 5.07　利用 transition 属性实现当打开网页时，页面的背景自动地切换，并且当鼠标滑过图片时，页面中的图片自动展开，具体实现步骤如下。（**实例位置：资源包\源码\05\5.07**）

（1）新建一个 index.html 页面，在该页的<body>部分添加手机图片，代码如下。

```
<div class="mr-bakg">
    <div class="mr-picbom">
        <div class="mr-pic"><img src="images/phine1.png" alt="" /></div>
         <div class="mr-picleft"><img src="images/phine2.png" alt="" /></div>
         <div class="mr-picright"><img src="images/phone3.png" alt="" /></div>
    </div>
</div>
```

（2）将 3 个图片放到页面中间同一位置，然后设置鼠标滑过时，手机图片展开的动画，代码如下。

```
.mr-picbom{                                   /*放置图片的盒子*/
    position: relative;                       /*设置其定位方式为相对定位*/
    margin: 50px 242px;                       /*设置其上下边距和左右边距*/
    width: 110px;
    height: 190px;
}
.mr-picleft,.mr-picright{                     /*通过定位将左右两张图片与中间图片重合*/
    position: absolute;                       /*设置其为绝对定位*/
    top: 0px;
}
.mr-picbom:hover .mr-picleft{                 /*当鼠标悬停于中间图片时，左边图片向左边平移*/
    transform: translateX(190px);
    transition: all 1s ease;
}
.mr-picbom: hover .mr-picright{               /*当鼠标悬停于中间图片时，右边图片向右边平移 */
   transform: translateX(-190px);
   transition: all 1s ease;
}
```

完成代码编辑后，打开网页，页面的背景自动切换，如图 5.12 所示；而当鼠标滑过中间的手机图片时，页面效果如图 5.13 所示。

图 5.12　打开页面时效果

图 5.13　鼠标滑过中间图片时效果

说明

本实例的实现步骤中，仅展示了展开手机图片的代码，关于自动切换背景图片部分的代码，请参照资源包中的源码。

5.3.3　动画（animation）

使用 CSS3 实现动画效果需要两个过程，分别是定义关键帧和引用关键帧。首先介绍关键帧的定义方法。

1．关键帧

在实现 Animation 动画时，需要先定义关键帧，定义关键帧的语法格式如下。

```
@keyframes name { <keyframes-blocks> };
```

属性值说明。

- ☑ name：定义一个动画名称，该动画名称将用来被 animation-name 属性（指定动画名称属性）所使用。
- ☑ <keyframes-blocks>：定义动画在不同时间段的样式规则。该属性值包括以下两种形式。

第 1 种方式为使用关键字 from 和 to 定义关键帧的位置，实现从一个状态过渡到另一个状态，语法如下。

```
from{
        属性 1:属性值 1;
        属性 2:属性值 2;
        …
        属性 n:属性值 n;
}
to{
        属性 1:属性值 1;
        属性 2:属性值 2;
        …
        属性 n:属性值 n;
}
```

例如，定义一个名称为 opacityAnim 的关键帧，用于实现从完全透明到完全不透明的动画效果，可以使用下面的代码。

```
@-webkit-keyframes opacityAnim{
        from{opacity:0;}
        to{opacity:1;}
}
```

第二种方式为使用百分比定义关键帧的位置，实现通过百分比来指定过渡的各个状态，语法格式如下。

```
百分比 1{
        属性 1:属性值 1;
        属性 2:属性值 2;
        …
        属性 n:属性值 n;
        }
        …
百分比 n{
        属性 1:属性值 1;
        属性 2:属性值 2;
        …
        属性 n:属性值 n;
}
```

例如，定义一个名称为 complexAnim 的关键帧，用于实现将对象从完全透明到完全不透明，再逐渐收缩到 80%，最后再从完全不透明过渡到完全透明的动画效果，可以使用下面的代码。

```
@-webkit-keyframes complexAnim{
    0%{opacity:0;}
    20%{opacity:1;}
    50%{-webkit-transform:scale(0.8);}
    80%{opacity:1;}
    100%{opacity:0;}
}
```

注意

在指定百分比时，一定要加“%”，如 0%、50%和 100%等。

2．动画属性

要实现 Animation 动画，在定义了关键帧以后，还需要使用动画相关属性来执行关键帧的变化。CSS3 为 Animation 动画提供如表 5.4 所示的 9 个属性。

表 5.4　Animation 动画的属性

属　性	属 性 值	说　明
animation	复合属性。以下属性的值的综合	用于指定对象所应用的动画特效
animation-name	name	指定对象所应用的动画名称
animation-duration	time+单位 s（秒）	指定对象动画的持续时间
animation-timing-function	其属性值与 transition-timing-function 属性值相关	指定对象动画的过渡类型
animation-delay	time+单位 s（秒）	指定对象动画延迟的时间
animation-iteration-count	number 或 infinite（无限循环）	指定对象动画的循环次数
animation-direction	normal（默认值，表示正常方向）或 alternate（表示正常与反向交替）	指定对象动画在循环中是否反向运动
animation-play-state	running（默认值，表示运动）或 paused（表示暂停）	指定对象动画的状态
animation-fill-mode	none：表示不设置动画之外的状态，默认值； forwards：表示设置对象状态为动画结束时的状态； backwards：表示设置对象状态为动画开始时的状态； both：表示设置对象状态为动画结束或开始的状态	指定对象动画时间之外的状态

说明

设置动画属性时，可以加更多个动画属性值写在一行里，例如下面的代码。

```
.mr-in{
    animation-name: lun;
    animation-duration: 10s;
    animation-timing-function: linear;
    animation-direction: normal;
    animation-iteration-count: infinite;
}
```

上面的代码中设置的动画属性中的动画名称、动画持续时间、动画速度曲线、动画运动方向以及动画播放次数，如果将这些属性写在一起，代码如下。

```
.mr-in{
    animation: lun 10s linear infinite normal;
    }
```

例 5.08　通过 Animation 属性可以实现购物商城中商品详情里滚动播出广告，具体实现步骤如下。（**实例位置：资源包\源码\05\5.08**）

（1）新建一个 HTML 文件，通过<p>标签添加广告文字，关键代码如下。

```
<div class="mr-content">
  <div class="mr-news">
    <div class="mr-p">
      <p>华为年度盛典</p>                                  <!--通过<p>标签添加新闻文字-->
      <p>惊喜连连</p>
      <p>新品手机震撼上市</p>
      <p>折扣多多</p>
      <p>不容错过</p>
      <p>惊喜购机有好礼</p>
      <p>满减优惠</p>
      <p>神秘幸运奖</p>
      <p>华为等你带回家</p>
    </div>
  </div>
</div>
```

（2）新建一个 CSS3 文件，通过外部样式引入 HTML 文件，通过 Animation 属性实现滚动播出广告，关键代码如下。

```
.mr-p{
    height: 30px;                                /*设置高度*/
    margin-top: 0;                               /*设置外边距*/
    color: #333;                                 /*设置字体颜色*/
    font-size: 24px;                             /*设置字体大小*/
    animation: lun 10s linear infinite;          /*设置动画*/
    }
@-webkit-keyframes lun {                         /*通过百分比指定过度各个状态时间*/
    0%{margin-top:0;}
    10%{margin-top:-30px;}
    20%{margin-top:-60px;}
    30%{margin-top:-90;}
    40%{margin-top:-120px;}
    50%{margin-top:-150px;}
    60%{margin-top:-180;}
    70%{margin-top:-210px;}
    80%{margin-top:-240px;}
```

```
        90%{margin-top:-270px;}
        100%{margin-top:-310px;}
}
```

将代码保存以后，在浏览器中打开，效果如图 5.14 所示。

图 5.14　滚动广告

多学两招

实现 CSS3 中的动画效果时，需要在页面中添加块级标签<div>，并且设置其溢出内容显示为隐藏（overflow: hidden;），然后在其内部嵌套一个块级标签用来添加动画内容（例如上面实例中的滚动文字）。

5.4　小　　结

本章重点讲解 CSS3 的高级应用，主要包括 CSS3 中框模型、布局以及 CSS3 中动画与特效。而了解框模型是熟练布局的基础，所以，读者学习时，正确理解框模型的概念并且尽可能多地运用本章知识点。学完本章用户不仅可以通过布局将页面进行美化，还可以运用运用动画在页面中添加特效。

5.5　实　　战

5.5.1　实战一：设置手机筛选页面

试制作购物网站中如图 5.15 所示的手机筛选页面。（**资源包\源码\05\实战\01**）

图 5.15　手机筛选页面

5.5.2　实战二：制作横向导航

试着结合使用 HTML 和 CSS3 制作一个网页的横向导航栏，要求鼠标滑过时展开对应内容。（**资源包\源码\05\实战\02**）

5.5.3　实战三：制作图片轮播

试着使用 WebStorm 编译器制作网站首页的图片轮播效果。（**资源包\源码\05\实战\03**）

第 6 章

表格与<div>标签

（视频讲解：1 小时 12 分钟）

表格是在网页设计中经常使用的表现形式，表格可以存储更多内容，可以方便传达信息。<div>标签可以统一管理其他标签，如标题标签、段落标签等，形象地说，其他标签如同一个个小的箱子，可以放入<div>标签这个大箱子中。这样做的好处是，可以对越来越多的标签进行分组和管理。本章将详细讲解表格和<div>标签的内容。

学习摘要：

- 简单表格的制作
- 表格的高级应用
- <div>标签
- <span>标签

视频讲解

6.1　简单表格

表格是用于排列内容的最佳手段。在 HTML 页面中，有很多页面都是使用表格进行排版的。简单的表格是由<table>标签、<tr>标签和<td>标签组成的。通过使用<table>表格标签，可以完成课程表、成绩单等常见的表格。

6.1.1　简单表格的制作

表格标签是<table>...</table>，表格的其他标签需要在表格的开始标签<table>和表格的结束标签</table>之间才有效。用于制作表格的主要标签如表 6.1 所示。

表 6.1　表格标签

标　　签	含　　义
<table>	表格标签
<tr>	行标签
<td>	单元格标签

语法格式如下。

```
<table>
        <tr>
                <td>单元格内的文字</td>
                <td>单元格内的文字</td>
                …
        </tr>
        <tr>
                <td>单元格内的文字</td>
                <td>单元格内的文字</td>
                …
        </tr>
        …
</table>
```

在上面的语法中，<table>和</table>标记分别标志着一个表格的开始和结束；而<tr>和</tr>标记则分别表示表格中一行的开始和结束，在表格中包含几组<tr>…</tr>，就表示该表格为几行；<td>和</td>标记表示一个单元格的开始和结束，也可以说表示一行中包含了几列。

例 6.01　本实例巧用<table>表格标签、<tr>行标签和<td>单元格标签，实现一个考试成绩单的表格。首先编写代码<table>…</table>，通过<table>表格标签，创建一个表格框架，然后通过<tr>行标签，创建表格中的一行，最后使用<td>单元格标签，输入具体的内容，具体代码如下。（**实例位置：资源包**

源码\06\6.01）

```
<!DOCTYPE html>
<html>
<head>
<!--指定页面编码格式-->
<meta charset="UTF-8">
<!--指定页头信息-->
<title>基本表格</title>
</head>
<body>
<h1 align="center">基本表格--考试成绩表</h1>
<!--<table>为表格标记-->
<table align="center">
    <!--<tr>为行标签-->
    <tr>
        <!--<th>为表头标记-->
        <th>姓名</th>
        <th>语文</th>
        <th>数学</th>
        <th>英语</th>
    </tr>
    <tr>
        <!--<td>为单元格-->
        <td>王佳</td>
        <td>94 分</td>
        <td>89 分</td>
        <td>56 分</td>
    </tr>
    <tr>
        <td>李翔</td>
        <td>76 分</td>
        <td>85 分</td>
        <td>88 分</td>
    </tr>
    <tr>
        <td>张莹佳</td>
        <td>89 分</td>
        <td>86 分</td>
        <td>97 分</td>
    </tr>
</table>
</body>
</html>
```

运行效果如图 6.1 所示。

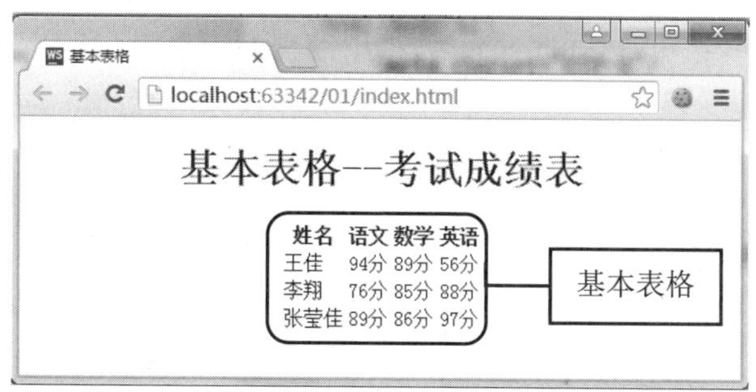

图 6.1　考试成绩表的界面效果

常见错误

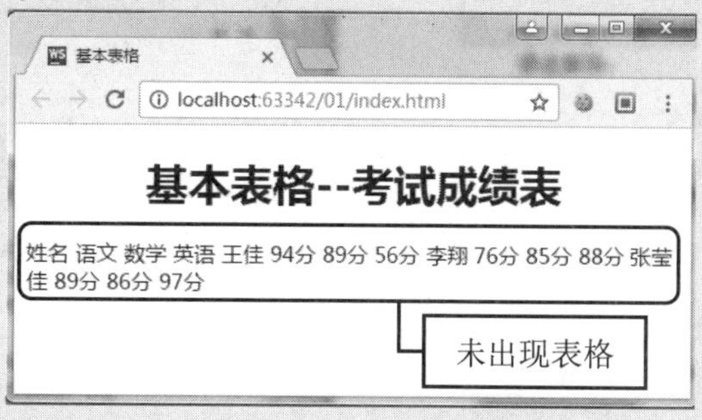

开始标签与属性之间漏加空格，例如，把<table align="center">写成<tablealign="center">，导致浏览器无法识别<table>标签，从而导致页面布局错乱。例如，在下面代码 01 行处，<table align="center">就写成了<tablealign="center">。

```
01  <tablealign="center">
02      <!--<tr>为行标签-->
03      <tr>
04          <!--<td>为表头标记-->
05          <th>姓名</th>
06          <th>语文</th>
07          <th>数学</th>
08          <th>英语</th>
09      </tr>
10      <!--省略部分代码-->
11  </table>
```

将会出现如图 6.2 所示的错误提示。

图 6.2　表格标签漏加空格的错误界面

6.1.2　表头的设置

表格中还有一种特殊的单元格，称为表头。表头一般位于表格第一行，用来表明该列的内容类别，用<th>和</th>标签来表示。与<td>标签的使用方法相同，但是<th>标签中的内容是加粗显示的。

语法格式如下。

```
<table>
        <caption>表格的标题</caption>
        <tr>
                <th>表格的表头</th>
                <th>表格的表头</th>
                …
        </tr>
        <tr>
                <td>单元格内的文字</td>
                <td>单元格内的文字</td>
                …
        </tr>
        …
</table>
```

注意

在编写代码的过程中，结束标签不要忘记添加“/”。

例 6.02 本实例使用<table>表格标签、<caption>表头标签、<th>表头单元格标签、<tr>行标签和<td>普通单元格标签，实现一个简单的课程表。首先通过<table>标签，创建一个表格，然后利用<caption>表头标签，制作表头文字“简单课程表”，最后使用<tr>行标签和<td>单元格标签，输入课程表的内容，具体代码如下。（**实例位置：资源包\源码\06\6.02**）

```
<!DOCTYPE html>
<html>
<head>
<!--指定页面编码格式-->
<meta charset="UTF-8">
<!--指定页头信息-->
<title>简单课程表</title>
</head>
<body>
<!--<table>为表格标记-->
<table align="center">
    <!--<caption>表头标签-->
    <caption>简单课程表</caption>
    <!--<tr>为行标签-->
    <tr>
        <!--<th>为表头标记-->
        <th>星期一</th>
        <th>星期二</th>
        <th>星期三</th>
        <th>星期四</th>
        <th>星期五</th>
```

```
        </tr>
        <tr>
            <!--<td>为单元格-->
            <td>数学</td>
            <td>语文</td>
            <td>数学</td>
            <td>语文</td>
            <td>数学</td>
        </tr>
        <tr>
            <td>语文</td>
            <td>数学</td>
            <td>语文</td>
            <td>数学</td>
            <td>语文</td>
        </tr>
        <tr>
            <td>体育</td>
            <td>语文</td>
            <td>英语</td>
            <td>综合</td>
            <td>语文</td>
        </tr>
    </table>
    </body>
    </html>
```

运行效果如图 6.3 所示。

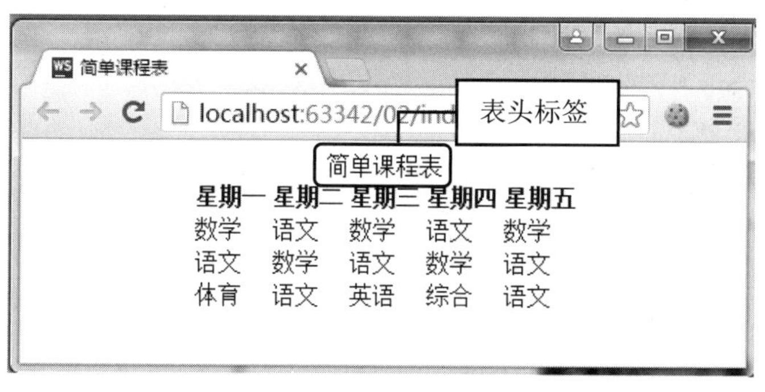

图 6.3　简单课程表的界面效果

6.2　表格的高级应用

6.2.1　表格的样式

除了基本表格外，表格可以设置一些基本的样式属性。如可以设置表格的宽度、高度、对齐方式、插入图片等。

语法格式如下。

```
<table>
      <caption>表格的标题</caption>
      <tr>
            <th>表格的表头</th>
            <th>表格的表头</th>
            …
      </tr>
      <tr>
            <td><img src="引入图片路径"></td>
            <td><img src="引入图片路径"></td>
            …
      </tr>
      …
</table>
```

例 6.03　本实例在<td>单元格标签中插入<img>图标标签，实现了一个商品推荐表格。首先通过<table>标签，创建一个表格框架，然后利用<tr>行标签和<td>普通单元格标签，输入商品的文字内容，在最后一组<td>单元格标签中，使用<img>标签，在单元格中插入具体商品图片，具体代码如下。（**实例位置：资源包\源码\06\6.03**）

```
<!DOCTYPE html>
<html>
<head>
<!--指定页面编码格式-->
<meta charset="UTF-8">
<!--指定页头信息-->
<title>商品表格</title>
</head>
<body>
<!--<table>为表格标记-->
<table align="center" width="66%" height="480" align="center">
      <caption><b>商品表格</b></caption>
      <tr height="36" bgcolor="#DD2727">
            <th>潮流前沿</th>
            <th>手机酷玩</th>
            <th>品质生活</th>
            <th>国际海购</th>
            <th>个性推荐</th>
      </tr>
      <!--单元格加入介绍文字-->
      <tr align="center">
            <td>换新</td>
            <td>手机馆</td>
            <td>必抢</td>
            <td>识货</td>
            <td>国货</td>
```

```
        </tr>
        <!--单元格加入介绍文字-->
        <tr align="center">
            <td>品牌精选新品</td>
            <td>手机新品</td>
            <td>巨超值  卖疯了</td>
            <td>全球最热好货</td>
            <td>居家必备</td>
        </tr>
        <!--单元格加入图片装饰-->
        <tr align="center">
            <td><img src="images/1.jpg" alt=""></td>
            <td><img src="images/2.jpg" alt=""></td>
            <td><img src="images/3.jpg" alt=""></td>
            <td><img src="images/4.jpg" alt=""></td>
            <td><img src="images/5.jpg" alt=""></td>
        </tr>
    </table>
    </body>
    </html>
```

运行效果如图 6.4 所示。

图 6.4　商品推荐表格的界面效果

6.2.2　表格的合并

表格的合并是指在复杂的表格结构中，有些单元格是跨多个列，有些单元格是跨多个行的。语法格式如下。

```
<td colspan="跨的列数">
<td rowspan="跨的行数">
```

在前面的语法中，跨的列数是指这个单元格所跨的列数；跨的行数是指单元格在垂直方向上跨的行数。

例 6.04　本实例使用<tr>行标签中的 rowspan 属性，将多行合并成一行，实现一个较复杂的课程表。首先使用<table>标签，新建一个表格框架，然后通过<tr>行标签和<td>单元格标签，完成常规表格的制作，最后在希望合并的单元格标签<td>中，添加属性 rowspan，属性值为 2，表示将两行合并为一行，关键代码如下。（**实例位置：资源包\源码\06\6.04**）

```
<!DOCTYPE html>
<html>
<head>
<!--指定页面编码格式-->
<meta charset="UTF-8">
<!--指定页头信息-->
<title>复杂课程表</title>
</head>
<body style="background-image:url(images/bg.jpg) ">
<h1 align="center">课 程 表</h1>
<!--<table>为表格标记-->
<table align="center" border="1px" cellpadding="10%" >
    <!--课程表日期-->
    <tr bgcolor="#A5FEDE">
        <th></th>
        <th></th>
        <th>星期一</th>
        <th>星期二</th>
        <th>星期三</th>
        <th>星期四</th>
        <th>星期五</th>
    </tr>
    <!--课程表内容-->
    <tr align="center">
        <!--使用 rowspan 属性进行列合并-->
        <td bgcolor="#FCD1C0" rowspan="2">上午</td>
        <td bgcolor="#FCD1C0">1</td>
        <td>数学</td>
        <td>语文</td>
        <td>英语</td>
        <td>体育</td>
        <td>语文</td>
    </tr>
    <!--课程表内容-->
    <tr align="center">
        <td bgcolor="#FCD1C0">2</td>
        <td>音乐</td>
        <td>英语</td>
        <td>政治</td>
        <td>美术</td>
```

```
            <td>音乐</td>
        </tr>
        <!--省略部分代码-->
</table>
</body>
</html>
```

运行效果如图 6.5 所示。

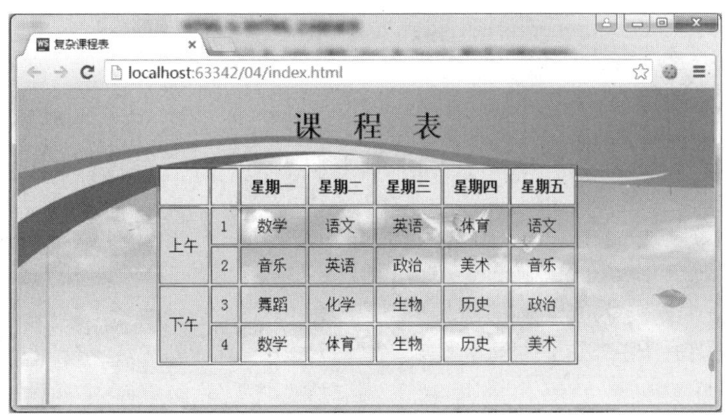

图 6.5　复杂课程表的界面效果

6.2.3　表格的分组

表格可以使用<colgroup>标签对列进行样式控制。如单元格的背景颜色、字体大小等。

语法格式如下。

```
<table>
        <colgroup>
                <col style="background-color:颜色值">
                <col style="color:颜色值">
        <colgroup>
        <tr>
                <td>单元格内的文字</td>
                <td>单元格内的文字</td>
                …
        </tr>
        …
</table>
```

在上面的语法中，使用<colgroup>标签对表格中的列进行控制，使用<col>标签对具体的列进行控制。

例 6.05　本实例使用<colgroup>列分组标签，制作了一个学生练习表格，并且对列进行样式控制。首先使用<table>表格标签，创建了一个表格框架，然后通过<tr>行标签和<td>单元格标签，完成学生联系表的制作，最后使用<colgroup>标签，对每一列单元格内容进行颜色设置，具体代码如下。（**实例位置：资源包\源码\06\6.05**）

```
<!DOCTYPE html>
<html>
<head>
<!--指定页面编码格式-->
<meta charset="UTF-8">
<!--指定页头信息-->
<title>表格分组</title>
</head>
<body style="background-image:url(images/bg.png) ">
<h1 align="center">学生联系方式</h1>
<!--<table>为表格标记-->
<table align="center" border="1px" cellpadding="10%" >
    <!--使用<colgroup>标签进行表格分组控制-->
    <colgroup>
        <col style="background-color: #7ef5ff">
        <col style="background-color: #B8E0D2">
        <col style="background-color: #D6EADF">
        <col style="background-color: #EAC4D5">
    </colgroup>
    <!--表头信息-->
    <tr>
        <th>姓名</th>
        <th>住所</th>
        <th>联系电话</th>
        <th>性别</th>
    </tr>
    <!--学生内容-->
    <tr align="center">
        <td>张刚</td>
        <td>男生公寓 208 室</td>
        <td>131****7845</td>
        <td>男</td>
    </tr>
    <!--学生内容-->
    <tr align="center">
        <td>李凤</td>
        <td>女生公寓 208 室</td>
        <td>187****9545</td>
        <td>女</td>
    </tr>
    <!--省略部分代码-->
</table>
</body>
</html>
```

运行效果如图 6.6 所示。

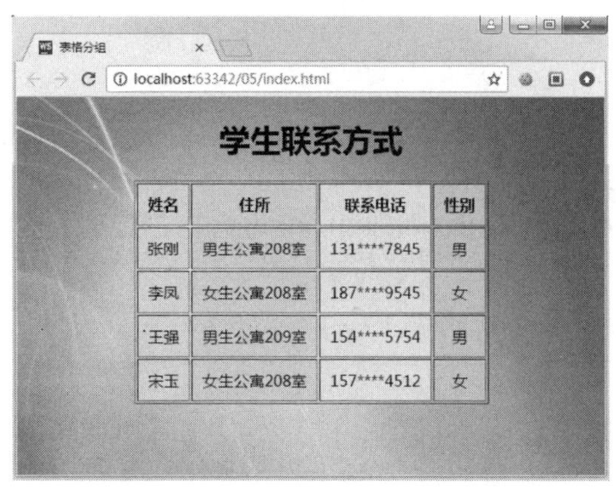

图 6.6　学生联系方式的界面效果

6.3　<div>标签

<div>标签是用来为 HTML 文档的内容提供结构和背景的元素。<div>开始标签和</div>结束标签之间的所有内容都是用来构成这个块的，其中所包含标签的特性由<div>标签中的属性来控制，或者是通过使用样式表格式化这个块来进行控制。

6.3.1　<div>标签的介绍

div 全称 division，意为“分隔”。<div>标签被称为分隔标签，表示一块可以显示 HTML 的区域，用于设置字、图片、表格等的摆放位置。<div>标签是块级标签，需要结束标签</div>。

说明

块级标签又名块级元素（block element），与其对应的是内联元素（inline element），也叫行内标签，它们都是 HTML 规范中的概念。在本章疑难解答小节中对其有具体的解释。

语法格式如下。

```
<div>
…
</div>
```

例 6.06　本实例中使用<div>标签，对内容进行分组，制作古诗一首。首先通过<p>段落标签，完成古诗内容，然后将古诗标题和古诗内容分成两组，便于后期维护管理，使用<div>标签，放在古诗内容的最外层，具体代码如下。（**实例位置：资源包\源码\06\6.06**）

```
<!DOCTYPE html>
<html>
<head>
<!--指定页面编码格式-->
```

```
<meta charset="UTF-8">
<!--指定页头信息-->
<title>多标签分组--div</title>
</head>
<!--插入古诗背景图片-->
<body style="background:url(images/bg.jpg) no-repeat   ">
<!--使用 div 标签对多个 p 标签进行分组-->
<div align="right">
<p>锄禾日当午，汗滴禾下土。</p>
<p>谁知盘中餐，粒粒皆辛苦。</p>
</div>
<!--不属于 div 分类标签的，未进行分组-->
<p align="right">--古诗--</p>
</body>
</html>
```

运行效果如图 6.7 所示。

图 6.7　活用文字装饰的页面效果

6.3.2 <div>标签的应用

在应用<div>标签之前，首先来了解<div>标签的属性。在页面加入层时，会经常应用到<div>标签的属性。

语法格式如下。

```
<div id="value" align="value" calss="value" style="value">
</div>
```

☑ id：<div>标签的 id 也可以说是它的名字，常与 CSS3 样式相结合，实现对网页中元素的控制。

☑ align：用于控制<div>标签中的元素的对齐方式，其值可以是 left、center 和 right，分别用于设置元素的居左、居中和居右对齐。

☑ class：用于设置<div>标签中的元素的样式。其值为 CSS3 样式中的 class 选择符。

☑ style：用于设置<div>标签中的元素的样式。其值为 CSS3 属性值，各属性值应用分号分隔。

例 6.07　本实例使用<div>标签，完成一个个人简历。首先不使用<div>标签，通过<h1>标签和<h5>标签显示个人简历，然后使用<div>标签将“个人信息”和“教育背景”进行分组，可以更好对分组内容进行样式控制等，具体代码如下。（**实例位置：资源包\源码\06\6.07**）

```
<!DOCTYPE html>
<html>
<head>
<!--指定页面编码格式-->
<meta charset="UTF-8">
<!--指定页头信息-->
<title>div 标签--个人简历</title>
</head>
<!--插入背景图片-->
<body style="background-image:url(images/bg.jpg) ">
<br/><br/><br/><br/>
<!--使用 div 标签进行分组-->
<div>
<h1><img src="images/1.png"> 个人信息（Personal Info）</h1>
<hr/>
    <h5>姓名：李刚       出生年月：1996.05</h5>
    <h5>民族：汉          身高：177cm</h5>
</div>
<br>
<!--使用 div 标签进行分组-->
<div>
    <h1><img src="images/2.png"> 教育背景（Education）</h1>
    <hr/>
    <h5>2005.07-2009.06   师范大学     市场营销（本科）</h5>
    <h5>2009.07-2012.06   师范大学     电子商务（研究生）</h5>
    <h5>2012.07-2015.06   师范大学     电子商务（博士）</h5>
</div>
</body>
</html>
```

运行效果如图 6.8 所示。

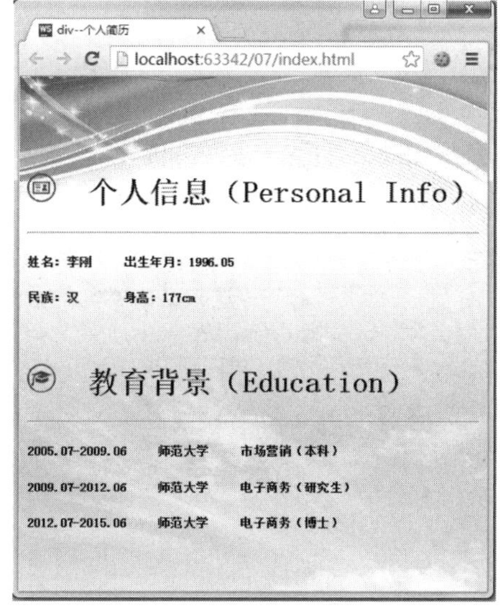

图 6.8　个人简历的界面效果

6.4　<span>标签

HTML 只是赋予内容的手段，大部分 HTML 标签都有其意义（如<p>标签创建段落、<h1>标签创建标题等），然而<span>和<div>标签似乎没有任何内容上的意义，但实际上，与 CSS 结合起来后，应用范围就非常广泛。

6.4.1　<span>标签的介绍

<span>标签和<div>标签非常类似，是 HTML 中组合用的标签，可以作为插入 CSS 这类风格的容器，或插入 class、id 等语法内容的容器。

语法格式如下。

```
<span>
…
</span>
```

例 6.08　本实例使用<span>标签，实现一个“我爱你”各国语言版本的便签。首先通过<p>段落标签将便签的内容显示出来，然后在<p>标签内部使用<span>标签，将需要单独分组的内容放入<span>标签中，进行样式控制，具体代码如下。（**实例位置：资源包\源码\06\6.08**）

```
<!DOCTYPE html>
<html>
<head>
<!--指定页面编码格式-->
<meta charset="UTF-8">
<!--指定页头信息-->
<title>单标签分组--span</title>
</head>
<!--插入背景图片-->
<body style="background:url(images/bg.jpg) no-repeat ">
<!--界面样式控制-->
<br><br><br><br><br><br><br><br><br><br><br>
<!--使用<span>标签对单标签进行分组-->
<p><span style="color:red">“我爱你”</span>这句话，不同的语言是怎么说的呢？
英语中是<span style="color:red">"I love you"</span>,
日语中是<span style="color:red">"阿娜塔农扣头啊西戴斯"</span>,
韩语中是<span style="color:red">"擦哪嘿"</span>。</p>
</body>
</html>
```

运行效果如图 6.9 所示。

图 6.9　使用段落标签的界面效果

6.4.2　<span>标签的应用

<span>标签是行内标签，<span>标签的前后不会换行，它没有结构的意义，纯粹是应用样式，当其他行内元素都不合适时，请使用<span>标签。

说明

关于<span>标签和<div>标签的区别，请参考本章难点解答部分的内容。

例 6.09　本实例使用<span>标签，实现一则公司介绍短文。首先使用<table>标签，创建一个表格框架，然后使用<p>段落标签，显示公司介绍短文，然后通过<span>标签，将短文中的内容进行分组，强调的内容显示为红色或是链接等，具体代码如下。（**实例位置：资源包\源码\06\6.09**）

```
<!DOCTYPE html>
<html>
<head>
<!--指定页面编码格式-->
<meta charset="UTF-8">
<!--指定页头信息-->
<title>span 应用</title>
</head>
<!--插入背景图片-->
<body style="background:url(images/bg.jpg) no-repeat ">
<!--界面样式控制-->
<br><br><br><br><br><br><br>
<!--使用<span>标签对单标签进行分组-->
<p><span style="font-size: 24px;color: red">明日学院</span>,
是吉林省明日科技有限公司倾力打造的在线实用技能学习平台,
该平台于 2016 年正式上线，主要为学习者提供海量、优质的<span>
<a href="http://www.mingrisoft.com/selfCourse.html">课程</a></span>，课程结构严谨,
用户可以根据自身的学习程度,
自主安排学习进度。<span style="color:black"><b>我们的宗旨是，为编程学习者提供一站式服务,
```

```
培养用户的编程思维。</b></span></p>
</body>
</html>
```

运行效果如图 6.10 所示。

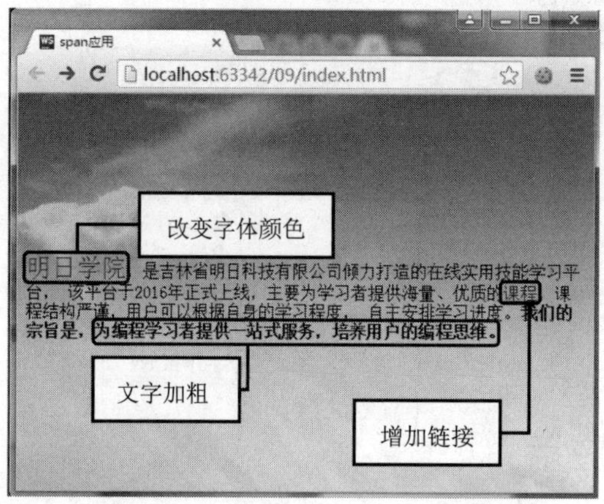

图 6.10　段落换行标签的页面效果

6.5　小　　结

本章介绍了简单表格的制作和表头的设置，表格的样式、合并和分组，<div>标签的介绍以及使用，<span>标签的介绍以及使用。通过本章的学习，可以利用<table>表格标签制作多种多样、丰富多彩的表格，也可以使用<div>标签和<span>标签对内容进行更好的分组，进行多种样式控制。

6.6　实　　战

6.6.1　实战一：制作每日工作计划表

试着利用<td>标签中的 rowspan 属性，完成一个每日工作计划表。（**资源包\源码\06\实战\01**）

6.6.2　实战二：实现网页版工作总结

试着使用<div>标签，完成一段工作总结。（**资源包\源码\06\实战\02**）

6.6.3　实战三：制作一则公司公告

试着使用<span>标签，完成一则公司公告。（**资源包\源码\06\实战\03**）

第 7 章

列表

（视频讲解：11 分钟）

本节学习 HTML5 中的列表元素，列表形式在网站设计中占有比较大的比重，可以使页面上的信息整齐直观地显示出来，便于用户理解。在后面的学习中将会大量使用到列表元素的高级运用。

学习摘要：

- 列表的标签
- 无序列表
- 有序列表
- 列表的嵌套

视频讲解

7.1　列表的标签

列表分为两种类型，一种是有序列表，另一种是无序列表。前者是使用编号来记录项目的顺序，而后者则用项目符号来标记无序的项目。

所谓有序列表，是指按照数字或字母等顺序排列列表项目，如图 7.1 所示的列表。

所谓无序列表，是指以●、○、▽、▲等开头的，没有顺序的列表项目，如图 7.2 所示的列表。

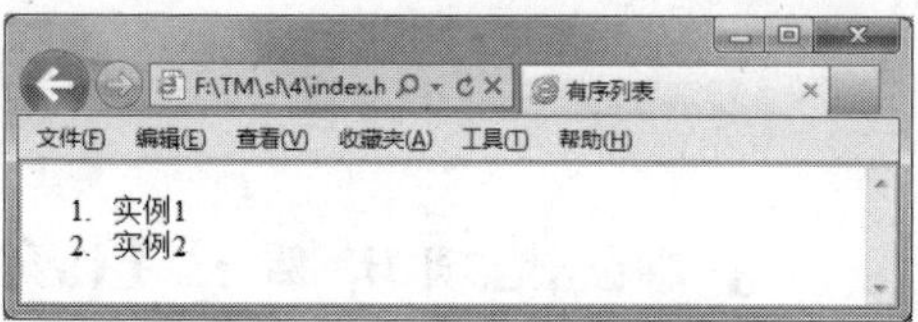

图 7.1　有序列表

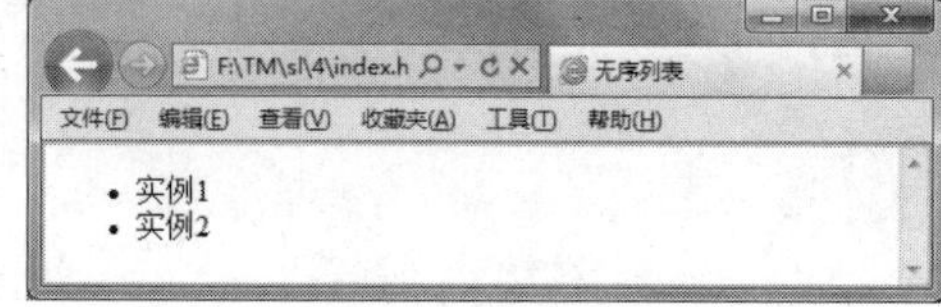

图 7.2　无序列表

关于列表的主要标签，如表 7.1 所示。

表 7.1　列表的主要标签

标　签	描　述	标　签	描　述
<ul>	无序列表	<menu>	菜单列表
<ol>	有序列表	<dt>、<dd>	定义列表的标签
<dir>	目录列表	<li>	列表项目的标签
<dl>	定义列表		

视频讲解

7.2　无 序 列 表

在无序列表中，各个列表项之间没有顺序级别之分，它通常使用一个项目符号作为每个列表项的前缀。无序列表主要使用<ul>、<dir>、<dl>、<menu>、<li>几个标签和 type 属性。

7.2.1　无序列表标签

无序列表的特征在于提供一种不编号的列表方式，而在每一个项目文字之前，以符号作为分项标识。

具体语法如下。

```
<ul>
    <li>第 1 项</li>
    <li>第 2 项</li>
      …
</ul>
```

在前面的语法中，使用<ul>和</ul>标签表示这一个无序列表的开始和结束，而<li>则表示这是一个列表项的开始。在一个无序列表中可以包含多个列表项。

例 7.01 使用无序列定义编程词典的模式分类，新建一个 HTML5 文件，文件的具体代码如下。**（实例位置：资源包\源码\07\7.01）**

```
<html>
<head>
<meta charset="utf-8">
    <title>创建无序列表</title>
</head>
<body>
<font size="+3" color="#0066FF">编程词典的模式分类：</font><br/><br/>
<ul>
    <li>入门模式</li>
    <li>初级模式</li>
    <li>中级模式</li>
</ul>
</body>
</html>
```

保存并运行这段代码，可以看到窗口中建立了一个无序列表，该列表共包含 3 个列表项，如图 7.3 所示。

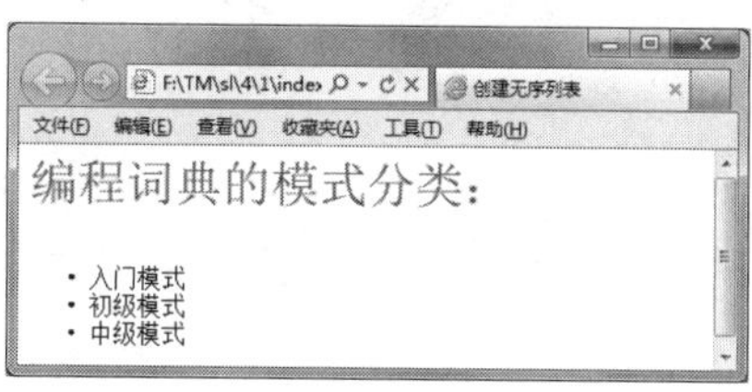

图 7.3 创建无序列表

7.2.2 无序列表属性

默认情况下，无序列表的项目符号是●，而通过 type 参数可以调整无序列表的项目符号，避免列表符号的单调。

具体语法如下。

```
<ul type=符号类型>
    <li>第 1 项</li>
    <li>第 2 项</li>
        …
</ul>
```

在上面的语法中，无序列表其他的属性不变，type 属性则决定了列表项开始的符号。它可以设置的值有 3 个，如表 7.2 所示。其中 disc 是默认的属性值。

表 7.2　无序列表的符号类型

类 型 值	列表项目的符号
disc	●
circle	○
square	■

例 7.02　新建一个 HTML5 文件，在文件的<body>标签中输入代码，具体代码如下。（**实例位置：资源包\源码\07\7.02**）

```
<body>
<div class="box">
<div class="item">
    <a href="#"><img src='images/2.jpg'/></a>
    <p><a href="#">小米官网手机</a></p>
    <div class="eval">超好用，比我用过的耳机都好，声音简直是从脑子里发出的</div>
</div>
<!--此处代码与上面类似，省略-->
<div class=""><div>
</div>
</body>
```

说明

在上面的代码中，为了控制页面布局和字体的样式，应用了 CSS3 样式，其中应用的 CSS3 样式表文件的具体代码请参见资源包\Code\SL\07\02。

运行上面的代码，可以看到项目符号属性可以设置为 none，此时项目符号就不显示出来，如图 7.4 所示。

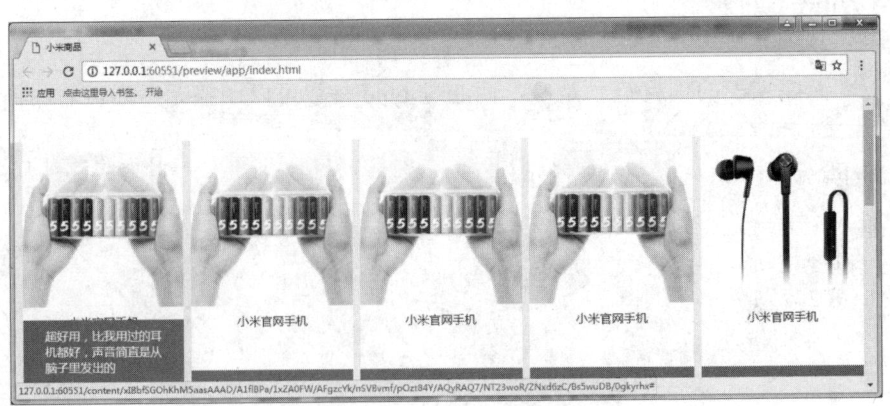

图 7.4　设置无序列表项目符号

无序列表的类型定义也可以在<li>项中，其语法是<li type=符号类型>，这样定义的结果是对单个

项目进行定义，具体代码如下。

```
<html>
<head>
    <title>创建无序列表</title>
</head>
<body>
<font size="+3" color="#00FF99">明日科技部门分布：</font><br/>
<ul>
    <li type="circle">图书开发部</li>
    <li type="disc">软件开发部</li>
    <li type="square">质量部</li>
</ul>
</body>
</html>
```

运行上面的代码，运行效果如图 7.5 所示。

图 7.5　设置不同的项目符号

7.3　有序列表

有序列表通常用来表示内容之间的顺序或者是重要性关系，每一个列表都分为多个子项，每一个子项都有相应的编号。

7.3.1　有序列表标签

有序列表使用编号，而不是项目符号来编排项目。列表中的项目采用数字或英文字母开头，通常各项目间有先后的顺序性。在有序列表中，主要使用<ol>和<li>两个标签以及 type 和 start 两个属性。

具体语法如下。

```
<ol>
    <li>第 1 项</li>
    <li>第 2 项</li>
    <li>第 3 项</li>
        …
</ol>
```

在上面的语法中，<ol>和</ol>标签标志着有序列表的开始和结束，而<li>标签表示这是一个列表项的开始，默认情况下，采用数字序号进行排列。

例 7.03　运用有序列表输出古诗，具体代码如下。（**实例位置：资源包\源码\07\7.03**）

```
</html>
<head>
    <title>创建有序列表</title>
</head>
<body>
<font size="+4" color="#CC6600">江雪</font><br/>
<ol>
    <li>千山鸟飞绝</li>
    <li>万径人踪灭</li>
    <li>孤舟蓑笠翁</li>
    <li>独钓寒江雪</li>
</ol>
</body>
</html>
```

运行上面的代码，可以看到有序列表前面包含了顺序号，如图 7.6 所示。

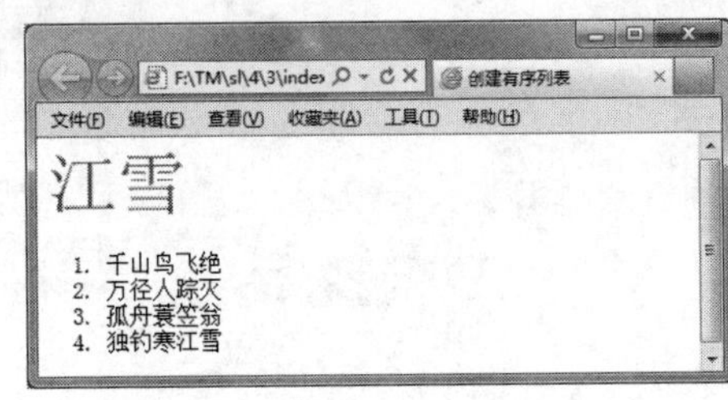

图 7.6　运用有序列表输出诗词

多学两招

默认情况下，有序列表中的列表项采用数字序号进行排列，如果需要将列表序号改为其他类型，例如，以英文字母开头，就需要改变 type 属性。

7.3.2　有序列表属性

默认情况下，有序列表的序号是数字的，通过 type 属性可以调整序号的类型，例如，将其修改成字母等。

具体语法如下。

```
<ol type=序号类型>
    <li>第 1 项</li>
    <li>第 2 项</li>
    <li>第 3 项</li>
        …
</ol>
```

在上面的语法中，序号类型可以有 5 种，如表 7.3 所示。

表 7.3　有序列表的序号类型

type 取值	列表项目的序号类型
1	数字 1,2,3,4,…
a	小写英文字母 a,b,c,d,…

续表

type 取值	列表项目的序号类型
A	大写英文字母 A,B,C,D,…
i	小写罗马数字 i,ii,iii,iv,…
I	大写罗马数字 I,II,III,IV,…

例 7.04　新建一个 HTML5 文件，使用有序列表制作一个商城页面，在<body>标签中添加如下代码。（**实例位置：资源包\源码\07\7.04**）

```
<body>
    <div class="mr-box">
        <ol>
            <li><img src="images/1.jpg">海外购.日本上线　跨境直邮</li>
            <li><img src="images/2.jpg">英美复活节折扣季 国际大牌免邮</li>
      <!—此处代码和上文代码相似，省略-->
        </ol>
    </div>
</body>
```

为上面的 HTML 代码添加 CSS 样式，代码如下。

```
li{                                         /*页面中的 li 样式*/
    list-style: none;
    width: 158px;
    height: 55px;
    float: left;
    background: #949494;
    margin-top: 300px;
    margin-left: 2px;
    font-family: "微软雅黑";
    font-size: 14px;
    text-indent: 2em;                       /*缩进 32px*/
    text-align: center;
    line-height: 20px;
    color: #fff;
    padding-top: 10px;                      /*设置内边距*/
}
li img{
    position: absolute;                     /*设置定位方式*/
    top: 0;
    left: 0;
    display: none;
}
li:hover img{
    display: block;
}
li:hover{                                   /*鼠标滑过时的样式*/
    background: orange;
}
```

保存文件，运用谷歌浏览器打开该文件，将显示使有序列表制作的商城页面，效果如图 7.7 所示。

图 7.7　有序列表制作商城页面

注意

如果开发过程中不需要有序列表的序号时，只需要将有序列表的列表项目的序号类型为 none 就行，也可以将列表的 list-style 属性设置为 none 即可。

视频讲解

7.4　列表的嵌套

嵌套列表指的是多于一级层次的列表，一级项目下面可以存在二级项目、三级项目等。项目列表可以进行嵌套，以实现多级项目列表的形式。

7.4.1　定义列表的嵌套

定义列表是一种两个层次的列表，用于解释名词的定义，名词为第一层次，解释为第二层次，并且不包含项目符号。

具体语法如下。

```
<dl>
        <dt>名词一</dt>
<dd>解释 1</dd>
<dd>解释 2</dd>
<dd>解释 3</dd>
        <dt>名词二</dt>
<dd>解释 1</dd>
<dd>解释 2</dd>
<dd>解释 3</dd>
        …
</dl>
```

在定义列表中，一个<dt>标签下可以有多个<dd>标签作为名词的解释和说明，以实现定义列表的嵌套。

例 7.05 在这个实例中，定义列表的第一层用于放置标题，诗句内容是第二层次，并且不包含项目符号，具体代码如下。（**实例位置：资源包\源码\07\7.05**）

```
<html>
<head>
      <title>定义列表嵌套</title>
</head>
<body>
<font color="#00FF00" size="+2">古诗介绍</font><br /><br/>
<dl>
      <dt>赠孟浩然</dt><br/>
      <dd>作者：李白</dd><br/>
      <dd>诗体：五言律诗</dd><br/>
      <dd>吾爱孟夫子，风流天下闻。<br/>
            红颜弃轩冕，白首卧松云。<br/>
            醉月频中圣，迷花不事君。<br/>
            高山安可仰？徒此揖清芬。<br/>
      </dd>
      <dt>蜀相</dt><br/>
      <dd>作者：杜甫</dd><br/>
      <dd>诗体：七言律诗</dd><br/>
      <dd>丞相祠堂何处寻？ 锦官城外柏森森，<br/>
            映阶碧草自春色， 隔叶黄鹂空好音。<br/>
            三顾频烦天下计， 两朝开济老臣心。<br/>
            出师未捷身先死， 长使英雄泪满襟。<br/>
      </dd>
</body>
</html>
```

运行上面的代码，运行效果如图 7.8 所示。

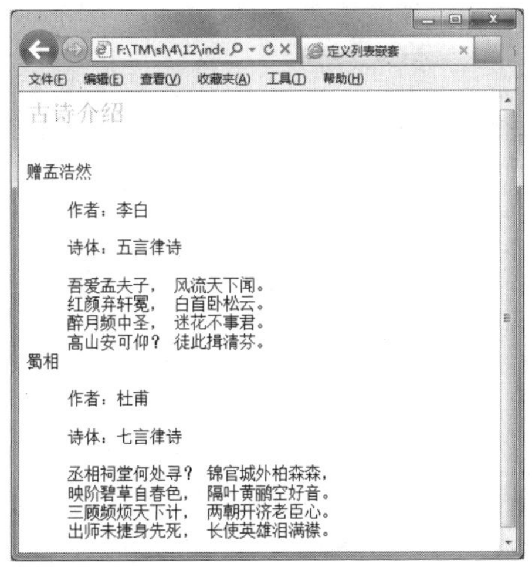

图 7.8 定义列表的嵌套

7.4.2 无序列表和有序列表的嵌套

最常见的列表嵌套模式就是有序列表和无序列表的嵌套，可以重复地使用<ol>和<ul>标签组合实现。

例 7.06 下面的代码就是利用无序列表和有序列表制作的商品导航栏，代码如下。（**实例位置：资源包\源码\07\7.06**）

```
<ul>
    <li class="mr-hover"><a href="#">商品分类</a>
        <ol>
            <div class="mr-item">
                <ol>
                    <li><a href="#">女装 /内衣</a></li>
                    <li><a href="#">男装 /运动户外</a></li>
                </ol>
                <!--此处代码与上面类似-->
            </div>
        </ol>
    </li>
    <li class="mr-hover"><a href="#">春节特卖</a>
        <ul>
            <div class="mr-shopbox">
                <ul>
                    <li><a href="#">服装服饰</a></li>
                    <li><a href="#">母婴会场</a></li>
                    <!--此处代码与上面类似-->
                </ul>
            </div>
        </ul>
    </li>
    <li class="mr-hover"><a href="#">会员</a></li>
    <li class="mr-hover"><a href="#">电器城</a></li>
    <li class="mr-hover"><a href="#">天猫会员</a></li>
</ul>
```

为了控制页面的样式，在这里运用 CSS3 样式，代码如下。

```
/*商品分类子导航栏*/
.mr-item li {
    width: 100%;
}
.mr-item li a {                        /*li 的所有子元素 a 的样式*/
    font-size: 14px;
    font-family: "微软雅黑";
    color: #000;
}
.mr-item li:hover {                    /*鼠标滑过 li 时的样式*/
    background: #fff;
```

```
}
.mr-item li a:hover {            /*鼠标滑过 a 时的样式*/
    color: #DD2727
}
/*春节特卖子导航*/
.mr-shopbox li a {
    text-decoration: none;
    COLOR: #FFF;
    font-size: 14px;
    font-family: "宋体";
}
```

说明

在上面的代码中，为了控制页面布局和字体的样式，应用了 CSS3 样式，应用的 CSS3 样式表文件的具体代码请参见资源包\Code\SL\07\06。

运行上面的代码，可以得到无序列表和有序列表嵌套制作的商城页面，运行效果如图 7.9 所示。

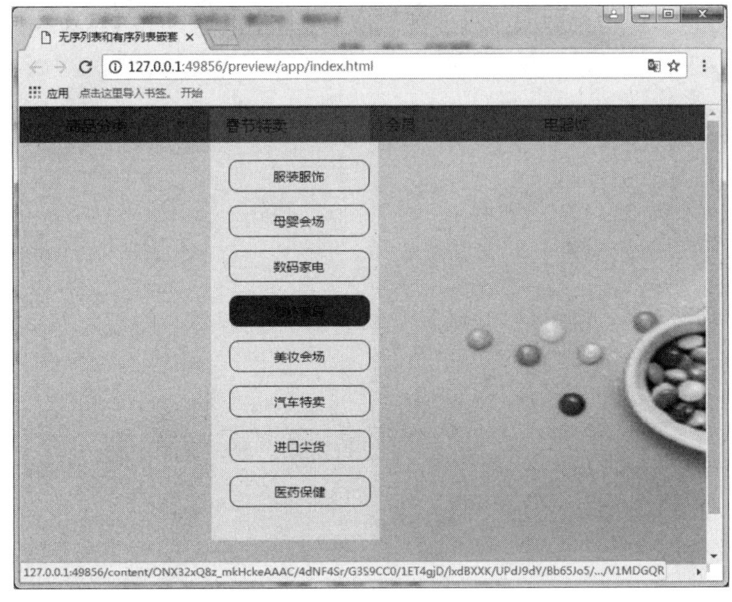

图 7.9　无序列表和有序列表相互嵌套的实例

7.5　小　　结

本章主要介绍了多种列表标签，以及详细介绍无序列表和有序列表的属性和使用方法，并以实例的形式对列表进行了详细讲解。学习完本章后，读者可以对 HTML5 的列表有一个详细的了解；熟练地掌握列表标签，可以对网页的布局有一定的帮助。列表是一种非常实用的数据排列方式，它以条列式的模式显示数据，使用户能够一目了然。

7.6 实　　战

7.6.1 实战一：制作网站购买提示内容

试着运用无序列表制作网站上购买提示内容。（**资源包\源码\07\实战\01**）

7.6.2 实战二：制作 QQ 联系人列表

试着运用有序列表制作 QQ 联系人列表部分内容。（**资源包\源码\07\实战\02**）

7.6.3 实战三：制作商品列表内容

试着在运用有序列表电商网站的商品页面部分内容。（**资源包\源码\07\实战\03**）

第 8 章

表单

（视频讲解：42 分钟）

表单的用途很多，在制作网页，特别是制作动态网页时常常会用到。表单主要用来收集客户端提供的相关信息，使网页具有交互的功能，它是用户与网站实现交互的重要手段。在网页的制作过程中，常常需要使用表单，本章重点介绍表单中各标签的使用。

学习摘要：

- 表单概述
- 输入标签
- 文本域和列表

视频讲解

8.1 表单概述

表单的用处很多，在网站中无处不见，例如，在进行用户注册时，就必须通过表单填写用户的相关信息。本节主要介绍表单的概念和用途，并且介绍了<form>标签的属性及其含义，最后，通过举例向读者介绍表单标签<form>的实际应用。

8.1.1 概述

表单通常设计在一个HTML文档中，当用户填写完信息后做提交操作，将表单的内容从客户端的浏览器传送到服务器上，经过服务器处理程序后，再将用户所需信息传回客户端的浏览器上，这样网页就具有了交互性。HTML表单是用户与网站实现交互的重要手段。

表单的主要功能是收集信息，具体说是收集浏览者的信息。例如，天猫商城的用户登录界面，就是通过表单填写用户的相关信息的，如图8.1所示。在网页中，最常见的表单形式主要包括文本框、单选按钮、复选框、按钮等。

图8.1 用户登录界面

8.1.2 表单标签<form>

表单是网页上的一个特定区域。这个区域通过<form>标签声明，相当于一个表单容器，表示其他的表单标签需要在其范围内才有效，也就是说，在<form>与</form>之间的一切都属于表单的内容。这里的内容可以包含所有的表单控件，还有任何必需的伴随数据，如控件的标签、处理数据的脚本或程序的位置等。

在表单的<form>标签中，还可以设置表单的基本属性，包括表单的名称、处理程序、传送方式等。

其语法格式如下。

```
<form action="" name=""  method="" enctype=""  target="">
    ...
</form>
```

在上述语法中，其属性值和含义如表 8.1 所示。

表 8.1　表单中 form 属性的值和含义

form 属性	含　　义	说　　明
action	表单的处理程序，也就是表单中收集到的资料将要提交的程序地址	这一地址可以是绝对地址，也可以是相对地址，还可以是一些其他地址，如 E-mail 地址等
name	为了防止表单信息在提交到后台处理程序时出现混乱而设置的名称	表单的名称尽量与表单的功能相符，并且名称中不含有空格和特殊符号
method	定义处理程序从表单中获得信息的方式，有 get（默认值）和 post 两个值	get 方法指表单数据会被视为 CGI 或 ASP 的参数发送；post 方法指表单数据是与 URL 分开发送的，用户端的计算机会通知服务器来读取数据
enctype	表单信息提交的编码方式。其属性值有 text/plain、application/x-www-form-urlencoded 和 multipart/form-data 这 3 个	text/plain 指以纯文本的形式传送；application/x-www-form-urlencoded 指默认的编码形式；multipart/form-data 指 MIME 编码，上传文件的表单必须选择该项
target	目标窗口的打开方式	其属性值和含义与链接标签中 target 相同

例如，下面的这段 HTML 代码就可以实现一个“甜橙音乐网”的登录界面。

```
<div class="mr-cont">
    <form class="form" action="login.html" method="get" target="blank">
        <label class="login">
            <img src="img/user.png">
            <input type="text" placeholder="username">
        </label>
        <label class="login">
            <img src="img/pass.png">
            <input type="password" placeholder="password">
        </label>
        <input type="submit" value="ok" class="ok">
        <input type="reset" value="clear" class="clear">
    </form>
</div>
```

为了使整体页面美观整齐，使用 CSS3 代码改变网页中各标签的样式和位置，具体 CSS3 代码如下。

```
*{
    margin: 0;
    padding: 0;
}
.mr-cont{
    width: 715px;
    margin: 0 auto;
```

```
        border: 1px solid #f00;
        background: url(../img/login.jpg);
}
.form {
        width: 350px;
        padding: 130px 415px;
}
.login, .ok, .clear {
        display: block;
        margin-top: 40px;
        position: relative;
}
.login img {
        height: 42px;
        border: 1px rgba(215, 209, 209, 1.00) solid;
        background-color: rgba(215, 209, 209, 1.00);
}
.login input {
        position: absolute;
        height: 40px;
        width: 170px;
        font-size: 20px;
}
.ok, .clear {
        width: 215px;
        height: 40px;
        border: none;
        background: rgba(240, 62, 65, 1.00)
}
```

在上面的举例中，首先通过<form>标签声明此为表单模式，然后通过在<form>表单内部设置其表单信息的提交地址、传送信息的方式以及打开新窗口的方式等属性。最后在<form>标签内部添加其他标签。在谷歌浏览器中运行文件，显示效果如图 8.2 所示。

图 8.2 “甜橙音乐网”登录界面

8.2　输入标签

输入标签是<input>标签，通过设置其 type 的属性值改变其输入方式，而不同的输入方式又导致其他参数因此而异。例如，当 type 值为 text 时，其输入方式为单行文本框。根据输入方式的功能，可以将其分为文本框、单/多选框、按钮以及文件和图像域 4 大类，下面将具体介绍<input>标签的使用方法。

8.2.1　文本框

表单中的文本框主要有两种，分别是单行文本框和密码输入框。不同的文本框对应的 type 属性值也不同，其对应的表现形式和应用也各有差异。下面分别介绍单行文本框和密码输入框的功能和使用方式。

1. 单行文本框

text 属性用来设定在表单的文本框中输入任何类型的文本、数字或字母。输入的内容以单行显示。其语法格式如下。

```
<input type="text" name=" " size=" " maxlength=" " value=" ">
```

☑ name：文本框的名称，用于和页面中其他控件加以区别，命名时不能包含特殊字符，也不能以 HTML 预留作为名称。

☑ size：定义文本框在页面中显示的长度，以字符作为单位。

☑ maxlength：定义在文本框中最多可以输入的文字数。

☑ value：用于定义文本框中的默认值。

2. 密码输入框

在表单中还有一种文本框为密码输入框，输入文本域中的文字均以星号“*”或圆点“.”显示，其语法格式如下。

```
<input type="password" name="" size="" maxlength="" value="" />
```

上面的语法中，各参数的含义和取值与文本输入框相同，此处不再重复解释。

例 8.01　在 51 购商城的登录界面中，添加文本输入框和密码输入框，实现步骤如下。（**实例位置：资源包\源码\08\8.01**）

新建一个 HTML 文件，然后通过将<input>标签的 type 属性的属性值设置为 text，实现输入账号文本框，代码如下。

```
<div class="mr-cont">
    <form>
        <!--使用 label 标签绑定单行文本框，实现单击图片时文本框也能获取焦点-->
        <label><img src="img/user.png"><input type="text"></label>
        <!--密码输入框-->
        <label><img src="img/pass.png"><input type="password"></label>
```

```
        </form>
</div>
```

新建一个 CSS3 文件，并且链接到此 HTML 文件，然后使用 CSS3 设置 form 表单的背景等样式，具体代码如下。

```
/*页面整体布局*/
.mr-cont{
    width: 365px;                                   /*整体大小*/
    height: 375px;
    margin: 20px auto;
    border: 1px solid #f00;
    background: url(../img/4-2.png);                /*添加背景图片*/
}
/*表单整体位置*/
form{
    padding: 65px 50px;
}
label{
    color: #fff;
    display: block;
    padding-top: 10px;
    position: relative;
}
/*设置单行文本框和密码框的样式*/
label input{
    height: 25px;
    width: 200px;
    position: absolute;
}
label img{
    height: 28px;
}
```

在谷歌浏览器中运行代码，效果如图 8.3 所示。

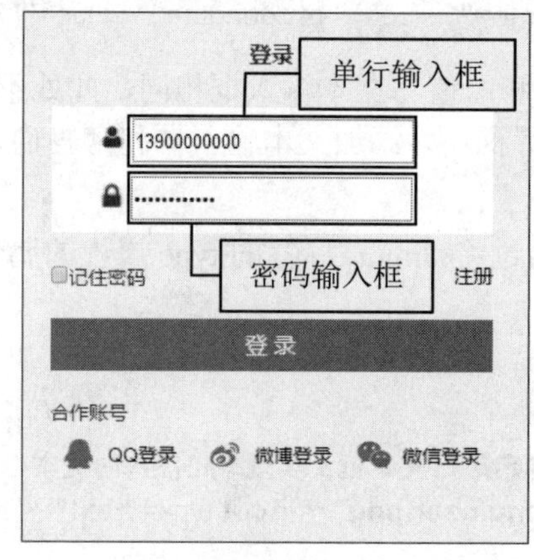

图 8.3　在页面中添加文本框

说明

在上面的实例中使用了<label>标签，<label>标签可以实现绑定元素，简单地说，正常情况要使某个 input 标签获取焦点只有单击该标签才可以实现，而使用<label>标签以后，单击与该标签绑定的文字或图片就可以实现获取焦点。

8.2.2 单选框和多选框

单选框和多选框经常被用于问卷调查和购物车中结算商品等。其中单选框实现在一组选项中只选择其中一个，而多选框则与之相反，可以实现多选甚至全选。

1. 单选框

在网页中，单选按钮用来让浏览者在答案之间进行单一选择，在页面中以圆框表示，其语法格式如下。

```
<input type="radio" value="单选按钮的取值" name="单选按钮名称" checked="checked"/>
```

- ☑ value：用来设置用户选中该项目后，传送到处理程序中的值。
- ☑ name：单选按钮的名称，需要注意的是，一组单选按钮中，往往其名称相同，这样在传递时才能更好地对某一个选择内容的取值进行判断。
- ☑ checked：表示这一单选按钮默认被选中，在一组单选按钮中只能有一项单选按钮被设置为checked。

2. 复选框

浏览者填写表单时，有一些内容可以通过让浏览者进行多项选择的形式来实现。例如，收集个人信息时，要求在个人爱好的选项中进行选择等。复选框能够进行项目的多项选择，以一个方框表示。其语法格式如下。

```
<input type="checkbox" value="复选框的值" name="名称" checked="checked" />
```

在上面的语法中，各属性的含义和属性值与单选框相同，此处不做过多赘述。但与单选框不同的是，一组多选按钮中，可以设置多个复选框被默认选中。

例 8.02　本实例是实现在购物车界面中选择商品的功能，实现步骤如下。（**实例位置：资源包\源码\08\8.02**）

（1）新建 HTML 文件，在 HTML 文件中，通过单选按钮实现商品的“全选”和“全不选”，并且通过复选框实现逐个选择商品的按钮，其 HTML 代码如下。

```
<div class="mr-cont">
    <form>
    <!--使用 label 标签绑定单选框，单击汉字“全选”或“全不选”时，也能选中对应按钮-->
    <label><input type="radio" name="all"> 全选</label>
    <label><input type="radio" name="all"> 全不选</label>
    <!--复选框-->
```

```
        <input type="checkbox" class="checkbox1">
        <input type="checkbox" class="checkbox1">
        <input type="checkbox" class="checkbox1">
        </form>
</div>
```

（2）新建 CSS3 文件，在 CSS3 文件中设置整体页面的大小位置以及复选框的位置，具体代码如下。

```
/*页面整体布局*/
.mr-cont{
    width: 510px;
    height: 405px;
    margin: 20px auto;
    border: 1px solid #f00;
    background: url(../img/4-4.jpg);
}
/*通过内边距调整表单位置*/
form{
    padding-top: 10px;
}
/*属性选择器设置复选框样式*/
[type="checkbox"]{
    display: block;
    height: 125px;
}
```

完成代码编辑后，在浏览器中运行代码，运行效果如图 8.4 所示。

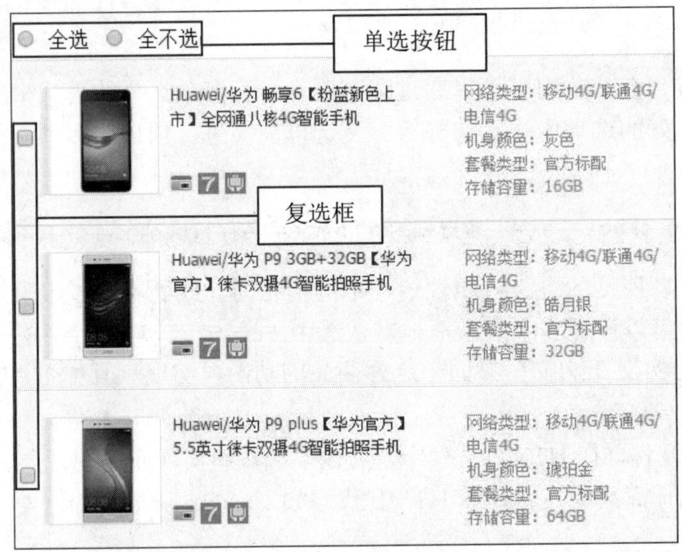

图 8.4　添加复选框的效果

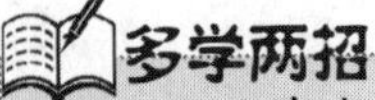

设置单选按钮和复选框的某个按钮默认被选中时，checked="checked"可以简写为 checked。

8.2.3 按钮

按钮是表单中不可缺少的一部分，主要分为“普通”按钮、“提交”按钮和“重置”按钮，3个按钮的用途各不相同，希望读者学习了本节后，能够灵活使用这3种按钮。

1.“普通”按钮

在网页中“普通”按钮也很常见，在提交页面、恢复选项时常常用到。“普通”按钮一般情况下要配合 JavaScript 来进行表单处理，其语法格式如下。

```
<input type="button" value="按钮的取值" name="按钮名" onclick="处理程序"/>
```

- ☑ value：按键上显示的文字。
- ☑ name：按钮名称。
- ☑ onclick：当鼠标单击按钮时所进行的处理。

2.“提交”按钮

“提交”按钮是一种特殊的按钮，不需要设置 onclick 属性，在单击该类按钮时可以实现表单内容的提交，其语法格式如下。

```
<input type="submit" name="按钮名" value="按钮的取值" />
```

多学两招

当“提交”按钮没有设置按钮取值时，其默认取值为“提交”。也就是“提交”按钮上默认显示的文字为“提交”。

3.“重置”按钮

单击“重置”按钮后，可以清除表单的内容，恢复默认的表单内容设定，其语法格式如下。

```
<input type="reset" name="按钮名" value="按钮的取值" />
```

说明

使用“提交”按钮和“重置”按钮时，其 name 和 value 的属性值的含义与“普通”按钮相同，此处，不做过多描述。

多学两招

当“重置”按钮没有设置按钮取值时，该按钮上默认显示的文字为“重置”。

例 8.03　使用 form 表单实现企业进销管理系统的登录界面，其实现步骤如下。（**实例位置：资源包\源码\08\8.03**）

（1）新建 HTML 文件，在 HTML 页面中插入<input>标签，并且通过设置每个<input>标签的 type

属性，实现单选、多选以及按钮，关键代码如下。

```
<div class="mr-cont">
  <h2>收货信息填写</h2>
  <form action="login.html">
    <div>姓名：
      <input type="text"><span class="red">*****必填项</span>
    </div>
    <div>电话：
      <input type="text"><span class="red">*****必填项</span>
    </div>
    <div>是否允许代收：
      <label>是<input type="radio" name="receive" checked></label>
      <label>否<input type="radio" name="receive"></label>
    </div>
    <div class="addr">地址：
      <input type="text" placeholder="--省" size="5">
      <input type="text" placeholder="--市" size="5">
    </div>
    <div>
      <p>具体地址：<span class="red">*****必填项</span></p>
      <textarea></textarea>
    </div>
    <div id="btn">
      <!--提交按钮，单击提交表单信息-->
      <input type="submit" value="提交">
      <!--普通按钮，通过 onclick 调用处理程序-->
      <input type="button" value="保存" onClick="alert('保存信息成功')">
      <!--重置按钮，单击后表单恢复默认状态-->
      <input type="reset" value="重填">
    </div>
```

（2）新建 CSS3 文件，在 CSS3 文件中，设置页面的整体布局以及各标签的样式，关键代码如下。

```
/*页面整体布局*/
.mr-cont{
    height: 474px;
    width: 685px;
    margin: 20px auto;
    border: 1px solid #f00;
    background: url(../img/bg.png);
}
.mr-cont div{
    width: 400px;
    text-align: center;
    margin: 30px 0 0 140px;
}
#btn{
    margin-top: 10px;
}
```

```
/*设置“提交”“保存”“重填”按钮的大小*/
#btn input{
    width: 80px;
    height: 30px;
}
```

编辑完代码后，在谷歌浏览器中运行代码，运行效果如图 8.5 所示。

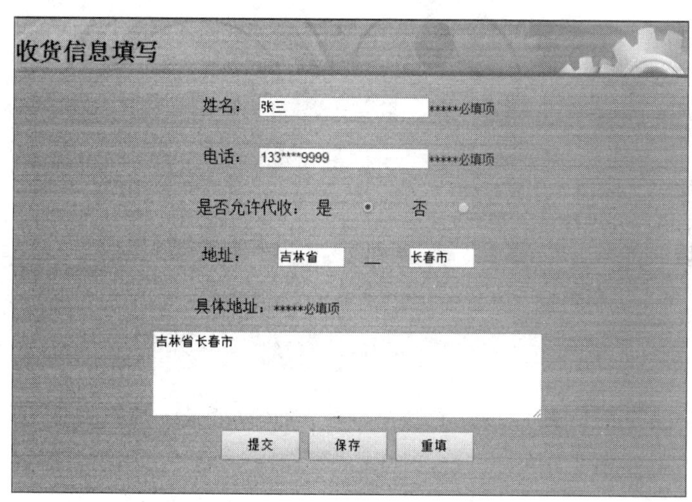

图 8.5　收货信息填写界面

8.2.4　文件域和图像域

图像域和文件域在网页中也比较常见。其中图像域是为了解决表单中按钮比较单调，与页面内容不协调的问题，而文件域则常用于需要上传文件的表单。

1. 图像域

图像域是指可以用在“提交”按钮位置上的图片，这幅图片具有按钮的功能。使用默认的按钮形式往往会让人觉得单调。如果网页使用了较为丰富的色彩，或稍微复杂的设计，再使用表单默认的按钮形式甚至会破坏整体的美感。这时，可以使用图像域，创建和网页整体效果相统一的“图像提交”按钮，其语法如下。

```
<input type="image" src=" " name=" " />
```

- ☑ src：设置图片地址，可以是绝对地址，也可以是相对地址。
- ☑ name：设置所要代表的按键，如 submit、button 等，默认值为 button。

2. 文件域

文件域在上传文件时常常用到，它用于查找硬盘中的文件路径，然后通过表单将选中的文件上传。在设置电子邮件、上传头像、发送文件时常常会看到这一控件，其语法格式如下。

```
<input type="file" accept="" name="" >
```

☑ accept：所接受的文件类别，有 26 种选择，可以省略，但不可以自定义文件类型。

☑ name：文件传输的名称，用于和页面中其他控件加以区别。

例 8.04 本实例是要实现一个在注册页面中上传头像的功能，具体实现步骤如下。（**实例位置：资源包\源码\08\8.04**）

（1）新建一个 HTML 页面，在页面中插入<input>标签，并且分别设置其 type 的属性值为 file 和 image，代码如下。

```
<div class="mr-cont">
<h2>用户信息注册</h2>
    <form>
        <!--文件域-->
        <input type="file" class="fill">
        <!--图像域-->
        <input type="image" src="img/btn.jpg" class="btn">
    </form>
</div>
```

（2）新建一个 CSS3 页面，并且通过 CSS3 设置页面的背景图片以及文件域和图像域的位置，代码如下。

```
.mr-cont{
    width: 800px;
    height: 600px;
    margin: 20px auto;
    text-align: center;
    border: 1px solid #f00;
    background: url(../img/bg.png);
}
/*通过内边距调整标题位置*/
h2{
    padding: 40px 0 0 0;
}
/*表单整体样式*/
form{
    width: 554px ;
    height: 462px;
    margin: 0 0 0 150px;
    background: url(../img/4-9.png);
}
/*文件域样式*/
[type="file"]{
    display: block;
    padding: 100px 0 0 175px;
}
/*图像域样式*/
[type="image"]{
```

```
        margin: 304px 0 0 100px;
}
```

运行效果如图 8.6 所示。

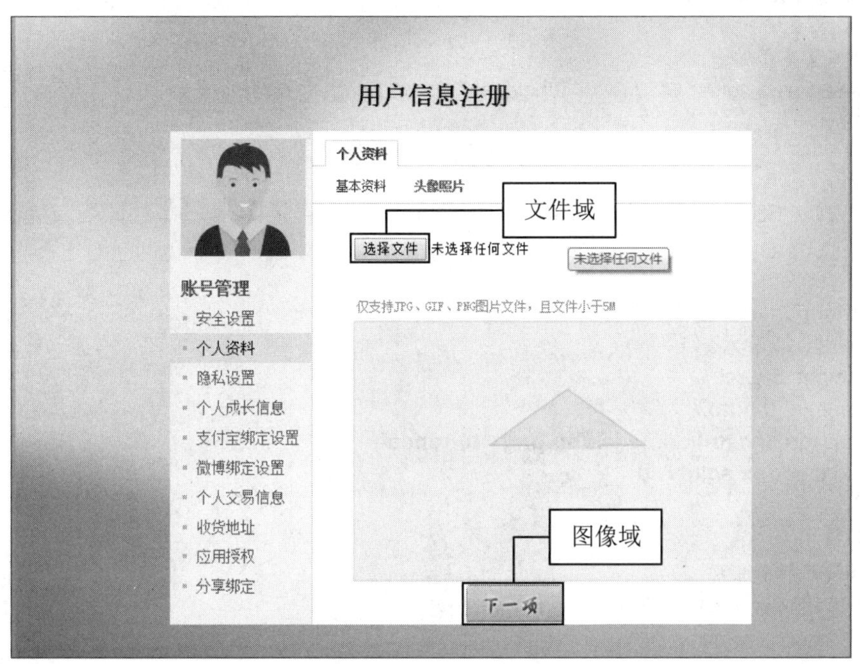

图 8.6　实现注册页面的上传头像和图片按钮

视频讲解

8.3　文本域和列表

本节主要讲解文本域和列表。文本域和文本输入框的区别在于，文本域可以显示多行文字；而列表与单选按钮或复选框相比，既可以有多个选择项，又不浪费空间，还可以减少代码量。

8.3.1　文本域

在 HTML 中还有一种特殊定义的文本样式，称为文本域。它与文本框的区别在于可以添加多行文字，从而可以输入更多的文本。这类控件在一些留言板中最为常见，其语法格式如下。

```
<textarea name="文本域名称" value="文本域默认值" rows="行数" cols="列数"></textarea>
```

☑　name：文本域的名称。
☑　value：文本域的默认值。
☑　rows：文本域的行数。
☑　cols：文本域的列数。

例 8.05　本实例是实现商品评价页面中的评价输入框，具体步骤如下。（**实例位置：资源包\源码**

08\8.05）

（1）新建 HTML 文件，在 HTML 文件中，插入文本域标签实现评价输入框，其代码如下。

```
<div class="mr-content">
    <form>
        <!--文本域-->
        <textarea cols="44" rows="9" class="mr-message"></textarea>
      </form>
</div>
```

（2）新建一个 CSS3 文件，通过 CSS3 代码设置网页的背景图片，并且改变文本域的位置，其代码如下。

```
.mr-content{
        width: 695px;
        height: 300px;
        margin: 0 auto;
        background: url(../images/bg.png) no-repeat;
        border: 1px solid red;
        }
/*文本域样式*/
.mr-content textarea{
        margin: 103px 0 0 346px;
        }
```

在谷歌浏览器中运行代码，运行效果如图 8.7 所示。

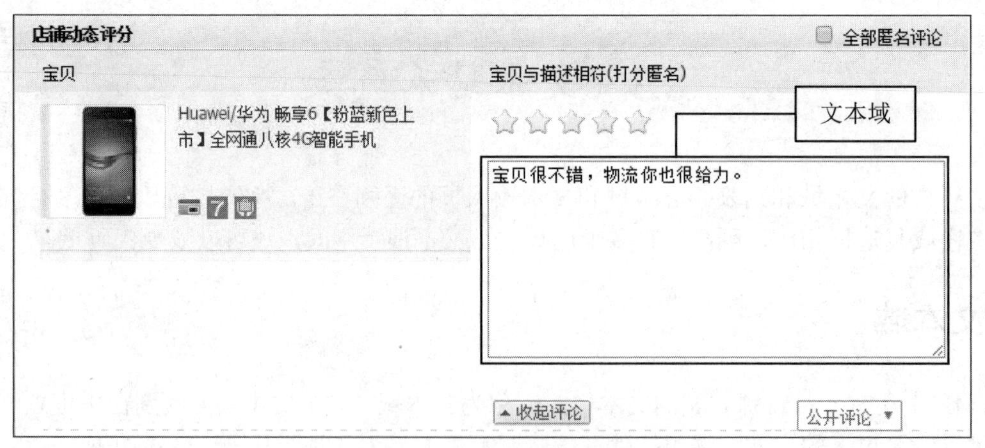

图 8.7　添加文本域的效果

8.3.2　列表/菜单

菜单列表类的控件主要用来进行选择给定答案中的一种，这类选择往往答案比较多，使用单选按钮比较浪费空间。可以说，菜单列表类的控件主要是为了节省页面空间而设计的。菜单和列表都是通过<select>和<option>标签来实现的。菜单和列表标签属性如表 8.2 所示。

表 8.2　菜单和列表标签属性

菜单和列表标签属性	描　述
name	列表/菜单标签的名称，用于和页面中其他控件加以区别
size	定义列表/菜单文本框在页面中显示的长度
multiple	表示列表/菜单内容可多选
value	用于定义列表/菜单的选项值时
selected	默认被选中

菜单是一种最节省空间的方式，正常状态下只能看到一个选项，单击按钮打开菜单后才能看到全部的选项。

列表可以显示一定数量的选项，如果超出了这个数量，会自动出现滚动条，浏览者可以通过拖曳滚动条显示各选项。

其语法格式如下。

```
<select name="" size="" multiple=" multiple  >
        <option value="" selected="selected">选项显示内容</option>
        <option value="选项值">选项显示内容</option>
        ...
</select>
```

例 8.06　实现个人资料填写页面，具体步骤如下。（**实例位置：资源包\源码\08\8.06**）

（1）新建 HTML 文件，在 HTML 页面通过下拉列表实现星座、血型和生肖的选择。部分 HTML 代码如下。

```
<div class="mr-cont">
    <form>
        <div class="mess">
            <!--下拉列表实现星座选择-->
            <div>星座：
                <select>
                    <option>水平座</option>
                    <option>金牛座</option>
                    <option>其他星座</option>
                </select>
            </div>
            <!--下拉列表实现血型选择-->
            <div> 血型：
                <select>
                    <option>A 型</option>
                    <option>B 型</option>
                    <option>AB 型</option>
                    <option>O 型</option>
                </select>
            </div>
            <!--下拉列表实现生肖选择-->
            <div>生肖：
                <select>
```

```
                    <option>鼠</option>
                    <option>牛</option>
                    <option>其他</option>
                </select>
            </div>
        </div>
    </form>
</div>
```

（2）新建 CSS 文件，在 CSS 文件中改变 HTML 中各标签的样式和布局，关键代码如下。

```
.mr-cont{
    height: 360px;
    width: 915px;
    margin: 20px auto;
    border: 1px solid #f00;
    background: rgba(181, 181, 255,0.65);
}
.type{
    width: 285px;
    height: 180px;
    float: left;
}
.type div{
    width: 350px;
    height: 30px;
    margin: 30px 0 0 60px;
}
```

在谷歌浏览器中运行代码，运行效果如图 8.8 所示。

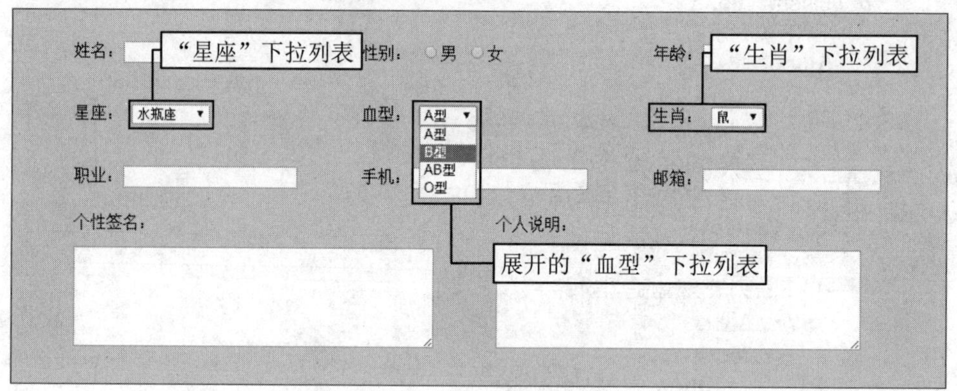

图 8.8　个人档案资料填写

8.4　小　　结

本章详细讲解了 HTML 表单，主要包括文本框、密码域、单选按钮、复选框、普通按钮、提交按

钮、重置按钮、图像域、隐藏域、文件域、文本域和下拉菜单等。学完本章以后，读者可以独立完成网站中登录页面的设计与实现，同时可以结合 CSS 美化页面。

8.5　实　　战

8.5.1　实战一：制作 QQ 登录页面

制作 QQ 登录界面。（**资源包\源码\08\实战\01**）

8.5.2　实战二：制作象棋游戏注册页面

制作象棋游戏的注册界面。（**资源包\源码\08\实战\02**）

8.5.3　实战三：制作个人档案

使用列表/菜单实现个人档案。（**资源包\源码\08\实战\03**）

第 9 章

多媒体

（视频讲解：1 小时 5 分钟）

在 HTML5 出现之前，要在网络上展示视频、音频、动画，除了使用第三方自主开发的播放器之外，使用得最多的工具应该是 Flash 了，但是它们都需要在浏览器中安装各种插件才能使用，而且有时速度很慢。HTML5 的出现改变了这个问题。在 HTML5 中，提供了音频、视频的标准接口，通过 HTML5 中的相关技术，视频、动画、音频等多媒体播放再也不需要安装插件了，只要一个支持 HTML5 的浏览器即可。

学习摘要：

- HTML5 多媒体的简述
- 多媒体元素基本属性
- 多媒体元素常用方法
- 多媒体元素重要事件

9.1　HTML5 多媒体的简述

Web 上的多媒体指的是音效、音乐、视频和动画。多媒体来自多种不同的格式。它可以是您听到或看到的任何内容、文字、图片、音乐、音效、录音、电影、动画等。在互联网上，您会经常发现嵌入网页中的多媒体元素，现代浏览器已支持多种多媒体格式。在本章中，将了解到不同的多媒体格式，以及如何在网页中使用它们。

9.1.1　HTML4 中多媒体的应用

在 HTML5 之前，如果开发者想要在 Web 页面中包含视频，必须使用<object>和<embed>元素。而且还要为这两个元素添加许多属性和参数。在 HTML4 中多媒体的应用代码如下。

```
<object width="425" height="344">
    <param name="movie" value="http://www.mingribok.com" />
    <param name="allowFullScreen" value="true" />
    <param name="aiiowscriptaccess" value="always" />
    <embed src="http://www.mingribok.com"
           type="application/x-shockwave-flash"
           allowscriptaccess="always"
           allowFullScreen="ture" width="425" height="344">
    </embed>
</object>
```

从上面的代码可以看出，在 HTML4 中使用多媒体有如下缺点。

☑　代码冗长而笨拙。

☑　需要使用第三方插件（Flash）。如果用户没有安装 Flash 插件，则不能播放视频，画面上也会出现一片空白。

9.1.2　HTML5 页面中的多媒体

在 HTML5 中，新增了两个元素——video 与 audio。video 元素专门用来播放网络上的视频或电影，而 audio 元素专门用来播放网络上的音频数据。使用这两个元素，就不再需要使用其他任何插件了，只要使用支持 HTML5 的浏览器即可。表 9.1 中介绍了目前浏览器对 video 元素与 audio 元素的支持情况。

表 9.1　目前浏览器对 video 元素与 audio 元素的支持情况

浏　览　器	支 持 情 况
Chrome	8 位有符号整数
Firefox	16 位有符号整数
Opera	32 位有符号整数
Safari	64 位有符号整数

这两个元素的使用方法都很简单，首先以 audio 元素为例，只要把播放音频的 URL 给指定元素的 src 属性即可，audio 元素使用方法如下。

```
<audio src="http://mingri/demo/test.mp3">
您的浏览器不支持 audio 元素！
</audio>
```

通过这种方法，可以把指定的音频数据直接嵌入网页上，其中“您的浏览器不支持 audio 元素！”为在不支持 audio 元素的浏览器中所显示的替代文字。

video 元素的使用方法也很简单，只要设定好元素的长、宽等属性，并且把播放视频的 URL 地址指定给该元素的 src 属性即可，video 元素的使用方法如下。

```
<video width="640" height="360" src=" http://mingri/demo/test.mp3">
您的浏览器不支持 video 元素！
</video>
```

另外，还可以通过使用 source 元素来为同一个媒体数据指定多个播放格式与编码方式，以确保浏览器可以从中选择一种自己支持的播放格式进行播放，浏览器的选择顺序为代码中的书写顺序，它会从上往下判断自己对该播放格式是否支持，直到选择到自己支持的播放格式为止。其使用方法如下。

```
<video width="640" height="360">
<!--在 Ogg theora 格式、Quicktime 格式与 MP4 格式之间选择自己支持的播放格式。-->
<source src="demo/sample.ogv" type="video/ogg; codecs='theora, vorbis'"/>
<source src="demo/sample.mov" type="video/quicktime"/>
</video>
```

source 元素具有以下几个属性。

☑ src 属性是指播放媒体的 URL 地址。

☑ type 属性表示媒体类型，其属性值为播放文件的 MIME 类型，该属性中的 codecs 参数表示所使用的媒体的编码格式。

因为各浏览器对各种媒体类型及编码格式的支持情况都各不相同，所以使用 source 元素来指定多种媒体类型是非常有必要的。

☑ IE9：支持 H.264 和 VP8 视频编码格式；支持 MP3 和 WAV 音频编码格式。

☑ Firefox 4 及以上、Opera 10 及以上：支持 Ogg Theora 和 VP8 视频编码格式；支持 Ogg vorbis 和 WAV 音频格式。

☑ Chrome 6 及以上：支持 H.264、VP8 和 Ogg Theora 视频编码格式；支持 Ogg vorbis 和 MP3 音频编码格式。

视频讲解

9.2 多媒体元素基本属性

video 元素与 audio 元素所具有的属性大致相同，所以接下来看一下这两个元素都具有哪些属性。

1．src 属性和 autoplay 属性

src 属性用于指定媒体数据的 URL 地址。

autoplay 属性用于指定媒体是否在页面加载后自动播放，使用方法如下。

```
<video src="sample.mov" autoplay="autoplay"></video>
```

2．perload 属性

perload 属性用于指定视频或音频数据是否预加载。如果使用预加载，则浏览器会预先将视频或音频数据进行缓冲，这样可以加快播放速度，因为播放时数据已经预先缓冲完毕。该属性有 3 个可选值，分别是 none、metadata 和 auto，其默认值为 auto。

☑ none 值表示不进行预加载。

☑ metadata 值表示只预加载媒体的元数据（媒体字节数、第一帧、播放列表、持续时间等）。

☑ auto 值表示预加载全部视频或音频。

preload 属性的使用方法如下。

```
<video src="sample.mov" preload="auto"></video>
```

3．poster 属性（video 元素独有属性）和 loop 属性

当视频不可用时，可以使用 video 元素向用户展示一幅替代用的图片，最好使用 poster 属性，以免展示视频的区域中出现一片空白。poster 属性的使用方法如下。

```
<video src="sample.mov" psoter="cannotuse.jpg"></video>
```

loop 属性用于指定是否循环播放视频或音频，其使用方法如下。

```
<video src="sample.mov" autoplay="autoplay" loop="loop"></video>
```

4．controls 属性、width 属性和 height 属性（后两个 video 元素独有属性）

controls 属性指定是否为视频或音频添加浏览器自带的播放用的控制条。控制条中具有播放、暂停等按钮，其使用方法如下。

```
<video src="sample.mov" controls="controls"></video>
```

图 9.1 为 Google Chrome5.0 浏览器自带的播放视频时用的控制条的外观。

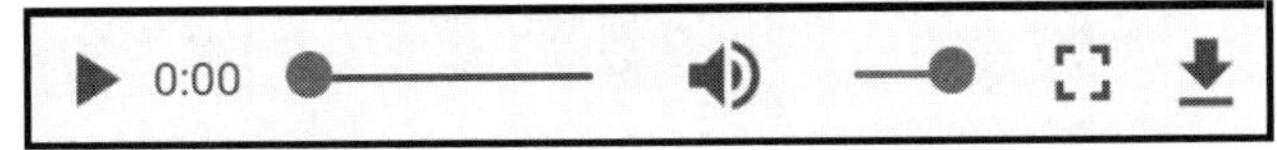

图 9.1　Google Chrome5.0 浏览器自带的播放视频时用的控制条

说明

开发者也可以在脚本中自定义控制条，而不使用浏览器默认的。

width 属性与 height 属性用于指定视频的宽度与高度（以像素为单位），使用方法如下。

```
<video src="sample.mov" width="500" height="500"></video>
```

5．error 属性

在读取、使用媒体数据的过程中，在正常情况下，error 属性为 null，但是任何时候只要出现错误，该属性将返回一个 MediaError 对象，该对象的 code 属性返回对应的错误状态码，其可能的值包括以下方面。

- ☑ MEDIA_ERR_ABORTED（数值 1）：媒体数据的下载过程由于用户的操作原因而被终止。
- ☑ MEDIA_ERR_NETWORK（数值 2）：确认媒体资源可用，但是在下载时出现网络错误，媒体数据的下载过程被终止。
- ☑ MEDIA_ERR_DECODE（数值 3）：确认媒体资源可用，但是解码时发生错误。
- ☑ MEDIA_ERR_SRC_NOT_SUPPORTED（数值 4）：媒体资源不可用媒体格式不被支持。

error 属性为只读属性。读取错误状态的代码如下。

```
<video id="videoElement" src="mingri.mov">
    <script>
        var video=document.getElementById("video Element");
        video.addEventListener("error",function(){
            {
                var error=video.error;
                switch (error.code)
                {
                    case 1:
                        alert("视频的下载过程被终止。");
                        break;
                    case 2:
                        alert("网络发生故障，视频的下载过程被终止。");
                        break;
                    case 3:
                        alert("解码失败。");
                        break;
                    case 4:
                        alert("不支持播放的视频格式。");
                        break;
                    default:
                        alert("发生未知错误。");
                }
            },false);
    </script>
```

6．networkState 属性

networkState 属性在媒体数据加载过程中读取当前网络的状态，其值包括以下方面。

- ☑ NETWORK_EMPTY（数值 0）：元素处于初始状态。
- ☑ NETWORK_IDLE（数值 1）：浏览器已选择好用什么编码格式来播放媒体，但尚未建立网络

连接。

☑ NETWORK_LOADING（数值 2）：媒体数据加载中。

☑ NETWORK_NO_SOURCE（数值 3）：没有支持的编码格式，不执行加载。

networkState 属性为只读属性，读取网络状态的实例代码如下。

```
<script>
    var video = document.getElementById("video");
    video.addEventListener("progress", function(e)
    {
        var networkStateDisplay=document.getElementById("networkState");
        if(video.networkState==2)
        {
            networkStateDisplay.innerHTML="加载中...["+e.loaded+"/"+e.total+"byte]";
        }
        else if(video.networkState==3)
        {
            networkStateDisplay.innerHTML="加载失败";
        }
    },false);
</script>
```

7．currentSrc 属性和 buffered 属性

可以用 currentSrc 属性来读取播放中的媒体数据的 URL 地址，该属性为只读属性。

buffered 属性返回一个实现 TimeRanges 接口的对象，以确认浏览器是否已缓存媒体数据。TimeRanges 对象表示一段时间范围，在大多数情况下，该对象表示的时间范围是一个单一的以“0”开始的范围，但是如果浏览器发出 Range Rquest 请求，这时 TimeRanges 对象表示的时间范围是多少个时间范围。

TimeRanges 对象具有一个 length 属性，表示有多少个时间范围，多数情况下存在时间范围时，该值为 1；不存在时间范围时，该值为 0。该对象有两个方法：start(index)和 end(index)，多数情况下将 index 设置为 0 即可。当用 element.buffered 语句来实现 TimeRanges 接口时，start(0)表示当前缓存区内从媒体数据的什么时间开始进行缓存；end(0)表示当前缓存区内的结束时间。buffered 属性为只读属性。

8．readyState 属性

readyState 属性为只读属性。该属性返回媒体当前播放位置的就绪状态，其值包括以下方面。

☑ HAVE_NOTHING（数值 0）：没有获取到媒体的任何信息，当前播放位置没有可播放数据。

☑ HAVE_METADATA（数值 1）：已经获取到了足够的媒体数据，但是当前播放位置没有有效的媒体数据（也就是说，获取到的媒体数据无效，不能播放）。

☑ HAVE_CURRENT_DATA（数值 2）：当前播放位置已经有数据可以播放，但没有获取到可以让播放器前进的数据。当媒体为视频时，意思是当前帧的数据已获取，但还没有获取到下一帧的数据，或者当前帧已经是播放的最后一帧。

☑ HAVE_FUTURE_DATA（数值 3）：当前播放位置已经有数据可以播放，同时也获取到了可以让播放器前进的数据。当媒体为视频时，意思是当前帧的数据已获取，而且也获取到了下一帧的数据，当前帧是播放的最后一帧时，readyState 属性不可能为 HAVE_FUTURE_DATA。

- ☑ HAVE_ENOUGH_DATA（数值 4）：当前播放位置已经有数据可以播放，同时也获取到了可以让播放器前进的数据，而且浏览器确认媒体数据以某一种速度进行加载，可以保证有足够的后续数据进行播放。

9．seeking 属性和 seekable 属性

seeking 属性返回一个布尔值，表示浏览器是否正在请求某一特定播放位置的数据，true 表示浏览器正在请求数据，false 表示浏览器已停止请求。

seekable 属性返回一个 TimeRanges 对象，该对象表示请求到的数据的时间范围。当媒体为视频时，开始时间为请求到视频数据第一帧的时间，结束时间为请求到视频数据最后一帧的时间。

seeking 和 seekable 这两个属性均为只读属性。

10．currentTime 属性、startTime 属性和 duration 属性

currentTime 属性用于读取媒体的当前播放位置，也可以通过修改 currentTime 属性来修改当前播放位置。如果修改的位置上没有可用的媒体数据，将抛出 INVALID_STATE_ERR 异常；如果修改的位置超出了浏览器在一次请求中可以请求的数据范围，将抛出 INDEX_SIZE_ERR 异常。

startTime 属性用来读取媒体播放的开始时间，通常为 0。

duration 属性来读取媒体文件总的播放时间。

11．played 属性、paused 属性和 ended 属性

played 属性返回一个 TimeRanges 对象，从该对象中可以读取媒体文件的已播放部分的时间段。开始时间为已播放部分的开始时间，结束时间为已播放部分的结束时间。

paused 属性返回一个布尔值，表示是否暂停播放，true 表示媒体暂停播放，false 表示媒体正在播放。

ended 属性返回一个布尔值，表示是否播放完毕，true 表示媒体播放完毕，false 表示还没有播放完毕。

上面这三者均为只读属性。

12．defaultPlaybackRate 属性和 playbackRate 属性

defaultPlaybackRate 属性用来读取或修改媒体默认的播放速率。

playbackRate 属性用于读取或修改媒体当前的播放速率。

13．volume 属性和 muted 属性

volume 属性用于读取或修改媒体的播放音量，范围为 0～1，0 为静音，1 为最大音量。

muted 属性用于读取或修改媒体的静音状态，该值为布尔值，true 表示处于静音状态，false 表示处于非静音状态。

视频讲解

9.3 多媒体元素常用方法

9.3.1 多媒体播放时的方法

多媒体元素常用的方法如下。

☑ 使用 play()方法播放视频，并将 paused()方法的值强行设为 false。

☑ 使用 pause()方法暂停视频，并将 paused()方法的值强行设为 ture。

☑ 使用 load()方法重新载入视频，并将 playbackRate 属性的值强行设为 defaultPlaybackRate 属性的值，且强行将 error 属性的值设为 null。

例 9.01 为了展示视频播放时所应用的方法以及多媒体的基本属性，在控制视频的播放时，并没有应用浏览器自带的控制条来控制视频的播放，而是通过添加“播放”暂停”“停止”按钮来控制视频的播放，暂停和停止，并且制作美观的进度条来显示播放视频的进度。（**实例位置：资源包\源码\09\9.01**）

本例实现的步骤如下。

（1）在 HTML5 文件中添加视频，添加播放、暂停等功能按钮的 HTML 代码。具体代码如下。

```
<body>
<!--添加视频   start-->
<div class="videoContainer">
  <!--timeupdate 事件：当前播放位置（currentTime 属性）改变-->
  <video id="videoPlayer"   ontimeupdate="progressUpdate()" >
    <source src="butterfly.mp4" type="video/mp4">
    <source src="butterfly.webm" type="video/webm">
  </video>
</div>
<!--添加视频   end-->
<!--进度条和时间显示区域 start-->
<div class="barContainer">
  <div id="durationBar">
    <div id="positionBar"><span id="displayStatus">进度条.</span></div>
  </div>
</div>
<!--进度条和时间显示区域     end-->
<!--6 个功能按钮   start-->
<div class="btn">
  <button onclick="play()">播放</button>
  <button onclick="pause()">暂停</button>
  <button onclick="stop()">停止</button>
  <button onclick="speedUp()">加速播放</button>
  <button onclick="slowDown()">减速播放</button>
  <button onclick="normalSpeed()">正常速度</button>
</div>
<!--6 个功能按钮     end-->
</body>
```

（2）为播放、暂停、停止功能按钮绑定 3 个 onclick 事件，通过多媒体播放时的方法即可实现。然后为加速播放、减速播放、正常速度功能按钮绑定 3 个 onclick 事件，在函数内部改变 playbackRate 属性值，即可实现不同速度的播放。最后，实现了进度条内部动态显示播放时间。显示播放时间具体的实现方法是：首先，通过 currentTime 和 duration 属性，获取到当前播放位置和视频播放总时间；然后，利用Math.round对获取的时间进行处理，保留两位小数；最后，通过innerHTML方法将时间的值写入<span>标签内部即可。其具体实现的代码如下。

```
<script>
    var video;
    var display;
    window.onload = function() {                                          //页面加载时执行的匿名函数
      video = document.getElementById("videoPlayer");                     //获取 videoPlayer 元素
      display = document.getElementById("displayStatus");                 //通过 id 获取 span 元素
    }
    function play() {                                                     //播放的函数
      video.play();                                                       //多媒体播放时的方法
    }
    function pause() {
      video.pause();                                                      //多媒体暂停时的方法
    }
    //currentTime 人为地改变当前播放位置，触发 timeUpdate 事件
    function stop() {                                                     //单击“停止”按钮，视频停止的函数
      video.pause();
      video.currentTime = 0;                                              //将当前播放位置=0
    }
    function speedUp() {                                                  //视频加速播放的函数
      video.play();
      video.playbackRate = 2;                                             //播放速率
    }
    function slowDown() {                                                 //视频减速播放的函数
      video.play();
      video.playbackRate = 0.5;
    }
    function normalSpeed() {                                              //视频以正常速度播放视频的函数
      video.play();
      video.playbackRate = 1;
    }
    //进程更新函数
    function progressUpdate() {
      var positionBar = document.getElementById("positionBar");  //通过 id 获取进度条元素
      //时间转换为进度条的宽度
      positionBar.style.width = (video.currentTime / video.duration * 100)  + "%";
      //播放时间通过 innerHTML 方法添加到 span 标签内部（进度条），让它显示于页面
      displayStatus.innerHTML = (Math.round(video.currentTime*100)/100) + " 秒";
    }
</script>
```

本例的运行结果如图9.2所示。

图 9.2　多媒体播放时的方法和属性的综合运用实例

9.3.2　canPlayType(type)方法

使用 canPlayType(type)方法测试浏览器是否支持指定的媒介类型，该方法的定义如下。

```
var support=videoElement.canPlayType(type);
```

videoElement 表示页面上的 video 元素或 audio 元素。该方法使用一个参数 type，该参数的指定方法与 source 元素的 type 参数的指定方法相同，都用播放文件的 MIME 类型来指定，可以在指定的字符串中加上表示媒体编码格式的 codes 参数。

canPlayType(type)方法返回 3 个可能值（均为浏览器判断的结果）。

☑　空字符串：浏览器不支持此种媒体类型。

☑　maybe：浏览器可能支持此种媒体类型。

☑　probably：浏览器确定支持此种媒体类型。

9.4　多媒体元素重要事件

视频讲解

9.4.1　事件处理方式

在利用 video 元素或 audio 元素读取或播放媒体数据时，会触发一系列的事件，如果用 JavaScript 脚本捕捉这些事件，就可以对这些事件进行处理了。对于这些事件的捕捉及其处理，可以按两种方式来进行。

一种是监听的方式：addEventListener(事件名,处理函数,处理方式)方法来对事件的发生进行监听，该方法的定义如下。

```
videoElement.addEventListener(type,listener,useCapture);
```

videoElement 表示页面上的 video 元素或 audio 元素。type 为事件名称，listener 表示绑定的函数，useCapture 是一个布尔值，表示该事件的响应顺序。该值如果为 true，则浏览器采用 Capture 响应方式；如果为 false，则浏览器采用 bubbing 响应方式，一般该值为 false。

另一种是直接赋值的方式。事件处理方式为 JavaScript 脚本中常见的获取事件句柄的方式，代码如下。

```
<video id="video1" src="mrsoft.mov" onplay="begin_playing()"></video>
function begin_playing()
{
…（省略代码）
};
```

9.4.2 事件介绍

浏览器在请求媒体数据、下载媒体数据、播放媒体数据，一直到播放结束这一系列过程中，到底会触发哪些事件，接下来将具体介绍。

- ☑ loadstart 事件：浏览器开始请求媒介。
- ☑ progress 事件：浏览器正在获取媒介。
- ☑ suspend 事件：浏览器非主动获取媒介数据，但没有全部加载媒介资源。
- ☑ abort 事件：浏览器在完全加载前中止获取媒介数据，但是并不是由错误引起的。
- ☑ error 事件：获取媒介数据出错。
- ☑ emptied 事件：媒介元素的网络状态突然变为未初始化，可能引起的原因有两个：一个是载入媒体过程中突然发生一个致命错误；另一个是在浏览器正在选择支持的播放格式时，又调用了 load 方法重新载入媒体。
- ☑ stalled 事件：浏览器获取媒介数据异常。
- ☑ play 事件：即将开始播放，当执行了 play 方法时触发，或数据下载后元素被设为 autoplay（自动播放）属性。
- ☑ pause 事件：暂停播放，当执行了 pause 方法时触发。
- ☑ loadedmetadata 事件：浏览器获取完媒介资源的时长和字节。
- ☑ loadeddata 事件：浏览器已加载当前播放位置的媒介数据。
- ☑ waiting 事件：播放由于下一帧无效（如未加载）而已停止（但浏览器确认下一帧会马上有效）。
- ☑ playing 事件：已经开始播放。
- ☑ canplay 事件：浏览器能够开始媒介播放，但估计以当前速率播放不能直接将媒介播放完（播放期间需要缓冲）。
- ☑ canplaythrough 事件：浏览器估计以当前速率直接播放可以直接播放完整个媒介资源（其间不需要缓冲）。
- ☑ seeking 事件：浏览器正在请求数据（seeking 属性值为 true）。

☑ seeked 事件：浏览器停止请求数据（seeking 属性值为 false）。

☑ timeupdate 事件：当前播放位置（currentTime 属性）改变，可能是播放过程中的自然改变，也可能是被人为地改变，或由于播放不能连续而发生的跳变。

☑ ended 事件：播放由于媒介结束而停止。

☑ ratechange 事件：默认播放速率（defaultPlaybackRate 属性）改变或播放速率（playbackRate 属性）改变。

☑ durationchange 事件：媒介时长（duration 属性）改变。

☑ volumechange 事件：音量（volume 属性）改变或静音（muted 属性）。

9.4.3　事件实例

浏览器在请求媒体数据、下载媒体数据、播放媒体数据，一直到播放结束这一系列过程中，所触发一些事件，接下来我们来通过一个实例，具体运用一下。

例 9.02　本例将在页面中显示要播放的多媒体文件，同时显示多媒体文件的总时间，当单击“播放”按钮时，将显示当前播放的时间。多媒体文件的总时间与当前时间将以（秒/秒）的形式显示。（**实例位置：资源包\源码\09\9.02**）

本例实现的步骤如下。

（1）通过<video>标签添加多媒体文件，代码如下。

```
<!--添加视频-->
<video id="video">
    <source   src="butterfly.mp4" type="video/mp4" />
    <source   src="butterfly.webm" type="video/webm" />
</video>
```

（2）在页面中添加<button>和<span>标签，分别表示媒体播放的总时间和当前播放时间。实现的 HTML 代码如下。

```
<!--播放按钮和播放时间-->
<button id="playButton"   onclick="playOrPauseVideo()">播放</button>
<span id="time"></span>
```

（3）给 video 元素添加事件监听，用 addEventListener 方法对 playEvent 事件进行监听（loadeddata 事件：浏览器已加载当前播放位置的媒介数据），在该函数中用秒来显示当前播放时间。同时触发 onclick 事件，调用 play()方法。在这个事件中对播放的进度进行判断，当播放完成后，将当前播放位置 currentTime 置 0，并且通过三元运算符执行播放或者是暂停。其实现的代码如下。

```
//播放暂停
var play=document.getElementById("playButton");                    //获取按钮元素
play.onclick = function () {
     if (video.ended) {                                            //如果媒体播放结束，播放时间从 0 开始
          video.currentTime = 0;
     }
     video[video.paused ? 'play' : 'pause']();                     //通过三元运算执行播放和暂停
```

```
};

video.addEventListener('play', playEvent, false);                //使用事件播放
video.addEventListener('pause', pausedEvent, false);             //播放暂停
video.addEventListener('ended', function () {                    //播放结束后停止播放
    this.pause();                                                //显示暂停播放
}, false);
}
```

（4）显示播放时间：获取 video 元素的 currentTime 属性值和 duration 属性值，currentTime 属性值和 duration 属性值默认的单位是秒，当前播放时间是以“当前时间/总时间”的形式输出。具体的实现方法是：首先，通过 currentTime 和 duration 属性，获取到当前播放位置和视频播放总时间，利用 Math.floor 对获取的时间进行取整；最后通过 innerHTML 方法将值写入<span>标签内即可。其具体实现的代码如下。

```
//显示时间进度
function playOrPauseVideo() {
    var video = document.getElementById("video");
    //使用事件监听方式，捕捉 timeupdate 事件
    video.addEventListener("timeupdate", function () {
        var timeDisplay = document.getElementById("time");
        //用秒数来显示当前播放进度
        timeDisplay.innerHTML = Math.floor(video.currentTime) + " / " + Math.floor(video.duration) + "（秒）";
    }, false);
```

（5）使用 video 元素的 addEventListener 方法对 play、pause、ended 等事件进行监听，同时绑定 playEvent、pausedEvent 函数，在这两个函数中，实现了按钮交替地显示文字“播放”和“暂停”。代码如下。

```
//绑定 onclick 事件：播放暂停
var play = document.getElementById("playButton");              //获取按钮元素
play.onclick = function () {
    if (video.ended) {                                          //ended 为 video 元素的属性
        video.currentTime = 0;                                  //如果媒体播放结束，播放时间从 0 开始
    }
    video[video.paused ? 'play' : 'pause']();                   //通过三元运算执行播放和暂停
};
//按钮交替地显示“播放”和“暂停”
video.addEventListener('play', playEvent, false);               //使用事件播放
video.addEventListener('pause', pausedEvent, false);            //播放暂停
video.addEventListener('ended', function () {                   //播放结束后停止播放
    this.pause();                                               //显示暂停播放
}, false);
function playEvent() {
    video.play();
    play.innerHTML = '暂停';
}
function pausedEvent() {
    video.pause();
```

```
        play.innerHTML = '播放';
}
```

本例的运行结果如图 9.3 所示。

图 9.3　addEventListener 添加多媒体事件实例

9.5　小　　结

本章介绍了 HTML5 audio 元素和 video 元素的用法，并演示了如何使用它们构建引入 web 应用。audio 元素和 video 元素的引入，让 HTML5 应用在对媒体的使用上多了一种选择：不用插件即可播放音频和视频。此外，audio 元素和 video 元素还提供了通用的、集成化的可用脚本控制的 API。

9.6　实　　战

9.6.1　实战一：制作音乐小球

试着通过媒体播放的方法，制作一个小游戏，在小球弹跳时添加音效。（**资源包\源码\09\实战\01**）

9.6.2　实战二：加载一段视频文件

试着通过多媒体元素的基本属性，让 video 元素加载一段视频文件。（**资源包\源码\09\实战\02**）

9.6.3　实战三：制作一段音频文件

试着通过多媒体元素的基本属性加载一段音频。（**资源包\源码\09\实战\03**）

第10章

HTML5 新特性

（视频讲解：57 分钟）

自从 2010 年 HTML5 正式推出以来，就受到了世界各大浏览器的热烈欢迎与支持。HTML5 是以 HTML4 为基础，对 HTML4 进行了大量的修改。本章将从总体上介绍 HTML5 对 HTML4 进行了哪些修改，HTML5 与 HTML4 之间比较大的区别是什么。

学习摘要：

- **谁在开发 HTML5**
- **HTML5 的新特性**
- **HTML5 和 HTML4 的区别**
- **新增和废除的元素**
- **新增的属性和废除的属性**

视频讲解

10.1　谁在开发 HTML5

HTML5 的开发主要是由以下 3 个重要组织来完成的。

☑　WHATWG：由来自 Apple、Mozilla、Google、Opera 等浏览器厂商的人组成，成立于 2004 年。WHATWG 开发 HTML 和 Web 应用 API，同时为各浏览器厂商以及其他有意向的组织提供开放式合作。

☑　W3C：W3C 下辖的 HTML 工作组目前负责发布 HTML5 规范。

☑　IETF（Internet Engineering Task Force，互联网工程任务组）：这个任务组下辖的 HTTP 等负责 Internet 协议的团队。HTML5 定义的一种新 API（WebSocket API）依赖于新的 WebSocket 协议，IETF 工作组正在开发这个协议。

HTML5 的正式徽标如图 10.1 所示。

图 10.1　HTML5 的正式徽标

视频讲解

10.2　HTML5 的新特性

HTML5 给人们带来了众多惊喜，增加了以下新的特性。

☑　新特性基于 HTML、CSS、DOM 和 JavaScript。

☑　减少了对外部插件的需求（如 Flash）。

☑　更优秀的错误处理。

☑　更多取代脚本的标记。

☑　HTML5 独立于设备。

☑　用于绘画的 canvas 元素。

☑　用于媒介回放的 video 元素和 audio 元素。

☑　对本地离线存储的更好的支持。

☑　新元素和表单控件。

而这些新特性，在当前浏览器最新版本中得到越来越普遍的实现，越来越多的开发者开始学习和使用这些新特性。

1. 兼容性

虽然到了 HTML5 时代，但并不代表现在用 HTML4 创建出来的网站必须全部要重建。HTML5 并不是颠覆性的革新。相反，实际上 HTML5 的一个核心理念就是保持一切新特性平滑过渡。一旦浏览器不支持 HTML5 的某项功能，针对功能的备选行为就会悄悄进行。另外，互联网上有些 HTML 文档已经存在了 20 多年，因此，支持所有现存 HTML 文档是非常重要的。

尽管 HTML5 标准的一些特性非常具有革命性，但是 HTML5 旨在进化而非革命。这一点正是通过兼容性体现出来的。正是因为保障了兼容性才能让人们毫不犹豫地选择 HTML5 开发网站。

2．实用性和用户优先

HTML5 规范是基于用户优先准则编写的，其主要宗旨是“用户即上帝”，这意味着在遇到无法解决的冲突时，规范会把用户放到第一位，其次是页面的作者，再次是实现者（或浏览器），接着是规范制定者，最后才考虑理论的纯粹实现。因此，HTML5 的绝大部分是实用的，只是有些情况下还不够完美。实用性是指要求能够解决实际问题。HTML5 内只封装了切实有用的功能，不封装复杂而没有实际意义的功能。

3．化繁为简

HTML5 要的就是简单、避免不必要的复杂性。HTML5 的口号是“简单至上，尽可能简化”。因此，HTML5 做了以下改进。

☑ 以浏览器原生能力替代复杂的 JavaScript 代码。

☑ 新的简化的 DOCTYPE。

☑ 新的简化的字符集声明。

☑ 简单而强大的 HTML5API。

我们会在以后的章节中将详细讲解这些改进。

为了实现这些简化操作，HTML5 规范已经变得非常大，因为它需要更大的精确。实际上要比以往任何版本的 HTML 规范都要精确。为了能够真正实现浏览器互通的目标，HTML5 规范制订了一系列定义明确的行为，任何歧义和含糊都可能延缓这一目标的实现。

另外，HTML5 规范比以往的任何版本都要详细，为的是避免造成误解。HTML5 规范的目标是完全、彻底地给出定义，特别是对 Web 应用。

基于多种改进过的、强大的错误处理方案，HTML5 具备了良好的错误处理机制。非常有现实意义的一点是，HTML5 提倡重大错误的平缓恢复，再次把最终用户的利益放在了第一位。例如，如果页面中有错误的话，在以前可能会影响整个页面的显示，而 HTML5 不会出现这种情况，取而代之的是以标准方式显示 broken 标记，这要归功于 HTML5 中精确定义的错误恢复机制。

4．无插件范式

过去，很多功能只能通过插件或者复杂的 hack（本地绘图 API、本地 socket 等）来实现，但在 HTML5 中提供了对这些功能的原生支持。插件的方式存在以下问题。

☑ 插件安装可能失败。

☑ 插件可能被禁用或者是屏蔽。

☑ 插件自身会成为被攻击的对象。

☑ 插件不容易与 HTML 文档的其他部分集成（因为插件边界、剪裁和透明度问题）。

虽然一些插件的安装率很高，但在控制严格的公司内部网络环境中经常会被封锁。此外，由于插件经常还会给用户带来烦人的广告，一些用户会选择屏蔽此类插件。如果这样做的话，一旦用户禁用

了插件，就意味着依赖该插件显示的内容将无法表现出来了。

在我们已经设计好的页面中，要想把插件显示的内容与页面上其他元素集成也比较困难，因为会引起剪裁和透明度等问题。插件使用的是自带的模式，与普通 Web 页面所使用的不一样，所以当弹出菜单或者其他可视化元素与插件重叠时，会特别麻烦。这时，就需要 HTML5 应用原生功能来解决，它可以直接用 CSS 和 JavaScript 的方式控制页面布局。实际上这也是 HTML5 的最大亮点，显示了先前任何 HTML 版本都不具备的强大能力。HTML5 不仅仅是提供新元素支持新功能，更重要的是添加了对脚本和布局之间的原生交互能力，鉴于此我们可以实现以前不能实现的效果。

以 HTML5 中的 canvas 元素为例，有很多非常底层的事情以前是没办法做到的（例如，在 HTML4 的页面中就很难画出对角线），而有了 canvas 就可以很容易实现。更为重要的是新 API 释放出来的潜能，以及仅需寥寥几行 CSS 代码就能完成布局的能力。基于 HTML5 的各类 API 的优秀设计，我们可以轻松地对它们进行组合应用。HTML5 的不同功能组合应用为 Web 开发注入了一股强大的新生力量。

10.3 HTML5 和 HTML4 的区别

视频讲解

10.3.1 HTML5 的语法变化

在 HTML5 中，语法发生了很大的变化，主要有以下几个原因。

（1）现有浏览器与规范背离。

HTML 的语法是在 SGML（Standard Generalized Markup Language）语言来规定语法的。但是由于 SGML 的语法非常复杂，文档结构解析程序的开发也不太容易，多数 Web 浏览器不作为 SGML 解析器运行。由此，HTML 规范中虽然要求“应遵循 SGML 的语法”，但实际情况却是遵循规范的实现（Web 浏览器）几乎不存在。

（2）规范向实现靠拢。

如上所述，HTML5 中提高 Web 浏览器间的兼容性也是重大的目标之一。要确保兼容性，必须消除规范与实现的背离。因此 HTML5 以近似现有的实现，重新定义了新的 HTML 语法，即使规范向实现靠拢。

由于文档结构解析的算法也有着详细的记载，使得 Web 浏览器厂商可以专注于遵循规范去进行实现工作。在新版本的 FireFox 和 WebKit（Nightly Builder 版）中，已经内置了遵循 HTML5 规范的解析器。IE（Internet Explorer）和 Opera 也为了提供兼容性更好地实现而紧锣密鼓地努力着。

10.3.2 HTML5 中的标记方法

在 HTML5 中，标记方法主要包括以下几种。

1. 内容类型（ContentType）

HTML5 文件的扩展名和内容类型（ContentType）没有发生变化，即扩展名还是.html 或.htm，内容类型（ContentType）还是.text/html。

2. DOCTYPE 声明

要使用 HTML5 标记，必须先进行 DOCTYPE 声明。Web 浏览器通过判断文件开头有没有这个声明，让解析器和渲染类型切换成对应 HTML5 的模式，代码如下。

```
<!DOCTYPE html>
```

另外，当使用工具时，也可以在 DOCTYPE 声明方法中加入 SYSTEM 标识（不区分大小写，此外还可将双引号换为单引号来使用），代码如下。

```
<!DOCTYPE HTML SYSTEM "about:legacy-compat">
```

3. 字符编码的设置

字符编码的设置方法也有些新的变化。以前，设置 HTML 文件的字符编码时，需要使用 meta 元素，代码如下。

```
<meta http-equiv="Content-Type" content="text/html;charset=UTF-8">
```

在 HTML5 中，可以使用<meta>元素的新属性 charset 来设置字符编码，代码如下。

```
<meta charset="UTF-8">
```

以上两种方法都有效，因此也可以继续使用前者的方法（通过 content 元素的属性来设置），但要注意不能同时使用。如下所示代码的使用方法是错误的。

```
<!--不能混合使用 charset 属性和 http-equiv 属性-->
<meta charset="UTF-8" http-equiv="Content-Type" content="text/html;charset=UTF-8">
```

注意

从 HTML5 开始，文件的字符编码推荐使用 UTF-8。

10.3.3 HTML5 语法中需要掌握的几个要点

HTML5 中规定的语法，在设计上兼顾了与现有 HTML 之间最大程度的兼容性。例如，在 Web 上充斥着“<p>没有结束标签”等 HTML 现象。HTML5 没有将这些视为错误，反而采取了“允许这些现象存在，并明确记录在规范中”的方法。因此，尽管与 XHTML 相比标记比较简洁，而在遵循 HTML5 的 Web 浏览器中也能保证生成相同的 DOM。下面就来看看具体的 HTML5 语法。

1. 可以省略标签的元素

在 HTML5 中，有些元素可以省略标签。主要有以下两种情况。

（1）可以省略结束标签的元素。主要有 li、dt、dd、p、rt、rp、optgroup、option、colgroup、thead、tbody、tfoot、tr、td 和 th 元素。

（2）可以省略整个标签的元素（即连开始标签都不用写明）。主要有 html、head、body、colgroup 和 tbody。需要注意的是，虽然这些元素可以省略，但实际上却是隐式存在的。例如，<body>标签可以

省略，但在 DOM 树上它是存在的，可以永恒访问到 document.body。

2．不允许写结束标签的元素

不允许写结束标签的元素是指，不允许使用开始标签与结束标签将元素括起来的的形式，只允许使用<元素/>的形式进行书写。例如，“
…</br>”的写法是错误的，应该写成
。当然，沿袭下来的
这种写法也是允许的。不允许写结束标签的元素有 area、base、br、col、command、embed、hr、img、input、keygen、link、meta、param、source、track 和 wbr。

3．允许省略属性值的属性

取得布尔值（Boolean）的属性，如 disabled、readonly 等，通过省略属性的值来表达“值为 true”。如果要表达“值为 false”，则直接省略属性本身即可。此外，在写明属性值来表达“值为 true”时，可以将属性值设为属性名称本身，也可以将值设为空字符串。例如：

```
<!--以下的 checked 属性值皆为 true-->
<input type="checkbox" checked>
<input type="checkbox" checked="checked">
<input type="checkbox" checked="">
```

表 10.1 列出了 HTML5 中允许省略属性值的属性。

表 10.1　HTML5 中允许省略属性值的属性

HTML5 属性	XHTML 语法
checked	checked="checked"
readonly	readonly="readonly"
disabled	disablcd="disabled"
selected	selected="selected"
defer	defet="defer"
ismap	ismap="ismap"
nohref	nohref="nohref"
noshade	noshade="noshade"
nowrap	nowrap="nowrap"
multiple	multiple="multiple"
noresize	noresize="noresize"

4．可以省略引用符的属性

设置属性值时，可以使用双引号或单引号来引用。而在 HTML 语法中，要是属性值不包含“空格”“<”“>”“""”“"”“`”“=”等字符，都可以省略属性的引用符。例如：

```
<input type="text">
<input type='text'>
<input type=text>
```

在上面这 3 行代码中，type 的属性值为 text，没有上面提及的几种字符，所以可以省略双引号和单引号。

例 10.01　在 HTML5 中，area 元素是不允许写结束标签的元素，在这个实例中，运用<area>标签，制作区域图像映射，当单击<area>标签所指定的区域（coords）时，页面就会跳转，跳转的链接就是 href 所指定的 url。（**实例位置：资源包\源码\10\10.01**）

本示例主要运用 coords 和 href 两个属性来实现，具体代码如下。

```
<!DOCTYPE html>
<html>
<head>
  <meta charset="utf-8">
  <title>area 标签</title>
</head>
<body>
      <p>单击太阳或其他行星，注意变化：</p>
      <img src="images/planets.gif" width="145" height="129" alt="Planets" usemap="#planetmap">
      <map name="planetmap">
      <!--href 规定区域的目标 URL-->
      <!--shape 规定区域的形状-->
      <!--coords 规定区域的坐标-->
      <area shape="rect" coords="0,10,82,400" alt="Sun" href="images/sun.gif">
      <area shape="circle" coords="150,90,20" alt="Venus" href="images/venglobe.gif">
      <area shape="circle" coords="110,93,8" alt="Mercury" href="#">
</map>
</body>
</html>
```

运行结果如图 10.2 所示。

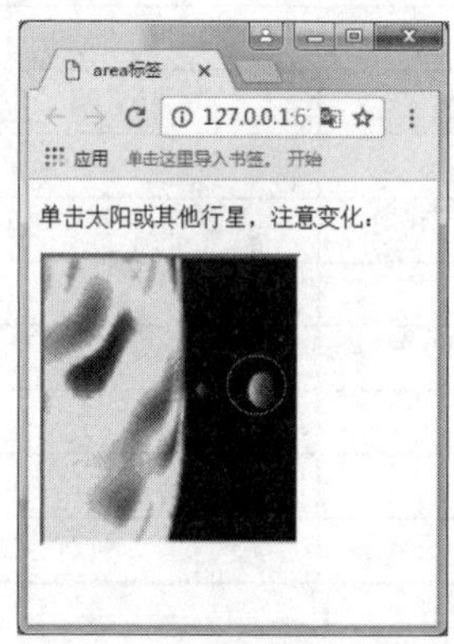

图 10.2　<area>标签的区域图像映射实例

视频讲解

10.4　新增和废除的元素

10.4.1　新增的结构元素

在 HTML5 中，新增了以下与结构相关的元素。

1．section 元素

section 元素定义文档或应用程序中的一个区段，如章节、页眉、页脚或文档中的其他部分。它可以与 h1、h2、h3、h4、h5 以及 h6 元素结合起来使用，标示文档结构。

HTML5 中代码示例：

```
<section>…</section>
```

HTML4 中代码示例：

```
<div>…</div>
```

2．article 元素

article 元素表示文档中的一块独立的内容，如博客中的一篇文章或报纸中的一篇文章。

HTML5 中代码示例：

```
<article>…</article>
```

HTML4 中代码示例：

```
<div class="article">…</div>
```

3．header 元素

header 元素表示页面中一个内容区块或整个页面的标题。

HTML5 中代码示例：

```
<header>…</header>
```

HTML4 中代码示例：

```
<div>…</div>
```

4．nav 元素

nav 元素表示导航链接的部分。

HTML5 中代码示例：

```
<nav>…</nav>
```

HTML4 中代码示例：

```
<ul>…</ul>
```

5．footer 元素

footer 元素表示整个页面或页面中一个内容区块的脚注。一般来说，它会包含创作者的姓名、文档的创作日期以及创建者联系信息。

HTML5 中代码示例：

```
<footer>…</footer>
```

HTML4中代码示例：

```
<div>…</div>
```

例 10.02 在本实例中，第一个 nav 元素用于页面外的导航，将页面跳转到其他页面上去（跳转到网站主页或开发文档目录页面）；第二个 nav 元素放置在 article 元素中，用作这篇文章中组成部分的页内导航。关键代码如下。（**实例位置：资源包\源码\10\10.02**）

```
<body>
<h1>明日学院</h1>
<!--第一个 nav 元素用于页面的导航，将页面跳转到其他页面上去-->
<nav>
    <ul>
        <li><a href="www.mingrosoft.com">主页</a></li>
        <li><a href="www.mingrisoft.com/login.html">登录 www.</a></li>
        ...more...
    </ul>
</nav>
<article>
    <header>
        <h1>编程词典功能介绍</h1>
        <!--第二个 nav 元素用作页内导航-->
        <nav>
            <ul>
                <li><a href="#gl">管理功能</a></li>
                <li><a href="#kf">开发功能</a></li>
                <br/><br/><br/><br/><br/><br/><br/><br/><br/><br/><br/><br/><br/><br/><br/><br/>
                    <br/><br/><br/><br/><br/><br/><br/><br/><br/><br/><br/><br/><br/><br/><br/>
                    <br/><br/><br/><br/><br/><br/><br/><br/><br/><br/>
                ...more...
            </ul>
        </nav>
    </header>
    <section id="gl">
        <h1>编程词典的入门模式</h1>
        <p>编程词典的入门模式介绍</p>
    </section>
    <section id="kf">
        <h1>编程词典的开发模式</h1>
        <p>编程词典的开发模式介绍</p>
    </section>
    ...more...
    <footer>
        <p>
            <a href="?edit">编辑</a> |
            <a href="?delete">删除</a> |
            <a href="?rename">重命名</a>
        </p>
    </footer>
```

```
</article>
<footer>
    <p><small>版权所有：明日科技</small></p>
</footer>
</body>
```

运行实例，结果如图 10.3 所示，图中的蓝色文字（即带下画线的）均为超链接，第一部分为外链接，第二部分为页面内链接，当鼠标单击“管理功能”超链接时，页面跳转到篇文章对应的部分，如图 10.4 所示。

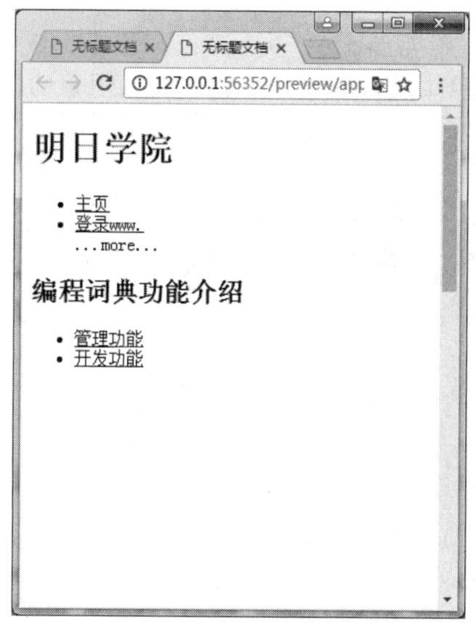

图 10.3　nav 元素的页面导航应用

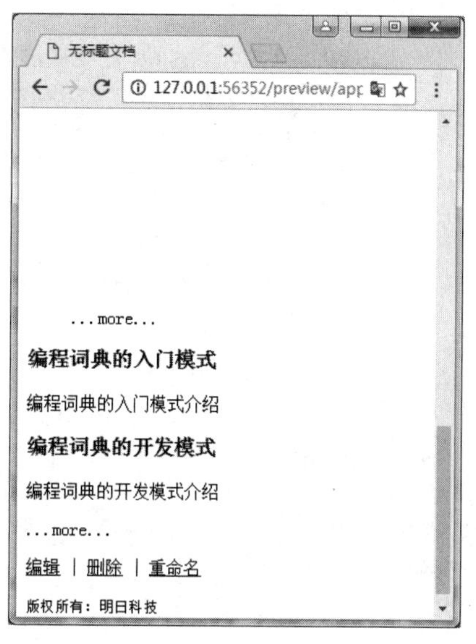

图 10.4　nav 元素用为文章中组成部分的页内导航

注意

这里需要提醒大家注意的是，在 HTML5 中不要用 menu 元素代替 nav 元素。因为 menu 元素是用在一系列发出命令的菜单上的，是一种交互性的元素；或者更确切地说是使用在 Web 应用程序中的。

10.4.2　新增的块级（block）的语义元素

在 HTML5 中，新增了以下与块级的语义相关的元素。

1．aside 元素

aside 元素表示 article 元素的内容之外的与 article 元素的内容相关的有关内容。

HTML5 中代码示例：

```
<aside>…</aside>
```

例如，运用 aside 元素制作诗词的注释。HTML 文件中的关键代码如下。

```
<body background="images/3.png">
<center>
    <!--使用 figure 标签标记文档中一个图片-->
    <figure><img src="images/4.png"></figure>
    <header>
        <h1>宋词赏析</h1>
    </header>
    <article>
        <h1><strong>水调歌头</strong></h1>
        <p>...但愿人长久，千里共婵娟（文章正文）</p>
        <aside>
            <!--因为这个 aside 元素被放置在一个 article 元素内部，
              所以分析器将这个 aside 元素的内容理解成是和 article 元素的内容相关联的。-->
            <br/>
            <h1>名词解释</h1>
            <dl>
                <dt>宋词</dt>
                <dd>词，是我国古代诗歌的一种。它始于梁代，形成于唐代而极盛于宋代。（全部文章）</dd>
            </dl>
            <dl>
                <dt>婵娟</dt>
                <dd>美丽的月光</dd>
            </dl>
        </aside>
    </article>
</center>
</body>
```

运行效果如图 10.5 所示。

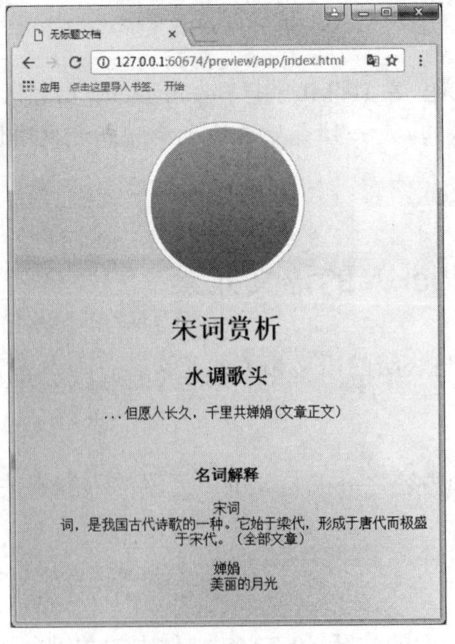

图 10.5　aside 制作诗词注释

2．figure 元素

figure 元素表示一段独立的流内容，一般表示文档主体内容中的一个独立单元。使用 <figcaption> 元素为 figure 元素组添加标题。

HTML5 中代码示例：

```
<figure>
<figcaption>PRC</figcaption>
<p>The People's Republic of China was born in 1949...</p>
</figure>
```

HTML4 中代码示例：

```
<dl>
<h1>PRC</h1>
<p>The People's Republic of China was born in 1949...</p>
</dl>
```

3．dialog 元素

dialog 标签定义对话，比如交谈。

注意

对话中的每个句子都必须属于<dt>标签所定义的部分。

HTML5 中代码示例：

```
<dialog>
  <dt>老师</dt>
  <dd>2+2 等于？</dd>
  <dt>学生</dt>
  <dd>4</dd>
  <dt>老师</dt>
  <dd>答对了！</dd>
</dialog>
```

10.4.3　新增的行内（inline）的语义元素

在 HTML5 中，新增了以下与行内的语义相关的元素。

1．mark 元素

mark 元素主要用来在视觉上向用户呈现那些需要突出显示或高亮显示的文字。mark 元素的一个比较典型的应用就是在搜索结果中向用户高亮显示搜索关键词。

HTML5 中代码示例：

```
<mark>…</mark>
```

HTML4 中代码示例：

```
<span>…</span>
```

2．time 元素

time 元素表示日期或时间，也可以同时表示二者。

HTML5 中代码示例：

```
<time>…</time>
```

HTML4 中代码示例：

```
<span>…</span>
```

3．progress 元素

progress 元素表示运行中的进程。可以使用 progress 元素来显示 JavaScript 中耗费时间的函数的进程。

HTML5 中代码示例：

```
<progress>…</progress>
```

4．meter 元素

meter 元素表示度量衡。仅用于已知最大值和最小值的度量。必须定义度量的范围，既可以在元素的文本中，也可以在 min/max 属性中定义。

HTML5 中代码示例：

```
<meter>…</meter>
```

例 10.03 在该实例中通过设置 meter 元素的 min 属性和 max 属性、low 属性和 height 属性，可以得到颜色不同的柱状图。HTML5 文件中的具体代码如下。（**实例位置：资源包\源码\10\10.03**）

```
<!doctype html>
<html>
<head>
  <meta charset="utf-8">
  <title>meter 元素</title>
</head>

<body>
<h3>2017 年上半年某公司销售额</h3>
<!--low 被界定为低值的范围   -->
<!--high 被界定为高值的范围-->
<!--min 最小值-->
<!--max 最大值-->
<p>编程类图书：<meter min="0" max="100" low="30" height="80" value="85"></meter>85 万元</p>
```

```
<p>设计类图书：<meter min="0" max="100" low="30" height="80" value="65"></meter>65 万元</p>
<p>数据库类图书：<meter min="0" max="100" low="30" height="80" value="25"></meter>25 万元</p>
<p>幼儿教育：<meter min="0" max="100" low="30" height="80" value="15"></meter>15 万元</p>
<br/>
<p style="color:red;font-weight: bold;">IE 浏览器不支持 meter 标签</p>
</body>
</html>
```

运行结果如图 10.6 所示。

图 10.6　meter 元素制作柱状图

10.4.4　新增的嵌入多媒体元素与交互性元素

新增 video 元素和 audio 元素。顾名思义，分别是用来插入视频和声音的。值得注意的是，可以在开始标签和结束标签之间放置文本内容，这样旧版本的浏览器就可以显示出不支持该标签的信息。例如：

```
<video src="somevideo.wmv">您的浏览器不支持 video 标签。</video>
```

HTML5 同时也叫 Web Applications 1.0，因此也进一步发展交互能力。以下这些标签可以提高页面的交互体验感受。

☑　details 元素：该元素表示用户要求得到并且可以得到的细节信息。它可以与 summary 元素配合使用。summary 元素提供标题或图例。标题是可见的，用户单击标题时，会显示出 details。summary 元素应该是 details 元素的第一个子元素。

HTML5 中代码示例：

```
<details><summary>HTML 5</summary>
This document teaches you everything you have to learn about HTML5.
</details>
```

☑　datagrid 元素：该元素表示可选数据的列表。通常用于显示树列表。

HTML5 中代码示例：

```
<datagrid>…</datagrid>
```

☑　menu 元素：该元素表示菜单列表。通常用于列出表单控件。

HTML5 中代码示例：

```
<menu>
    <li><input type="checkbox" />Red</li>
    <li><input type="checkbox" />blue</li>
</menu>
```

注意

在 HTML4 中不推荐使用 menu 元素。

☑ command 元素：该元素表示命令按钮，如单选按钮、复选框或普通按钮。

HTML5 中代码示例：

```
<command onclick=cut()" label="cut">
```

10.4.5 新增的 input 元素的类型

在 HTML5 中，input 元素新增了以下类型。

☑ email 类型，用于应该包含 E-mail 地址的输入域。

☑ url 类型，用于应该包含 URL 地址的输入域。

☑ number 类型，用于应该包含数值的输入域。

☑ range 类型，用于应该包含一定范围内数字值的输入域。

☑ search 类型，用于搜索域，比如站点搜索或谷歌搜索。search 域显示为常规的文本域。

☑ Date Pickers（日期检出器）。

HTML5 中拥有以下多个可供选取日期和时间的新输入类型。

☑ date——选取日、月、年。

☑ month——选取月、年。

☑ week——选取周和年。

☑ time——选取时间（小时和分钟）。

☑ datetime——选取时间、日、月、年（UTC 时间）。

☑ datetime-local——选取时间、日、月、年（本地时间）。

10.4.6 废除的元素

在 HTML5 中，不仅新增了一些元素，还废除了很多元素，下面简单介绍一下被废除的元素。

1. 能使用 CSS 代替的元素

对于 basefont、big、center、font、s、strike、tt、u 这些元素，由于它们的功能都是纯粹为画面展示服务的，而在 HTML5 中提倡把画面展示性功能放在 CSS 样式表中统一编辑，所以将这些元素废除，并使用编辑 CSS 样式表的方式进行替代。

2．不再使用 frame 框架

由于 frame 框架对页面存在负面影响，所以在 HTML5 中已不再支持 frame 框架，只支持 iframe 框架；或者用服务器方创建的由多个页面组成的复合页面的形式，同时将 frameset、frame 和 nofranes 这 3 个元素废除。

3．只有部分浏览器支持的元素

由于只有部分浏览器支持 applet、bgsound、blink、marguee 等元素，所以在 HTML5 中将这几个元素废除。其中，applet 元素可由 embed 元素替代；bgsound 元素可由 audio 元素替代；marquee 元素可以由 JavaScript 编程的方式所替代。

10.5　新增的属性和废除的属性

10.5.1　新增的属性

在 HTML5 中，新增了一些属性，也废除了一些属性。下面将详细介绍这些属性。

1．表单相关的属性

新增的与表单相关的元素如下。

（1）autocomplete 属性。

autocomplete 属性规定 form 或 input 域应该拥有自动完成功能。该属性适用于<form>标签，也适用于<input>标签的类型，如 text、search、url、telephone、email、password、datepickers、range 和 color 标签。

（2）autofocus 属性。

autofocus 属性规定在页面加载时，域自动地获得焦点。该属性适用于所有<input>标签的类型。

（3）form 属性。

form 属性规定输入域所属的一个或多个表单。该属性适用于所有<input>标签的类型。

（4）表单重写属性。

表单重写属性（form override attributes）允许重写 form 元素的某些属性设定。表单重写属性如下。

- ☑　formaction——重写表单的 action 属性。
- ☑　formenctype——重写表单的 enctype 属性。
- ☑　formmethod——重写表单的 method 属性。
- ☑　formnovalidate——重写表单的 novalidate 属性。
- ☑　formtarget——重写表单的 target 属性。

表单重写属性适用于<input>标签的类型有 submit 和 image。

（5）height 属性和 width 属性。

Height 属性和 width 属性规定用于 image 类型的<input>标签的图像高度和宽度。这两个属性只适用于 image 类型的<input>标签。

（6）list 属性。

list 属性规定输入域的 datalist，而 datalist 是输入域的选项列表。该属性适用于以下类型的<input>标签：text、search、url、telephone、email、date pickers、number、range 以及 color。

（7）min、max 和 step 属性。

min、max 和 step 属性用于为包含数字或日期的 input 类型规定限定（约束）。

min 属性规定输入域所允许的最小值；max 属性规定输入域所允许的最大值；step 属性为输入域规定合法的数字间隔（如果 step="3"，则合法的数是-3、0、3、6 等）。min、max 和 step 这 3 个属性适用于<input>标签的类型有 date pickers、number 以及 range。

（8）multiple 属性。

multiple 属性规定输入域中可选择多个值。该属性适用于以下类型的<input>标签：email 和 file。

（9）novalidate 属性。

novalidate 属性规定在提交表单时不应该验证 form 或 input 域。该属性适用于<form>标签，还适用于<input>标签，类型有 text、search、url、telephone、email、password、date pickers、range 和 color。

（10）pattern 属性。

pattern 属性规定用于验证 input 域的模式（pattern）。模式（pattern）是正则表达式。该属性适用于<input>标签的类型有 text、search、url、telephone、email 和 password。

（11）placeholder 属性。

placeholder 属性提供一种提示（hint），描述输入域所期待的值。该属性适用于<input>标签的类型有 text、search、url、telephone、email 和 password。

（12）required 属性。

required 属性规定必须在提交之前填写输入域（不能为空）。该属性适用于以下类型的<input>标签：text、search、url、telephone、email、password、date pickers、number、checkbox、radio 和 file。

2．链接相关属性

新增的与链接相关的属性如下。

（1）media 属性。

为 a 与 area 元素增加了 media 属性，该属性规定目标 URL 是为什么类型的媒介/设备进行优化的。该属性只能在 href 属性存在时使用。

（2）hreflang 属性与 rel 属性。

为 area 元素增加了 hreflang 属性与 rel 属性，以保持与 a 元素、link 元素的一致性。

（3）sizes 属性。

为 link 元素增加了新属性 sizes。该属性可以与 icon 元素结合使用（通过 rel 属性），用于指定关联图标（icon 元素）的大小。

（4）target 属性。

为 base 元素增加了 target 属性，主要目的是保持与 a 元素的一致性，同时由于 target 元素在 Web 应用程序中，尤其是在与 iframe 结合使用时，是非常有用的。

3. 其他属性

除了上面介绍的与表单和链接相关的属性外，HTML5 还增加了下面的属性。

（1）reversed 属性。

为 ol 元素增加属性 reversed，它指定列表倒序显示。li 元素的 value 属性与 ol 元素的 start 属性因为它不是被显示在界面上的，所以不再是不赞成使用的了。

（2）charset 属性。

为 meta 元素增加 charset 属性，因为这个属性已经被广泛支持了，而且为文档的字符编码的指定提供了一种比较良好的方式。

（3）type 属性与 label 属性。

为 menu 元素增加了两个新的属性 type 与 label。label 属性为菜单定义一个可见的标注，type 属性让菜单可以以上下文菜单、工具条、列表菜单 3 种形式出现。

（4）scoped 属性。

为 style 元素增加 scoped 属性，用来规定样式的作用范围，比如只对页面上某个树起作用。为 script 元素增加 async 属性，它定义脚本是否异步执行。

（5）manifest 属性。

为 html 元素增加属性 manifest，开发离线 Web 应用程序时它与 API 结合使用，定义一个 URL，在这个 URL 上描述文档的缓存信息。为 iframe 元素增加 sandbox、seamless 和 srcdoc 这 3 个属性，用来提高页面安全性，防止不信任的 Web 页面执行某些操作。

10.5.2　废除的属性

HTML4 中的一些属性在 HTML5 中不再被使用，而是采用其他属性或其他方案进行替换，具体如表 10.2 所示。

表 10.2　在 HTML5 中被废除了的属性

在 HTML4 中使用的属性	使用该属性的元素	在 HTML5 中的替代方案
rev	link、a	rel
charset	link、a	在被链接的资源中使用 HTTP Content-type 头元素
shape、coords	a	使用 area 元素代替 a 元素
longdesc	img、iframe	使用 a 元素链接到较长描述
target	link	多余属性，被省略
nohref	area	多余属性，被省略
profile	head	多余属性，被省略
version	html	多余属性，被省略
name	img	id
scheme	meta	只为某个表单域使用 scheme
archive、classid、codebase、codetype、declare、standby	object	使用 data 与 type 属性类调用插件。需要使用这些属性来设置参数时，使用 param 属性

续表

在 HTML4 中使用的属性	使用该属性的元素	在 HTML5 中的替代方案
valuetype、type	param	使用 name 与 value 属性，不声明值的 mime 类型
axis、abbr	td、th	使用以明确简洁的文字开头、后跟详述文字的形式。可以对更详细内容使用 title 属性，来使单元格的内容变得简短
scope	td	在被链接的资源中使用 HTTP content-type 头元素
align	caption、input、legend、div、h1、h2、h3、h4、h5、h6、p	使用 CSS 样式表替代
alink、link、text、vlink、background、bgcolor	body	使用 CSS 样式表替代
align、bgcolor、border、cellpadding、cellspacing、frame、rules、width	table	使用 CSS 样式表替代
align、char、charoff、height、nowrap、valign	tbody、thead、tfoot	使用 CSS 样式表替代
align、bgcolor、char、charoff、height、nowrap、valign、width	td、th	使用 CSS 样式表替代
align、bgcolor、char、charoff、valign	tr	使用 CSS 样式表替代
align、char、charoff、valign、width	col、colgroup	使用 CSS 样式表替代
align、border、hspace、vspace	object	使用 CSS 样式表替代
clear	br	使用 CSS 样式表替代
compact、type	ol、ul、li	使用 CSS 样式表替代
compact	dl	使用 CSS 样式表替代
compact	menu	使用 CSS 样式表替代
width	pre	使用 CSS 样式表替代
align、hspace、vspace	img	使用 CSS 样式表替代
align、noshade、size、width	hr	使用 CSS 样式表替代
align、frameborder、scrolling、marginwidth	iframe	使用 CSS 样式表替代
autosubmit	menu	

10.6 小　　结

本章从总体上概要介绍了 HTML5 对 HTML4 进行的语法和标签的修改，同时讲解了新增的属性及其用法，并以实例形式进行详细的讲解。读者通过认真学习能很快地掌握 HTML5 新增的属性。同时也对 HTML5 中废除的元素进行了介绍，避免读者在开发中应用废除的元素，而延长开发时间。最后，介绍了 HTML5 中的全局属性，并对其进行了详细的讲解。

10.7　实　　战

实战一：制作一个图像链接

试着运用<area>标签制作一个图像链接，如图 10.7 所示。（**资源包\源码\10\实战\01**）

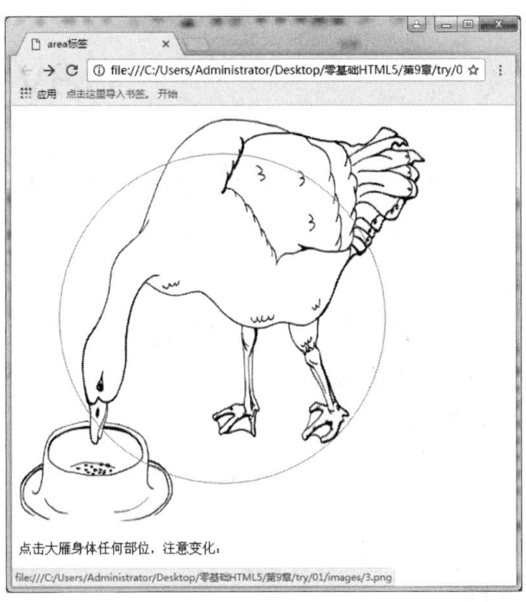

图 10.7　运用<area>标签制作一个图像链接

第11章

JavaScript基础

（视频讲解：2小时13分钟）

JavaScript是基于对象（object-based）的语言，已经被广泛用于网页应用开发，常用来为网页添加各式各样的动态功能，为用户提供更流畅美观的浏览效果。本章将概括地讲解JavaScript的基础知识点。

学习摘要：

- JavaScript概述
- JavaScript语言基础
- JavaScript对象编程
- JavaScript事件处理

11.1　JavaScript 概述

在学习 JavaScript 前，需要了解什么是 JavaScript，JavaScript 都有哪些特点，JavaScript 的编写工具以及在 HTML 中的使用等内容，通过了解这些内容来增强对 JavaScript 语言的理解，便于更好地运用。

11.1.1　JavaScript 的发展史

1．JavaScript 的历史起源

JavaScript 语言的前身是 LiveScript 语言。由美国 Netscape（网景）公司的布瑞登 • 艾克（Brendan Eich）为 Navigator 2.0 浏览器的应用而开发的脚本语言。在与 Sum（升阳）公司联手完成了 LiveScript 语言的开发后，Netscape 公司将其改名为 JavaScript，也就是最初的 JavaScript 1.0 版本。虽然当时 JavaScript 1.0 版本还有很多缺陷，但拥有着 JavaScript 1.0 版本的 Navigator 2.0 浏览器几乎主宰着浏览器市场。

由于 JavaScript 1.0 获得了成功，因此 Netscape 公司在 Navigator 3.0 浏览器中又发布了 JavaScript 1.1 版本。同时微软开始进军浏览器市场，发布了 Internet Explorer 3.0 并搭载了一个 JavaScript 的类似版本，其注册名称为 JScript，这成为 JavaScript 语言发展过程中的重要一步。

在微软进入浏览器市场后，此时有 3 种不同的 JavaScript 版本同时存在，Navigator 中的 JavaScript、IE 中的 JScript 以及 CEnvi 中的 ScriptEase。与其他编程语言不同的是，JavaScript 并没有一个标准来统一其语法或特性，而这 3 种不同的版本恰恰突出了这个问题。后来由来自 Netscape、Sun、微软、Borland 和其他一些对脚本编程感兴趣的公司的程序员组成了 TC39 委员会，该委员会被委派来标准化一个通用、跨平台、中立于厂商的脚本语言的语法和语义。TC39 委员会制定了“ECMAScript 程序语言的规范书”（又称为“ECMA-262 标准”），该标准通过国际标准化组织（ISO）采纳通过，作为各种浏览器生产开发所使用的脚本程序的统一标准。

2．JavaScript 的主要特点

JavaScript 脚本语言的主要特点如下。

☑　解释性。

JavaScript 不同于一些编译性的程序语言，如 C、C++等，它是一种解释性的程序语言，它的源代码不需要经过编译，就可以直接在浏览器中运行时被解释。

☑　基于对象。

JavaScript 是一种基于对象的语言。这意味着它能运用自己已经创建的对象。因此，许多功能可以来自于脚本环境中对象的方法与脚本的相互作用。

☑　事件驱动。

JavaScript 可以直接对用户或客户输入做出响应，无须经过 Web 服务程序。它对用户的响应，是以事件驱动的方式进行的。所谓事件驱动，就是指在主页中执行了某种操作所产生的动作，此动作称为

“事件”。比如按下鼠标、移动窗口、选择菜单等都可以视为事件。当事件发生后，可能会引起相应的事件响应。

☑ 跨平台。

JavaScript 依赖于浏览器本身，与操作环境无关，只要能运行浏览器的计算机，并支持 JavaScript 的浏览器就可以执行。

☑ 安全性。

JavaScript 是一种安全性语言，它不允许访问本地的硬盘，并不能将数据存入服务器上，不允许对网络文档进行修改和删除，只能通过浏览器实现信息浏览或动态交互，这样可有效地防止数据的丢失。

3．JavaScript 的常见应用

使用 JavaScript 脚本实现的动态页面在 Web 上随处可见。下面将介绍几种 JavaScript 常见的应用。

☑ 验证用户输入的内容。

使用 JavaScript 脚本语言可以在客户端对用户输入的数据进行验证。例如，在制作用户登录信息页面时，要求用户输入账户和密码以确定用户输入是否准确。如果用户输入的密码信息不正确，将会输出“密码输入错误！”的提示信息，如图 11.1 所示。

☑ 动画效果。

在浏览网页时，经常会看到一些动画效果，使页面显得更加生动。使用 JavaScript 脚本语言也可以实现动画效果，例如，在页面中实现商品图片轮播的效果，如图 11.2 所示。

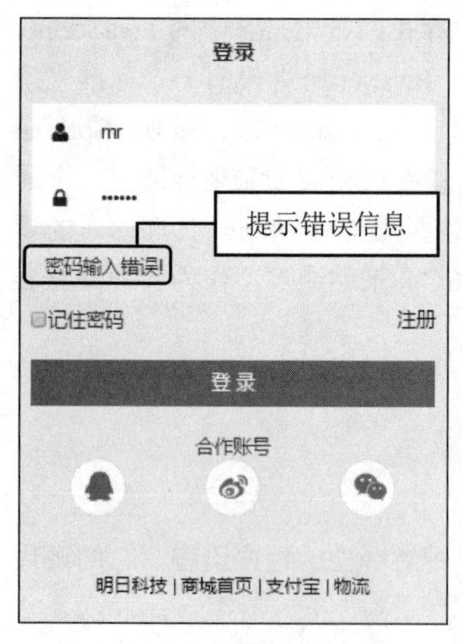

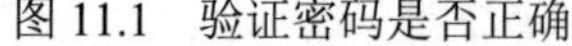
图 11.1 验证密码是否正确

图 11.2 商品图片轮播效果

11.1.2 JavaScript 在 HTML 中的使用

通常情况下，在 Web 页面中使用 JavaScript 有以下两种方法：一种是在页面中直接嵌入 JavaScript 代码；另一种是链接外部 JavaScript 文件。下面分别对这两种方法进行介绍。

说明

编辑 JavaScript 程序可以使用任何一种文本编辑器，如 Windows 中的记事本、写字板等应用软件。由于 JavaScript 程序可以嵌入 HTML 文件中，因此，读者可以使用任何一种编辑 HTML 文件的工具软件，如 Dreamweaver 和 WebStorm 等。

1．在页面中直接嵌入 JavaScript 代码

在 HTML 文档中可以使用<script>…</script>标签将 JavaScript 脚本嵌入其中。在 HTML 文档中可以使用多个<script>标签，每个<script>标签中可以包含多个 JavaScript 的代码集合。<script>标签常用的属性及说明如表 11.1 所示。

表 11.1　<script>标签常用的属性及说明

属 性 值	含　义
language	设置所使用的脚本语言及版本
src	设置一个外部脚本文件的路径位置
type	设置所使用的脚本语言，此属性已代替 language 属性
defer	此属性表示当 HTML 文档加载完毕后再执行脚本语言

在 HTML 页面中直接嵌入 JavaScript 代码，如图 11.3 所示。

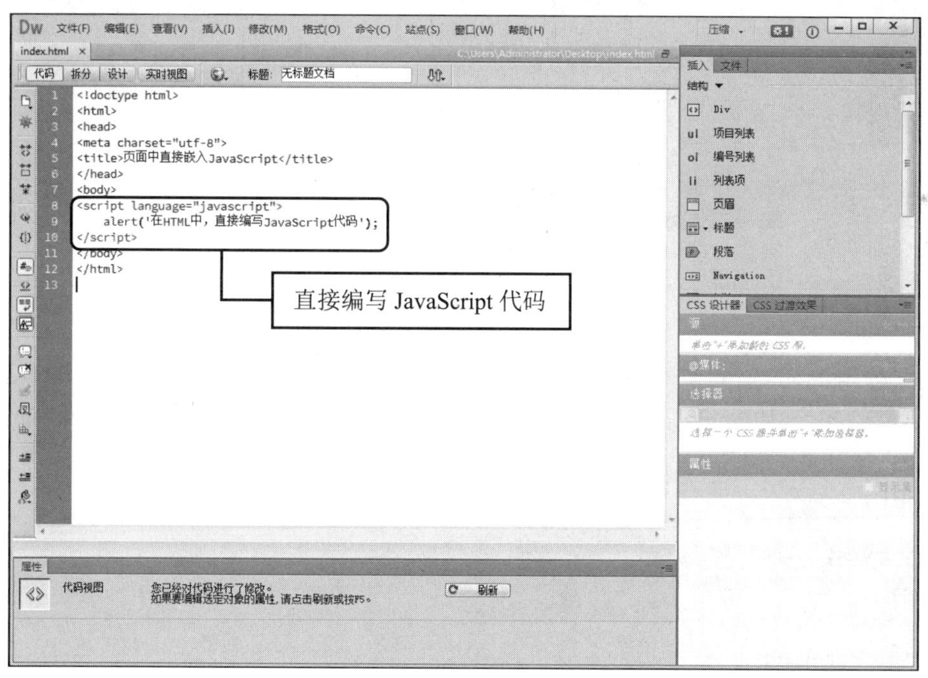

图 11.3　在 HTML 中直接嵌入 JavaScript 代码

注意

<script>标签可以放在 Web 页面的<head>和</head>标签中，也可以放在<body>和</body>标签中。

2．链接外部 JavaScript 文件

在 Web 页面中引入 JavaScript 的另一种方法是采用链接外部 JavaScript 文件的形式。如果脚本代码比较复杂或是同一段代码可以被多个页面所使用，则可以将这些脚本代码放置在一个单独的文件中（保存文件的扩展名为.js），然后在需要使用该代码的 Web 页面中链接该 JavaScript 文件即可。在 Web 页面中链接外部 JavaScript 文件的语法格式如下。

```
<script language="javascript" src="your-Javascript.js"></script>
```

在 HTML 页面中链接外部 JavaScript 代码，如图 11.4 所示。

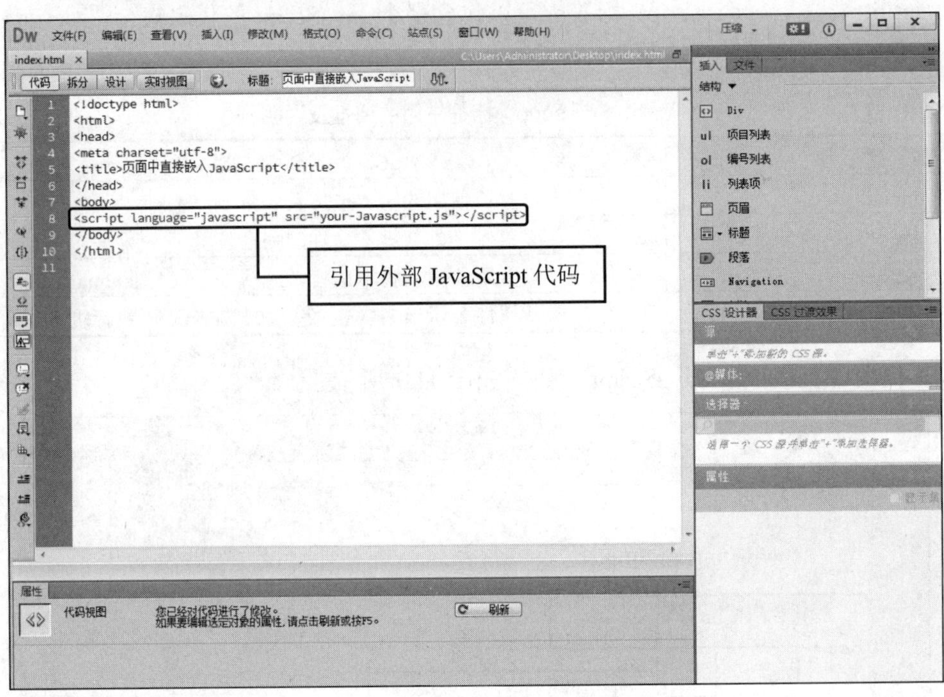

图 11.4　调用外部 JavaScript 文件

例 11.01　使用 JavaScript 在网页中输出字符串，一般通过 document 对象的 innerHTML 属性实现。首先在<button>标签上添加 onclick 属性，属性值是 displayDate()，表示调用 JavaScript 的 displayDate()方法，然后通过<script>标签编写 displayDate()方法的具体逻辑代码，具体代码如下。（**实例位置：资源包\源码\11\11.01**）

```
<!DOCTYPE html>
<html>
<head>
    <meta charset="utf-8">
    <title>第一个 JavaScript 小程序</title>
    <script>
        //创建方法，用于获取当前系统时间并显示到页面中
        function displayDate(){
            document.getElementById("demo").innerHTML=Date(); //获取 id 为 demo 的<p>标签
```

```
            }
        </script>
</head>
<body style="width: 500px;margin:0 auto;border: 1px solid red;text-align: center">
<h1>第一个 JavaScript 小程序</h1>
<p id="demo">这里显示日期</p>
<!--onclick 属性表示鼠标单击按钮，触发 displayDate()方法-->
<button type="button" onclick="displayDate()">显示当前日期</button>
</body>
</html>
```

运行效果如图 11.5 所示。

图 11.5　使用 JavaScript 输出当前时间

11.2　JavaScript 语言基础

本节主要针对 JavaScript 语言的基本语法进行讲解，包括数据类型、运算符与表达式、流程控制语句等。其中，流程控制语句在实际开发中经常会用到，需要认真学习并做到灵活运用。

11.2.1　数据类型

每一种计算机语言都有自己所支持的数据类型。在 JavaScript 脚本语言中采用的是弱类型的方式，即一个数据（变量或常量）不必先声明，可在使用或赋值时再确定其数据的类型。当然也可以先声明该数据的类型，即通过在赋值时自动说明其数据类型。数据类型主要包括以下 3 种，下面分别具体介绍。

1．数值型数据

数值型数据（number）是最基本的数据类型。在 JavaScript 中，和其他程序设计语言（如 C 和 Java）的不同之处在于，它并不区别整型数值和浮点型数值。在 JavaScript 中，所有的数值都是由浮点型表示的。JavaScript 采用 IEEE754 标准定义的 64 位浮点格式表示数字，这意味着它能表示的最大值是 $\pm 1.7976931348623157 \times 10^{308}$，最小值是 $\pm 5 \times 10^{324}$。

说明

任何数值直接量前加负号（-）可以构成它的负数。但是负号是一元求反运算符，它不是数值直接量语法的一部分。

例如，下面列举的几个数据都是数值型数据。

```
0        //整数
7        //整数
 - 8     //整数
0xff     //十六进制
1.2      //浮点型数据
```

2．字符串型数据

字符串（string）是由 Unicode 字符、数字、标点符号等组成的序列。字符串型数据是 JavaScript 用来表示文本的数据类型。程序中的字符串型数据是包含在单引号或双引号中的，由单引号定界的字符串中可以含有双引号，由双引号定界的字符串中也可以含有单引号。下面举例进行说明。

（1）单引号括起来的一个或多个字符，例如：

```
'啊'
'活着的人却拥有着一颗沉睡的心'
```

（2）双引号括起来的一个或多个字符，例如：

```
"呀"
"我想学习 JavaScript"
```

（3）单引号定界的字符串中可以含有双引号，例如：

```
'name="myname"'
```

（4）双引号定界的字符串中可以含有单引号，例如：

```
"You can call me 'Tom'!"
```

3．特殊数据类型

以反斜杠“\”开头的不可显示的特殊字符通常称为控制字符，也被称为转义字符。通过转义字符可以在字符串中添加不可显示的特殊字符，或者防止引号匹配混乱的问题。JavaScript 常用的转义字符如表 11.2 所示。

表 11.2　JavaScript 常用的转义字符

转 义 字 符	描　述	转 义 字 符	描　述
\b	退格	\v	跳格（Tab，水平）
\n	回车换行	\r	换行
\t	Tab 符号	\\	反斜杠
\f	换页	\'	单引号

在“document.writeln();”语句中使用转义字符时，只有将其放在格式化文本块中才会起作用，所以脚本必须在<pre>和</pre>的标签内。

例如，下面是应用转义字符使字符串换行，代码如下。

```
document.writeln("<pre>");
document.writeln("轻松学习\nJavaScript 语言！");
document.writeln("</pre>");
```

运行结果：

```
轻松学习
JavaScript 语言！
```

如果上述代码不使用<pre>和</pre>的标签，则转义字符不起作用，代码如下。

```
document.writeln("快快乐乐\n 平平安安！");
```

运行结果：

```
快快乐乐平平安安！
```

例 11.02　本实例使用 HTML 语法，在页面中输出 JavaScript 语言的常用数据类型。首先创建一个 HTML 页面，引入 mr-style.css 文件，搭建页面的布局和样式。然后分别编写 Number 类型、String 类型区域的代码，关键代码如下。（**实例位置：资源包\源码\11\11.02**）

```
<!DOCTYPE HTML>
<html>
<head>
    <meta charset="utf-8" />
    <title>JavaScript 数据类型</title>
    <!--引入页面样式文件 -->
    <link rel="stylesheet" type="text/css" href="css/mr-style.css">
</head>
<body>
<div >
    <section>
        <h2><span>常用数据类型</span></h2>

        <div class="mr-box">
            <span class="mr-item">Number 类型</span>
            <span class="mr-info-first">
                <xmp>
                    var a = 10;            //十进制（整数）
                    var b = 1.1;           //浮点数
                    var c = 0x12ac;        //十六进制
                    var d = 5.0;           //解析成整数 5
                    console.log(c);        //打印值：4780
                    console.log(d);        //打印值：5
                </xmp>
            </span>
```

```
            </div>
            <div class="mr-box">
                <span class="mr-item">String  类型</span>
                 <span class="mr-info">
                <xmp>
                    var string1 = "51 购商城";        //双引号
                    var string2 = '51 购商城';        //单引号
                    var string3 = "51\'购\'";         //转义
                    console.log(string3);            //51'购'
                </xmp>
                </span>
            </div>
        <!--省略部分代码 -->
        </section>
</div>
</body>
</html>
```

运行效果如图 11.6 所示。

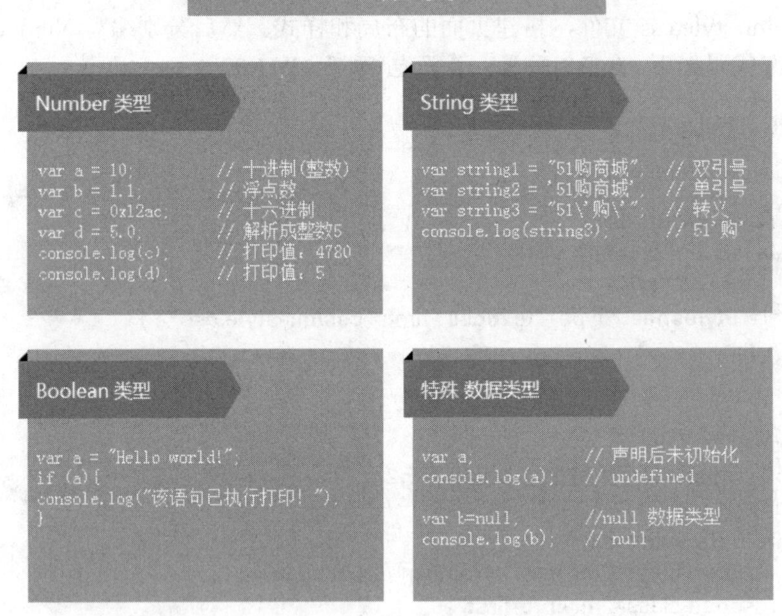

图 11.6　JavaScript 常用数据类型

11.2.2　运算符与表达式

运算符是完成一系列操作的符号，JavaScript 的运算符按操作数可以分为单目运算符、双目运算符和多目运算符这 3 种；按运算符类型可以分为算术运算符、比较运算符、赋值运算符、逻辑运算符和条件运算符这 5 种。下面将分别介绍。

1．算术运算符

算术运算符用于在程序中进行加、减、乘、除等运算。在 JavaScript 中常用的算术运算符如表 11.3 所示。

表 11.3　JavaScript 中的算术运算符

运　算　符	描　　述	示　　例
+	加运算符	4+6，返回值为 10
-	减运算符	7-2，返回值为 5
*	乘运算符	7*3，返回值为 21
/	除运算符	12/3，返回值为 4
%	求模运算符	7%4，返回值为 3
++	自增运算符。该运算符有两种情况：i++（在使用 i 之后，使 i 的值加 1）；++i（在使用 i 之前，先使 i 的值加 1）	i=1; j=i++;　//j 的值为 1，i 的值为 2 i=1; j=++i;　//j 的值为 2，i 的值为 2
--	自减运算符。该运算符有两种情况：i--（在使用 i 之后，使 i 的值减 1）；--i（在使用 i 之前，先使 i 的值减 1）	i=6; j=i--　//j 的值为 6，i 的值为 5 i=6; j=--i　//j 的值为 5，i 的值为 5

2．比较运算符

比较运算符的基本操作过程是：先对操作数进行比较，这个操作数可以是数字也可以是字符串，然后再返回一个布尔值 true 或 false。

3．赋值运算符

JavaScript 中的赋值运算可以分为简单赋值运算和复合赋值运算。简单赋值运算是将赋值运算符（=）右边表达式的值保存到左边的变量中；而复合赋值运算混合了其他操作（算术运算操作、位操作等）和赋值操作。例如：

```
sum+=i;                                    //等同于 sum=sum+i;
```

4．字符串运算符

字符串运算符是用于两个字符型数据之间的运算符，除了比较运算符外，还可以是“+”和“+=”运算符。其中，“+”运算符用于连接两个字符串，而“+=”运算符则用于连接两个字符串，并将结果赋给第一个字符串。

5．条件运算符

条件运算符是 JavaScript 支持的一种特殊的三目运算符，其语法格式如下。

```
操作数?结果 1:结果 2
```

在上面的语法中，如果“操作数”的值为 true，则整个表达式的结果为“结果 1”；否则为“结果 2”。

例如，定义两个变量，值都为 10，然后判断两个变量是否相等。如果相等，则返回“正确”；否则返回“错误”，代码如下。

```
<script language="javascript">
var a=10;
var b=10;
alert(a==b)?正确:错误;
</script>
```

例 11.03　本实例使用 JavaScript 制作一个简单的计算器。首先创建一个 HTML 页面，引入 mr-style.css 文件，搭建页面的布局和样式。主要使用<ul>标签和<li>标签，布局计算器的各个按钮位置，然后通过<script>…</script>标签，直接编写 JavaScript 逻辑代码，控制计算器各个按钮的动作。关键代码如下。（**实例位置：资源包\源码\11\11.03**）

```
<!DOCTYPE HTML>
<html>
<head>
    <meta charset="utf-8" />
    <title>JavaScript 实现的简单计算器</title>
    <!--引入页面样式文件-->
    <link rel="stylesheet" type="text/css" href="css/mr-style.css">

    <script language="javascript">
        var num=0;
        var result=0;
        var numshow="0";
        var operate=0;                                                    //判断输入状态的标志
        var calcul=0;                                                     //判断计算状态的标志
        var quit=0;                                                       //防止重复按键的标志
        //复原为 0
        function command(num){
            var str=String(document.calculator.numScreen.value);          //获得当前显示数据
            str=(str!="0") ? ((operate==0) ? str : "") : "";              //若当前值不是 0，则返回当前值
            str=str + String(num);                                        //给当前值追加字符
            document.calculator.numScreen.value=str;                      //刷新显示
            operate=0;                                                    //重置输入状态
            quit=0;                                                       //重置防止重复按键的标志
        }

       //验证是否有小数点
        function dot(){
            var str=String(document.calculator.numScreen.value);
            str=(str!="0") ? ((operate==0) ? str : "0") : "0";            //若当前值不是 0，则返回当前值
            for(i=0; i<=str.length;i++){                                  //判断是否已经有一个点号
                if(str.substr(i,1)==".") return false;                    //如果有，则不再插入
            }
            str=str + ".";
            document.calculator.numScreen.value=str;
            operate=0;
        }
       //此处省略部分代码
    </script>
```

```
</head>
<body>
<div id="mr-calculator">
     <div id="calcu-head"><h6>简单的计算器</h6></div>
     <form name="calculator" action="" method="get">
          <div id="calcu-screen">
               <!--显示窗口，避免键盘输入-->
               <input type="text" name="numScreen" class="screen" value="0"
               onfocus="this.blur();" />
          </div>
          <div >
               <ul> <!--显示计算按钮-->
                    <li onclick="command(7)">7</li>
                    <li onclick="command(8)">8</li>
                    <li onclick="command(9)">9</li>
                    <li class="tool" onclick="del()">←</li>
                    <li class="tool" onclick="clearscreen()">C</li>
                    <li onclick="command(4)">4</li>
                    <li onclick="command(5)">5</li>
                    <li onclick="command(6)">6</li>
                    <li class="tool" onclick="times()">×</li>
                    <li class="tool" onclick="divide()">÷</li>
                    <li onclick="command(1)">1</li>
                    <li onclick="command(2)">2</li>
                    <li onclick="command(3)">3</li>
                    <li class="tool" onclick="plus()">+</li>
                    <li class="tool" onclick="minus()">-</li>
                    <li onclick="command(0)">0</li>
                    <li onclick="dzero()">00</li>
                    <li onclick="dot()">.</li>
                    <li class="tool" onclick="persent()">%</li>
                    <li class="tool" onclick="equal()">=</li>
               </ul>
          </div>
     </form>
</div>
</body>
</html>
```

运行效果如图 11.7 所示。

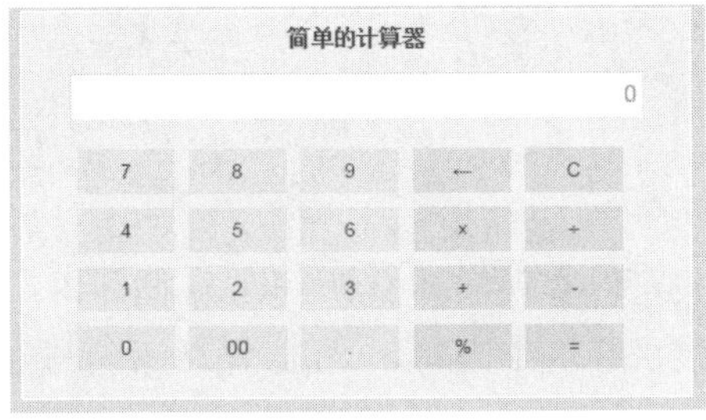

图 11.7　简单计算器的页面

11.2.3 流程控制

语句是对计算机下达的命令，每一个程序都是由很多个语句组合起来的，也就是说，语句是组成程序的基本单元，同时它也控制着整个程序的执行流程。本节将对 JavaScript 中的流程控制语句及其使用方法进行讲解。

1. If 语句

if 条件判断语句是最基本、最常用的流程控制语句，可以根据条件表达式的值执行相应的处理。if 语句的语法格式如下。

```
if(expression){
        statement 1
}else{
        statement 2
}
```

- ☑ expression：必选项。用于指定条件表达式，可以使用逻辑运算符。
- ☑ statement 1：用于指定要执行的语句序列。当 expression 的值为 true 时，执行该语句序列。
- ☑ statement 2：用于指定要执行的语句序列。当 expression 的值为 false 时，执行该语句序列。

if…else 条件判断语句的执行流程如图 11.8 所示。

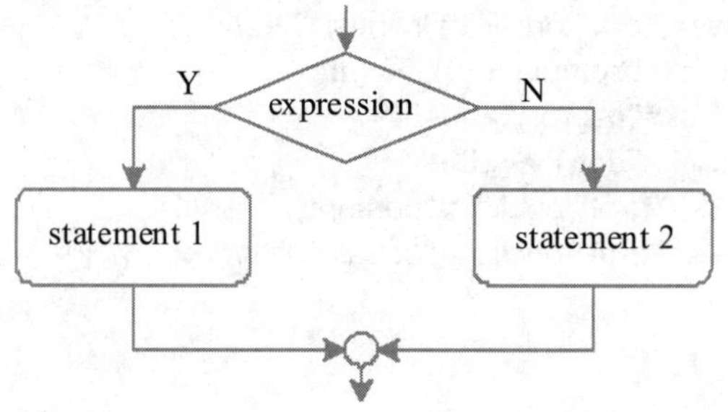

图 11.8 if…else 条件判断语句的执行流程

说明

上述 if 语句是典型的二路分支结构。其中 else 部分可以省略，而且 statement1 为单一语句时，其两边的大括号也可以省略。

2. while 语句

与 for 语句一样，while 语句也可以实现循环操纵。while 循环语句也称为前测试循环语句，它是利用一个条件来控制是否要继续重复执行这个语句。while 循环语句与 for 循环语句相比，无论是语法还是执行的流程，都较为简明易懂。

语法如下。

```
while(expression){
    statement
}
```

☑　expression：一个包含比较运算符的条件表达式，用来指定循环条件。

☑　statement：用来指定循环体，在循环条件的结果为 true 时，重复执行。

while 循环语句的执行流程如图 11.9 所示。

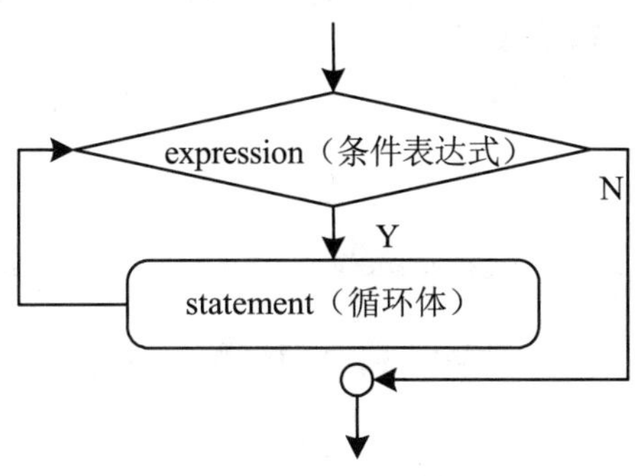

图 11.9　while 循环语句的执行流程

说明

在使用 while 循环语句时，也一定要保证循环可以正常结束，即必须保证条件表达式的值存在为 true 的情况，否则将形成死循环。

例 11.04　实现 51 购商城登录界面，用户登录时，如果账户和密码输入正确，则登录成功；否则登录失败，使用 JavaScript 条件控制语句实现此功能。首先创建一个 HTML 页面，引入 mr-basic.css 和 mr-login.css 文件，搭建页面的布局和样式。主要使用<form>标签，显示用户的账号和密码，关键代码如下。（**实例位置：资源包\源码\11\11.04**）

```
<!DOCTYPE html>
<html>
<head lang="en">
    <meta charset="UTF-8">
    <title>实现 51 购商城的登录验证</title>
    <meta name="viewport" content="width=device-width, initial-scale=1.0,
    minimum-scale=1.0, maximum-scale=1.0, user-scalable=no">
    <link rel="stylesheet" href="css/mr-basic.css"/>
    <link href="css/mr-login.css" rel="stylesheet" type="text/css">
</head>
<body>
<div class="login-banner">
    <div class="login-main">
        <div class="login-box" style="right:30%">
            <h3 class="title">实现 51 购商城的登录验证</h3>
            <div class="clear"></div>
```

```
                <div class="login-form">
                    <!--用户账户和密码的表单-->
                    <form>
                        <div class="user-name">
                            <label for="user"><i class="mr-icon-user"></i></label>
                            <input type="text" name="user" id="user" placeholder="邮箱/手机/用户名">
                        </div>
                        <div class="user-pass">
                            <label for="password"><i class="mr-icon-lock"></i></label>
                            <input type="password" name="password" id="password" placeholder="
                            请输入密码">
                        </div>
                    </form>
                </div>
                <div class="login-links">
                    <label for="remember-me"><input id="remember-me" type="checkbox">记住密码</label>
                    <a href="register.html" class="mr-fr">注册</a>
                    <br/>
                </div>
<script>
    function login(){
        var user=document.getElementById("user");                  //获取账户信息
        var password=document.getElementById("password");   //获取密码信息
        if(user.value!=='mr' && password.value!=='mrsoft' ){
            alert('您输入的账户或密码错误！');
        }else{
            alert('登录成功！');
        }
    }
</script>
</body>
</html>
```

运行效果如图 11.10 所示。

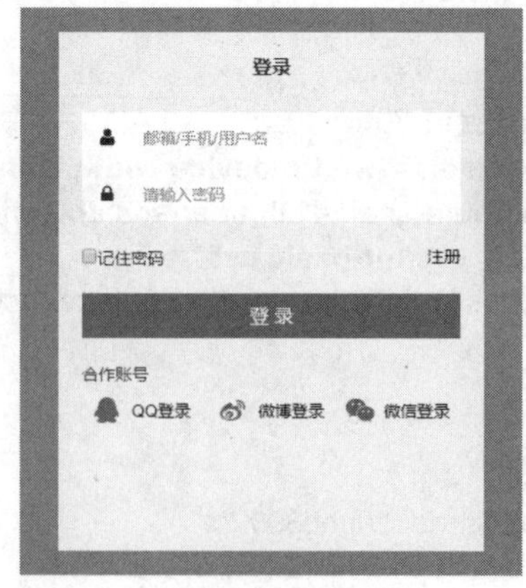

图 11.10　条件控制用户的登录

11.3　JavaScript 对象编程

JavaScript 是基于对象（object-based）的语言，本节将对 JavaScript 中常见的几种对象进行详细讲解，包括 Window 窗口对象、Document 文档对象等。Window 窗口对象代表的是打开的浏览器窗口，通过 Window 对象可以控制窗口的大小和位置。Document 文档对象代表的是浏览器窗口中的文档，该对象是 Window 对象的子对象。

11.3.1　Window 窗口对象

1．Window 对象的属性

顶层 Window 对象是所有其他子对象的父对象，它出现在每一个页面上，并且可以在单个 JavaScript 应用程序中被多次使用。

表 11.4　<script>标签常用的属性及说明

属　　性	描　　述
document	对话框中显示的当前文档
frames	表示当前对话框中所有 frame 对象的集合
location	指定当前文档的 URL
name	对话框的名字

2．Window 对象的使用

Window 对象可以直接调用其方法和属性，语法如下。

```
window.属性名
window.方法名(参数列表)
```

Window 是不需要使用 new 运算符来创建的对象。因此，在使用 Window 对象时，只要直接使用"window"来引用 Window 对象即可，语法如下。

```
window.alert("字符串");
window.document.write("字符串");
```

在实际运用中，JavaSctipt 允许使用一个字符串来给窗口命名，也可以使用一些关键字来代替某些特定的窗口。例如，使用"self"代表当前窗口、"parent"代表父级窗口等。对于这种情况，可以用这些字符串来代表"window"，语法如下。

```
parent.属性名
parent.方法名(参数列表)
```

3．警告（Alert）

在页面显示时弹出警告对话框主要是在<body>标签中调用Window对象的alert()方法实现的，下面对该方法进行详细说明。

利用Window对象的alert()方法可以弹出一个警告框，并且在警告框内可以显示提示字符串文本。语法如下。

```
window.alert(str)
```

在上面的语法中，参数str表示要在警告对话框中显示的提示字符串。用户可以单击警告对话框中的“确定”按钮来关闭该警告对话框。不同浏览器的警告对话框样式可能会有些不同。

说明

警告对话框是由当前运行的页面弹出的，在对该对话框进行处理之前，不能对当前页面进行操作，并且其后面的代码也不会被执行。只有将警告对话框进行处理后（如单击“确定”按钮或者关闭对话框），才可以对当前页面进行操作，后面的代码才能继续执行。

例11.05　本实例中使用HTML语法，在页面中显示Window对象常用对话框。首先创建一个HTML页面，引入mr-style.css文件，搭建页面的布局和样式。然后编写alert对话框的展示代码，用户单击“试一下”按钮，弹出alert对话框的内容，关键代码如下。（**实例位置：资源包\源码\11\11.05**）

```
<!DOCTYPE HTML>
<html>
<head>
    <meta charset="utf-8" />
    <title>Window 对象常用对话框</title>
    <!--引入页面样式文件-->
    <link rel="stylesheet" type="text/css" href="css/mr-style.css">
</head>
<body>
<div >
    <section>
        <h2><span>Window 对象常用对话框</span></h2>
        <div class="mr-box">
            <span class="mr-item">警告（alert）</span>
            <span class="mr-info-first">
                <button type="button" onclick="mr_alert()">试一下!</button>
            </span>
        </div>
      <!--此处省略部分代码-->
<script>
    //警告
    function mr_alert(){
        window.alert("警告：支付成功！");
    }
    //是否确定
```

```
        function mr_confirm(){
            window.confirm("询问：确定要购买吗？");
        }
        //提示留言
        function mr_prompts(){
            window.prompt("请输入你的邮寄地址","");
        }
        //综合对话框
        function mr_dialog(){
            window.confirm("询问：确定要购买吗？");
            window.prompt("请输入你的邮寄地址","")
            window.alert("支付成功！")
        }
    </script>
    </body>
    </html>
```

运行效果如图 11.11 所示。

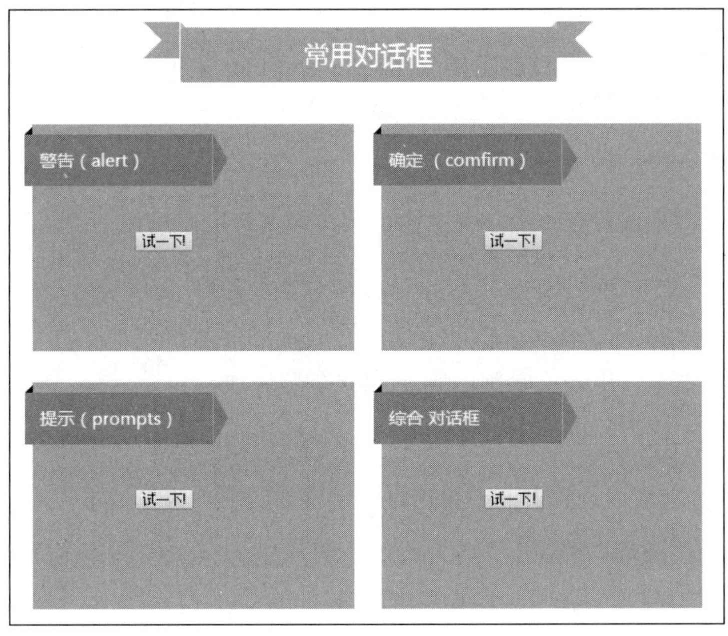

图 11.11　活用文字装饰的页面效果

11.3.2　Document 文档对象

文档对象（Document）代表浏览器窗口中的文档，该对象是 Window 对象的子对象，由于 Window 对象是 DOM 对象模型中的默认对象，因此 Window 对象中的方法和子对象不需要使用 Window 来引用。通过 Document 对象可以访问 HTML 文档中包含的任何 HTML 标记并可以动态地改变 HTML 标记中的内容，如表单、图像、表格和超链接等。该对象在 JavaScript 1.0 版本中就已经存在，在随后的版本中又增加了几个属性和方法。Document 对象层次结构如图 11.12 所示。

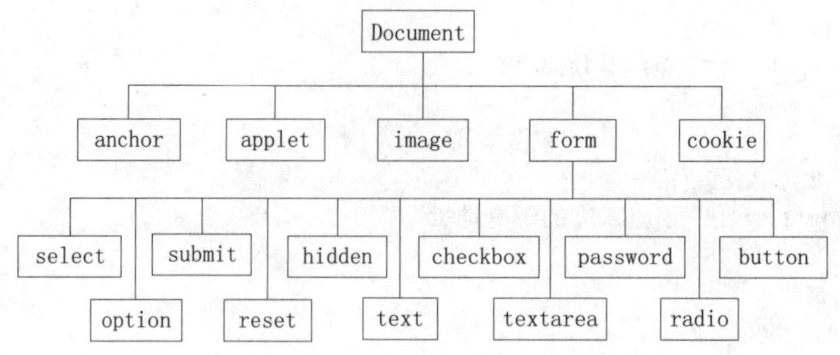

图 11.12　Document 对象层次结构

链接文字颜色设置通过使用 alinkColor 属性、linkColor 属性和 vlinkColor 属性来实现，下面分别介绍。

1．alinkColor 属性

alinkColor 属性用来获取或设置当链接获得焦点时显示的颜色，语法如下。

```
[color=]document.alinkcolor[=setColor]
```

☑ setColor：设置颜色的名称或颜色的 RGB 值。setColor 是可选项。

☑ color：字符串变量，用来获取颜色值。color 是可选项。

2．linkColor 属性

linkColor 属性用来获取或设置页面中未单击的链接的颜色，语法如下。

```
[color=]document.linkColor[=setColor]
```

☑ setColor：设置颜色的名称或颜色的 RGB 值。setColor 是可选项。

☑ color：字符串变量，用来获取颜色值。color 是可选项。

3．vlinkColor 属性

vlinkColor 属性用来获取或设置页面中单击过的链接的颜色，语法如下。

```
[color=]document.vlinkColor[=setColor]
```

☑ setColor：设置颜色的名称或颜色的 RGB 值。setColor 是可选项。

☑ color：字符串变量，用来获取颜色值。color 是可选项。

例 11.06　本实例在页面上使用 HTML 语法，讲解 Document 文档对象。首先创建一个 HTML 页面，引入 mr-style.css 和 bootstrap.min.css 文件，搭建页面的布局和样式。然后编写 Document “获取文档信息”的代码。用户将鼠标移动到图片上时，会显示“试一下”的按钮。单击按钮，弹出对应的文档信息，如页面标题和页面 URL 等，关键代码如下。（**实例位置：资源包\源码\11\11.06**）

```
<!DOCTYPE html>
<html>
<head>
<meta charset="utf-8">
```

```
<title>Document 文档对象</title>
<link rel="stylesheet" type="text/css" href="css/bootstrap.min.css">
<link rel="stylesheet" type="text/css" href="css/mr-style.css">
</head>
<body>
<div class="zzsc-container">
    <div class="container mt50">
            <h1 style="text-align: center">Document 文档对象</h1>
        <div class="row" style="margin-top:50px">
            <div class="col-md-4 col-sm-6">
                <div class="mr-box">
                    <img src="img/1.png" alt="">
                    <div class="over-layer">
                        <h3 class="title">获取文档信息</h3>
                        <p class="description">获取页面标题：
                        <button onclick="getTitle();" style="color:black">试一下</button></p>
                            <p class="description">获取当前域名：
                        <button onclick="getDomain();" style="color:black">试一下</button></p>
                            <p class="description">获取页面 URL：
                      <button onclick="getReferrers();" style="color:black">试一下</button></p>
                    </div>
                </div>
            </div>
                <script>
                    //获取页面标题
                    function getTitle(){
                        var originalTitle = document.title;
                        alert(originalTitle);
                    }
                    //获取当前域名
                    function getDomain(){
                        var domain = document.domain;
                        alert(domain);
                    }
                    //获取页面 URL
                    function getReferrers(){
                        var referrer = document.URL;
                        alert(referrer);
                    }
                </script>
            </body>
</html>
```

运行效果如图 11.13 所示。

图 11.13　图解说明 Document 文档对象

11.4　JavaScript 事件处理

JavaScript 是基于对象（object-based）的语言。它的一个最基本的特征就是采用事件驱动（event-driven）。它可以使得在图形界面环境下的一切操作变得简单化。通常将鼠标或热键的动作称为事件（Event）；由鼠标或热键引发的一连串程序动作，称为事件驱动（Event Driver）；而对事件进行处理的程序或函数，称为事件处理程序（Event Handler）。

11.4.1　鼠标键盘事件

鼠标和键盘事件是在页面操作中使用最频繁的操作，可以利用鼠标事件在页面中实现鼠标移动、单击时的特殊效果，也可以利用键盘事件来制作页面的快捷键等。

1．鼠标的单击事件

单击事件（onclick）是在鼠标单击时被触发的事件。单击是指鼠标停留在对象上，按下鼠标键，在没有移动鼠标的同时放开鼠标键的这一完整过程。

单击事件一般应用于 Button 对象、Checkbox 对象、Image 对象、Link 对象、Radio 对象、Reset 对象和 Submit 对象，Button 对象一般只会用到 onclick 事件处理程序，因为该对象不能从用户那里得到任何信息，如果没有 onclick 事件处理程序，按钮对象将不会有任何作用。

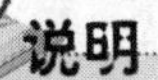

说明

在使用对象的单击事件时，如果在对象上按下鼠标键，然后移动鼠标到对象外再松开鼠标，单击事件无效，单击事件必须在对象上按下松开后，才会执行单击事件的处理程序。

2．鼠标的按下或松开事件

鼠标的按下和松开事件分别是 onmousedown 和 onmouseup 事件。其中，onmousedown 事件用于在

鼠标按下时触发事件处理程序，onmouseup 事件是在鼠标松开时触发事件处理程序。在用鼠标单击对象时，可以用这两个事件实现其动态效果。

3．鼠标的移入移出事件

鼠标的移入和移出事件分别是 onmouseover 和 onmousemove 事件。其中，onmouseover 事件在鼠标移动到对象上方时触发事件处理程序，onmousemove 事件在鼠标移出对象上方时触发事件处理程序。可以用这两个事件在指定的对象上移动鼠标时，实现其对象的动态效果。

4．鼠标的移动事件

鼠标移动事件（onmousemove）是鼠标在页面上进行移动时触发事件处理程序，可以在该事件中用 document 对象实时读取鼠标在页面中的位置。

5．键盘事件的使用

键盘事件包含 onkeypress、onkeydown 和 onkeyup 事件。

☑ onkeypress 事件：是在键盘上的某个键被按下并且释放时触发此事件的处理程序，一般用于键盘上的单键操作。

☑ onkeydown 事件：是在键盘上的某个键被按下时触发此事件的处理程序，一般用于快捷键的操作。

☑ onkeyup 事件：是在键盘上的某个键被按下后松开时触发此事件的处理程序，一般用于快捷键的操作。

为了便于读者对键盘上的按键进行操作，下面以表格的形式给出键盘上字母对应的数字键的键码值，如表 11.5 所示。

表 11.5　字母与数字键的键码值

按　键	键　值	按　键	键　值
A(a)	65	J(j)	74
B(b)	66	K(k)	75
C(c)	67	L(l)	76
D(d)	68	M(m)	77
E(e)	69	N(n)	78
F(f)	70	O(o)	79
G(g)	71	P(p)	80
H(h)	72	Q(q)	81
I(i)	73	R(r)	82

例 11.07　本实例通过新建一个 HTML 页面，测试鼠标事件和键盘事件。首先创建一个 HTML 页面，引入 mr-style.css 文件，搭建页面的布局和样式。然后在<body>标签中，添加 onkeydown 属性，设定值为 keyEvent()，表示调用键盘事件，关键代码如下。（**实例位置：资源包\源码\11\11.07**）

```
<!DOCTYPE html>
<html>
```

```
<head>
    <meta charset="utf-8" />
    <title>鼠标键盘事件</title>
    <!--引入页面样式文件-->
    <link rel="stylesheet" type="text/css" href="css/mr-style.css">
</head>
<body onkeydown='keyEvent()' style="margin:0 auto;">
<div class='a'>
    <h1 style="text-align: center">鼠标键盘事件</h1>
    <div id="mr-event" onmousedown="mouseEvent()">
        <span style="text-align: left">试一试：</span><br/><br/>
  1.按键盘上的 Ctrl 键，背景颜色变成<span style="color:#151570">蓝色</span>。<br/><br/>
  2.按键盘上的 Alt 键，背景颜色变成<span style="color:darkred">红色</span>。<br/><br/>
  3.按键盘上的 Shift 键，背景颜色变成<span style="color:orangered">粉红色</span>。
  <br/><br/>
  4.单击，弹出提示信息。<br/><br/>
  5.右击，弹出提示信息。<br/><br/>
    </div>
</div>
</body>
<script language="javascript">
    //鼠标事件
    function mouseEvent(){
        var b=event.button;                                   //获取鼠标对象
        if(b==2){                                             //右击时
            alert("你按了右键！");                            //弹出提示信息
        }
        else if(b==0){                                        //单击时
            alert("你按了左键！");                            //弹出提示信息
        }
    }
    //键盘事件
    function keyEvent() {
        var c = document.getElementById('mr-event');  //获取页面对象
        if (event.altKey) {                                   //按 Alt 键时
            c.style.backgroundColor = 'red'                   //背景颜色变化
        }
        else if (event.ctrlKey) {                             //按 Ctrl 键时
            c.style.backgroundColor = 'blue'                  //背景颜色变化
        }
        else if (event.shiftKey) {                            //按 Shift 键时
            c.style.backgroundColor = 'pink'                  //背景颜色变化
        }
    }
</script>
</html>
```

运行效果如图 11.14 所示。

鼠标键盘事件

试一试：

1.按键盘上的Ctrl键，背景颜色变成蓝色。

2.按键盘上的Alt键，背景颜色变成红色。

3.按键盘上的Shift键，背景颜色变成粉红色。

4.单击，弹出提示信息。

5.右击，弹出提示信息。

图 11.14　鼠标键盘事件的测试页面

11.4.2　页面事件

页面事件是在页面加载或改变浏览器大小、位置，以及对页面中的滚动条进行操作时，所触发的事件处理程序。本节将通过页面事件对浏览器进行相应的控制。

1．加载与卸载事件

加载事件（onload）是在网页加载完毕后触发相应的事件处理程序，它可以在网页加载完成后对网页中的表格样式、字体、背景颜色等进行设置。卸载事件（unload）是在卸载网页时触发相应的事件处理程序，卸载网页是指关闭当前页或从当前页跳转到其他网页中，该事件常被用于在关闭当前页或跳转其他网页时，弹出询问提示框。

在制作网页时，为了便于网页资源的利用，可以在网页加载事件中对网页中的元素进行设置。下面以示例的形式讲解如何在页面中合理利用图片资原。

2．页面大小事件

页面的大小事件（onresize）是用户改变浏览器的大小时触发事件处理程序，它主要用于固定浏览器的大小。

例 11.08　本实例使用 JavaScript 技术，实现刮刮卡的效果。首先创建一个 HTML 页面，引入 mr-style.css 文件，搭建页面的布局和样式，通过<canvas>标签，引入刮刮卡的画布。然后编写刮刮卡的 JavaScript 逻辑代码，通过 addEventListener()方法，为刮刮卡的图层图片添加鼠标事件方法。接着编写 layer()方法设置刮刮卡的图层颜色，并编写 eventDown()方法处理鼠标放下事件，另外还需要 eventUp()方法处理鼠标抬起事件。最后编写 eventMove()方法处理鼠标移动事件，关键代码如下。（**实例位置：资源包\源码\11\11.08**）

```
<!DOCTYPE HTML>
<html>
<head>
    <meta charset="utf-8">
    <title>使用 JavaScript 实现刮刮卡效果</title>
    <link rel="stylesheet" type="text/css" href="css/mr-style.css"/>
```

```
</head>
<body>
<div id="main">
    <h2 class="top_title"><a href="#">JavaScript 实现刮刮卡效果</a></h2>
    <div class="msg">刮开灰色部分看看，
    <a href="javascript:void(0)" onClick="window.location.reload()">再来一次</a></div>
    <div class="demo">
        <!--引入刮刮乐画布-->
        <canvas></canvas>
    </div>
</div>
</body>
<script type="text/javascript">
    var img = new Image();
    var canvas = document.querySelector('canvas');
    canvas.style.backgroundColor = 'transparent';
    canvas.style.position = 'absolute';
    var imgs = ['images/p_0.jpg', 'images/p_1.jpg'];
    var num = Math.floor(Math.random() * 2);
    img.src = imgs[num];
    img.addEventListener('load', function (e) {
        //鼠标移动
        function eventMove(e) {
            e.preventDefault();
            if (mousedown) {
                if (e.changedTouches) {
                    e = e.changedTouches[e.changedTouches.length - 1];
                }
                var x = (e.clientX + document.body.scrollLeft || e.pageX) - offsetX || 0,
                    y = (e.clientY + document.body.scrollTop || e.pageY) - offsetY || 0;
                with (ctx) {
                    beginPath()
                    arc(x, y, 10, 0, Math.PI * 2);
                    fill();
                }
            }
        }
       //此处省略部分代码
        canvas.width = w;
        canvas.height = h;
        canvas.style.backgroundImage = 'url(' + img.src + ')';
        ctx = canvas.getContext('2d');
        ctx.fillStyle = 'transparent';
        ctx.fillRect(0, 0, w, h);
        layer(ctx);
        ctx.globalCompositeOperation = 'destination-out';
        canvas.addEventListener('touchstart', eventDown);
        canvas.addEventListener('touchend', eventUp);
        canvas.addEventListener('touchmove', eventMove);
        canvas.addEventListener('mousedown', eventDown);
```

```
            canvas.addEventListener('mouseup', eventUp);
            canvas.addEventListener('mousemove', eventMove);
    });
</script>
</html>
```

运行效果如图 11.15 所示。

图 11.15　段落换行标签的页面效果

11.5　小　　结

本章重点讲解 JavaScript 的语言基础、对象编程和事件处理。简单介绍了 JavaScript 的发展历史。其中，需要读者理解事件的处理过程并重点掌握 IE 和 DOM 标准下注册和移除事件监听器的方法、常用的事件，以及在 JavaScript 和 HTML 中事件的调用方法。

11.6　实　　战

11.6.1　实战一：制作九九乘法表

试着使用 for 循环语句，实现九九乘法表。（**资源包\源码\11\实战\01**）

11.6.2　实战二：制作手机抽奖页面

试着使用键盘事件，完成一个随机抽取手机号码的页面。（**资源包\源码\11\实战\02**）

11.6.3　实战三：制作购物车结算页面

试着使用页面事件，实现一个购物车的结算页面。（**资源包\源码\11\实战\03**）

第 2 篇

提高篇

⏭ 第 12 章　绘制图形

⏭ 第 13 章　文件与拖放

⏭ 第 14 章　JavaScript 对象编程

⏭ 第 15 章　响应式网页设计

⏭ 第 16 章　响应式组件

本篇介绍了绘制图形、文件与拖放、JavaScript 对象编程、响应式网页设计、响应式组件等内容。学习完本篇，相信读者就能够开发一些中小型应用程序。

第12章

绘制图形

（视频讲解：1小时15分钟）

HTML5 中的一个新增元素——Canvas 元素，以及伴随这个元素而来的一套编程接口——Canvas API。使用 Canvas API 可以在页面上绘制出任何你想要的、非常漂亮的图形与图像，创造出更加丰富多彩、赏心悦目的 Web 页面。本章将对如何使用 Canvas 绘制图形进行详细讲解。

学习摘要：

- **认识 HTML5 中的画布 Canvas**
- **绘制基本图形**
- **绘制变形图形**
- **绘制文字**

12.1 认识 HTML5 中的画布 Canvas

Canvas 标签是 HTML5 中新增的一个重要元素，专门用来绘制图形。当用户在 HTML5 页面中添加 Canvas 标签后，系统会自动生成一个宽 300 像素、高 150 像素的画布，用户可以在画布中绘制各种图形。

12.1.1 Canvas 概述

虽然 Canvas 画布有默认的大小，但是用户可以根据需要自定义其大小或者设置其他特性。在页面中加入了 Canvas 元素后，可以在其中添加图片、线条以及文字，也可以在里面绘制图形，还可以加入高级动画。在页面中创建 Canvas 画布的语法如下。

```
<canvas width="" height="" id=""> </canvas>
```

☑ width：所创建的画布的宽度，单位为像素。

☑ height：所创建画布的高度。

☑ id：设置画布的 id 属性。主要是为了在开发过程中可以通过来快速找到该 Canvas 元素。对于任何 Canvas 元素来说，id 都是尤为重要的，这主要是因为对 Canvas 元素的所有操作都是通过脚本代码控制的，如果没有 id，想要找到要操作的 Canvas 元素会很难。

12.1.2 使用 Canvas 绘制矩形

绘制矩形时，一般会用到 rect()方法，语法如下。

```
rect(x,y,w,h)
```

☑ x：矩形左上角定点的横坐标。

☑ y：矩形左上角定点的纵坐标。

☑ w：矩形的宽度。

☑ h：矩形的高度。

例 12.01 下面通过使用 Canvas 绘制棋盘，来了解使用 Canvas 的主要过程。该实例的实现步骤如下。

（1）在 HTML 页面中添加 Canvas 标签，代码如下。（**实例位置：资源包\源码\12\12.01**）

```
<div class="mr-cont">
     <!--设置画布高为 504 像素，宽为 700 像素，并且设置 id 为 cav-->
     <canvas id="cav" height="504" width="700"></canvas>
</div>
```

（2）创建 CSS 文件，在 CSS 文件中为 Canvas 画布添加背景图片等，代码如下。

```
.mr-cont{
   height: 504px;
```

```
    width: 700px;
    margin: 0 auto;
}
#cav{
    border: 1px solid #f00;
    background: url(../img/bg.png);
}
```

（3）创建 JavaScript 文件，在 JavaScript 文件中添加代码。首先需要使用 document.getElementById()方法取得 Canvas 元素，然后使用 Canvas 元素的 getContext()方法来获得图形上下文，同时指明绘制的环境类型，这里传递的参数是"2d"，表示绘制的环境类型是二维的，它也是目前唯一的合法值，代码如下。

```
var cav = document.getElementById("cav").getContext("2d");
```

（4）获取画布和图形上下文以后，设定绘图样式（style）。绘图样式主要有两种：strokStyle 线条样式和 fillStyle 填充样式。而所谓绘图的样式，主要是针对图形的颜色而言的，但是并不限于图形的颜色。需要注意的是，如果不设定绘图样式的话，系统则默认绘图样式为黑色。本实例只设定了线条颜色，代码如下。

```
cav.strokeStyle = "rgb(147,109,70)";
```

（5）设置绘图样式以后，就可以开始绘制图形了。本实例使用 rect()方法绘制矩形，绘制以后，需要使用 fill()或者 stroke()方法绘制填充图形或者轮廓图形。填充图形是指填满图形内部；轮廓图形是指不填满图形内部，只绘制图形的外框。本实例绘制轮廓矩形，所以调用 stroke()函数，代码如下。

```
for (var j = 0; j < 10; j++) {                  //j 为棋盘列数
    for (var i = 0; i < 10; i++) {              //i 为棋盘行数
        cav.beginPath();
        //每个格子的宽高都为 50 像素，语法 rect(x, y, w, h)
        cav.rect(115 + j * 30, 85 + i * 30, 30, 30);
        cav.stroke();
    }
}
cav.beginPath();                                //棋盘外部的大正方形
cav.lineWidth=4;                                //设置线宽
cav.strokeRect(100,70,330,330);
cav.stroke();
```

在谷歌浏览器中运行代码，运行效果如图 12.1 所示。

多学两招

绘制矩形还可以调用 fillRect()和 strokeRect()方法。前者是用来绘制没有边框只有填充色的矩形；后者是用来绘制没有填充色，只有边框的矩形。这两个方法的 4 个参数与 rect()方法的参数含义相同。

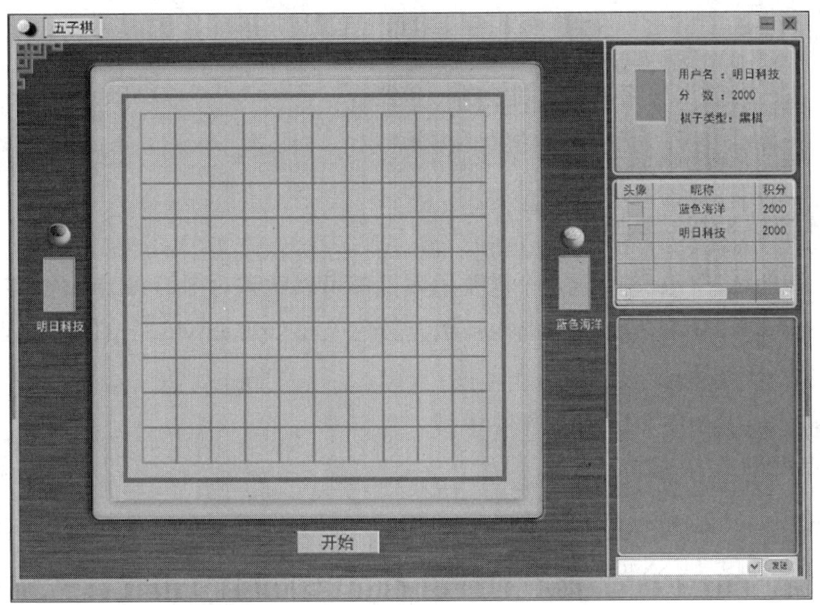

图 12.1　使用 Canvas 绘制五子棋棋盘

注意

绘制图形时，只用绘制矩形或者绘制圆形等方法是绘制不出来图形的，只有调用 stroke()方法或 fill()方法后，才能真正绘制出图形。

视频讲解

12.2　绘制基本图形

12.2.1　绘制直线

绘制直线时，一般会用到 moveTo()与 lineTo()两种方法。而在绘制图形时，需要对绘制图形的样式等进行设置，下面将有关的方法和属性进行介绍。

1．moveTo()方法

moveTo()方法的作用是将光标移动到指定坐标点(x,y)，绘制直线时以这个坐标点为起点，语法如下。

```
moveTo(x,y)
```

2．lineTo()方法

lineTo()方法在上一个顶点与参数中指定的直线终点(x,y)之间绘制一条直线，语法如下。

```
lineTo(x,y)
```

3．closePath()方法

closePath()方法在当前点与起始点之间绘制一条路径，使图形成为封闭图形，语法如下。

```
closePath()
```

4．fillStyle 属性和 strokeStyle 属性

fillStyle 属性和 strokeStyle 属性这两个重要的属性都可以做到对图形添加颜色，它们对颜色的表示方式相同。区别在于：fillStyle 是对图形的内部填充颜色；而 strokeStyle 是给图形的边框添加颜色，语法如下。

```
cav.fillStyle = color
cav.strokeStyle = color
```

在上面的语法中，color 可以是表示 CSS 颜色值的字符串、渐变对象或者图案对象。默认情况下，线条和填充颜色都为黑色（CSS 颜色值#000000）。

5．线型 Line styles

设置线型的属性主要有以下 3 个。

☑ lineWidth 属性：该属性用于设置当前绘线的粗细，属性值必须为正数。默认值是 1.0。线宽是指给定路径的中心到两边的粗细。换句话说，就是在路径的两边各绘制线宽的一半。

常见错误

因为画布的坐标并不和像素直接对应，当需要获得精确的水平线或垂直线时要特别注意。

☑ lineCap 属性：线段端点显示的样子。其属性值有 butt、round 和 square。
  ➢ butt：向线条的每个末端添加平直的边缘，这是 Canvas 中默认的线段端点显示的样子。
  ➢ round：向线条的每个末端添加圆形线帽。
  ➢ square：向线条的每个末端添加正方形线帽。

☑ lineJoin 属性：当两条线交汇时，两线段端点连接处所显示的样子。其属性值有 round（圆角）、bevel（斜角）和 miter（尖角）。默认是 miter。

注意

无论是 moveTo(x,y)还是 lineTo(x,y)，都不会直接绘制图形，只是定义路径的位置。只有在调用了 fill()或 stroke()方法时才会绘制出图形。另外，一旦设置了 strokeStyle 或 fillStyle 的值，那么这个新值就会成为新绘制的图形的默认值。如果想要给每个图形上不同的颜色，就需要重新设置 fillStyle 或 strokeStyle 的值。

例 12.02 使用直线绘制五角星，然后通过按钮实现单击按钮时，五角星显示或隐藏。具体步骤如下。

首先，创建 HTML 文件，在 HTML 页面添加 Canvas 标签和按钮，具体代码如下。（**实例位置：资**

源包\源码\12\12.02）

```
<div class="mr-con">
    <canvas id="cav" height="547" width="1000" onload="hug()"></canvas>
    <input type="button" value="挂星星" onclick="show()">
</div>
```

然后在 JavaScript 页面中编辑实现五角星的函数，接下来通过调用该函数，实现绘制多个五角星，具体代码如下。

```
var ctx = document.getElementById("cav");
var cav = ctx.getContext("2d");
//x,y 为五角星最左边定点坐标，n 为五角星的缩小倍数，c 为五角星的填充颜色
function draw(x, y, n, c) {
    cav.beginPath();
    cav.fillStyle = c;
    cav.moveTo(x / n, y / n);                          //moveTo()方法绘制起点(x/n,y/n)
    //lineTo()方法绘制从上一个顶点到((x+50)/n,y/n)顶点的路径
    cav.lineTo((x + 50) / n, y / n);
    cav.lineTo((x + 10) / n, (y + 30) / n);
    cav.lineTo((x + 25) / n, (y - 20) / n);
    cav.lineTo((x + 40) / n, (y + 30) / n);
    cav.closePath();                                   //将终点与起点连接已形成闭合路径
    cav.fill();                                        //绘制填充图形
}
function hug() {
    draw(160, 86, 0.7, '#ff0');                        //第一棵树的树顶大五角星
    draw(487, 86, 0.7, '#ff0');                        //第二棵树的树顶大五角星
    draw(357, 286, 1.3, '#0ff');                       //第一棵树的其他小的五角星
    draw(320, 386, 1.5, '#f0f');
    draw(600, 566, 2.0, '#eca9f2');
    draw(500, 666, 2.0, '#eca9f2');
    draw(1050, 286, 1.5, '#e0f084');                   //第二棵树挂的小五角星
    draw(1500, 486, 2.0, '#fe6869');
    draw(1700, 686, 2.5, '#88c7ef');
    draw(2550, 1000, 3.5, '#fff589');
    draw(1150, 450, 1.5, '#ebcd97');
    draw(2490, 1250, 3.5, '#f5d1ff');
}
```

最后，通过改变画布的隐藏与显示来实现五角星闪烁效果，具体代码如下。

```
function show() {                                      //单击按钮隐藏或显示五角星
    //如果 canvas 状态为显示，则将其隐藏。反之，则让其显示
    if (ctx.style.display == "block") {
        ctx.style.display = "none";
    }
    else {
        ctx.style.display = "block";
        hug();
```

```
        }
}
```

实例实现效果如图 12.2 所示。

图 12.2　圣诞树上绘制的五角星的效果

12.2.2　绘制曲线

贝塞尔曲线有二次方和三次方的形式，常用于绘制复杂而有规律的形状。

绘制贝塞尔三次方曲线主要使用 bezierCurveTo()方法，该方法可以说是 lineTo()的曲线版，将从当前坐标点到指定坐标点中间的贝塞尔曲线追加到路径中，语法如下。

```
bezierCurveTo(cp1x, cp1y, cp2x, cp2y, x, y)
```

bezierCurveTo()方法的参数说明如表 12.1 所示。

表 12.1　bezierCurveTo()方法的参数说明

参 数 名 称	参 数 含 义
cp1x	第一个控制点的横坐标
cp1y	第一个控制点的纵坐标
cp2x	第二个控制点的横坐标
cp2y	第二个控制点的纵坐标
x	贝塞尔曲线的终点横坐标
y	贝塞尔曲线的终点纵坐标

绘制二次贝塞尔曲线，使用的是 quadraticCurveTo()方法，语法如下。

```
quadraticCurveTo(cp1x, cp1y, x, y)
```

☑　cp1x：第一个控制点的横坐标。

☑ cp1y：第一个控制点的纵坐标。

☑ x：贝塞尔曲线的终点横坐标。

☑ y：贝塞尔曲线的终点纵坐标。

使用 quadraticCurveTo()方法和 bezierCurveTo()方法绘制曲线的区别如图 12.3 所示。它们都是一个起点一个终点（图中的曲线端点，起点由 moveTo()方法设定），贝塞尔二次方曲线只有一个控制点（见图 12.3 中最高点），而贝塞尔三次方曲线有两个。

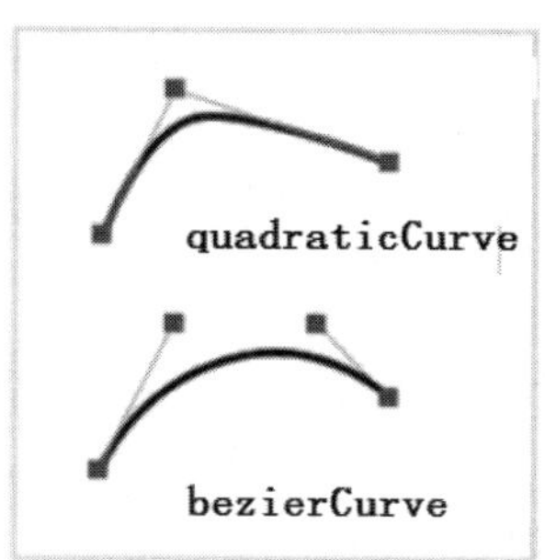

图 12.3　bezierCurve 与 quadraticCurve 的区别

例 12.03　在页面中使用 Canvas 绘制七星瓢虫，首先需要在 HTML 页面中添加 Canvas 标签，并且设置大小以及 ID 属性，具体代码如下。（**实例位置：资源包\源码\12\12.03**）

```
<div class="mr-cont">
    <canvas id="cav" height="300" width="300"></canvas>
</div>
```

然后在 JavaScript 页面中获取画布和图形上下文，并且通过绘制多条曲线组合成七星瓢虫，具体代码如下。

```
var cav = document.getElementById("cav").getContext("2d");
cav.beginPath();                                          //body
cav.fillStyle = "#DC1534";
cav.moveTo(130, 90);                                      //设置起点
//贝塞尔三次曲线绘制瓢虫身体
cav.bezierCurveTo(90, 100, 90, 170, 130, 180);            //left
cav.bezierCurveTo(170, 170, 170, 100, 130, 90);           //right
cav.fill();
cav.beginPath();                                          //head
cav.lineWidth = 3;
cav.moveTo(115, 99)
//贝塞尔三次曲线绘制瓢虫头部
cav.bezierCurveTo(120, 70, 139, 70, 145, 99);
cav.stroke();
cav.beginPath();                                          //feeler-left
cav.moveTo(125, 80)
cav.quadraticCurveTo(115, 55, 110, 75);
cav.stroke();
```

```
cav.beginPath();                                              //feeler-right
cav.moveTo(135, 80)
cav.quadraticCurveTo(145, 55, 150, 75);
cav.stroke();
circle(130, 130, 10, 130, 90, 130, 180);                      //center
circle(115, 115, 5, 105, 115, 90, 100);                       //left-top
circle(110, 140, 5, 100, 135, 85, 130);                       //left-center
circle(115, 160, 5, 105, 155, 90, 170);                       //left-bottom
circle(145, 115, 5, 155, 115, 170, 100);                      //right-top
circle(150, 140, 5, 160, 135, 175, 130);                      //right-center
circle(145, 160, 5, 155, 155, 170, 170);                      //right-bottom
//x,y,r 为七星瓢虫背部的圆圈的圆心和半径；x1,y1,x2,y2 为绘制昆虫六只脚的起点和终点
function circle(x, y, r, x1, y1, x2, y2) {                    //circle
    cav.beginPath();                                          //绘制七星瓢虫背部的圆圈
    cav.strokeStyle = "#b28335";
    cav.fillStyle = "#000";
    cav.arc(x, y, r, 0, Math.PI * 2, true);
    cav.fill();
    cav.stroke();
    cav.beginPath();                                          //绘制直线实现七星瓢虫脚
    cav.strokeStyle = "#000";
    cav.lineWidth = 3;
    cav.moveTo(x1, y1);
    cav.lineTo(x2, y2);
    cav.stroke();
}
```

实例运行效果如图 12.4 所示。

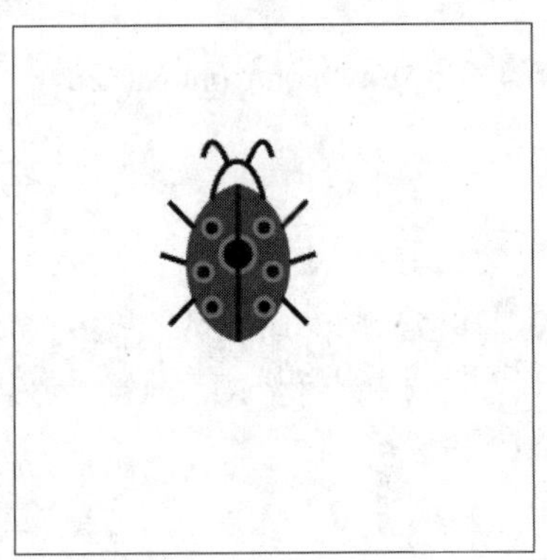

图 12.4　绘制的七星瓢虫

12.2.3　绘制圆形

绘制圆形时，一般会用到 arc()方法，语法如下。

```
arc( x,y,radius,startAngle,endAngle,anticlockwise)
```

arc()方法的参数解释如表 12.2 所示。

表 12.2　arc()方法的参数解释

参数名称	参数解释
x	所绘制圆形的圆心的横坐标
y	所绘制圆形的圆心的纵坐标
radius	所绘制圆形的半径
startAngle	绘制圆形的起始弧度
endAngle	绘制圆形的终止弧度
anticlockwise	圆形的绘制方向。值为 true 时表示逆时针；值为 false 时表示顺时针

例 12.04　在 HTML 页面中添加 canvas 标签，并且输入提示文字，具体代码如下。（**实例位置：资源包\源码\12\12.04**）

```
<div class="mr-cont">
    <span>单击图中画布，实现自动绘制随机圆形</span>
    <canvas height="600" width="800" id="cav" onClick="setInterval(drew,1000)"></canvas>
</div>
```

在 JavaScript 文件编辑绘制圆形的函数，并且设置相关参数，具体代码如下。

```
var cav = document.getElementById("cav").getContext("2d");
function drew() {
    //圆形的相关参数
    var x = Math.round(Math.random() * 800);                //圆形横坐标
    var y = Math.round(Math.random() * 600);                //圆形纵坐标
    var r = Math.round(Math.random() * 40 + 1);             //圆形半径
    var c = Math.round(Math.random() * 5);                  //圆形填充颜色
    circle(x, y, r, c);                                     //调用绘制圆形的函数
}
function circle(x, y, r, c) {
    //用数组存放圆形填充颜色
    var style = ['rgba(255,0,0,0.5)', 'rgba(255,255,0,0.5)', 'rgba(255,0,255,0.5)', 'rgba(132,50,247,0.8)',
              'rgba(34,236,182,0.5)', 'rgba(147,239,115,0.5)'];
    cav.beginPath();
    cav.fillStyle = style[c];
    cav.arc(x, y, r, 0, Math.PI * 2, true);                 //绘制圆形
    cav.fill();
}
```

实例运行效果如图 12.5 所示。

多学两招

绘制圆形的方法还可以用于绘制扇形和圆弧，只需改变起始弧度和终止弧度以及绘制的方向等。希望读者能灵活运用公式。

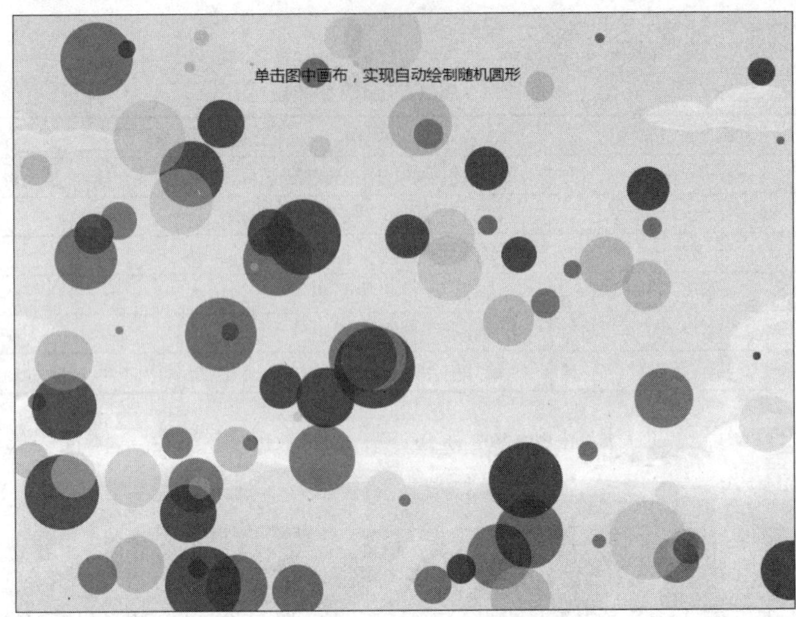

图 12.5　实现随机画圆

12.3　绘制变形图形

使用 HTML5 中的 Canvas 不仅可以绘制基本的图形，还可以绘制变形图形，这里的变形是指平移、缩放和旋转。下面具体介绍各种变形效果的实现方法。

12.3.1　绘制平移效果的图形

绘制平移效果的图形主要通过 translate()方法来实现的，具体语法如下。

```
translate(x, y)
```

☑　x：表示将坐标轴原点向左移动多少个单位，默认情况下为像素。

☑　y：表示将坐标轴原点向下移动多少个单位。

例 12.05　在 HTML 页面中插入 Canvas 标签，并且添加 input 按钮，具体代码如下。（**实例位置：资源包\源码\12\12.05**）

```
<div class="mr-cont">
   <canvas id="cav" height="600" width="800"></canvas>
   <input type="button" onClick="go()" value="前进">
</div>
```

在 JavaScript 页面中绘制卡车图像，然后使用 translate()方法平移画布，具体代码如下。

```
var cav=document.getElementById("cav").getContext("2d");
    var i=0;
    function go(){
        if(i<69){
        cav.clearRect(50,500,80,80);                //清空出一块矩形
        var img =new Image();
    img.src="img/car.png";                          //绘制图形的路径
        img.onload=function(){                      //当图片被加载时，执行此函数
        //绘制 img 图形，图形起点坐标为(50,500)，宽和高都为 50 像素
        cav.drawImage(img,50,500,80,80);
    }
    cav.translate(10,0);                            //画布向右平移 10 像素
        i++;
    }
    if(i==69){
        alert("前方没路了，不能再前进了")
    }}
```

实例运行效果如图 12.6 所示。

图 12.6　绘制前进的小车

12.3.2　绘制缩放效果的图形

使用图形上下文对象的 scale()方法将图形缩放，语法如下。

```
scale(x,y);
```

☑　x：是水平方向的放大倍数。取值范围 0～1 时为缩小，大于 1 时为扩大。

☑ y：是垂直方向的放大倍数。取值范围及方法同上。

例 12.06　在 HTML 页面中添加 Canvas 标签以及通过 input 标签添加按钮，具体代码如下。（**实例位置：资源包\源码\12\12.06**）

```
<div class="mr-cont">
   <canvas id="cav" height="600" width="800"></canvas>
   <input type="button" value="快点长大" onClick="big()">
</div>
```

在 JavaScript 绘制图形，并且通过 scale()函数缩放画布，具体代码如下。

```
var ctx = document.getElementById("cav")
var cav = ctx.getContext("2d");
//绘制中心平移至画布中心
cav.translate(ctx.height / 2, ctx.width / 2);
function big() {
      cav.clearRect(-25, -25, 50, 50);  //清除一块矩形
      var img = new Image();
      img.src = "img/flower.png";                    //绘制图像的路径
      img.onload = function () {
            //图像的起点坐标为(-25,-25)，宽和高都为 50 像素
            cav.drawImage(img, -25, -25, 50, 50);
      }
      cav.scale(1.05, 1.05);                          //横向和纵向都放大 1.05 倍
}
```

实例运行效果如图 12.7 所示。

图 12.7　绘制放大效果的向日葵

12.3.3　绘制旋转效果的图形

使用图形上下文对象的 rotate()方法将图形进行旋转。该方法的语法如下。

```
rotate(angle)
```

在上面的语法中，angle 指旋转的角度，旋转的中心点是坐标轴的原点。默认按顺时针方向旋转，要想按逆时针旋转，只需要将 angle 设定为负数即可。

例 12.07　在 HTML 页面中添加 Canvas 画布和要绘制的图形，具体代码如下。（**实例位置：资源包\源码\12\12.07**）

```
<div class="mr-can">
    <canvas id="cav" width="1000" height="750"></canvas>
    <img src="images/phone.png" alt="" id="pic">
</div>
```

在 JavaScript 页面中绘制旋转效果图形，具体代码如下。

```
window.onload = function showpic() {
    var cav = document.getElementById('cav').getContext('2d');
    var pic = document.getElementById('pic');          //获取 HTML 页面中的图形
    for (var i = 0; i < 5; i++) {
        cav.beginPath();
        cav.translate(890, -155);                       //平移画布
        cav.rotate(2 * Math.PI / 5);                    //将手机旋转 2*Math.PI 弧度
        cav.drawImage(pic, 450, 350, 88, 150);          //绘制图形
    }
}
```

实例运行效果如图 12.8 所示。

图 12.8　绘制旋转效果手机

12.4 绘制文字

在 HTML5 中，可以使用 Canvas 元素进行文字的绘制，同时也可以指定绘制文字的字体、大小、对齐方式等，还可以进行文字的纹理填充等。

12.4.1 绘制轮廓文字

strokeText()方法用轮廓方式绘制字符串，语法如下。

```
strokeText(text,x,y,maxWidth);
```

☑ text：表示要绘制的文字。

☑ x：表示绘制文字的起点横坐标。

☑ y：表示绘制文字的起点纵坐标。

☑ maxWidth：可选参数，表示显示文字时的最大宽度，可以防止文字溢出。

例 12.08 在 HTML 页面中添加 Canvas 标签和 input 文本框，该文本框用于按钮功能，单击该文本框即可实现绘制文字，代码如下。（**实例位置：资源包\源码\12\12.08**）

```
<div class="mr-cont">
  <canvas id="cav" height="600" width="800"></canvas>
  <div>
    <input type="text" id="txt">
    <input type="button" value="draw" onClick="draw()">
  </div>
</div>
```

在 JavaScript 页面中实现绘制文字，具体代码如下。

```
var txt = document.getElementById("txt");
var cav = document.getElementById("cav").getContext("2d");
var font = ['宋体', '楷体', '华文新魏', '华文行楷', '方正书体', '方正姚体'];//字体
//设置文字颜色
var style = ['#f00', '#ff0', '#f0f', 'rgb(132,50,247)', 'rgb(34,236,182)', 'rgb(147,239,115)']
function draw() {
    //将上一次绘制的文字清除
    cav.clearRect(0, 0, 600, 800);
    //生成一个随机数，实现随机字体和文字颜色
    var i = Math.round(Math.random() * 6);
    cav.beginPath();
    cav.font = "60px " + font[i];
    cav.strokeStyle = style[i];
    cav.strokeText(txt.value, 300, 300);    //绘制轮廓文字
    cav.stroke();
}
```

实例运行效果如图 12.9 所示。

图 12.9　绘制轮廓文字

12.4.2　绘制填充文字

fillText()方法用填充方式绘制字符串，该方法的定义如下。

```
fillText(text,x,y,[maxWidth]);
```

例 12.09　在 HTML 页面中添加 Canvas 标签，具体代码如下。（**实例位置：资源包\源码\12\12.09**）

```
<div class="mr-cont">
    <canvas id="cav" height="540" width="540"></canvas>
</div>
```

在 JavaScript 页面中绘制文字，并且通过平移、旋转效果实现表盘上文字，代码如下。

```
var cav = document.getElementById("cav").getContext("2d");
var text = [0, 10, 20, 30, 40, 50, 60, 70, 80, 90, 100, 110, 120, 130]
var temp = -Math.PI / (4 * 2.3);                    //旋转弧度
cav.textAlign = 'start';                            //文本水平对齐方式
cav.textBaseline = 'middle';                        //文本垂直方向，基线位置
cav.font = "25px 华文新魏";                          //字体和字号
cav.fillStyle = "rgb(2,167,255)";                   //字体颜色
for (var i = 0; i < text.length; i++) {
    cav.save();                                     //保存当前绘制状态
    cav.beginPath();                                //开始绘制
    cav.translate(270, 270);                        //将绘制圆心移至画布中心
    cav.rotate(temp * i);                           //每个字的旋转角度
    cav.fillText(text[i], 115, 115);                //逐个绘制，绘制起点为（115,115）
```

```
    cav.fill();
    cav.restore();                                          //恢复保存状态
}
```

实例效果如图 12.10 所示。

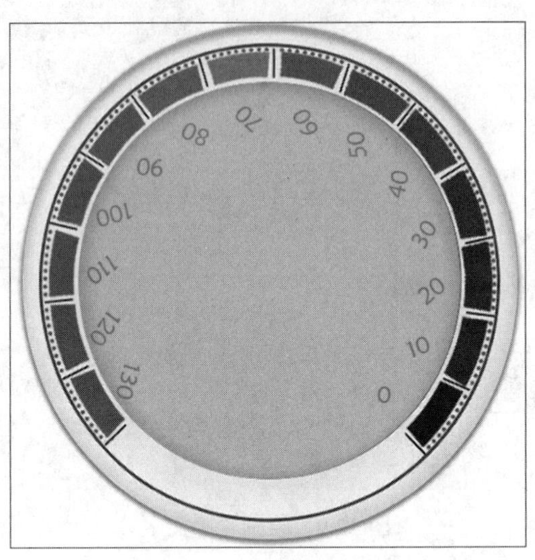

图 12.10　绘制填充文字

12.4.3　文字相关属性

在使用 Canvas API 来进行文字的绘制之前，需要先对该对象的有关文字绘制的属性进行设置，主要有如下几个属性。

- ☑ font 属性：设置文字字体。
- ☑ textAlign 属性：设置文字水平对齐方式，属性值可以为 start、end、left、right 以及 center。默认值为 start。
- ☑ textBaseline 属性：设置文字垂直对齐方式，属性值可以为 top、hanging、middle、alphabetic、ideographic 以及 bottom。默认值为 alphabetic。

例 12.10　程序开发步骤如下。（**实例位置：资源包\源码\12\12.10**）

（1）在 HTML 页面中添加以下代码。

```
<div class="mr-cont">
<canvas id="cav" width="800" height="500"></canvas>
</div>
```

（2）绘制第一行文字。创建 JavaScript 文件，在 JavaScript 页面添加以下代码。

```
window.onload = function () {
    var canvas = document.getElementById('cav');
    var cav = canvas.getContext('2d');                      //获取画布上下文
    var txt1 = ['降', '价', '促', '销'];                     //将第一行文字定义成一个数组
    cav.font = '60px 黑体';                                  //设定字体和字号
```

```
        cav.fillStyle = '#fef200';                                   //设定字体颜色
        var i = 0;
        //使用定时器，使文字逐个出现
        var ds = setInterval(txtline1, 90)
        function txtline1() {
            cav.beginPath();                                         //开始绘制
            cav.fillText(txt1[i], 230, 270);                         //绘制第 i 个文字
            cav.translate(70, 0);                                    //将文字向右平移 70 像素
            cav.fill();
            i++;
            if (i == txt1.length) {                                  //文字全部绘制时，取消定时器
                clearInterval(ds)
            }
        };
        setTimeout(txtline2, 1000)
        function txtline2() {
            var txt2 = ['哪', '家', '强'];
            var j = 0;
            var ds1 = setInterval(function () {
                cav.beginPath();
                cav.fillText(txt2[j], 290, 340);
                cav.translate(70, 0);
                cav.fill();
                j++;
                if (j == txt2.length) {
                    clearInterval(ds1)
                }
            }, 90);
            cav.translate(-300, 0);
        }
    }
```

实例效果如图 12.11 所示。

图 12.11　使用 Canvas 元素实现动态打字效果

12.5 小 结

本章重点讲解了 HTML5 新增的画布：Canvas 功能以及伴随这个功能而来的一套编程接口——Canvas API。其中，详细讲解了如何使用 Canvas API 绘制各种图形，并在讲解实例的同时对绘制中应用到的各种属性进行了详细的阐述。希望读者能了解并熟练掌握 HTML5 新增的 Canvas 元素，以此来创造出更加丰富多彩、赏心悦目的 Web 页面。

12.6 实 战

12.6.1 实战一：Canvas 绘制移动的正方形

使用 Canvas 绘制移动的正方形。（**资源包\源码\12\实战\01**）

12.6.2 实战二：制作游戏弹幕效果

在 Canvas 画布中实现游戏弹幕效果。（**资源包\源码\12\实战\02**）

12.6.3 实战三：实现计时器

绘制轮廓文字实现计时器。（**资源包\源码\12\实战\03**）

第13章

文件与拖放

（视频讲解：37 分钟）

在 HTML5 中新增的与表单元素相关的两个 API：文件 API 和拖放 API。通过使用文件 API，从 Web 页面上访问本地文件系统或服务器端文件系统的相关处理将会变得十分简单。而拖放 API 可以实现一些有趣的功能。这个 API 就像其名称所示的那样，允许我们拖曳元素并将其放置到浏览器中的任何地方。这些强大 API 可以帮助我们通过少量的 JavaScript 代码实现更多有趣的功能。

学习摘要：

- 选择文件
- 读取文件
- 拖放文件

视频讲解

13.1 选 择 文 件

在 HTML5 里，从 Web 网页上访问本地文件系统变的十分简单，那就是使用 FileAPI。File 规范说明里提供了一个 API 来表现 Web 应用里的文件对象，你可以通过编程来选择它们，并访问它们的信息。关于文件 API，到目前为止只有部分浏览器对它提供支持，比如最新版的 Firefox 浏览器。

13.1.1 通过 file 对象选择文件

FileList 对象表示用户选择的文件列表。在 HTML4 中，file 控件内只允许放置一个文件，但是到了 HTML5 中，通过添加 multiple 属性，在 file 控件内允许一次放置多个文件。控件内的每一个用户选择的文件都是一个 file 对象，而 FileList 对象则为这些 file 对象的列表，代表用户选择的所有文件。file 对象有两个属性：name 属性表示文件名，不包括路径；lastModifiedDate 属性表示文件的最后修改日期。

例 13.01 在本实例中，当用户选择文件并单击上传以后，在页面会自动弹出提问用户是否提交的对话框，在对话框中，显示有用户所选文件的文件名，具体操作如下。

在 HTML 页面添加两个 input 标签，分别用来选择文件和上传，代码如下。（**实例位置：资源包\源码\13\13.01**）

```
<div class="mr-cont">
<h2>用户信息注册</h2>
    <div class="mr-head">
        <input type="file" id="file">
        <input type="button" value="上传" onclick="sure()">
    </div>
</div>
```

在 JavaScript 页面添加代码，以获取所选文件的文件名并且弹出确定上传的对话框，代码如下。

```
function sure()
{
    var file;
    //返回 FileList 文件列表对象
    for(var i=0;i<document.getElementById("file").files.length;i++)
    {
        file = document.getElementById("file").files[i];                    //file 对象为用户选择的单个文件
        if (confirm("确定上传图片 " + file.name + " 作为头像？")) {         //弹出文件名
            alert("已上传");
        }
        else {
            alert("已取消上传");
        }
    }
}
```

在浏览器中运行 HTML 页面，首先单击“选择文件”按钮以选择要上传的文件，然后单击“上传”按钮将会弹出一个确定上传该文件的对话框，在该对话框中显示所选文件的名称，效果如图 13.1 所示。

图 13.1　实现确定上传该头像的运行效果

13.1.2　使用 Blob 接口获取文件的类型与大小

Blob 表示二进制原始数据，它提供一个 slice 方法，可以通过该方法访问到字节内部的原始数据块。Blob 对象有两个属性，分别是 size 属性和 type 属性。size 属性表示一个 blob 对象的字节长度，type 属性表示 blob 的 MIME 类型，如果是未知类型，则返回一个空字符串。

例 13.02　本实例主要实现当单击上传头像时，判断所上传文件的大小和类型是否符合条件，并且以对话框的形式告知用户文件是否可以上传，具体步骤如下。

在 HTML 页面中，编写页面的基本内容，其中有关上传文件部分的代码如下。（**实例位置：资源包\源码\13\13.02**）

```
<div class="mr-cont">
<h2>用户信息注册</h2>
    <div class="mr-head">
        <input type="file" id="file">
        <span>****允许的上传格式有 JPG、PNG 和 JPEG。****</span>
        <span>******图片大小不能超过 222550 字节。******</span>
        <input type="button" value="上传" onclick="Show()">
    </div>
</div>
```

在 JavaScript 页面中，通过 if 判断语句判断所选择文件的大小和文件类型，并且弹出对应的对话框，具体代码如下。

```
function Show() {
    var file = document.getElementById("file").files[0];
```

```
    //判断并显示图片大小和格式
    if ((file.size > 22250) ||(!/image\/\w+/.test(file.type))) {
        alert("当前文件大小为" + file.size + '\n'+"当前文件格式为" + file.type + "请重新选择文件")
    } else {
        alert("当前文件长度为" + file.size + '\n'+"类型为" + file.type + "符合上传条件")
    }
}
```

在浏览器中运行 HTML 文件，运行效果如图 13.2 所示。

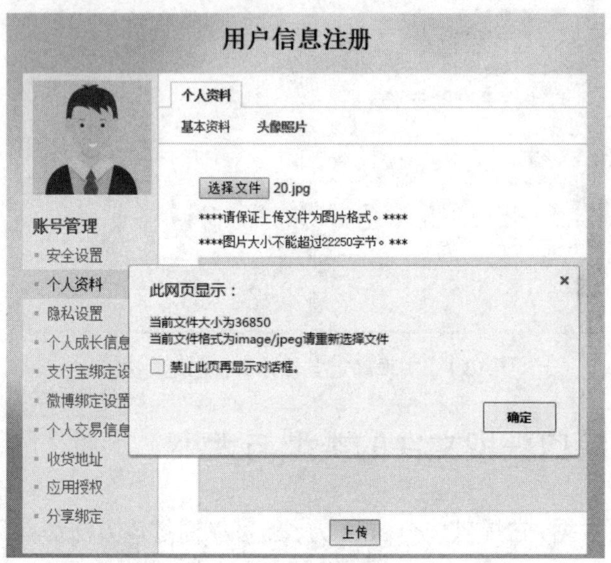

图 13.2　判断所上传文件是否符合要求

对于图像类型的文件，Blob 对象的 type 属性都是以“image/”开头的，后面紧跟该图像的类型，利用此特性我们可以在 JavaScript 中判断用户选择的文件是否为图像文件，如果在批量上传时，只允许上传图像文件，可以利用该属性。如果用户选择的多个文件中有不是图像的文件时，可以弹出错误提示信息，并停止后面的文件上传，或者跳过这个文件，不上传该文件。

视频讲解

13.2 读取文件

FileReader 接口主要用来把文件读入内存，并且读取文件中的数据。FileReader 接口提供了一个异步 API，使用该 API 可以在浏览器主线程中异步访问文件系统，读取文件中的数据。

13.2.1 FileReader 接口的方法以及事件

在介绍 FileReader 接口的方法之前，需要简单了解如何检测浏览器对 FileReader 接口的支持性。而支持这一接口的浏览器有一个位于 Window 对象下的 FileReader 构造函数，如果浏览器有这个构造函数，那么就可以新建一个 FileReader 的实例来使用。具体的 JavaScript 代码如下。

```
if ( typeof FileReader === 'undefined' )
{
    alert( " 您的浏览器未实现 FileReader 接口 " );
}
else
{
    var reader = new FileReader();      //正常使用浏览器
}
```

FileReader 接口的实例拥有 4 个方法，其中 3 个用以读取文件，一个用来中断读取。表 13.1 列出了这些方法以及它们的参数和功能，需要注意的是，无论读取成功或失败，方法并不会返回读取结果，这一结果存储在 result 属性中。

表 13.1　FileReader 接口的方法

方 法 名	参　数	描　述
abort	none	中断读取
readAsBinaryString	file	将文件读取为二进制码
readAsDataURL	file	将文件读取为 DataURL
readAsText	file, [encoding]	将文件读取为文本

- ☑ readAsBinaryString：它将文件读取为二进制字符串，通常我们将它传送到后端，后端可以通过这段字符串存储文件。
- ☑ readAsDataURL：该方法将文件读取为一段以 data 开头的字符串，这段字符串的实质就是 DataURI，DataURI 是一种将小文件直接嵌入文档的方案。这里的小文件通常是指图像与 HTML 等格式的文件。
- ☑ readAsText：该方法有两个参数，其中第二个参数是文本的编码方式，默认值为 UTF-8。这个方法非常容易理解，将文件以文本方式读取，读取的结果即是这个文本文件中的内容。

FileReader 包含了一套完整的事件模型，用于捕获读取文件时的状态，表 13.2 归纳了这些事件。

表 13.2　FileReader 接口的事件

事　件	描　述
onabort	中断时触发
onerror	出错时触发
onload	文件读取成功完成时触发
onloadend	读取完成触发，无论成功或失败
onloadstart	读取开始时触发
onprogress	读取中

当 FileReader 对象读取文件时，会伴随着一系列事件，表 13.2 中的事件表示读取文件时不同的读取状态。

13.2.2　使用 readAsDataURL 方法预览图片

本节将介绍如何使用 FileReader 接口的 readAsDataURL 方法实现图片的预览。

例 13.03 本实例主要实现预览头像，当用户选择文件后，单击预览，页面中“照片”位置就会显示所选择的图片，具体实现步骤如下。

在 HTML 页面中编辑页面内容，其中预览照片部分的关键代码如下。（**实例位置：资源包\源码\13\13.03**）

```
<div class="mr-cont">
  <h2>个人简历</h2>
  <div>
    <div class="mess">
      <div>
        <p> <span>姓名:</span>
          <input type="text">
        </p>
        <p><span>性别:</span>
          <input type="text">
        </p>
      </div>
      <div>
        <p><span>生日:</span>
          <input type="text">
        </p>
        <p><span>年龄:</span>
          <input type="text">
        </p>
      </div>
      <div>
        <p><span>专业:</span>
          <input type="text">
        </p>
        <p><span>学历:</span>
          <input type="text">
        </p>
      </div>
    </div>
    <div class="photo" id="result"></div>          <!--预览头像-->
  </div>
  <div class="expr">
    <h3>校内经历和所获荣誉</h3>
    <div class="border"><textarea cols="84" rows="11"></textarea></div>
  </div>
  <div class="expr">
    <h3>社会经历</h3>
    <div><textarea cols="84" rows="11"></textarea></div>
  </div>
  <div class="btn">
  <input type="button"   value="选择头像">
   <input type="file" id="file">
```

```
            <input type="button" value="预览" onClick="readFile ()">
        </div>
    </div>
```

在 JavaScript 页面编辑预览头像的代码，代码如下。

```
function readFile (){
    var file = document.getElementById("file").files[0];                //检查是否为图像文件
    if(!/image\/\w+/.test(file.type))        {
        alert("请确保文件为图像类型");
        return false;
    }
    var reader = new FileReader();
    reader.readAsDataURL(file);                                          //将文件以 Data URL 形式进行读入页面
    reader.onload = function(e)       {
        var result=document.getElementById("result");
        result.innerHTML = '<img src="'+this.result+'" alt=""/>'//在页面上显示文件
    }
}
```

在浏览器中运行 HTML 文件，在弹出的界面中选择头像以后，单击“预览”按钮，页面右上角即可显示图片内容，运行效果如图 13.3 所示。

图 13.3　显示读取的图像

13.2.3　使用 readAsText 方法读取文本文件

本节将介绍如何使用 FileReader 接口的 readAsText 方法实现文本文件的预览。

例 13.04 在本例中通过单击“选择文件”按钮，选择文件以后，再单击文字“文件预览”按钮，文本文件的内容将在页面中显示，具体步骤如下。

在 HTML 页面编辑页面内容，并且为相关标签设置 ID，具体代码如下。（**实例位置：资源包\源码\13\13.04**）

```
<div class="mr-cont">
   <label>收件人：<input type="text"></label>
   <label> 主 题：<input type="text" id="namee"></label>
   <div class="btn">
      <input type="button" value="选择文件">
      <input type="file" id="file">
      <input type="button" value="文件预览" onClick="readAsText()">
   </div>
   <div class="readd"><span>预览窗口:</span>
      <textarea id="result"></textarea>
   </div>
</div>
```

在 JavaScript 页面中首先通过 ID 获取相应标签，然后使用 readAsText 方法读取文本文件，最后将文本文件的内容显示在<textarea>标签中，具体代码如下。

```
var result=document.getElementById("result");
function readAsText()
{
    var namee=document.getElementById("namee");                    //用以存储文件名称
     var file = document.getElementById("file").files[0];          //获取文件
    namee.value=file.name;                                         //将文件名称赋值给 name
     var reader = new FileReader();
     reader.readAsText(file,"GB2312");                             //readAsText(文件,"文件的编码格式")
     reader.onload = function(f)
     {
         var result=document.getElementById("result");
         result.innerHTML=this.result;                             //在页面上显示读入文本
     }
}
```

在浏览器中打开 HTML 文件，单击“选择文件”按钮，选择文件以后，再单击“文件预览”按钮，即可在下方的文本域中显示文件中的文字内容，运行效果如图 13.4 所示。

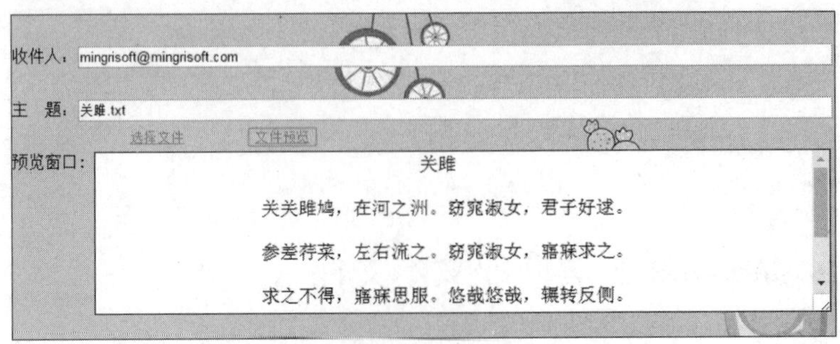

图 13.4 显示浏览的文本文件内容

13.3 拖放文件

13.3.1 拖放页面元素

在 HTML5 中，提供了直接支持拖放操作的 API。虽然 HTML5 之前已经可以使用 mousedown、mousemove、mouseup 来实现拖放操作，但是只支持在浏览器内部的拖放，而在 HTML5 中，已经支持在浏览器与其他应用程序之间的数据的互相拖动，同时也大大简化了有关于拖放方面的代码。

在 HTML5 中要想实现拖放操作，至少要经过如下两个步骤。

（1）将想要拖放的对象元素的 draggable 属性设为 true(draggable="true")，这样才能将该元素进行拖放。另外，img 元素与 a 元素（必须指定 href），默认允许拖放。

（2）编写与拖放有关的事件处理代码。关于拖放的几个事件如表 13.3 所示。

表 13.3 有关拖放的事件及其描述

事　件	产生事件的元素	描　述
dragstart	被拖放的元素	开始拖放操作
drag	被拖放的元素	拖放过程中
dragenter	拖放过程中鼠标经过的元素	被拖放的元素开始进入本元素的范围内
dragover	拖放过程中鼠标经过的元素	被拖放的元素正在本元素范围内移动
dragleave	拖放过程中鼠标经过的元素	被拖放的元素离开本元素的范围
drop	拖放的目标元素	有其他元素被拖放到了本元素中
dragend	拖放的对象元素	拖放操作结束

例 13.05 使用拖放 API 实现随意拖曳表情图片，并且当图片被拖放至右边矩形中时，则在右边矩形中显示提示文字。实现的步骤如下。

在 HTML 页面中添加提示文字和图片等信息，具体代码如下。（**实例位置：资源包\源码\13\13.05**）

```
<div class="mr-cont">
  <h1>拖放图片和文字效果</h1>
  <!--设置 draggable 属性为 true -->
  <div id="box">
   <img src="img/face.png" title="我是可以被拖走的"id="dragme">
  </div>
  <div id="text1" ></div>
</div>
```

在 JavaScript 页面中添加实现拖放效果的代码，具体代码如下。

```
function init() {
    var source = document.getElementById("dragme");
    var dest1 = document.getElementById("text1");
```

```
    //(1) 拖放开始
    source.addEventListener("dragstart", function (ev) {
        var dt = ev.dataTransfer;                                //追加数据
        dt.effectAllowed = 'all';
        //(2) 拖动元素为 dt.setData("text/plain", this.id);
        dt.setData("text/plain", "哟吼，我进来了");
    }, false);
    //(3) drop：被拖放
    dest1.addEventListener("drop", function (ev) {
        var dt = ev.dataTransfer;                                //从 DataTransfer 对象那里取得数据
        var text = dt.getData("text/plain");
        dest1.textContent += text;
    }, false);
    //(4) dragend：拖放结束
    source.addEventListener("dragend", function (ev) {
        source.style.position="absolute";
        source.style.top=event.clientY-75+'px';
        source.style.left=event.clientX-75+'px';
        ev.preventDefault();                                     //不执行默认处理（拒绝被拖放）
    }, false);
}
//(5) 设置页面属性，不执行默认处理（拒绝被拖放）
document.ondragover = function (e) {
    e.preventDefault();
};
document.ondrop = function (e) {
    e.preventDefault();
}
```

运行 HTML 文件，结果如图 13.5 所示。用鼠标将图片拖放到另一个矩形中，结果如图 13.6 所示。

图 13.5　页面运行初始效果

图 13.6　实现拖放图片效果

13.3.2　DataTransfer 对象的属性与方法

表 13.4 提供了一些常用的 DataTransfer 对象的属性与方法。

表 13.4　DataTransfer 对象的属性与方法

属　　性	对属性的解释	属 性 值
dropEffec	如果该操作效果与起初设置的 effectAllowed 效果不符，则拖曳操作失败	None、copy、link、move
effectAllowed	返回允许执行的拖曳操作效果，可以设置修改	None、copy、copyLink、copyMove、link、linkMove、move、all、uninitialized
types	返回在 dragstart 事件出发时为元素存储数据的格式，如果是外部文件的拖曳，则返回 files	
clearData(DOMStringformat)	删除指定格式的数据，如果未指定格式，则删除当前元素的所有携带数据	
setData(DOMStringformat, DOMString data)	为元素添加指定数据	
DOMString getData(DOMStringformat)方法	返回指定数据，如果数据不存在，则返回空字符串	
setDragImage(Element image, x, y)	制定拖曳元素时跟随鼠标移动的图片，x、y 分别是相对于鼠标的坐标（部分浏览器中可以用 canvas 等其他元素来设置）	

对于 getData 和 setData 两个方法，setData 方法在拖放开始时向 dataTransfer 对象中存入数据，用 types 属性来指定数据的 MIME 类型，而 getData 方法在拖动结束时读取 dataTransfer 对象中的数据。

clearData 方法可以用来清除 DataTransfer 对象内数据，譬如在上例中的 getData()方法前加上“dt.clearData();”语句，目标元素内就不会放入任何数据了。

13.3.3　使用 effectAllowed 和 dropEffect 属性设置拖放效果

dropEffect 属性与 effectAllowed 属性结合起来可以设定拖放时的视觉效果。effectAllowed 属性表示当一个元素被拖曳时所允许的视觉效果，一般在 ondragstart 事件中设定，允许设定的值为 none、copy、copyLink、copyMove、link、linkMove、move、all、unintialize。dropEffect 属性表示实际拖放时的视觉效果，一般在 ondragover 事件中指定，允许设定的值有 none、copy、link、move。dropEffect 属性所表示的实际视觉效果必须在 effectAllowed 属性所表示的允许的视觉效果范围内，规则如下。

（1）如果 effectAllowed 属性设定为 none，则不允许拖放要拖放的元素。

（2）如果 dropEffect 属性设定为 none，则不允许被拖放到目标元素中。

（3）如果 effectAllowed 属性设定为 all 或不设定，则 dropEffect 属性允许被设定为任何值，并且按指定的视觉效果进行显示。

（4）如果 effectAllowed 属性设定为具体效果（不为 none 和 all），dropEffect 属性也设定了具体视觉效果，则两个具体效果值必须完全相等，否则不允许将被拖放元素拖放到目标元素中。

拖放图标指拖曳元素时，鼠标旁边显示的图标，在 dragstart 事件中，可以使用 setDragImage 方法设定拖放图标，该语法如下。

```
setDragImage(image, x, y);
```

☑ image：为设定为拖放图标的图标元素。

☑ x：为拖放图标离鼠标指针的 x 轴方向的位移量。

☑ y：为拖放图标离鼠标指针的 y 轴方向的位移量。

例 13.06 本实例使用 setDragImage()方法设置拖放图片时的拖放图标。

本实例的实现代码与实例 13.05 基本相同，只是在实现“开始拖放”的代码中需要添加设置拖放图标的代码，这部分代码如下。（**实例位置：资源包\源码\13\13.06**）

```
var dragIcon = document.createElement('img');
dragIcon.src = 'img/small.png';                                   //设定图标来源
source.addEventListener("dragstart", function (ev) {              //(1) 拖放开始
    var dt = ev.dataTransfer;                                     //追加数据
    dt.effectAllowed = 'all';
    dt.setDragImage(dragIcon, 20, 20);
    //(2) 拖曳元素为 dt.setData("text/plain", this.id);
    dt.setData("text/plain", "哟吼，我进来了");
}, false);
```

完成代码以后，运行 HTML 文件，页面效果如图 13.7 所示，当使用鼠标拖放图片时，页面效果如图 13.8 所示。

图 13.7　页面初始效果

图 13.8　设置拖放图标后，拖放时的效果

13.4　小　　结

本章主要介绍了文件 API 和拖放 API。在文件 API 中主要介绍了 FileList 对象与 file 对象、Blob 对象以及 FileReader 接口。通过这些文件的对象和接口，可以实现文件的上传与文件的预览等操作。在拖放 API 中主要介绍了实现拖放的步骤、为拖放定制拖曳图标，以及对 DataTransfer 对象的属性与方法的介绍。希望读者能好好理解和掌握文件 API 和拖放 API，因为通过使用文件 API 和拖放 API，对于从 Web 页面上访问本地文件系统的相关处理将会变得十分简单了。

13.5　实　　战

13.5.1　实战一：实现编辑照片墙中上传图片的功能

使用 readAsDataURL 方法实现编辑照片墙中上传图片的功能。（**资源包\源码\13\实战\01**）

13.5.2　实战二：查看网页源码

使用 readAsText 方法查看网页源码功能。（**资源包\源码\13\实战\02**）

13.5.3　实战三：预览文件功能

使用拖放 API 实现将文件从文件夹中拖曳至网页中预览文件功能。（**资源包\源码\13\实战\03**）

第14章

JavaScript 对象编程

（视频讲解：1 小时 2 分钟）

JavaScript 是基于对象（object-based）的语言，本章将对 JavaScript 中常见的几种对象进行详细讲解，包括 Window 窗口对象、Document 文档对象、JavaScript 与表单操作、DOM 对象等。

学习摘要：

- Window 窗口对象
- Document 文档对象
- JavaScript 与表单操作
- DOM 对象

14.1　Window 窗口对象

14.1.1　Window 对象

Window 对象代表的是打开的浏览器窗口，通过 Window 对象可以控制窗口的大小和位置、由窗口弹出的对话框、打开窗口与关闭窗口，还可以控制窗口上是否显示地址栏、工具栏和状态栏等栏目。对于窗口中的内容，Window 对象可以控制是否重载网页、返回上一个文档或前进到下一个文档。

在框架方面，Window 对象可以处理框架与框架之间的关系，并通过这种关系在一个框架处理另一个框架中的文档。Window 对象还是所有其他对象的顶级对象，通过对 Window 对象的子对象进行操作，可以实现更多的动态效果。Window 对象作为对象的一种，也有着其自己的方法和属性。

1. Window 对象的属性

顶层 Window 对象是所有其他子对象的父对象，它出现在每一个页面上，并且可以在单个 JavaScript 应用程序中被多次使用。

为了便于读者的学习，本节将 Window 对象中的属性以表格的形式进行详细说明。Window 对象的属性以及说明如表 14.1 所示。

表 14.1　Window 对象的属性

属　　性	描　　述
document	对话框中显示的当前文档
frames	表示当前对话框中所有 frame 对象的集合
location	指定当前文档的 URL
name	对话框的名字
status	浏览器窗中状态栏的当前显示信息
defaultstatus	浏览器窗中状态栏的默认显示信息
top	表示最顶层的浏览器对话框
parent	表示包含当前对话框的父对话框
opener	表示打开当前对话框的父对话框
closed	表示当前对话框是否关闭的逻辑值
self	表示当前对话框
screen	表示用户屏幕，提供屏幕尺寸、颜色深度等信息
navigator	表示浏览器对象，用于获得与浏览器相关的信息

2. Window 对象的方法

除了属性之外，Window 对象还拥有很多方法。Window 对象的方法以及说明如表 14.2 所示。

表 14.2　Window 对象的方法

方　法	描　述
alert()	弹出一个警告对话框
confirm()	在确认对话框中显示指定的字符串
prompt()	弹出一个提示对话框
open()	打开新浏览器对话框并且显示由 URL 或名字引用的文档，并设置创建对话框的属性
close()	关闭被引用的对话框
focus()	将被引用的对话框放在所有打开对话框的前面
blur()	将被引用的对话框放在所有打开对话框的后面
scrollTo(x,y)	把对话框滚动到指定的坐标
scrollBy(offsetx,offsety)	按照指定的位移量滚动对话框
setTimeout(timer)	在指定的毫秒数过后，对传递的表达式求值
setInterval(interval)	指定周期性执行代码
moveTo(x,y)	将对话框移动到指定坐标处
moveBy(offsetx,offsety)	将对话框移动到指定的位移量处
resizeTo(x,y)	设置对话框的大小
resizeBy(offsetx,offsety)	按照指定的位移量设置对话框的大小
print()	相当于浏览器工具栏中的“打印”按钮
navigate(URL)	使用对话框显示 URL 指定的页面
status()	状态条，位于对话框下部的当前信息条
Defaultstatus()	状态条，位于对话框下部的默认信息条

3．Window 对象的使用

Window 对象可以直接调用其方法和属性，例如：

```
window.属性名
window.方法名(参数列表)
```

Window 是不需要使用 new 运算符来创建的对象。因此，在使用 Window 对象时，只要直接使用 Window 来引用 Window 对象即可，代码如下。

```
window.alert("字符串");
window.document.write("字符串");
```

在实际运用中，JavaSctipt 允许使用一个字符串来给窗口命名，也可以使用一些关键字来代替某些特定的窗口。例如，使用 self 代表当前窗口、parent 代表父级窗口等。对于这种情况，可以用这些字符串来代表 Window，代码如下。

```
parent.属性名
parent.方法名(参数列表)
```

14.1.2　对话框（Dialog）

对话框是响应用户某种需求而弹出的小窗口，本节将介绍几种常用的对话框：警告对话框、询问回答对话框及提示对话框。

1．警告（Alert）

在页面显示时弹出警告对话框主要是在<body>标签中调用 Window 对象的 alert()方法实现的，下面对该方法进行详细说明。

利用 Window 对象的 alert()方法可以弹出一个警告框，并且在警告框内可以显示提示字符串文本。

语法如下。

```
window.alert(str)
```

参数 str 表示要在警告对话框中显示的提示字符串。

用户可以单击警告对话框中的“确定”按钮来关闭该警告对话框。不同浏览器的警告对话框样式可能会有些不同。

注意

警告对话框是由当前运行的页面弹出的，在对该对话框进行处理之前，不能对当前页面进行操作，并且其后面的代码也不会被执行。只有将警告对话框进行处理后（如单击“确定”或者“关闭”对话框），才可以对当前页面进行操作，后面的代码也才能继续执行。

说明

也可以利用 alert()方法对代码进行调试。当弄不清楚某段代码执行到哪里，或者不知道当前变量的取值情况，便可以利用该方法显示有用的调试信息。

2．弹出询问回答对话框

Window 对象的 confirm()方法用于弹出一个询问回答为“是”或“否”问题的对话框。该对话框中包含有两个按钮（在中文操作系统中显示为“确定”和“取消”，在英文操作系统中显示为 OK 和 Cancel）：当用户单击了“确定”按钮，返回值为 true；单击“取消”按钮，返回值为 false。

语法如下。

```
window. confirm(question)
```

☑ window：Window 对象。

☑ question：要在对话框中显示的纯文本。通常，应该表达程序想要让用户回答的问题。

☑ 返回值：如果用户单击了“确定”按钮，返回值为 true；如果用户单击了“取消”按钮，返回值为 false。

3．提示（Prompts）

利用 Window 对象的 Prompt()方法可以在浏览器窗口中弹出一个提示框。与警告框和确认框不同，在提示框中有一个输入框。当显示输入框时，在输入框内显示提示字符串，在输入文本框显示默认文本，并等待用户输入。当用户在该输入框中输入文字，并单击“确定”按钮时，返回用户输入的字符串；当单击“取消”按钮时，返回 null 值。

语法如下。

```
window.prompt(str1,str2)
```

☑ str1：为可选项。表示字符串（String），指定在对话框内要被显示的信息。如果忽略此参数，则将不显示任何信息。

☑ str2：为可选项。表示字符串（String），指定对话框内输入框（input）的值（value）。如果忽略此参数，则将被设置为 undefined。

例 14.01 本实例中使用 HTML 语法，在页面中显示 Window 对象常用对话框，效果如图 14.1 所示。**（实例位置：资源包\源码\14\14.01）**

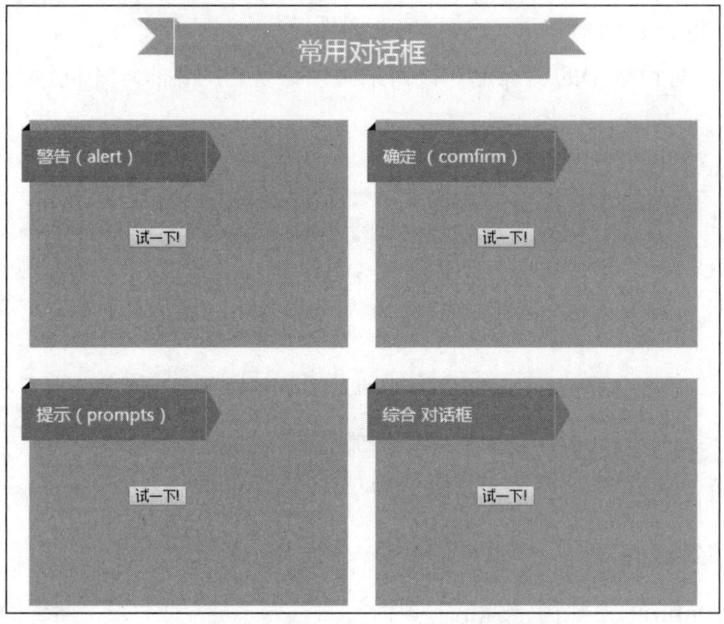

图 14.1 Window 对象常用对话框

（1）创建一个 HTML 页面，引入 mr-style.css 文件，搭建页面的布局和样式，关键代码如下。

```
<!DOCTYPE HTML>
<html>
<head>
    <meta charset="utf-8" />
    <title>JavaScript 数据类型</title>
    <!--引入页面样式文件 -->
    <link rel="stylesheet" type="text/css" href="css/mr-style.css">
</head>
<body>
<div >
    <section>
```

```
            <h2><span>常用对话框</span></h2>
            <!--这里继续填写代码-->
        </section>
</div>
</body>
</html>
```

（2）编写 alert 对话框的展示代码，用户单击“试一下”按钮，弹出 alert 对话框的内容，关键代码如下。

```
<div class="mr-box">
            <span class="mr-item">警告（alert）</span>
            <span class="mr-info-first">
                <button type="button" onclick="mr_alert()">试一下!</button>
            </span>
</div>
<script>
    //警告
    function mr_alert(){
        window.alert("警告：支付成功！");
    }
</script>
```

（3）编写 confirm 对话框的展示代码，用户单击“试一下”按钮，弹出 confirm 对话框的内容，关键代码如下。

```
<div class="mr-box">
            <span class="mr-item">确定 （comfirm）</span>
            <span class="mr-info">
                <button type="button" onclick="mr_confirm()">试一下!</button>
            </span>
 </div>
<script>
    //确定
    function mr_confirm(){
        window.confirm("询问：确定要购买吗？");
    }
</script>
```

（4）编写 prompts 对话框的展示代码，用户单击“试一下”按钮，弹出 prompts 对话框，关键代码如下。

```
<div class="mr-box">
            <span class="mr-item">提示（prompts）</span>
            <span class="mr-info">
                <button type="button" onclick="mr_prompts()">试一下!</button>
            </span>
</div>
<script>
    //提示留言
```

```
        function mr_prompts(){
            window.prompt("请输入你的邮寄地址","");
        }
</script>
```

（5）编写综合对话框的展示代码，用户单击“试一下”按钮，弹出一系列对话框的内容，关键代码如下。

```
<div class="mr-box">
            <span class="mr-item">综合对话框</span>
            <span class="mr-info">
                <button type="button" onclick="mr_dialog()">试一下!</button>
            </span>
</div>
<script>
        //综合对话框
        function mr_dialog(){
            window.confirm("询问：确定要购买吗？");
            window.prompt("请输入你的邮寄地址","")
            window.alert("支付成功！")
        }
</script>
```

14.1.3 窗口对象常用操作

1．移动窗口

下面介绍几种移动窗口的方法。

（1）moveTo()方法。利用 moveTo()方法可以将窗口移动到指定坐标(x,y)处。

语法如下。

```
window.moveTo(x,y)
```

- ☑ x：窗口左上角的 x 坐标。
- ☑ y：窗口左上角的 y 坐标。

例如，将窗口移动到指定到坐标(300,300)处，代码如下。

```
window.moveTo(300,300)
```

说明

moveTo()方法是 Navigator 和 IE 都支持的方法，它不属于 W3C 标准的 DOM。

（2）resizeTo()方法。利用 resizeTo()方法可以将当前窗口改变成(x,y)大小，x、y 分别为宽度和高度。

语法如下。

```
window.resizeTo(x,y)
```

☑　x：窗口的水平宽度。

☑　y：窗口的垂直宽度。

例如，将当前窗口改变成(300,200)大小，代码如下。

```
window.moveTo(300,200)
```

（3）screen 对象。screen 对象是 JavaScript 中的屏幕对象，反映了当前用户的屏幕设置。该对象的常用属性如表 14.3 所示。

表 14.3　screen 对象的常用属性

属　性	说　明
width	用户整个屏幕的水平尺寸，以像素为单位
height	用户整个屏幕的垂直尺寸，以像素为单位
pixelDepth	显示器的每个像素的位数
colorDepth	返回当前颜色设置所用的位数，1 代表黑白；8 代表 256 色；16 代表增强色；24/32 代表真彩色。8 位颜色支持 256 种颜色；16 位颜色（通常叫作“增强色”）支持大概 64000 种颜色；而 24 位颜色（通常叫作“真彩色”）支持大概 1600 万种颜色
availHeight	返回窗口内容区域的垂直尺寸，以像素为单位
availWidth	返回窗口内容区域的水平尺寸，以像素为单位

例如，使用 screen 对象设置屏幕属性，代码如下。

```
window.screen.width              //屏幕宽度
window.screen.height             //屏幕高度
window.screen.colorDepth         //屏幕色深
window.screen.availWidth         //可用宽度
window.screen.availHeight        //可用高度（除去任务栏的高度）
```

2．改变窗口大小

利用 Window 对象的 resizeBy()方法可以实现将当前窗口改变指定的大小(x,y)，当 x、y 的值大于 0 时为扩大，小于 0 时为缩小。

语法如下。

```
window.resizeBy(x,y)
```

☑　x：放大或缩小的水平宽度。

☑　y：放大或缩小的垂直宽度。

3．窗口滚动

利用 Window 对象的 scroll()方法可以指定窗口的当前位置，从而实现窗口滚动效果。

语法如下。

```
scroll(x,y);
```

☑ x：屏幕的横向坐标。

☑ y：屏幕的纵向坐标。

Window 对象中有 3 种方法可以用来滚动窗口中的文档，这 3 种方法的使用如下。

```
window.scroll(x,y)
window.scrollTo(x,y)
window.scrollBy(x,y)
```

以上 3 种方法的具体解释如下。

☑ scroll()：该方法可以将窗口中显示的文档滚动到指定的绝对位置。滚动的位置由参数 x 和 y 决定，其中 x 为要滚动的横向坐标，y 为要滚动的纵向坐标。两个坐标都是相对文档的左上角而言的，即文档的左上角坐标为(0,0)。

☑ scrollTo()：该方法的作用与 scroll()方法完全相同。scroll()方法是 JavaScript 1.1 中所规定的，而 scrollTo()方法是 JavaScript 1.2 中所规定的。建议使用 scrollTo()方法。

☑ scrollBy：该方法可以将文档滚动到指定的相对位置上，参数 x 和 y 是相对当前文档位置的坐标。如果参数 x 的值为正数，则向右滚动文档；如果参数 x 值为负数，则向左滚动文档。与此类似，如果参数 y 的值为正数，则向下滚动文档；如果参数 y 的值为负数，则向上滚动文档。

4．访问窗口历史

利用 history 对象实现访问窗口历史，history 对象是一个只读的 URL 字符串数组，该对象主要用来存储一个最近所访问网页的 URL 地址的列表。

语法如下。

```
[window.]history.property|method([parameters])
```

history 对象的常用属性以及说明如表 14.4 所示。

表 14.4　history 对象的常用属性

属　性	描　述
length	历史列表的长度，用于判断列表中的入口数目
current	当前文档的 URL
next	历史列表的下一个 URL
previous	历史列表的前一个 URL

history 对象的常用方法以及说明如表 14.5 所示。

表 14.5　history 对象的常用方法

方　法	描　述
back()	退回前一页
forward()	重新进入下一页
go()	进入指定的网页

例如，利用 history 对象中的 back()方法和 forward()方法来引导用户在页面中跳转，代码如下。

```
<a href="javascript:window.history.forward();">forward</a>
<a href="javascript:window.history.back ();">back</a>
```

还可以使用 history.go()方法指定要访问的历史记录。若参数为正数，则向下移动，比如参数为 1，则向下移动一步；若参数为负数，则向上移动，比如参数为-1，则向上移动一步。例如：

```
<a href="javascript:window.history.go(-1);">向上移动一步</a>
<a href="javascript:window.history.go (1);">向下移动一步/a>
```

使用 history.length 属性能够访问 history 数组的长度，可以很容易地转移到列表的末尾。例如：

```
<a href="javascript:window.history.go(window.historylength-1);">末尾</a>
```

5. 控制窗口状态栏

下面介绍几种控制窗口状态栏的方法。

（1）status()方法。改变状态栏中的文字可以通过 Window 对象的 status()方法实现。status()方法主要功能是设置或给出浏览器窗口中状态栏的当前显示信息。

语法如下。

```
window.status=str
```

（2）defaultstatus()方法。

语法如下。

```
window.defaultstatus=str
```

status()方法与 defaultstatus()方法的区别在于信息显示时间的长短。defaultstatus()方法的值会在任何时间显示，而 status()方法的值只在某个事件发生的瞬间显示。

14.2　Document 文档对象

视频讲解

14.2.1　文档对象概述

通过 Document 对象，可以轻松访问构成 Web 页面的 HTML 元素，如图 14.2 所示。在谷歌浏览器的开发者工具中，展开 Document 对象后，可以获取当前页面的 HTML 内容。Document 对象提供了一些有用的属性和方法，以便于检索任何 HTML 元素，其简单易用。

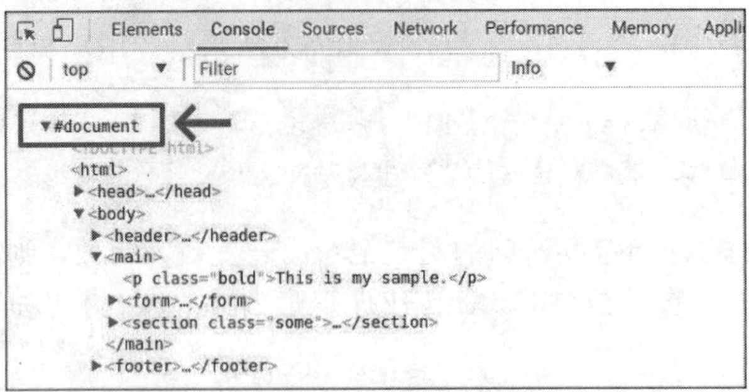

图 14.2　构成 Web 页面的 HTML 元素

14.2.2　文档对象的常用属性、方法与事件

本节将详细介绍文档对象（Document 对象）常用的属性、方法和事件。

1．Document 对象的常用属性

Document 对象的常用属性及说明如表 14.6 所示。

表 14.6　Document 对象的属性及说明

属　性	说　明
alinkColor	链接文字的颜色，对应于<body>标记中的 alink 属性
all[]	存储 HTML 标记的一个数组（该属性本身也是一个对象）
anchors[]	存储锚点的一个数组（该属性本身也是一个对象）
bgColor	文档的背景颜色，对应于<body>标记中的 bgcolor 属性
cookie	表示 cookie 的值
fgColor	文档的文本颜色（不包含超链接的文字）对应于<body>标记中的 text 属性值
forms[]	存储窗体对象的一个数组（该属性本身也是一个对象）
fileCreatedDate	创建文档的日期
fileModifiedDate	文档最后修改的日期
fileSize	当前文件的大小
lastModified	文档最后修改的时间
images[]	存储图像对象的一个数组（该属性本身也是一个对象）
linkColor	未被访问的链接文字的颜色，对应于<body>标记中的 link 属性
links[]	存储 link 对象的一个数组（该属性本身也是一个对象）
vlinkColor	表示已访问的链接文字的颜色，对应于<body>标记的 vlink 属性
title	当前文档标题对象
body	当前文档主体对象
readyState	获取某个对象的当前状态
URL	获取或设置 URL

2．Document 对象的常用方法

Document 对象的常用方法和说明如表 14.7 所示。

表 14.7　Document 对象的方法及说明

方　法	说　明
close	文档的输出流
open	打开一个文档输出流并接收 write 和 writeln 方法的创建页面内容
write	向文档中写入 HTML 或 JavaScript 语句
writeln	向文档中写入 HTML 或 JavaScript 语句，并以换行符结束
createElement	创建一个 HTML 标记
getElementById	获取指定 id 的 HTML 标记

3．Document 对象的常用事件

多数浏览器内部对象都拥有很多事件，下面将以表格的形式给出常用的事件及何时触发这些事件。JavaScript 的常用事件如表 14.8 所示。

表 14.8　JavaScript 的常用事件

事　件	何 时 触 发
onabort	对象载入被中断时触发
onblur	元素或窗口本身失去焦点时触发
onchange	改变<select>元素中的选项或其他表单元素失去焦点，并且在其获取焦点后内容发生过改变时触发
onclick	单击鼠标时触发。当光标的焦点在按钮上，并按 Enter 键时，也会触发该事件
ondblclick	双击时触发
onerror	出现错误时触发
onfocus	任何元素或窗口本身获得焦点时触发
onkeydown	键盘上的按键（包括 Shift 或 Alt 等键）被按下时触发，如果一直按着某键，则会不断触发。当返回 false 时，取消默认动作
onkeypress	键盘上的按键被按下，并产生一个字符时发生。也就是说，当按下 Shift 或 Alt 等键时不触发。如果一直按下某键时，会不断触发。当返回 false 时，取消默认动作
onkeyup	释放键盘上的按键时触发
onload	页面完全载入后，在 Window 对象上触发；所有框架都载入后，在框架集上触发；<img>标记指定的图像完全载入后，在其上触发；或<object>标记指定的对象完全载入后，在其上触发
onmousedown	单击任何一个鼠标按键时触发
onmousemove	鼠标在某个元素上移动时持续触发
onmouseout	将鼠标从指定的元素上移开时触发
onmouseover	鼠标移到某个元素上时触发
onmouseup	释放任意一个鼠标按键时触发
onreset	单击“重置”按钮时，在<form>上触发
onresize	窗口或框架的大小发生改变时触发
onscroll	在任何带滚动条的元素或窗口上滚动时触发
onselect	选中文本时触发
onsubmit	单击“提交”按钮时，在<form>上触发
onunload	页面完全卸载后，在 Window 对象上触发；或者所有框架都卸载后，在框架集上触发

14.2.3 Document 对象的应用

本节主要通过使用 Document 对象的属性和方法来演示一些常用的实例，如链接文字颜色设置、获取并设置 URL 等实例，本章将对 Document 对象常用的应用进行详细介绍。

1．链接文字颜色设置

链接文字颜色设置通过使用 alinkColor 属性、linkColor 属性和 vlinkColor 属性来实现。

（1）alinkColor 属性。该属性用来获取或设置当链接获得焦点时显示的颜色。

语法如下。

```
[color=]document.alinkcolor[=setColor]
```

☑ setColor：设置颜色的名称或颜色的 RGB 值。setColor 是可选项。

☑ color：字符串变量，用来获取颜色值。color 是可选项。

（2）linkColor 属性。该属性用来获取或设置页面中未单击的链接的颜色。

语法如下。

```
[color=]document.linkColor[=setColor]
```

☑ setColor：设置颜色的名称或颜色的 RGB 值。setColor 是可选项。

☑ color：字符串变量，用来获取颜色值。color 是可选项。

（3）vlinkColor 属性。该属性用来获取或设置页面中单击过的链接的颜色。

语法如下。

```
[color=]document.vlinkColor[=setColor]
```

☑ setColor：设置颜色的名称或颜色的 RGB 值。setColor 是可选项。

☑ color：字符串变量，用来获取颜色值。color 是可选项。

2．文档前景色和背景色设置

文档前景色和背景色的设置可以使用 gbColor 属性和 fgColor 属性来实现。

（1）bgColor 属性。该属性用来获取或设置页面的背景颜色。

语法如下。

```
[color=]document.bgColor[=setColor]
```

☑ setColor：设置颜色的名称或颜色的 RGB 值。setColor 是可选项。

☑ color：字符串变量，用来获取颜色值。color 是可选项。

（2）fgColor 属性。该属性用来获取或设置页面的前景颜色，即为页面中文字的颜色。

语法如下。

```
[color=]document.fgColor[=setColor]
```

☑ setColor：设置颜色的名称或颜色的 RGB 值。setColor 是可选项。

☑　color：字符串变量，用来获取颜色值。color 是可选项。

3. 获取并设置 URL

获取并设置 URL 主要可以使用 URL 属性来实现，该属性是用来获取或设置当前文档的 URL。语法如下。

```
[url=]document.URL[=setUrl]
```

☑　url：字符串表达式，用来存储当前文档的 URL。url 是可选项。
☑　setUrl：字符串变量，用来设置当前文档的 URL。setUrl 是可选项。

4. 在文档中输出数据

在文档中输出数据可以使用 write 方法和 writeln 方法来实现。

（1）write 方法。该方法用来向 HTML 文档中输出数据，其数据包括字符串、数字和 HTML 标记等。语法如下。

```
document.write(text);
```

参数 text 表示在 HTML 文档中输出的内容。

（2）writeln 方法。该方法与 write 方法作用相同，唯一的区别在于 writeln 方法在所输出的内容后，添加了一个回车换行符。但回车换行符只有在 HTML 文档中<pre>和</pre>标记（此标记把文档中的空格、回车、换行等表现出来）内才能被识别。

语法如下。

```
document.writeln(text);
```

参数 text 表示在 HTML 文档中输出的内容。

5. 获取文本框并修改其内容

获取文本框并修改其内容可以使用 getElementById()方法来实现。getElementById()方法可以通过指定的 id 来获取 HTML 标记，并将其返回。

语法如下。

```
sElement=document.getElementById(id)
```

☑　sElement：用来接收该方法返回的一个对象。
☑　id：用来设置需要获取 HTML 标记的 id 值。

例 14.02　本实例在页面上使用 HTML 语法，讲解 Document 文档对象，效果如图 14.3 所示。（**实例位置：资源包\源码\14\14.02**）

（1）创建一个 HTML 页面，引入 mr-style.css 和 bootstrap.min.css 文件，搭建页面的布局和样式，关键代码如下。

```
<!DOCTYPE html>
<html>
<head>
```

```
<meta charset="utf-8">
<title>Document 文档对象</title>
<link rel="stylesheet" type="text/css" href="css/bootstrap.min.css">
<link rel="stylesheet" type="text/css" href="css/mr-style.css">
</head>
<body>
<div class="zzsc-container">
    <div class="container mt50">
        <h1 style="text-align: center">Document 文档对象</h1>
    </div>
</div>
</body>
</html>
```

图 14.3　图解说明 Document 文档对象

（2）编写 Document“获取文档信息”的代码。用户将鼠标移动到图片上时，会显示“试一下”的按钮。单击该按钮，弹出对应的文档信息，如页面标题和页面 URL 等，效果如图 14.4 所示。

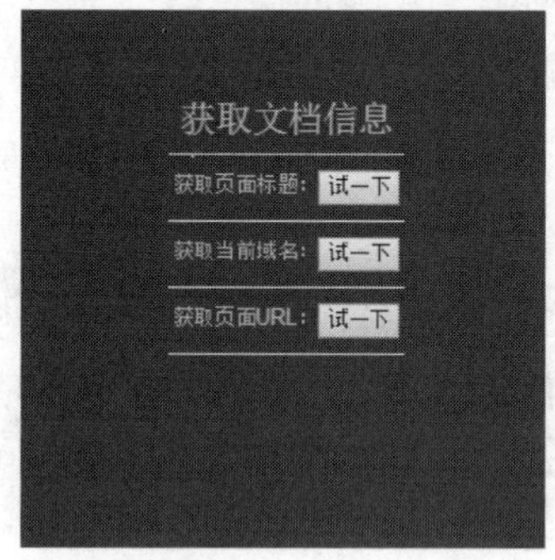

图 14.4　获取文档信息的效果图

关键代码如下。

```
<div class="col-md-4 col-sm-6">
    <div class="mr-box">
        <img src="img/1.png" alt="">
```

```
            <div class="over-layer">
                <h3 class="title">获取文档信息</h3>
                    <p class="description">获取页面标题：<button onclick="getTitle();"
                        style="color:black">试一下</button></p>
                    <p class="description">获取当前域名：<button onclick="getDomain();"
                        style="color:black">试一下</button></p>
                    <p class="description">获取页面 URL：<button
                    onclick="getReferrers();" style="color:black">试一下</button></p>
                    </div>
                </div>
            </div>
              <script>
                //获取页面标题
                function getTitle(){
                    var originalTitle = document.title;
                    alert(originalTitle);
                }
                //获取当前域名
                function getDomain(){
                    var domain = document.domain;
                    alert(domain);
                }
                //获取页面 URL
                function getReferrers(){
                    var referrer = document.URL;
                    alert(referrer);
                }
              </script>
```

（3）编写 Document“查找文档元素”的代码。用户将鼠标移动到图片上时，会显示 getElementById() 和 getElementsByTagName()方法的“试一下”按钮。单击该按钮，弹出对应的方法说明，效果如图 14.5 所示。

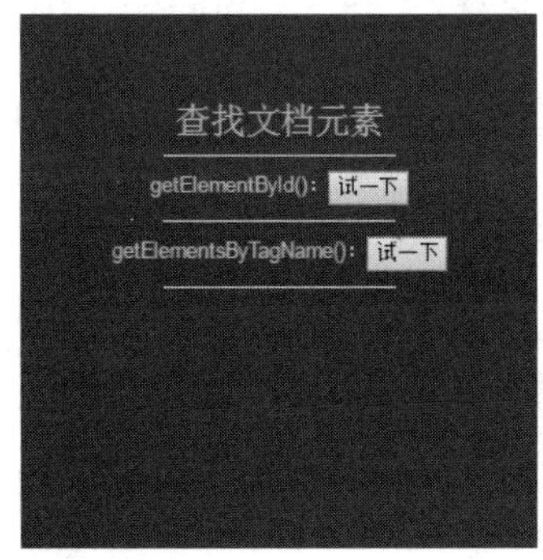

图 14.5　查找文档元素的效果图

关键代码如下。

```
<div class="col-md-4 col-sm-6">
        <div class="mr-box">
```

```
            <img src="img/2.png" alt="">
                <div class="over-layer">
                    <h3 class="title">查找文档元素</h3>
                        <p class="description">getElementById()：<button
                            onclick="getId();" style="color:black">试一下</button></p>
                        <div id="myDiv" style="display: none">51 购商城</div>
                        <p class="description">getElementsByTagName()：<button
                            onclick="getTag();" style="color:black">试一下</button></p>
                        <h1 style="display: none">我是 h1 标签</h1>
                </div>
        </div>
    </div>
            <script>
                //getElementById()方法的说明
                function getId(){
                    var id_content ='含有 id 属性的标签：<div id="myDiv">51 购商城</div>';
                    alert(id_content);
                    var div = document.getElementById("myDiv"); //  取得<div>元素的引用
                    alert(div.innerHTML);
                }

                //getElementsByTagName()方法的说明
                function getTag(){
                    var tag_content ='标签名：<h1 >我是 h1 标签</h1>';
                    alert(tag_content);
                    var h1_content = document.getElementsByTagName("h1");
                    alert(h1_content[0].innerHTML);
                }
            </script>
```

（4）编写 Document“写入文档标签”的代码。用户将鼠标移动到图片上时，会显示“试一下”按钮。单击该按钮，可以设置文档的背景颜色、背景图片和文字大小等内容，效果如图 14.6 所示。

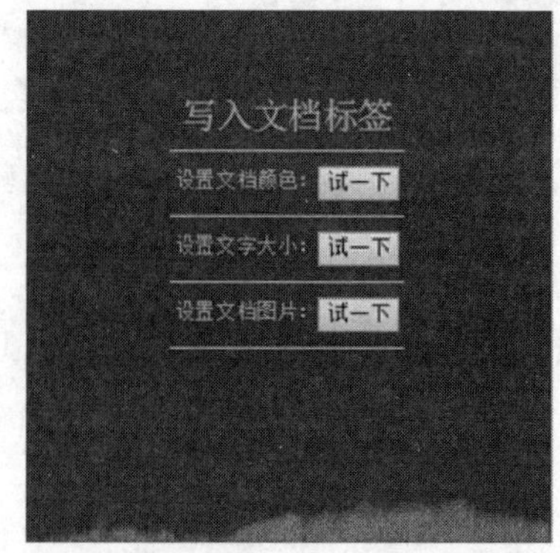

图 14.6　写入文档标签的效果图

关键代码如下。

```
<div class="col-md-4 col-sm-6">
    <div class="mr-box">
```

```
                <img src="img/3.png" alt="">
                <div class="over-layer">
                    <h3 class="title">写入文档标签</h3>
                    <p class="description">设置文档颜色：<button onclick="setColor();"
                    style="color:black">试一下</button></p>
                    <p class="description">设置文字大小：<button onclick="setFontSize();"
                    style="color:black">试一下</button></p>
                    <p class="description">设置文档图片：<button onclick="setImage();"
                    style="color:black">试一下</button></p>
                    </div>
        </div>
</div>
<script>
                //设置文档颜色
                function setColor(){
                    document.body.style.backgroundColor="red";
                }
                //设置文字大小
                function setFontSize(){
                    document.body.style.fontSize="20px";
                }
                //设置背景图片
                function setImage(){
                    document.body.style.backgroundImage="url(img/5.jpg)";
                }
</script>
```

视频讲解

14.3　JavaScript 与表单操作

14.3.1　在 JavaScript 中访问表单

在扫描检测与操作表单域之前，首先应当确定要访问的表单，JavaScript 中主要有以下 3 种访问表单的方式。

☑　通过 document.forms[]按编号访问。

☑　通过 document.forms[]按名称访问。按照正规元素检索机制（如使用 document.formname）。

☑　在支持 DOM 的浏览器中，使用 document.getElementById()。

例如，对于下面定义的表单。

```
<form name="form1" method="post" action="">
  驱动器名称:
  <input type="text" name="text1">
    
  <input type="button" name="Button1" value="驱动器类型" onclick="dtype(document.form1.text1)">
</form>
```

可以使用 window.document.forms[0]、window.document.forms['form1']或者 window.document.form1 等方式来访问该表单。

14.3.2 在 JavaScript 中访问表单域

每个表单都包含一个表单的聚集，例如，要访问下面的表单域。

```
<form name="form1" method="post" action="">
   驱动器名称:
   <input type="text" name="text1">
     
   <input type="button" name="Button1" value="驱动器类型" onclick="dtype(document.form1.text1)">
</form>
```

可以通过 elements[]进行访问。因此，对于前面定义的表单，可以使用 window.document.forms.elements[0]引用第一个域。还可以使用名称访问表单域，window.document.forms.text1 或者 window.document.forms.elements["text1"]访问第一个域。

14.3.3 表单的验证

验证表单中输入的内容是否符合要求是 JavaScript 常用的功能之一。在提交表单前进行表单验证，可以节约服务器的处理器周期，为用户节省等待的时间。

表单验证通常发生在内容输入结束，表单提交之前。表单的 onsubmit 事件处理器中有一组函数负责验证。如果输入中包含非法数据，处理器会返回 false，显示一条信息，同时取消提交；如果输入的内容合法，则返回 true，提交正常进行。本节将介绍一些表单验证常用的技术。

例 14.03 对表单内容进行验证，比如，邮箱格式是否正确，手机号是否符合号码格式等。现在实现 51 购商城注册界面的验证，效果如图 14.7 所示。（**实例位置：资源包\源码\13\14.03**）

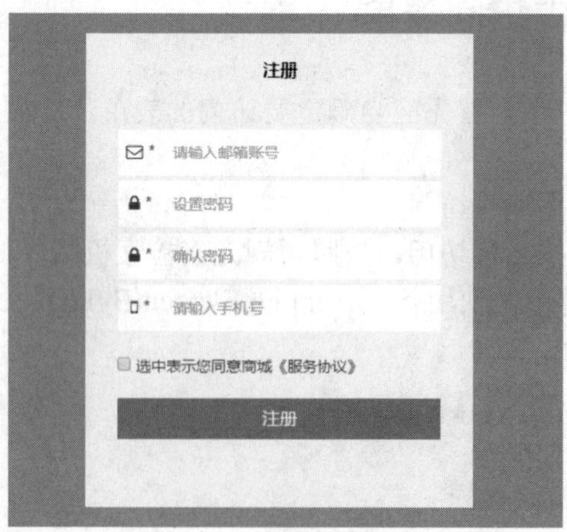

图 14.7 注册内容的验证

（1）创建一个 HTML 页面，引入 mr-basic.css 和 mr-login.css 文件，搭建页面的布局和样式。

（2）使用<form>标签创建一个表单，并利用<input>标签的 type 属性，分别创建了邮箱账号、设置密码、确认密码和手机号等表单元素。同时在底部“注册”按钮中，添加 onclick 属性，并赋值为 mr_verify()，表示验证表单内容的 JavaScript 函数。关键代码如下。

```
<form method="post">
    <input type="email" name="" id="email" placeholder="请输入邮箱账号">
    <input type="password" name="" id="password" placeholder="设置密码">
    <input type="password" name="" id="passwordRepeat" placeholder="确认密码">
    <input type="text" name="" id="tel" placeholder="请输入手机号">
</form>
<input id="reader-me" type="checkbox"> 选中表示您同意商城《服务协议》
<input type="submit" onclick="mr_verify()"
       value="注册" class="mr-btn mr-btn-primary mr-btn-sm mr-fl">
```

（3）编写 mr_verify()函数的逻辑代码，验证表单内容，如非空验证和格式验证等。首先使用 Document 对象的 getElementById()方法，获取各个表单内容的对象。然后通过“对象.value”的方式进行条件判断，当条件满足时，程序继续进行，否则程序停止，弹出提示信息。关键代码如下。

```
<script>
    function mr_verify(){
        //获取表单对象
        var email=document.getElementById("email");
        var password=document.getElementById("password");
        var passwordRepeat=document.getElementById("passwordRepeat");
        var tel=document.getElementById("tel");
        //验证项目是否为空
        if(email.value==='' || email.value===null){
            alert("邮箱不能为空！");
            return;
        }
        if(password.value==='' || password.value===null){
            alert("密码不能为空！");
            return;
        }
        if(passwordRepeat.value==='' || passwordRepeat.value===null){
            alert("确认密码不能为空！");
            return;
        }
        if(tel.value==='' || tel.value===null){
            alert("手机号码不能为空！");
            return;
        }
        if(password.value!==passwordRepeat.value ){
            alert("密码设置前后不一致！");
            return;
        }
        //验证邮件格式
        apos = email.value.indexOf("@")
```

```
            dotpos = email.value.lastIndexOf(".")
            if (apos < 1 || dotpos - apos < 2) {
                alert("邮箱格式错误！");
            }
            else {
                alert("邮箱格式正确！");
            }
            //验证手机号格式
            if(isNaN(tel.value)){
                alert("手机号请输入数字！");
                return;
            }
            if(tel.value.length!==11){
                alert("手机号是 11 个数字！");
                return;
            }
            alert('注册成功！');
    }
</script>
```

14.4 DOM 对象

14.4.1 DOM 概述

DOM 是 Document Object Model（文档对象模型）的缩写，它是由 W3C（World Wide Web 委员会）定义的。下面分别介绍各个单词的含义。

☑ Document（文档）。

创建一个网页并将该网页添加到 Web 中，DOM 就会根据这个网页创建一个文档对象。如果没有 document（文档），DOM 也就无从谈起。

☑ Object（对象）。

对象是一种独立的数据集合。例如，文档对象，即是文档中元素与内容的数据集合。与某个特定对象相关联的变量被称为这个对象的属性。可以通过某个特定对象去调用的函数被称为这个对象的方法。

☑ Model（模型）。

模型代表将文档对象表示为树状模型。在这个树状模型中，网页中的各个元素与内容表现为一个个相互连接的节点。

DOM 是与浏览器或平台的接口，使其可以访问页面中的其他标准组件。DOM 解决了 JavaScript 与 JScript 之间的冲突，给开发者定义了一个标准的方法，使他们来访问站点中的数据、脚本和表现层对象。

1. DOM 分层

文档对象模型采用的分层结构为树形结构，以树节点的方式表示文档中的各种内容。先以一个简单的 HTML 文档说明一下，代码如下。

```
<html >
<head>
<title>标题内容</title>
</head>
<body>
<h3>三号标题</h3>
<b>加粗内容</b>
</body>
</html>
```

以上文档可以使用图 14.8 对 DOM 的层次结构进行说明。

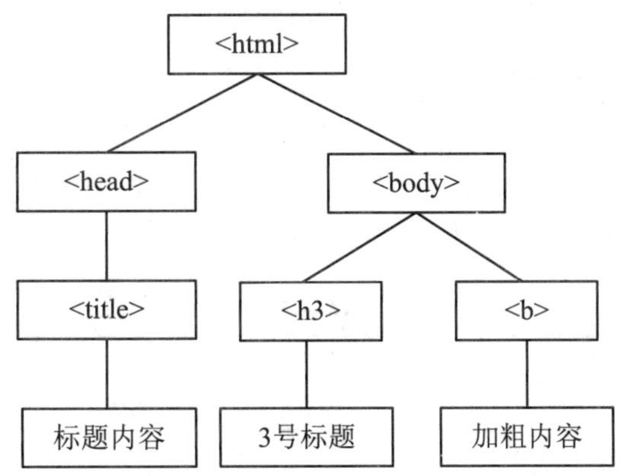

图 14.8 文档的层次结构

通过图 14.8 可以看出，在文档对象模型中，每一个对象都可以称为一个节点（Node），下面将介绍一下几种节点的概念。

- ☑ 根节点：在最顶层的<html>节点，称为是根节点。
- ☑ 父节点：一个节点之上的节点是该节点的父节点（parent）。例如，<html>就是<head>和<body>的父节点，<head>就是<title>的父节点。
- ☑ 子节点：位于一个节点之下的节点就是该节点的子节点。例如，<head>和<body>就是<html>的子节点，<title>就是<head>的子节点。
- ☑ 兄弟节点：如果多个节点在同一个层次，并拥有相同的父节点，这几个节点就是兄弟节点（sibling）。例如，<head>和<body>就是兄弟节点，<he>和<b>就是兄弟节点。
- ☑ 后代：一个节点的子节点的结合可以称为是该节点的后代（descendant）。例如，<head>和<body>就是<html>的后代，<h3>和<b>就是<body>的后代。
- ☑ 叶子节点：在树形结构最底部的节点称为叶子节点。例如，“标题内容”“3 号标题”“加粗内容”都是叶子节点。

在了解节点后，下面将介绍文档模型中节点的 3 种类型。

- ☑ 元素节点：在 HTML 中，<body>、<p>、<a>等一系列标记，是这个文档的元素节点。元素节点组成了文档模型的语义逻辑结构。
- ☑ 文本节点：包含在元素节点中的内容部分，如<p>标签中的文本等。一般情况下，不为空的文本节点都是可见的并呈现于浏览器中的。
- ☑ 属性节点：元素节点的属性，如<a>标签的 href 属性与 title 属性等。一般情况下，大部分属性节点都是隐藏在浏览器背后，并且是不可见的。属性节点总是被包含于元素节点当中。

2. DOM 级别

W3C 在 1998 年 10 月标准化了 DOM 第一级，它不仅定义了基本的接口，其中包含了所有 HTML 接口。在 2000 年 11 月标准化了 DOM 第二级，在第二级中不但对核心的接口升级，还定义了使用文档事件和 CSS 样式表的标准的 API。Netscape 的 Navigator 6.0 浏览器和 Microsoft 的 Internet Explorer 5.0 浏览器，都支持了 W3C 的 DOM 第一级的标准。目前，Netscape、Firefox（FF 火狐浏览器）等浏览器已经支持 DOM 第二级的标准，但 Internet Explorer（IE）还不完全支持 DOM 第二级的标准。

14.4.2 DOM 对象节点属性

在 DOM 中通过使用节点属性可以对各节点进行查询，查询出各节点的名称、类型、节点值、子节点和兄弟节点等。DOM 常用的节点属性如表 14.9 所示。

表 14.9 DOM 常用的节点属性

属　性	说　明
nodeName	节点的名称
nodeValue	节点的值，通常只应用于文本节点
nodeType	节点的类型
parentNode	返回当前节点的父节点
childNodes	子节点列表
firstChild	返回当前节点的第一个子节点
lastChild	返回当前节点的最后一个子节点
previousSibling	返回当前节点的前一个兄弟节点
nextSibling	返回当前节点的后一个兄弟节点
attributes	元素的属性列表

1. 访问指定节点

使用 getElementById 方法来访问指定 id 的节点，并用 nodeName 属性、nodeType 属性和 nodeValue 属性来显示出该节点的名称、节点类型和节点的值。

2. 遍历文档树

遍历文档树通过使用 parentNode 属性、firstChild 属性、lastChild 属性、previousSibling 属性和 nextSibling 属性来实现。

14.4.3　节点的几种操作

1．节点的创建

☑ 创建新节点：创建新的节点先通过使用文档对象中的 createElement()方法和 createTextNode()方法，生成一个新元素，并生成文本节点。最后通过使用 appendChild()方法将创建的新的子节点添加到当前节点的末尾。

appendChild()方法将新的子节点添加到当前节点的末尾。

语法如下。

```
obj.appendChild(newChild)
```

参数 newChild 表示新的子节点。

☑ 创建多个节点：创建多个节点通过使用循环语句，利用 createElement()方法和 createTextNode()方法生成新元素并生成文本节点。最后通过使用 appendChild()方法将创建的新节点添加到页面上。

2．节点的插入和追加

插入节点通过使用 insertBefore()方法来实现。insertBefore()方法将新的子节点添加到当前节点的末尾。

语法如下。

```
obj.insertBefore(new,ref)
```

☑ new：表示新的子节点。

☑ ref：指定一个节点，在这个节点前插入新的子节点。

3．节点的复制

复制节点可以使用 cloneNode()方法来实现。cloneNode()方法用来复制节点。

语法如下。

```
obj. cloneNode(deep)
```

参数 deep 是一个 Boolean 值，表示是否为深度复制。深度复制是将当前节点的所有子节点全部复制，当值为 true 时表示深度复制；当值为 false 时表示简单复制，简单复制只复制当前节点，不复制其子节点。

4．节点的删除与替换

☑ 删除节点：删除节点通过使用 removeChild()方法来实现。removeChild()方法用来删除一个子节点。

语法如下。

```
obj. removeChild(oldChild)
```

参数 oldChild 表示需要删除的节点。

☑ 替换节点：替换节点可以使用 replaceChild()方法来实现。replaceChild()方法用来将旧的节点替换成新的节点。

语法如下。

```
obj. replaceChild(new,old)
```

- new：替换后的新节点。
- old：需要被替换的旧节点。

14.4.4 获取文档中的指定元素

虽然通过遍历文档树中全部节点的方法，可以找到文档中指定的元素，但是这种方法比较麻烦，下面介绍两种直接搜索文档中指定元素的方法。

1. 通过元素的 ID 属性获取元素

使用 document 对象的 getElementsById()方法可以通过元素的 ID 属性获取元素。例如，获取文档中 ID 属性为 userId 的节点的代码如下。

```
document.getElementById("userId");
```

2. 通过元素的 name 属性获取元素

使用 document 对象的 getElementsByName()方法可以通过元素的 name 属性获取元素，通常用于获取表单元素。与 getElementsById()方法不同的是，使用该方法的返回值为一个数组，而不是一个元素。如果想通过 name 属性获取页面中唯一的元素，可以通过获取返回数组中下标值为 0 的元素进行获取。例如，页面中有一组单选按钮，name 属性均为 likeRadio，要获取第一个单选按钮的值可以使用下面的代码。

```
input type="text" name="likeRadio" id="radio" value="体育" />
<input type="text" name="likeRadio" id="radio" value="美术" />
<input type="text" name="likeRadio" id="radio" value="文艺" />
<script language="javascript">
        alert(document.getElementsByName("likeRadio")[0].value);
</script>
```

例 14.04 收货地址的复制和删除。网上购物平台都需要用户添加收货地址，收货地址的新建、复制和删除都是常用功能，效果如图 14.9 所示。（**实例位置：资源包\源码\14\14.04**）

（1）新建一个 HTML 页面，引入 mr-basic.css、mr-demo.css、mr-cartstyle.css 和 mr-jsstyle.css 文件，搭建页面的布局和样式。

（2）使用<ul>标签实现地址栏内容的布局。在“删除”超链接中，添加 onclick 属性，属性值为 delClick(this)，表示删除收货地址的 JavaScript 函数。关键代码如下。

```
<ul id="addressContainer">
        <li id="address" class="user-addresslist defaultAddr">
```

```
            <div class="address-left">
                <div class="user DefaultAddr">
             <span class="buy-address-detail">
                    <span class="buy-user">李丹</span>
                    <span class="buy-phone">15871145629</span>
             </span>
                </div>
                <div class="default-address DefaultAddr">
                    <span class="buy-line-title buy-line-title-type">收货地址：</span>
                <span class="buy--address-detail">
                    <span class="province">吉林</span>省
                    <span class="city">长春</span>市
                    <span class="dist">南关</span>区
                    <span class="street">卫星广场财富领域 5A16 室</span>
                </span>
                    </span>
                </div>
                <ins class="deftip">默认地址</ins>
            </div>
            <div class="address-right">
                <a href="../person/address.html">
                    <span class="mr-icon-angle-right mr-icon-lg"></span></a>
            </div>
            <div class="clear"></div>
            <div class="new-addr-btn">
                <a href="#" class="hidden">设为默认</a>
                <span class="new-addr-bar hidden">|</span>
                <a href="javascript:void(0);" onclick="delClick(this);">删除</a>
            </div>
        </li>
    </ul>
```

图 14.9　地址栏节点的复制操作

（3）分别编写复制收货地址和删除收货地址的 JavaScript 逻辑代码。新建 copyAddress()函数，复制收货地址，具体代码如下。

```
<script>
      //复制收货地址
function copyAddress(){
    var address = document.getElementById("address");                    //获得收货地址对象
    var addressCopy = address.cloneNode(true);                            //完全复制对象
    var addressContainer = document.getElementById("addressContainer");
    addressContainer.appendChild(addressCopy);                            //父容器添加复制对象
}

//删除收货地址
function delClick(obj){
    var addressContainer = document.getElementById("addressContainer");
    var delObj=obj.parentNode.parentNode;                                 //获取父容器节点
    if(delObj.previousElementSibling===null){                             //判断根节点
        alert('无法删除！至少保留一个默认地址！');
        return;
    }
    addressContainer.removeChild(delObj);                                 //删除节点对象
}
</script>
```

14.4.5 与 DHTML 相对应的 DOM

我们知道通过 DOM 技术可以取得网页对象。本节我们将介绍另一种获取网页对象的方法，那就是通过 DHTML 对象模型的方法。使用这种方法可以不必了解文档对象模型的具体层次结构，而直接得到网页中所需的对象。通过 innerHTML、innerText、outerHTML 和 outerText 属性可以很方便地读取和修改 HTML 元素内容。

说明

innerHTML 属性被多数浏览器所支持，而 innerText、outerHTML 和 outerText 属性只有 IE 浏览器才支持。

1．innerHTML 和 innerText 属性

innerHTML 属性声明了元素含有的 HTML 文本，不包括元素本身的开始标记和结束标记。设置该属性可以用于为指定的 HTML 文本替换元素的内容。

例如，通过 innerHTML 属性修改<div>标记的内容的代码如下。

```
<body>
<div id="clock"></div>
```

```
<script language="javascript">
        document.getElementById("clock").innerHTML="2011-<b>07</b>-22";
</script>
</body>
```

innerText 属性与 innerHTML 属性的功能类似，只是该属性只能声明元素包含的文本内容，即使指定的是 HTML 文本，它也会认为是普通文本，而原样输出。

使用 innerHTML 属性和 innerText 属性还可以获取元素的内容。如果元素只包含文本，那么 innerHTML 和 innerText 属性的返回值相同。如果元素既包含文本，又包含其他元素，那么这两个属性的返回值是不同的，如表 14.10 所示。

表 14.10　innerHTML 属性和 innerText 属性返回值的区别

HTML 代码	innerHTML 属性	innerText 属性
<div>明日科技</div>	"明日科技"	"明日科技"
<div><b>明日科技</b></div>	"<B>明日科技</B>"	"明日科技"
<div><font color="red"></font></div>	"<FONT color=red></FONT>"	""

2．outerHTML 和 outerText 属性

outerHTML 和 outerText 属性与 innerHTML 和 innerText 属性类似，只是 outerHTML 和 outerText 属性替换的是整个目标节点，也就是这两个属性还对元素本身进行修改。

下面以列表的形式给出对于特定代码通过 outerHTML 和 outerText 属性获取的返回值，如表 14.11 所示。

表 14.11　outerHTML 属性和 outerText 属性返回值的区别

HTML 代码	outerHTML 属性	outerText 属性
<div>明日科技</div>	<DIV>明日科技</DIV>	"明日科技"
<div id="clock">2011-<b>07</b>-22</div>	<DIV id=clock>2011-<B>07</B>-22</DIV>	"2011-07-22"
<div id="clock"><font color="red"></font></div>	<DIV id=clock><FONT color=red></FONT></DIV>	""

注意

在使用 outerHTML 和 outerText 属性后，原来的元素（如<div>标记）将被替换成指定的内容，这时当使用 document.getElementById()方法查找原来的元素（如<div>标记）时，将发现原来的元素（如<div>标记）已经不存在了。

14.5　小　　结

本章主要讲解了 Window 窗口对象、JavaScript 中的表单操作以及 DOM 对象。其中，Window 对象代表打开的浏览器窗口，需要读者们熟记几种常用的 Window 对象的方法；Document 文档对象则代

表浏览器窗口中的文档，需要读者们掌握如何动态获取和改变 HTML 中的内容；DOM 对象中，需要读者们掌握 DOM 节点的相关操作；表单操作经常用于注册登录等信息的验证。

14.6 实　　战

实战一：在页面的指定位置显示当前日期

使用 Document 对象，在页面的指定位置显示当前日期。（**资源包\源码\14\实战\01**）

第15章

响应式网页设计

（视频讲解：38分钟）

响应式网页设计（Responsive Web Design）指的是，网页设计应根据设备环境（屏幕尺寸、屏幕定向、系统平台等）以及用户行为（改变窗口大小等）进行相应的响应和调整。具体的实现方式由多方面组成，包括弹性网格和布局、图片和CSS媒体查询的使用等。无论用户正在使用台式电脑还是智能手机，无论屏幕是大屏还是小屏，网页都应该能自动响应式布局，使用不同设备，为用户提供良好使用体验。

学习摘要：

- 概述
- 像素和屏幕分辨率
- 视口
- 响应式网页的布局设计

15.1 概　　述

响应式网页设计是目前流行的一种网页设计形式，主要特色是页面布局能根据不同设备（平板电脑、台式电脑或智能手机）让内容适应性的展示，从而让用户在不同设备中都能够友好地浏览网页内容。

15.1.1 响应式网页设计的概念

响应式设计针对PC、iPhone、Android和iPad等设备，实现了在智能手机和平板电脑等多种智能移动终端浏览效果的流畅，防止页面变形，能够使页面自动切换分辨率、图片尺寸及相关脚本功能等，以适应不同设备，并可在不同浏览终端进行网站数据的同步更新，可以为不同终端的用户提供更加舒适的界面和更好的用户体验。界面效果如图15.1所示。

图15.1　主页界面（PC端和移动端）

15.1.2 响应式网页设计的优缺点和技术原理

1．响应式网页设计的优缺点

响应式网页设计是最近几年流行的前端技术。提升用户使用体验的同时，也有自身的不足。下面简单介绍一下。

响应式网页设计的优点如下。

（1）对用户友好。响应式设计可以向用户提供友好的网页界面，可以适应几乎所有设备的屏幕。

（2）后台数据库统一。即在电脑 PC 端编辑了网站内容后，手机和平板等智能移动浏览终端能够同步显示修改之后的内容，网站数据的管理能够更加及时和便捷。

（3）方便维护。如果开发一个独立的移动端网站和 PC 端网站，无疑增加更多的网站维护工作。但如果只设计一个响应式网站，维护的成本将会很小。

响应式网页设计的缺点如下。

（1）增加加载时间。在响应式网页设计中，增加了很多检测设备特性的代码，如设备的宽度、分辨率和设备类型等内容。同样也增加了页面读取代码的加载时间。

（2）开发时间。比起开发一个仅适配 PC 端的网站，开发响应式网站的确是一项耗时的工作。因为考虑设计的因素会更多，如各个设备中网页布局的设计，图片在不同终端中大小的处理等。

2．响应式网页设计的技术原理

（1）<meta>标签。位于文档的头部，不包含任何内容，<meta>标签是对网站发展非常重要的标签，它可以用于鉴别作者，设定页面格式，标注内容提要和关键字，以及刷新页面等，它回应给浏览器一些有用的信息，以帮助正确和精确地显示网页内容。

（2）使用媒体查询（也称媒介查询）适配对应样式。通过不同的媒体类型和条件定义样式表规则，获取的值可以设置设备的手持方向，水平还是垂直，设备的分辨率等。

（3）使用第三方框架。比如使用 Bootstrap 框架，更快捷地实现网页的响应式设计。

说明

Bootstrap 框架是基于 HTML5 和 CSS3 开发的响应式前端框架，包含了丰富的网页组件，如下拉菜单、按钮组件、下拉菜单组件和导航组件等。

15.2　像素和屏幕分辨率

视频讲解

响应式设计的关键是适配不同类型的终端显示设备。在讲解响应式设计技术之前，应先了解物理设备中关于屏幕适配的常用术语，如像素、屏幕分辨率、设备像素（device-width）和 CSS 像素（width）等，有助于理解响应式设计的实现过程。

15.2.1　像素和屏幕分辨率

像素，全称为图像元素，表示数字图像中的一个最小单位。像素是尺寸单位，而不是画质单位。对一张数字图片放大数倍，会发现图像都是由许多色彩相近的小方点所组成的。51 购商城的 Logo 图片放大后，效果如图 15.2 所示。

屏幕分辨率，就是屏幕上显示的像素个数。以水平分辨率和垂直分辨率来衡量大小。屏幕分辨率低时（例如 640×480），在屏幕上显示的像素少，但尺寸比较大；屏幕分辨率高时（例如 1600×1200），在屏幕上显示的像素多，但尺寸比较小。分辨率 1600×1200 的意思是水平方向含有像素数为 1600 个，垂直方向含有像素数为 1200 个。屏幕尺寸一样的情况下，分辨率越高，显示效果就越精细和细腻。手机屏幕分辨率的效果如图 15.3 所示。

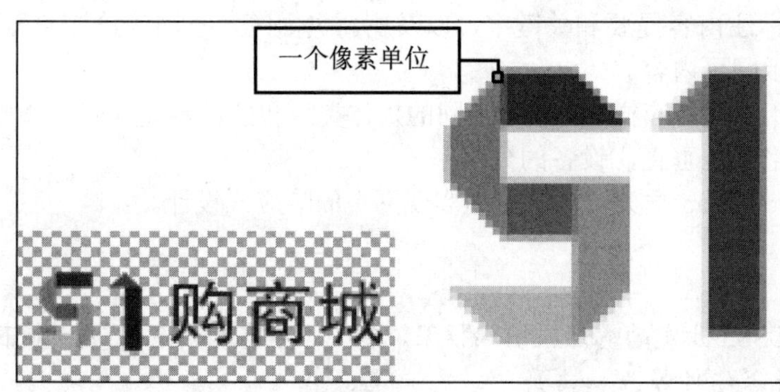

图 15.2　51 购商城 Logo 的放大界面

图 15.3　手机屏幕分辨率示意图

15.2.2　设备像素和 CSS 像素

1. 设备像素

设备像素是物理概念，指的是设备中使用的物理像素，比如 iPhone 5 的屏幕分辨率为 640 像素×1136 像素。衡量一个物理设备的屏幕分辨率高低使用 ppi，即像素密度，表示每英寸所拥有的像素数目。ppi 的数值越高，代表屏幕能以更高的密度显示图像。1 英寸等于 2.54 厘米，iPad 的宽度为 9.7 英寸，则可以大致想象 1 英寸的大小了。表 15.1 列出了常见机型的设备参数信息。

表 15.1　常见机型的设备参数

设　备	屏幕大小（英寸）	屏幕分辨率（像素）	像素密度（ppi）
MacBook	13.3	1280×800	113
华硕 R405	14	1366×768	113
iPad	9.7	1024×768	132
iPhone 4S	3.5	960×640	326
小米手机 2	4.3	1280×720	342
魅族 MX	4.7	1280×800	347

2．CSS 像素

CSS 像素是网页编程的概念，指的是 CSS 样式代码中使用的逻辑像素。在 CSS 规范中，长度单位可以分为两类：绝对（absolute）单位和相对（relative）单位。像素是一个相对单位，相对的是设备像素（device pixel）。

设备像素和 CSS 像素的换算是通过设备像素比来完成的，设备像素比，即缩放比例，获得设备像素比后，便可得知设备像素与 CSS 像素之间的比例。当这个比率为 1:1 时，使用 1 个设备像素显示 1 个 CSS 像素；当这个比率为 2:1 时，使用 4 个设备像素显示 1 个 CSS 像素；当这个比率为 3:1 时，使用 9（3*3）个设备像素显示 1 个 CSS 像素。

关于设计师和前端工程师之间的协同工作，一般由设计师按照设备像素为单位制作设计稿。前端工程师，参照相关的设备像素比，进行换算以及编码。

说明

关于 CSS 像素和设备像素之间的换算关系，不是响应式网页设计的关键知识内容。了解相关基本概念即可。

15.3　视　　口

视口（viewport）和窗口（Window）是对应的概念。视口是与设备相关的一个矩形区域，坐标单位与设备相关。在使用代码布局时，使用的坐标总是窗口坐标，而实际的显示或输出设备却各有自己的坐标。

15.3.1　视口

1．桌面浏览器中的视口

视口的概念，在桌面浏览器中，等于浏览器中 Window 窗口的概念。视口中的像素指的是 CSS 像素，视口大小决定了页面布局的可用宽度。视口的坐标是逻辑坐标，与设备无关。视口的界面如图 15.4 所示。

2．移动浏览器中的视口

移动浏览器中的视口分为可见视口和布局视口。由于移动浏览器的宽度限制，在有限的宽度内可见部分（可见视口）装不下所有内容（布局视口），因此移动浏览器中通过<meta>标签，引入 viewport 属性，用来处理可见视口与布局视口的关系。引入代码形式如下。

```
<meta name="viewport" content="width=device-width, initial-scale=1.0>
```

图 15.4　桌面浏览器中的视口概念

15.3.2　视口常用属性

viewport 属性表示设备屏幕上能用来显示的网页区域，具体而言，就是移动浏览器上用来显示网页的区域，但 viewport 属性又不局限于浏览器可视区域的大小，它可能比浏览器的可视区域要大，也可能比浏览器的可视区域要小。

表 15.2　常见设备上浏览器的 viewport 宽度

设　　备	宽度（像素）
iPhone	980
iPad	980
AndroidHTC	980
Chrome	980
IE	1024

<meta>标签中 viewport 属性首先是由苹果公司在 Safari 浏览器中引入的，目的就是解决移动设备的 viewport 问题。后来安卓以及各大浏览器厂商也都纷纷效仿，引入了对 viewport 属性的支持。事实证明，viewport 属性对于响应式设计起了重要作用。表 15.3 列出了 viewport 属性中常用的属性值及含义。

表 15.3　viewport 属性中常用的属性值及含义

属 性 值	含　义
width	设定布局视口宽度
height	设定布局视口高度
initial-scale	设定页面初始缩放比例（0～10）

续表

属　性　值	含　　义
user-scalable	设定用户是否可以缩放（yes/no）
minimum-scale	设定最小缩小比例（0～10）
maximum-scale	设定最大放大比例（0～10）

15.3.3　媒体查询

媒体查询可以根据设备显示器的特性（如视口宽度、屏幕比例和设备方向）设定 CSS 的样式。媒体查询由媒体类型和一个或多个检测媒体特性的条件表达式组成。媒体查询中可用于检测的媒体特性有 width、height 和 color 等。使用媒体查询，可以在不改变页面内容的情况下，为特定的一些输出设备定制显示效果。

使用媒体查询的步骤如下。

（1）在 HTML 页面<head>标签中，添加 viewport 属性的代码，代码如下。

```
<meta name="viewport content="width=device-width,
initial-scale=1,maximum-scale=1,user-scalable=no"/>
```

其中，各属性值表示的含义如表 15.4 所示。

表 15.4　viewport 属性中常用的属性值及含义

属　性　值	含　　义
width=device-width	设定布局视口宽度
initial-scale=1	设定布局视口高度
maximum-scale=1	设定页面初始缩放比例（0～10）
user-scalable=no	设定用户是否可以缩放（yes/no）

（2）使用@media 关键字，编写 CSS 媒体查询代码。举例说明，当设备屏幕宽度在 320px～720px 时，媒体查询中设置 body 的背景色 background-color 属性值为 red，会覆盖原来的 body 背景色；当设备屏幕宽度小于或等于 320px 时，媒体查询中设置 body 背景色 background-color 属性值为 blue，会覆盖原来的 body 背景色，代码如下。

```
/*当设备屏幕宽度在 320px～720px 时*/
@media screen and (max-width:720px) and (min-width:320px){
    body{
        background-color:red;
    }
/*当设备屏幕宽度小于或等于 320px 时*/
    @media screen and (max-width:320px){
        body{
            background-color:blue;
        }
    }
}
```

15.4　响应式网页的布局设计

响应式网页设计涉及具体的知识点很多，比如图片的响应式处理、表格的响应式处理和布局的响应式设计等内容。关于响应式网页的布局设计，主要特色是页面布局能根据不同设备（平板电脑、台式电脑和智能手机等），让内容适应性地展示，从而使用户在不同设备中都能友好地浏览网页内容。响应式页面设计的效果如图 15.5 所示。

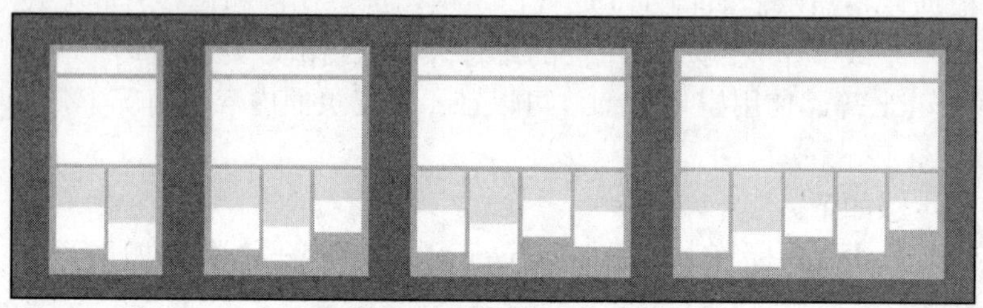

图 15.5　响应式网页的布局设计

15.4.1　常用布局类型

以网站的列数划分网页布局类型，可以分成单列布局和多列布局。其中，多列布局又可由均分多列布局和不均分多列布局组成，下面详细介绍。

1．单列布局

适合内容较少的网站布局，一般由顶部的 Logo 和菜单（一行）、中间的内容区（一行）和底部的网站相关信息（一行），共 3 行组成。单列布局的效果如图 15.6 所示。

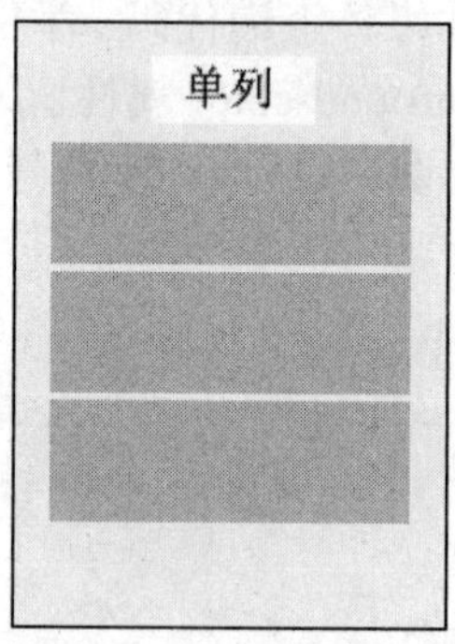

图 15.6　单列布局

2．均分多列布局

列数大于或等于 2 列的布局类型。每列宽度相同，列与列间距相同，适合商品或图片的列表展示，效果如图 15.7 所示。

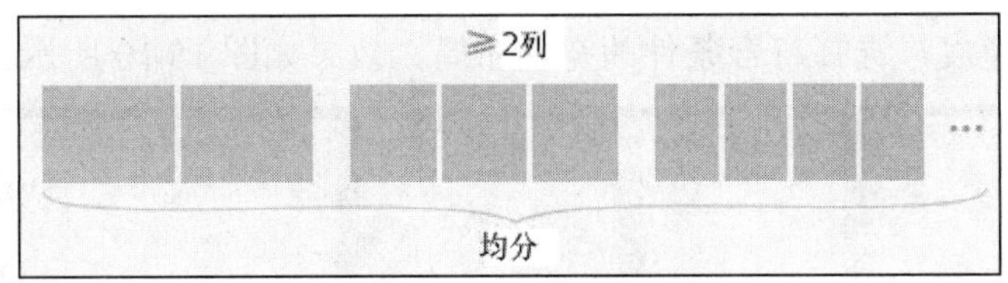

图 15.7　均分多列布局

3．不均分多列布局

列数大于等于 2 列的布局类型。每列宽度不同，列与列间距不同，适合博客类文章内容页面的布局，一列布局文章内容，一列布局广告链接等内容，效果如图 15.8 所示。

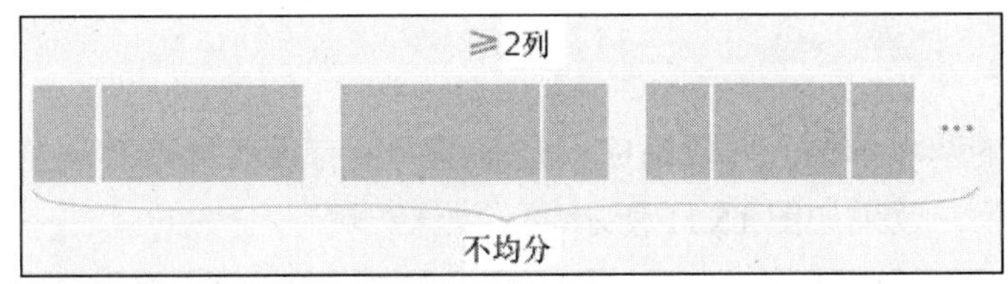

图 15.8　不均分多列布局

15.4.2　布局的实现方式

不同的布局设计，有不同的实现方式。以页面的宽度单位（像素或百分比）来划分，可以分为单一式固定布局、响应式固定布局和响应式弹性布局这 3 种实现方式。下面具体介绍。

1．单一式固定布局

以像素作为页面的基本单位，不考虑多种设备屏幕及浏览器宽度，只设计一套固定宽度的页面布局。技术简单，但适配性差。适合在单一终端中的网站布局，比如以安全为首位的某些政府机关事业单位，则可以仅设计制作适配指定浏览器和设备终端的布局，效果如图 15.9 所示。

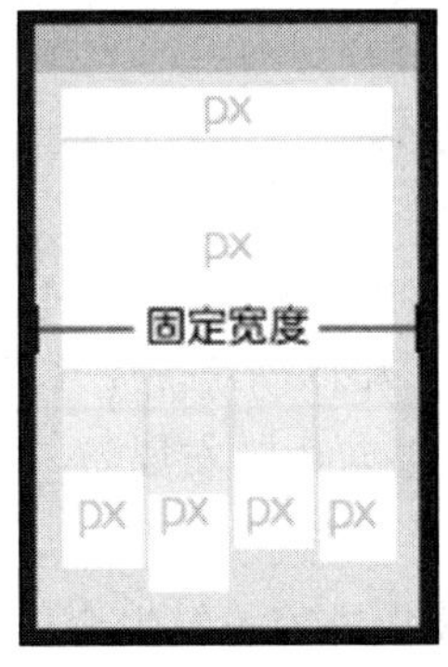

图 15.9　单一式固定布局

2．响应式固定布局

同样以像素作为页面单位，参考主流设备尺寸，设计几套不同宽度的布局。通过媒体查询技术识

别不同屏幕或浏览器的宽度，选择符合条件的宽度布局，效果如图 15.10 所示。

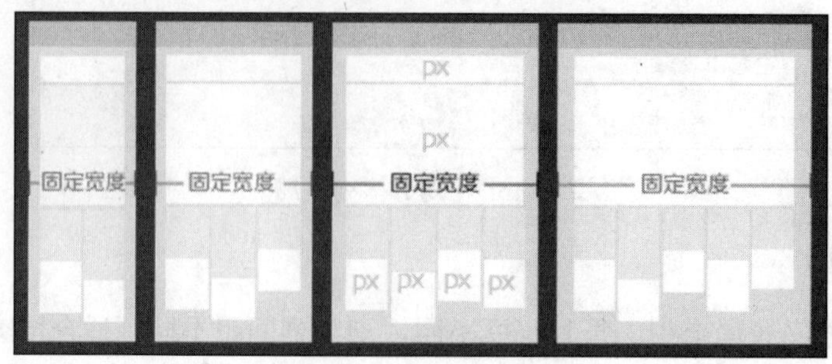

图 15.10　响应式固定布局

3. 响应式弹性布局

以百分比作为页面的基本单位，可以适应一定范围内所有设备屏幕及浏览器的宽度，并能完美利用有效空间展现最佳效果，效果如图 15.11 所示。

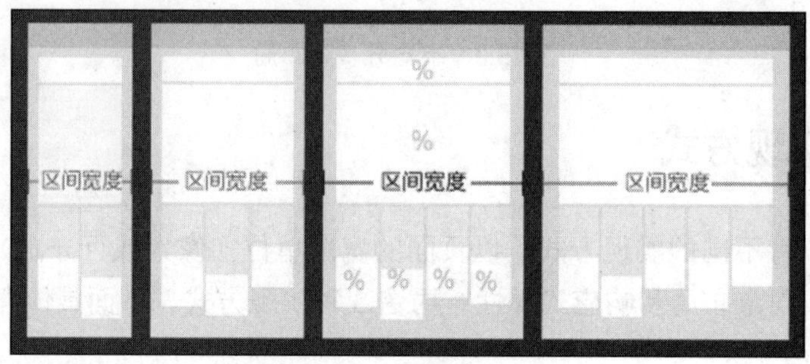

图 15.11　响应式弹性布局

响应式固定布局和响应式弹性布局都是目前可被采用的响应式布局方式。其中响应式固定布局的实现成本最低，但拓展性比较差；响应式弹性布局是比较理想的响应式布局实现方式。只是对于不同类型的页面排版布局实现响应式设计，需要采用不用的实现方式。

15.4.3　响应式布局的设计与实现

对页面进行响应式的设计实现，需要对相同内容进行不同宽度的布局设计，通常有两种方式：桌面 PC 端优先（即从桌面 PC 端开始设计）和移动端优先（首先从移动端开始设计）。无论以哪种方式设计，要兼容所有设备，都不可避免地需要对内容布局做一些变化调整。有模块内容不变和模块内容改变两种方式，下面详细介绍。

（1）模块内容不变，即页面中整体模块内容不发生变化，通过调整模块的宽度，可以将模块内容从挤压调整到拉伸，从平铺调整到换行，效果如图 15.12 所示。

（2）模块内容改变，即页面中整体模块内容发生变化，通过媒体查询，检测当前设备的宽度，动态隐藏或显示模块内容，增加或减少模块的数量，效果如图 15.13 所示。

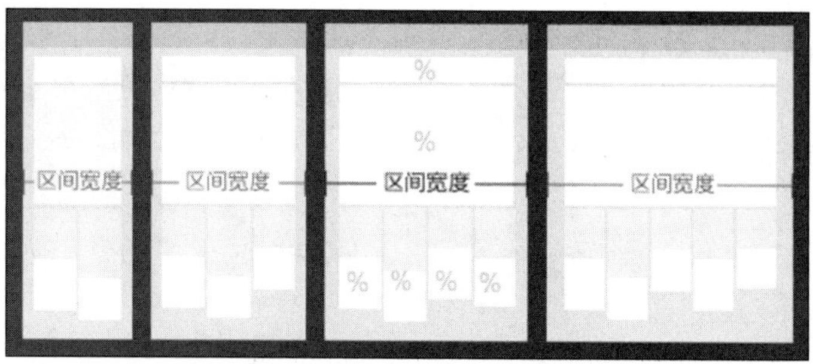

图 15.12　模块内容不变

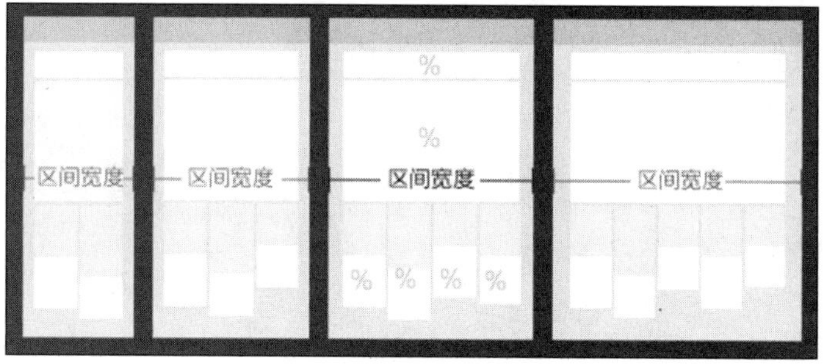

图 15.13　模块内容改变

例 15.01　本实例的响应式设计采用“模块内容改变”的方式，根据当前设备的宽度，动态显示或隐藏相关模块的内容。界面效果如图 15.14 所示。（**实例位置：资源包\源码\15\15.01**）

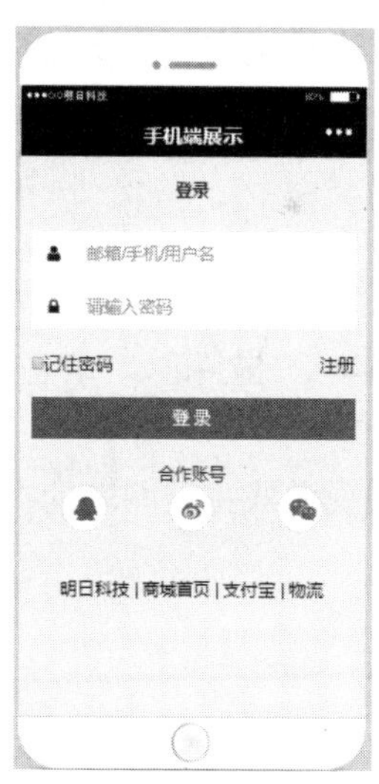

图 15.14　51 购商城登录页面效果（PC 端和移动端）

具体实现步骤如下。

（1）添加视口参数代码。在<head>标签中，添加浏览器设备识别的视口代码。设置编码的 CSS 像素宽度 width 等于设备像素宽度 device-width、initial-scale 缩放比等于 1.0，代码如下。

```
<meta name="viewport" content="width=device-width,
            initial-scale=1.0, minimum-scale=1.0, maximum-scale=1.0, user-scalable=no">
```

（2）在 style.css 文件中添加媒体查询 CSS 代码。以 PC 端背景图片为例，通过对样式类的媒体查询，默认宽度下，display 属性值为 none，表示隐藏背景图片；当查询检测到最小宽度大于或等于 1025px 时，设置 display 属性值为 block，表示显示背景图片。因此背景图片可以适应设备的宽度进而隐藏或显示。

关键代码如下。

```
.login-banner-bg {
    display: none;
}
@media screen and (min-width: 1025px) {
    /*背景*/
    .login-banner-bg {
        display: block;
        float: left;
 }
```

15.5 小 结

本章介绍响应式网页设计的概念、优缺点和技术原理，说明移动设备中容易混淆的概念（像素、屏幕分辨率、设备像素和 CSS 像素）。重点讲解响应式网页设计的关键概念——视口（viewport），并推荐了“模块内容不变”和“模块内容改变”的常用响应式布局技巧。

15.6 实 战

实战一：实现主页响应式实现

实现游戏主题网站的主页响应式实现。（**资源包\源码\15\实战\01**）

第16章

响应式组件

（视频讲解：1 小时 14 分钟）

响应式组件是什么意思呢？组件，就是封装在一起的物件，如服饰中的运动套装、饮食里的套装礼品。响应式组件指的是，在响应式网页设计中，将常用的页面功能（如图片集、列表、菜单和表格等功能），编码实现后共同封装在一起的组件，从而便于日后的使用维护。第 15 章已经学习了响应式网页设计的基础知识，本章将继续深入学习响应式组件方面的内容。

学习摘要：

- 响应式图片
- 响应式视频
- 响应式导航菜单
- 响应式表格

16.1 响应式图片

响应式图片是响应式网站中的基础组件。表面上看似简单，只要把图片元素的宽高属性值移除，然后设置 max-width 属性为 100%即可，但实际上仍要考虑很多因素，比如，同一张图片，在不同的设备中的显示效果是否一致；图片本身的放大和缩小问题等。这里，介绍两种常见的响应式图片处理方法：使用<picture>标签和使用 CSS 图片。

16.1.1 方法 1：使用<picture>标签

<picture>标签的使用方法与<audio>标签和<video>标签非常类似。使用<picture>标签不仅可以适配响应式屏幕的大小，还可以根据屏幕的尺寸调整图片本身的宽高。

语法格式如下。

```
<picture>
   <source srcset="1.jpg" media="(max-width: 800px)" />
   <img src="2.jpg">
</picture>
```

语法解释如下。

<picture>标签又包含<source>标签和<img>标签。其中<source>标签的功用，可以针对不同屏幕尺寸，显示不同的图片。上述代码表示：当屏幕的宽度小于 800px 时，将显示 1.jpg 图片；否则，将显示<img>标签所代表的 2.jpg 默认图片。

例 16.01 本实例巧用<picture>标签、<source>标签和<img>标签，实现根据不同屏幕宽度，显示不同图片的内容。首先使用<picture>标签，将<source>标签和<img>标签放入<picture>父标签中。然后利用 media 属性，将属性值与屏幕宽度进行比较：当屏幕宽度大于 800px 时，显示 big.jpg 图片；否则将显示 small.png 图片。具体代码如下。（**实例位置：资源包\源码\16\16.01**）

```
<!DOCTYPE html>
<html>
<head>
    <!--指定页面编码格式-->
    <meta charset="UTF-8">
    <!--指定页头信息-->
    <title><picture>标签的使用</title>
</head>
<body>
<picture>
    <source srcset="big.jpg" media="(min-width: 800px)">
    <img srcset="small.png">
</picture>
</body>
</html>
```

PC 端运行效果如图 16.1 所示。手机端运行效果如图 16.2 所示。

图 16.1　PC 端界面效果

图 16.2　手机端界面效果

16.1.2　方法 2：使用 CSS 图片

所谓 CSS 图片，就是利用媒体查询的技术，使用 CSS 中的 media 关键字，针对不同的屏幕宽度定义不同的样式，从而控制图片的显示。表 16.1 列出了支持 media 关键字的浏览器。

表 16.1　支持 media 关键字的浏览器

浏　览　器	版本支持 media 关键字
Chrome 浏览器	≥版本 21
微软浏览器	≥版本 9
火狐浏览器	≥版本 3.5
Safari 浏览器	≥版本 4.0

语法格式如下。

```
@media screen and (min-width: 800px) {
        css 样式代码
}
```

语法说明如下。

上述代码表示，当屏幕的宽度大于 800px 时，将应用大括号内的 CSS 样式代码。

例 16.02　本实例巧用媒体查询中的 media 关键字，根据屏幕宽度的不同，显示不同大小的响应式图片。首先编写 HTML 代码<div class="changImg"></div>，引入 CSS 的样式类 changImg，便于使用媒体查询技术，然后在 CSS 代码中，利用 media 关键字可以调整屏幕的宽度。当屏幕宽度大于 641px 时，显示 large.jpg 图片；当屏幕宽度小于 640px 时，显示 small.png 图片，具体代码如下。（**实例位置：资源包\源码\16\16.02**）

```
<!DOCTYPE html>
<html>
<head>
    <!--指定页面编码格式-->
    <meta charset="UTF-8">
    <!--指定页头信息-->
    <title>使用 CSS 技术，控制响应式图片</title>
    <style>
        /*当屏幕宽度大于 641px 时*/
        @media screen and (min-width: 641px) {
            .changeImg {
                background-image:url(large.jpg);
                background-repeat: no-repeat;
                height: 440px;
            }
        }
        /*当屏幕宽度小于 641px 时*/
        @media screen and (max-width: 640px) {
            .changeImg {
                background-image:url(small.png);
                background-repeat: no-repeat;
                height: 440px;
            }
        }
    </style>
```

```
</head>
<body>
<div class="changeImg"></div>
</body>
</html>
```

运行效果如图 16.3（PC 端）和图 16.4（手机端）所示。

图 16.3　PC 端界面效果

图 16.4　手机端界面效果

视频讲解

16.2 响应式视频

视频，对网站而言，已经成为极其重要的营销工具，在响应式网站中，对视频的处理也是常见的功能需求。如同响应式图片一样，响应式视频的处理也是比较让人头疼的事情。这不仅仅是关于视频播放器的尺寸问题，同样也包含了视频播放器的整体效果和体验问题。这里将介绍两种常见的响应式视频处理技术：<meta>标签和HTML5手机播放器。

16.2.1 方法1：使用<meta>标签

<meta>标签，是HTML网页中非常重要的一个标签。<meta>标签中可以添加一个描述HTML网页文档的属性，如作者、日期、关键词等。其中，与响应式网站相关的是viewport属性，viewport属性可以规定网页设计的宽度与实际屏幕的宽度的大小关系。

语法格式如下。

```
<meta name="viewport" content="width=device-width,
                                initial-scale=1,maximum-scale=1,user-scalable=no"/>
```

其中，各属性值表示的含义如表16.2所示。

表16.2 viewport属性中常用的属性值及含义

属 性 值	含 义
width=device-width	设定布局视口宽度
initial-scale=1	表示页面初始的缩放比例
maximum-scale=1	表示页面最大的缩放比例
user-scalable=no	设定用户是否可以缩放（yes/no）

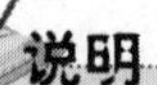
说明

视口的概念，在桌面浏览器中，等于浏览器中Window窗口的概念。视口中的像素指的是CSS像素，视口大小决定了页面布局的可用宽度。视口的坐标是逻辑坐标，与设备无关。

例16.03 本实例巧用<meta>标签，实现一个视频在手机端的正常显示与播放。首先使用<iframe>标签引入一个测试视频，然后通过<meta>标签添加viewport属性，最后设置属性值为width=device-width和initial-scale=1，规定布局视口宽度等于设备宽度，页面的缩放比例为1。具体代码如下。（**实例位置：资源包\源码\16\16.03**）

```
<!DOCTYPE html>
<html>
<head>
    <!--指定页面编码格式-->
    <meta charset="UTF-8">
```

```
    <!--通过<meta>标签，使网页宽度与设备宽度一致 -->
    <meta name="viewport" content="width=device-width,initial-scale=1">
    <!--指定页头信息-->
    <title></title>
</head>
<body>
<div align="center">
    <!--使用<iframe>标签，引入视频-->
    <iframe src="test.mp4"  frameborder="0" allowfullscreen></iframe>
</div>
</body>
</html>
```

运行效果如图 16.5（手机端）所示。

图 16.5　手机端界面效果

16.2.2　方法 2：使用 HTML5 手机播放器

使用第三方封装好的手机播放器组件，也是实际开发中经常采用的方法。第三方组件工具，通过 JavaScript 和 CSS 技术，不仅完美实现了视频的响应式解决方案，更大大扩展了视频播放的功能，如点赞、分享和换肤等功能。实际开发中，这样封装好的手机播放器组件很多，这里主要通过一个实例，介绍 willesPlay 手机播放器组件的使用方法。

例 16.04 本实例使用第三方组件 willesPlay，实现了一个好看又好用的手机播放器。首先根据第三方组件的示例文档，引入必要的 CSS 和 JavaScript 文件，如 willesPlay.css 文件和 willesPlay.js 文件等。然后将示例中的视频文件替换为将要使用的视频文件，这样，一个简易好用的手机播放器就完成了，具体代码如下。（**实例位置：资源包\源码\16\16.04**）

```
<!DOCTYPE html>
<html lang="en">
<head>
    <meta charset="utf-8">
    <meta name="viewport"
     content="width=device-width,initial-scale=1.0,maximum-scale=1.0,user-scalable=0"/>
    <title>HTML5 手机播放器</title>
    <link rel="stylesheet" type="text/css" href="css/reset.css"/>
    <link rel="stylesheet" type="text/css" href="css/bootstrap.css">
    <link rel="stylesheet" type="text/css" href="css/willesPlay.css"/>
    <script src="js/jquery.min.js"></script>
    <script src="js/willesPlay.js" type="text/javascript" charset="utf-8"></script>
</head>
<body>
<div class="container">
    <div class="row">
        <div class="col-md-12">
            <div id="willesPlay">
                <div class="playHeader">
                    <div class="videoName">响应式设计</div>
                </div>
                <div class="playContent">
                    <div class="turnoff">
                        <ul>
                            <li><a href="javascript:;" title="喜欢"
                                  class="glyphicon glyphicon-heart-empty"></a></li>
                            <li><a href="javascript:;" title="关灯"
                          class="btnLight on glyphicon glyphicon-sunglasses"></a></li>
                            <li><a href="javascript:;" title="分享"
                          class="glyphicon glyphicon-share"></a></li>
                        </ul>
                    </div>
                    <video width="100%" height="100%" id="playVideo">
                        <source src="test.mp4" type="video/mp4">
                        </source>
          当前浏览器不支持 video 直接播放，点击这里下载视频： <a href="/">下载视频</a></video>
                    <div class="playTip glyphicon glyphicon-play"></div>
                </div>
                <div class="playControll">
                    <div class="playPause playIcon"></div>
                    <div class="timebar"><span class="currentTime">0:00:00</span>
                        <div class="progress">
                     <div class="progress-bar progress-bar-danger progress-bar-striped"
                        role="progressbar"   aria-valuemin="0" aria-valuemax="100"
```

```
                                    style="width: 0%"></div>
                                </div>
                                <span class="duration">0:00:00</span></div>
                            <div class="otherControl"><span
                                class="volume glyphicon glyphicon-volume-down"></span> <span
                                    class="fullScreen glyphicon glyphicon-fullscreen"></span>
                                <div class="volumeBar">
                                    <div class="volumewrap">
                                        <div class="progress">
                                            <div class="progress-bar progress-bar-danger"
                                            role="progressbar" aria-valuemin="0"
                                    aria-valuemax="100" style="width: 8px;height: 40%;"></div>
                                        </div>
                                    </div>
                                </div>
                            </div>
                        </div>
                    </div>
                </div>
            </div>
        </div>
    </div>
</body>
</html>
```

运行效果如图 16.6（手机端）所示。

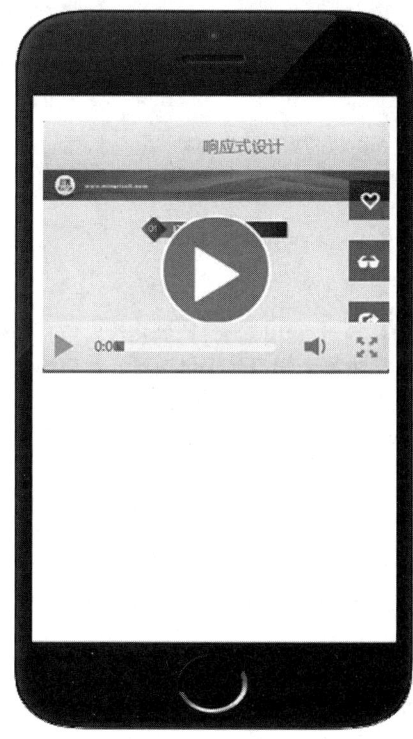

图 16.6　手机端界面效果

视频讲解

16.3 响应式导航菜单

导航菜单，也是网站中必不可少的基础功能。大家熟知的 QQ 空间，已经将导航菜单封装成五花八门的装饰性组件，可以进行虚拟商品的交易。在响应式网站越来越成为一种标配的同时，响应式导航菜单的实现方式也多种多样。这里介绍两种常用的响应式导航菜单：CSS3 响应式菜单和 JavaScript 响应式菜单。

16.3.1 方法 1：CSS3 响应式菜单

CSS3 响应式菜单，本质上仍旧是使用 CSS 媒体查询中的 media 关键字，得到当前设备屏幕的宽度，根据不同的宽度，设置不同的 CSS 样式代码，从而适配不同设备的布局内容。这里通过一个具体实例，实现 CSS3 的响应式导航菜单。

例 16.05 本实例巧用 media 关键字，实现一则网站首页菜单的响应式菜单，具体步骤如下。

（1）新建一个 index.html 文件，编写 HTML 代码，通过<ul>标签、<li>标签和<p>标签等，实现菜单中的文本内容，具体代码如下。（**实例位置：资源包\源码\16\16.05**）

```
<!--引入背景图片-->
<body style="background-image: url(bg.jpg)">
<h2>明日科技在线学院</h2>
<!--导航菜单区域-->
<nav class="nav">
    <ul>
        <li class="current"><a href="#">课程</a></li>
        <li><a href="#">读书</a></li>
        <li><a href="#">社区</a></li>
        <li><a href="#">服务中心</a></li>
    </ul>
</nav>
<p>明日学院，是吉林省明日科技有限公司倾力打造的在线实用技能学习平台，
    该平台于 2016 年正式上线，主要为学习者提供海量、优质的课程，课程结构严谨，
    用户可以根据自身的学习程度，自主安排学习进度。
    我们的宗旨是，为编程学习者提供一站式服务，培养用户的编程思维。
</p>
</body>
```

（2）添加 CSS 代码，对菜单内容进行样式控制。使用 media 关键字，当检测设备的屏幕宽度小于 600px 时，调整导航菜单的布局，设置 width 为 180px，position 为 absolute 绝对布局，使得菜单适配移动端的效果，关键代码如下。

```
@media screen and (max-width: 600px) {
    .nav {
        position: relative;
```

```
        min-height: 40px;
    }
    .nav ul {
        width: 180px;
        padding: 5px 0;
        position: absolute;
        top: 0;
        left: 0;
        border: solid 1px #aaa;
        border-radius: 5px;
        box-shadow: 0 1px 2px rgba(0,0,0,.3);
    }
    .nav li {
        display: none; /*隐藏所有 li 标签*/
        margin: 0;
    }
    .nav .current {
        display: block; /*显示 nav 标签*/
    }
    .nav a {
        display: block;
        padding: 5px 5px 5px 32px;
        text-align: left;
    }
    .nav .current a {
        background: none;
        color: #666;
    }
    .nav ul:hover {
        background-image: none;
        background-color: #fff;
    }
    .nav ul:hover li {
        display: block;
        margin: 0 0 5px;
    }
    .nav.right ul {
        left: auto;
        right: 0;
    }
    .nav.center ul {
        left: 50%;
        margin-left: -90px;
    }
}
```

运行效果如图 16.7（PC 端）和图 16.8（手机端）所示。

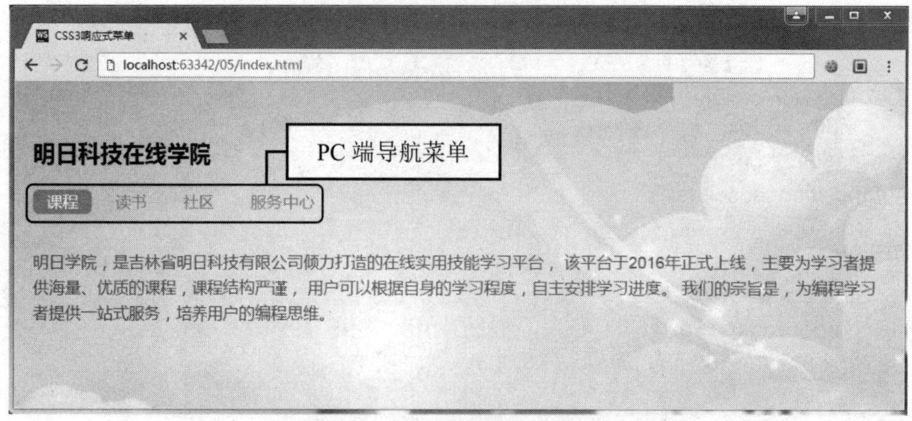

图 16.7　PC 端界面效果

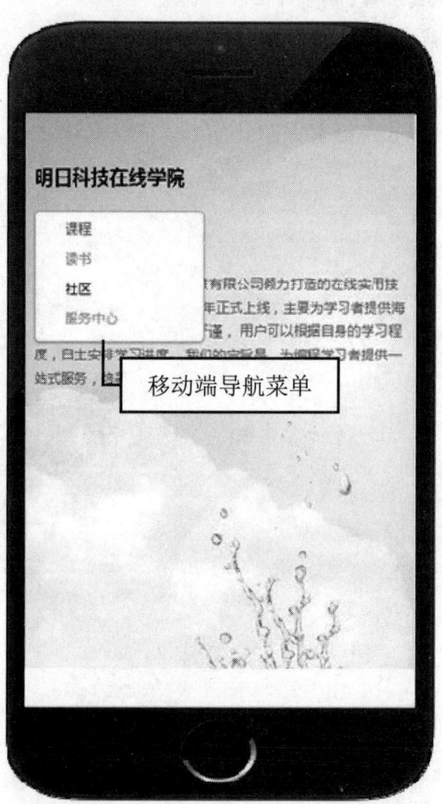

图 16.8　手机端界面效果

16.3.2　方法 2：JavaScript 响应式菜单

如同 HTML5 手机播放器一样，JavaScript 响应式菜单，同样使用第三方封装好的响应式导航菜单组件 responsive-menu。在使用这类组件时，需要注意的是，一定要根据官方的实例学习和使用。这里通过一个实例，学习 responsive-menu 响应式导航菜单组件的方法。

例 16.06　本实例巧用第三方组件 responsive-menu，实现一个响应式导航菜单。首先一定要根据官方的实例代码进行使用，将必要的 CSS 文件和 JavaScript 文件引入，如 responsive-menu.css 文件和 responsive-menu.js 文件等。然后替换掉 HTML 代码中的测试文字，换成自己将要使用的菜单文本内容，如课程、社区和服务中心等。这样，一个简便且好用的响应式菜单就完成了。（**实例位置：资源包\源码\16\16.06**）

```
<!DOCTYPE html>
<html>
<head>
    <meta charset="UTF-8">
    <meta name="viewport" content="width=device-width, initial-scale=1">
    <title>JavaScript 响应式菜单</title>
    <link href="css/responsive-menu.css" rel="stylesheet">
    <link href="css/styles.css" rel="stylesheet">
    <script src="js/modernizr.min.js" type="text/javascript"></script>
    <script src="js/modernizr-custom.js" type="text/javascript"></script>
    <script src="js/jquery-1.8.3.min.js"></script>
    <script src="js/responsive-menu.js" type="text/javascript"></script>
    <script>
        jQuery(function ($) {
            var menu = $('.rm-nav').rMenu({
                minWidth: '960px',
            });
        });
    </script>
</head>
<body style="background-image: url(images/bg.png)">
<header>
    <div class="wrapper">
        <div class="brand">
            <p><a href="#" class="logo">明日科技</a></p>
        </div>
        <div class="rm-container">
            <a class="rm-toggle rm-button rm-nojs" href="#">导航菜单</a>
            <nav class="rm-nav rm-nojs rm-lighten">
                <ul>
                    <li><a href="#">课程</a>
                        <ul>
                            <li><a href="#">Java 从入门到精通</a></li>
                            <li><a href="#">Java 项目实战系列</a></li>
                            <li><a href="#">Java 入门第一季</a></li>
                        </ul>
                    </li>
                    <li><a href="#">读书</a>
                        <ul>
                            <li><a href="#">后端开发</a></li>
                            <li><a href="#">移动端开发</a></li>
                            <li><a href="#">数据库开发</a></li>
```

```
                        <li><a href="#">前端开发</a></li>
                        <li><a href="#">其他</a></li>
                    </ul>
                </li>
                <li><a href="#">社区</a>
                    <ul>
                        <li><a href="#">Java 答疑区</a></li>
                        <li><a href="#">官方公告</a></li>
                        <li><a href="#">Android 答疑区</a></li>
                        <li><a href="#">C++答疑区</a></li>
                        <li><a href="#">php 答疑区</a></li>
                    </ul>
                </li>
                <li><a href="#">服务中心</a>
                    <ul>
                        <li><a href="#">VIP 权益</a></li>
                        <li><a href="#">课程需求</a></li>
                        <li><a href="#">意见反馈</a></li>
                        <li><a href="#">学分说明</a></li>
                        <li><a href="#">代金券</a></li>
                    </ul>
                </li>
            </ul>
        </nav>
    </div>
</div>
</header>
</html>
```

运行效果如图 16.9（PC 端）和图 16.10（手机端）所示。

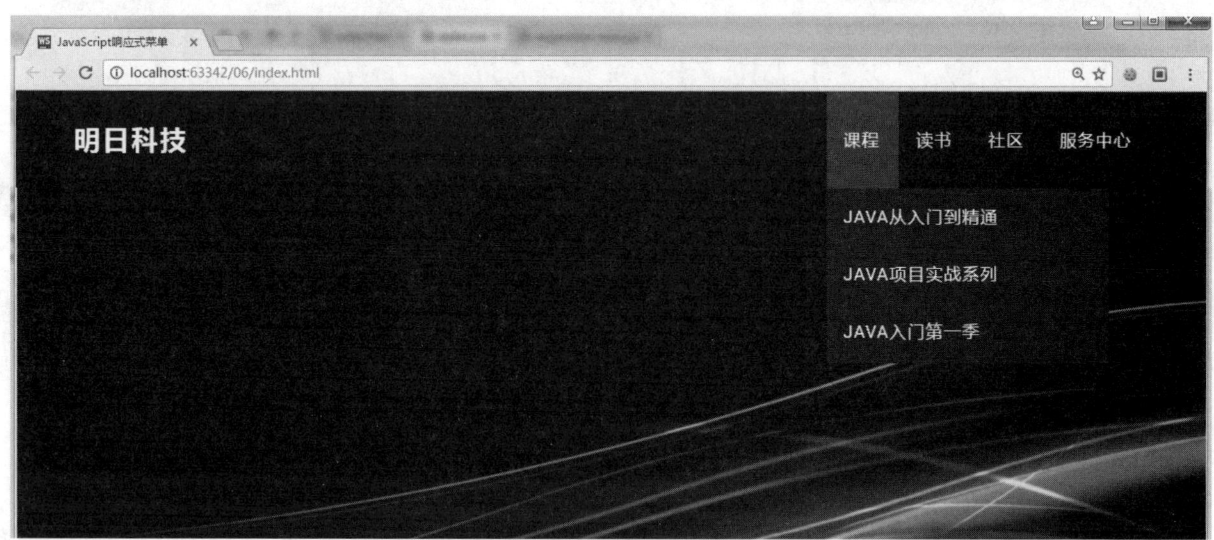

图 16.9　PC 端界面效果

图 16.10　手机端界面效果

16.4　响应式表格

表格，同样也是网站必不可少的功能。淘宝中的“我的订单”页面，使用的就是表格技术。在响应式网站中，响应式表格的实现方法也有很多，这里介绍 3 种：隐藏表格中的列、滚动表格中的列和转换表格中的列。

16.4.1　方法 1：隐藏表格中的列

隐藏表格中的列，是指在移动端中，隐藏表格中不重要的列，从而达到适配移动端的布局效果。实现技术，主要是应用 CSS 中媒体查询的 media 关键字，当检测为移动设备时，根据设备的宽度，将不重要的列，设置为 display:none。

例 16.07　本实例应用 CSS 中的 media 关键字，实现一则招聘信息表格的移动端适配，具体步骤如下。（**实例位置：资源包\源码\16\16.07**）

（1）新建 index.html 文件，在文件中编写 HTML 代码，完成 PC 端的表格内容。首先使用<table>标签，创建一个表格框架，然后利用<tr>标签和<td>标签，完成表格的行和单元格的内容，具体代码如下。

```
<body style="background-image: url(bg.png);color: #fff">
<h1 align="center">招聘信息</h1>
<table width="100%" cellspacing="1" cellpadding="5" border="1">
    <thead>
    <tr>
        <th>序号</th>
        <th>职位名称</th>
        <th>招聘人数</th>
        <th>工作地点</th>
        <th>学历要求</th>
        <th>年龄要求</th>
        <th>薪资</th>
    </tr>
    </thead>
    <tbody align="center">
    <tr>
        <td>1</td>
        <td>Java 高级工程师</td>
        <td>1</td>
        <td>北京</td>
        <td>本科</td>
        <td>30 岁以上</td>
        <td>面议</td>
    </tr>
    <tr>
        <td>2</td>
        <td>Java 初级工程师</td>
        <td>3</td>
        <td>长春</td>
        <td>本科</td>
        <td>25 岁以上</td>
        <td>面议</td>
    </tr>
    <!--省略部分代码-->
    </tbody>
</table>
</body>
```

运行效果如图 16.11（PC 端）所示。

（2）添加 CSS 代码，改变移动端的表格样式。首先使用 media 关键字，检测移动设备的宽度，当宽度大于 640px 且小于 800px 时，使用选择器 table td:nth-child(4)，表示表格中的第 4 列，添加隐藏样式 display: none，便隐藏了第四信息列。当宽度小于 640px 时，采用同样的方法，可以隐藏不重要的信息列，具体代码如下。

```
<style>
    @media only screen and (max-width: 800px) {
        table td:nth-child(4),
        table th:nth-child(4) {display: none;}
```

```
        }
        @media only screen and (max-width: 640px) {
            table td:nth-child(4),
            table th:nth-child(4),
            table td:nth-child(6),
            table th:nth-child(6),
            table td:nth-child(8),
            th:nth-child(8){display: none;}
        }
    </style>
```

运行效果如图 16.12（手机端）所示。

图 16.11　PC 端界面效果

图 16.12　手机端界面效果

16.4.2　方法 2：滚动表格中的列

滚动表格中的列，是指采用滚动条的方式，将手机端看不到的信息列进行滚动查看。实现技术，使用 CSS 中媒体查询的 media 关键字，检测屏幕的宽度，同时，改变表格的样式，将表格的表头从横向排列变成纵向排列。

例 16.08　本实例仍在例 16.07 的基础上，不改变 HTML 代码，实现滚动查看信息列的移动端适配。首先 HTML 代码的部分不变，仅替换背景图 bg.png 即可。然后改变 CSS 的样式代码，对选择器 table、thead 和 td 等重新进行样式调整，关键代码如下。（**实例位置：资源包\源码\16\16.08**）

```
<style>
    @media only screen and (max-width: 800px) {
```

```
            *:first-child+html .cf { zoom: 1; }
            table { width: 100%; border-collapse: collapse; border-spacing: 0; }
            th,
            td { margin: 0; vertical-align: top; }
            th { text-align: left; }
            table { display: block; position: relative; width: 100%; }
            thead { display: block; float: left; }
            tbody { display: block; width: auto; position: relative;
                    overflow-x: auto; white-space: nowrap; }
            thead tr { display: block; }
            th { display: block; text-align: right; }
            tbody tr { display: inline-block; vertical-align: top; }
            td { display: block; min-height: 1.25em; text-align: left; }
            th { border-bottom: 0; border-left: 0; }
            td { border-left: 0; border-right: 0; border-bottom: 0; }
            tbody tr { border-left: 1px solid #babcbf; }
            th:last-child,
            td:last-child { border-bottom: 1px solid #babcbf; }
    }
</style>
```

运行效果如图16.13（PC端）和图16.14（手机端）所示。

招聘信息

序号	职位名称	招聘人数	工作地点	学历要求	年龄要求	薪资
1	Java高级工程师	1	北京	本科	30岁以上	面议
2	Java初级工程师	3	长春	本科	25岁以上	面议
3	前端UI设计师	2	长春	本科	25岁以上	面议
4	PHP高级工程师	2	北京	本科	30岁以上	面议
5	产品经理	1	长春	本科	28岁以上	面议
6	测试工程师	3	北京	本科	28岁以上	面议
7	高级用户研究经理	1	北京	本科	30岁以上	面议
8	高级Android开发工程师	3	长春	本科	30岁以上	面议

图16.13　PC端界面效果

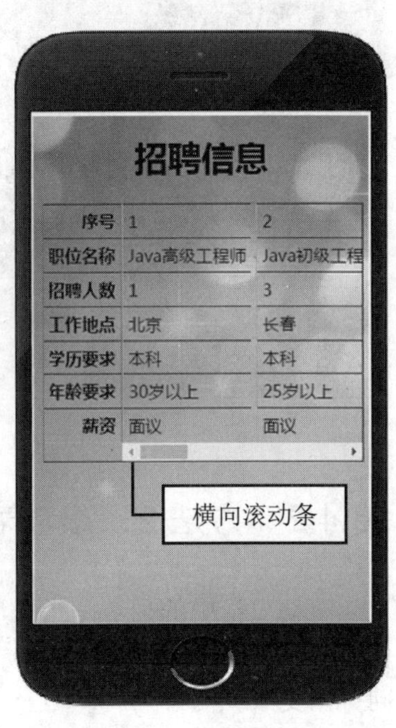

图16.14　手机端界面效果

16.4.3　方法3：转换表格中的列

转换表格中的列，是指在移动端中，彻底改变表格的样式，使其不再有表格的形态，以列表的样

式进行展示。实现技术，仍使用 CSS 媒体查询中的 media 关键字，检测屏幕的宽度，然后利用 CSS 技术，重新改造，让表格变成列表，CSS 的神奇强大功能在这里得以体现。

例 16.09　本实例在例 16.08 的基础上，不改变 HTML 代码，实现一则表格变成列表的招聘信息移动端适配。首先不改变 HTML 代码，可以替换一下背景图片 bg.png，然后重新编写 CSS 代码，使用 media 关键字，将 CSS 中的标签选择器 table、tr 和 td 等，重新改变成列表的样式，关键代码如下。（**实例位置：资源包\源码\16\16.09**）

```
<style>
    @media only screen and (max-width: 800px) {
        /* 强制表格为块状布局 */
         table, thead, tbody, th, td, tr {
            display: block;
        }
        /* 隐藏表格头部信息 */
         thead tr {
            position: absolute;
            top: -9999px;
            left: -9999px;
        }
         tr { border: 1px solid #ccc; }
         td {
            /* 显示列 */
            border: none;
            border-bottom: 1px solid #eee;
            position: relative;
            padding-left: 50%;
            white-space: normal;
            text-align: left;
        }
         td:before {
            position: absolute;
            top: 6px;
            left: 6px;
            width: 45%;
            padding-right: 10px;
            white-space: nowrap;
            text-align: left;
            font-weight: bold;
        }
        /*显示数据*/
         td:before { content: attr(data-title); }
    }
</style>
```

运行效果如图 16.15（PC 端）和图 16.16（手机端）所示。

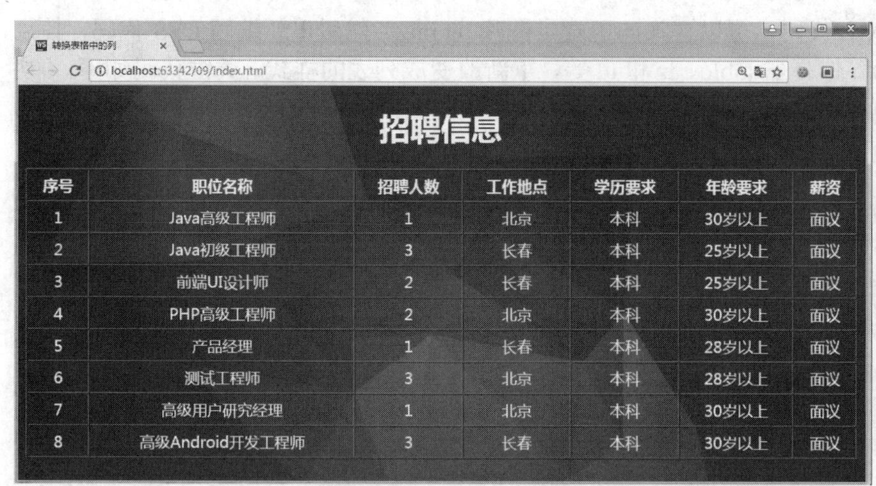

序号	职位名称	招聘人数	工作地点	学历要求	年龄要求	薪资
1	Java高级工程师	1	北京	本科	30岁以上	面议
2	Java初级工程师	3	长春	本科	25岁以上	面议
3	前端UI设计师	2	长春	本科	25岁以上	面议
4	PHP高级工程师	2	北京	本科	30岁以上	面议
5	产品经理	1	长春	本科	28岁以上	面议
6	测试工程师	3	北京	本科	28岁以上	面议
7	高级用户研究经理	1	北京	本科	30岁以上	面议
8	高级Android开发工程师	3	长春	本科	30岁以上	面议

图 16.15　PC 端界面效果

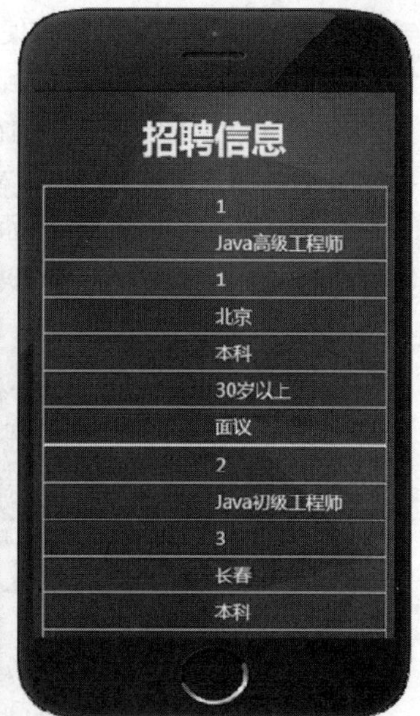

图 16.16　手机端界面效果

16.5　小　　结

本章继续深入讲解了响应式组件方面的内容。响应式图片，介绍了<picture>标签和 CSS 响应式图片的使用方法；响应式视频，讲解了<meta>标签和 HTML5 手机播放器的使用技巧；响应式导航菜单，解释了 CSS3 响应式菜单和 JavaScript 响应式菜单的区别和联系；响应式表格，说明了隐藏表格中的列、滚动表格中的列和转换表格中的列的使用法则。通过学习本章的内容，相信读者关于响应式方面的知识会有更深入的了解和掌握。

16.6　实　　战

实战一：实现一个响应式菜单

请试着利用 JavaScript 响应式菜单技术，对子菜单“新闻、图片、视频、社区”实现响应式布局。**（资源包\源码\16\实战\01）**

第 3 篇

项目篇

⏭ 第 17 章　课程设计——游戏公园

本篇通过制作一个“游戏公园”主题的网站，运用软件工程的设计思想，让读者学习如何进行软件项目的实践开发。书中按照“需求分析→系统设计→主页实现→博客列表实现→博客详情实现→关于我们”的流程进行介绍，带领读者亲身体验开发项目的全过程。

第17章

课程设计——游戏公园

（视频讲解：1小时5分钟）

如今的互联网时代，很多人都喜欢玩电子游戏。电子游戏种类众多，如熟知的主机游戏、电脑游戏和手机游戏等，种类繁多，眼花缭乱。本章将以电子游戏为类型主题，设计并制作一个电子游戏资讯网站——游戏公园。循序渐进，由简入难，帮助学习人员逐步了解和掌握网站制作的全部流程细节。

学习摘要：

- 了解网站设计制作流程
- 掌握轮播图的实现原理
- 掌握九宫格布局的技巧
- 掌握表单应用的具体方法
- 掌握实现 CSS3 动画特效的方法
- 掌握 JavaScript 控制页面样式的能力

17.1　课程设计目的

本课程设计和制作一个游戏资讯网站——游戏公园。通过整个设计制作过程，旨在帮助学习人员，全面了解网站制作流程，熟练应用 HTML 相关技术，为今后真正的网站制作奠定基础。游戏公园网站的界面效果如图 17.1 所示。

图 17.1　游戏公园主页效果

17.2　游戏公园网站概述

“工欲善其事，必先利其器”。设计一个网站，应根据网站的主题内容对号入座，合理设计。比如网站的色彩元素，使用不同的色调则表达不同的情感，因此许多银行或政府的官网都喜欢使用冷静的蓝色，表现严肃和典雅。下面介绍游戏公园网站的主题特点和功能结构。

17.2.1 网站特点

游戏公园网站（以下简称“游戏公园”）是一个专业介绍游戏资讯的网站平台。游戏公园坚持用户第一，以用户体验为核心，免费为用户提供各种趣味和健康的游戏资讯。以上内容是游戏公园的主题特点和功能需求。

根据提出的需求，游戏公园设计了主页、博客列表、博客详情和关于我们 4 个页面。主题颜色以黑色和粉色为主要背景色，黑色表达神秘和炫酷，粉色则表现年轻和青春。游戏公园的主要界面效果如图 17.2 和图 17.3 所示。

图 17.2　游戏公园主页效果

图 17.3　游戏公园博客列表页面效果

17.2.2 功能结构

从功能上划分，游戏公园分为主页、博客和关于我们这 3 个功能。

☑ 主页功能：设计了“推荐游戏”和“最新游戏”两个子功能，为用户推荐和介绍最新的游戏资讯。

☑ 博客功能：分成“博客列表”和“博客详情”两个子功能，方便用户查找和浏览游戏资讯。

☑ 关于我们：介绍游戏公园网站的发展历史和网站特点等。

游戏公园的功能结构图如图 17.4 所示。

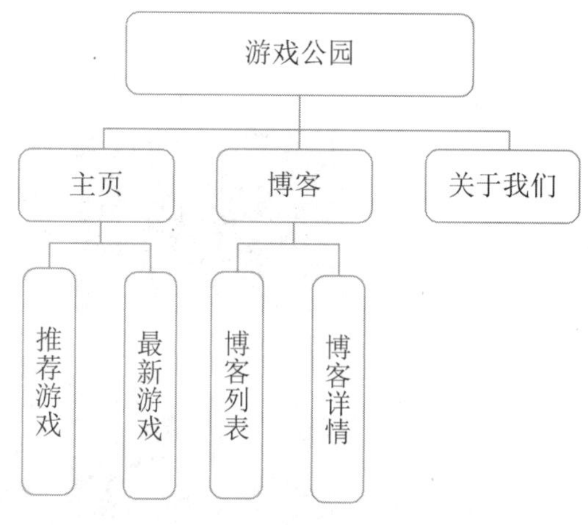

图 17.4 游戏公园功能结构图

17.3 主页的设计与实现

17.3.1 主页的设计

主页对一个网站非常重要。用户进入一个网站，首先浏览的页面就是主页。主页设计的好与坏，直接关系到用户是否有兴趣浏览其他页面。因此，游戏公园的主页特别设计了推荐游戏和最新游戏两个功能，为用户介绍最新最好的游戏资讯。主页的界面效果如图 17.5 和图 17.6 所示。

图 17.5 主页的顶部区域和推荐游戏区域

图 17.6 主页的最新游戏区域和底部区域

17.3.2 顶部区和底部区功能的实现

根据由简到繁的原则，首先实现顶部区和底部区的功能。顶部区由网站的 LOGO 图片和菜单栏组成，方便用户跳转到其他页面。底部区由制作公司和导航栏组成，链接到技术支持的官网。功能实现后的界面如图 17.7 所示。

图 17.7 主页的顶部区和底部区

具体实现的步骤如下。

（1）新建一个 HTML 文件，命名为 index.html。引入 bootstrap.css 文件和 style.css 文件，构建页面整体布局，关键代码如下。

```
<!DOCTYPE html>
<html>
<head>
<title>首页--游戏公园</title>
<meta name="viewport" content="width=device-width, initial-scale=1">
<meta http-equiv="Content-Type" content="text/html; charset=utf-8" />
<link href="css/bootstrap.css" rel="stylesheet" type="text/css" media="all" />
<link href="css/style.css" rel="stylesheet" type="text/css" media="all" />
</head>
<body>
</body>
</html>
```

（2）实现顶部区的功能。首先通过<img>标签，引入网站的 LOGO 图片 menu.png。然后使用<ul>标签和<li>标签，实现菜单栏的布局。最后通过<a>标签，添加 href 属性，链接到其他页面，代码如下。

```
<div class="header" >
    <div class="header-top">
        <div class="container">
            <div class="head-top">
                <div class="logo">
                    <h1><a href="index.html"> 游戏 <span>公园</span></a></h1>
                </div>
            <div class="top-nav">
            <!--引入网站 LOGO 图片-->
            <span class="menu"><img src="images/menu.png"> </span>
            <!--顶部菜单栏-->
                <ul>
                    <li class="active"><a  href="index.html">主页</a></li>
                    <li><a  href="blog.html">博客</a></li>
                        <li><a  href="about.html" >关于我们</a></li>
                        <div class="clearfix"> </div>
                    </ul>
                </div>
                <div class="clearfix"> </div>
        </div>
        </div>
    </div>
</div>
```

（3）实现底部区的功能。首先通过<ul>标签和<li>标签，实现底部的导航栏。然后为<a>标签添加 href 属性，链接到其他页面。最后使用<p>段落标签，显示网站的制作公司信息，代码如下。

```
<div class="footer">
        <div class="container">
```

```
                <ul class="footer-grid">
                <li class="active"><a   href="index.html">主页</a></li>
                <li><a   href="blog.html">博客</a></li>
                <li><a   href="about.html">关于我们</a></li>
                </ul>
            <p> 游戏公园  | 设计 by   <a href="http://www.mingrisoft.com/" target="_blank">
                吉林省明日科技有限公司</a></p>
        </div>
</div>
```

注意

项目的文件夹结构，因人而异。一般创建 css、images、js 和 font 这 4 个文件夹，分别存放 CSS 文件、图片文件、JavaScript 文件和字体资源文件。

17.3.3　推荐游戏功能的实现

推荐游戏功能是一个轮播图的效果，完全使用 CSS 技术实现。3 张图片按照指定时间间隔，不断交替显示或隐藏。实现后的界面效果如图 17.8 所示。

图 17.8　推荐游戏的界面效果

具体实现的步骤如下。

（1）编写 HTML 的布局代码。通过<ul>标签、<li>标签和<img>标签，引入 3 张轮播图片。使用<label>标签，显示轮播图片的顺序数字，关键代码如下。

```
<!--引入 3 张轮播图片-->
<div id="wrap">
        <ul id="slider">
                <li><img src="images/slider.png" /></li>
                <li><img src="images/slider.png" /></li>
                <li><img src="images/slider.png" /></li>
        </ul>
</div>
<!--轮播图片的轮播顺序-->
<input type="radio" checked name="slider" id="l01">
<input type="radio" name="slider" id="l02">
<input type="radio" name="slider" id="l03">
<div id="opts">
        <label for="l01">1</label>
        <label for="l02">2</label>
        <label for="l03">3</label>
 </div>
```

（2）编写 CSS 的样式动画代码。通过 CSS3 的@keyframes 动画属性，为页面标签提供动画关键帧功能。全部动画时间为 100%，不同的百分比进度，表示持续到不同的时间段，可以设置不同的 CSS3 动画效果，关键代码如下。

```
/*创建动画策略*/
@keyframes slide1 {
        0% { margin-left:0;}
        23% { margin-left:0;}
        33% { margin-left:-1000px;}
        56% { margin-left:-1000px;}
        66% { margin-left:-2000px;}
        90% { margin-left:-2000px;}
        100% {margin-left:0;}
}
/*关联动画名称*/
#l01:checked ~ #wrap #slider {
        -webkit-animation-name:slide1;
}
…省略其他代码
```

17.3.4　最新游戏功能的实现

最新游戏功能，通过展示游戏的缩略图，介绍最新游戏资讯。界面设计采用九宫格的方式，添加了鼠标滑动动画效果，界面整齐大气，不失灵活，界面效果如图 17.9 所示。

图 17.9　最新游戏的界面效果

具体实现步骤如下。

（1）编写 HTML 的布局代码。使用<li>标签引入最新游戏的缩略图，通过<a>标签，添加了缩略图的链接地址页面 single.html。最后添加 onmouseover 属性和 onmouseout 属性，设置了鼠标滑动事件，关键代码如下。

```
<ul id="da-thumbs" class="da-thumbs">
        <!--引入最新游戏的缩略图-->
        <li>
        <a href="single.html" rel="title" class="b-link-stripe b-animate-go    thickbox"
                    onmouseover="mouseOver(this)" onmouseout="mouseOut(this)">
            <img src="images/a1.jpg" />
            <div style="left: -100%; display: block; top: 0px; transition: all 300ms ease;">
                    <h5>Games</h5>
                    <span>领先的在线休闲游戏平台</span>
              </div>
          </a>
    </li>
</ul>
```

（2）编写控制鼠标滑动特效的 JavaScript 代码。分别创建鼠标滑入的 mouseOver()方法与鼠标滑出的 mouseOut()方法，这两个方法实现的逻辑相同。以 mouseOver()方法为例，首先获取当前滑动事件的 obj 对象，通过 obj 对象的 children 属性，继续获取子节点，最后设置子节点的动画效果，代码如下。

```
<script>
    //鼠标滑入
    function mouseOver(obj){
        var menu=obj.children;                //获取对象子节点
        menu[1].style.left='0px';             //节点的样式属性 left 值设置为 0px
    }
    //鼠标滑出
    function mouseOut(obj){
        var menu=obj.children;                //获取对象子节点
        menu[1].style.left='-100%';           //节点的样式属性 left 值设置为-100%
    }
</script>
```

17.4 博客列表的设计与实现

视频讲解

17.4.1 博客列表的设计

博客列表功能是游戏公园资讯平台的核心功能。用户进入博客列表页面，可以快速浏览游戏的名称、缩略图和简介，如感兴趣则继续单击内容，便进入博客详情页面。最新游戏资讯在博客列表页面中，以九宫格的方式展示，更清晰大方。博客列表的界面效果如图 17.10 所示。

图 17.10 博客列表的页面效果

注意

图 17.10 仅是博客列表页面的局部效果图。读者可继续添加游戏资讯、分页组件等内容。

17.4.2 博客列表的实现

博客列表的实现方法与主页相似。首先引入 CSS 样式，搭建页面框架；然后实现顶部和底部的布局，显示网站的 LOGO 和菜单导航；最后实现博客列表的内容区域，展现最新游戏资讯内容，具体实现步骤如下。

（1）创建一个 HTML 页面，引入 bootstrap.css 文件和 style.css 文件，搭建页面的布局和框架，代码如下。

```
<!DOCTYPE html>
<html>
<head>
<title>博客列表--游戏公园</title>
<meta name="viewport" content="width=device-width, initial-scale=1">
<meta http-equiv="Content-Type" content="text/html; charset=utf-8" />
<link href="css/bootstrap.css" rel="stylesheet" type="text/css" media="all" />
<link href="css/style.css" rel="stylesheet" type="text/css" media="all" />
</head>
<body>
</body>
</html>
```

（2）实现顶部和底部的布局，显示网站的 LOGO、菜单导航和制作团队等内容，关键代码如下。

```
<!--顶部布局-->
<div class="top-nav">
        <span class="menu"><img src="images/menu.png" alt=""> </span>
            <ul>
                <li><a   href="index.html"   >主页</a></li>
                <li class="active"><a   href="blog.html"   >博客</a></li>
                <li><a   href="about.html" >关于我们</a></li>
                <div class="clearfix"> </div>
            </ul>
</div>
<!--底部布局-->
  <div class="footer">
      <div class="container">
          <ul class="footer-grid">
              <li class="active"><a href="index.html">主页</a></li>
              <li><a href="blog.html">博客</a></li>
              <li><a href="about.html">关于我们</a></li>
          </ul>
          <p> 游戏公园  | 设计 by  <a href="http://www.mingrisoft.com/" target="_blank">
              吉林省明日科技有限公司</a></p>
```

```
        </div>
</div>
```

注意

第（2）步骤实现的方法与主页相同。请参考 17.3.2 节内容。

（3）实现博客列表区域的布局，展现最新游戏资讯内容。首先使用<img>标签，引入游戏资讯的缩略图，然后通过<h4>标签，显示游戏资讯的标题，最后利用<p>标签，展现资讯简介内容，关键代码如下。

```
<div class="col-md-4 blog-top">
          <div class="blog-in">
                <a href="single.html" target="_blank"><img class="img-responsive" src="images/b3.jpg"
                 alt=" "></a>
                <div class="blog-grid">
                <h4><a href="single.html">地铁跑酷(周年庆) </a></h4>
                <p>全球超人气跑酷手游《地铁跑酷》给你精彩、好玩的游戏体验。画面精致、操作流畅、
                    玩法刺激、滑板炫酷、角色丰富、特效绚丽……全民皆玩，全球 3 亿用户的共同选择，
                    一路狂奔，环游世界，你会爱上它！
                </p>
          <div class="date">
          <span class="date-in">
                <i class="glyphicon glyphicon-calendar"></i>
                22.01.2015
          </span>
          <a href="single.html" class="comments">
                <i class="glyphicon glyphicon-comment"></i>
                24
          </a>
          <div class="clearfix"> </div>
     </div>
     <div class="more-top">
     <a class=" hvr-wobble-top" href="single.html">更多信息</a>
     </div>
</div>
</div>
</div>
```

17.5 博客详情的设计与实现

视频讲解

17.5.1 博客详情的设计

博客详情是博客列表的子页面。用户单击博客列表的资讯内容后，则进入博客详情的页面。博客详情页面除了详细介绍资讯内容外，还可以对内容留言评论。评论内容利用表单<form>标签提交回复。

博客详情的界面效果如图 17.11 所示。

图 17.11　博客详情页面的效果

17.5.2　博客详情的实现

根据博客详情页面的设计布局，按照搭建页面框架、实现内容区布局和完成留言评论 3 个步骤的顺序编码，具体实现步骤如下。

（1）创建一个 HTML 文件，引入 bootstrap.css 文件和 style.css 文件，搭建页面框架，代码如下。

```
<!DOCTYPE html>
<html>
<head>
<title>博客内容--游戏公园</title>
<meta name="viewport" content="width=device-width, initial-scale=1">
<meta http-equiv="Content-Type" content="text/html; charset=utf-8" />
<link href="css/bootstrap.css" rel="stylesheet" type="text/css" media="all" />
<link href="css/style.css" rel="stylesheet" type="text/css" media="all" />
</head>
<body>
</body>
```

（2）实现顶部和底部的布局，显示网站的 LOGO、菜单导航和制作团队等内容。具体方法请参考 17.4.2 节的内容。

（3）实现资讯内容区的布局。首先使用<img>标签引入游戏资讯的大缩略图，然后通过<h4>标签显示资讯的标题，最后利用<p>标签，展现详细的游戏资讯内容，关键代码如下。

```
<a href="#"><img class="img-responsive" src="images/si.jpg" alt=" "></a>
<div class=" single-grid" style="font-size: 16px">
        <h4>地铁跑酷(周年庆)</h4>
        <div class="cal">
                <ul>
                        <li><span>
                        <i class="glyphicon glyphicon-calendar"> </i>2016/12-08</span></li>
                        <li><a href="#"><i class="glyphicon glyphicon-comment"></i>24</a></li>
                </ul>
        </div>
        <p>全球超人气跑酷手游《地铁跑酷》给你精彩、好玩的游戏体验。画面精致、操作流畅、玩法刺激、
            滑板炫酷、角色丰富、特效绚丽……全民皆玩，全球 3 亿用户的共同选择，一路狂奔，环游世界，
            你会爱上它！
        </p>
        <p>更新提示<br/>
                    1.圣诞节快乐！尽情享受圣诞节在雪中参加地铁跑酷的乐趣；<br/>
                    2.欢迎极地探索者——马利克和他的长牙装扮；<br/>
                    3.沿着奇妙的玩具工厂滑板冲浪，探索美丽的冰雪洞窟；<br/>
                    4.来和拥有着冰雪装扮的精灵琪琪一起玩耍吧；<br/>
                    5.在新的冰川滑板上滑雪冲浪！<br/>
        </p>
</div>
```

（4）实现留言评论的表单布局。首先使用<form>标签，构建留言评论的布局内容，然后通过<input>标签，type 属性的值为 text 文本域，显示姓名、邮件、主题和内容等回复信息，最后利用 submit 的提交按钮留言回复，关键代码如下。

```
<div class="comment-bottom">
        <h3>回复</h3>
                <form>
                        <input type="text" placeholder="姓名">
                        <input type="text" placeholder="邮件">
                        <input type="text" placeholder="主题">
                        <textarea type="text" placeholder="内容" required></textarea>
                        <!--提交按钮-->
                        <input type="submit" value="提交">
                </form>
 </div>
```

视频讲解

17.6　关于我们的设计与实现

17.6.1　关于我们的设计

关于我们功能，介绍网站的特色版块、特色功能和团队人员。一般网站都会设立关于我们的功能，是网站设计必备的模块。内容和形式因网站主题而异，不外乎网站的发展历史和网站特色等。关于我

们的界面效果如图 17.12 所示。

图 17.12　关于我们的界面效果

17.6.2　关于我们的实现

关于我们的实现，由搭建页面框架、实现顶部和底部布局、展现内容区域和介绍团队成员这 4 个步骤构成，实现的流程与前面的章节相似，具体实现步骤如下。

（1）新建一个 HTML 文件，引入 bootstrap.css 文件和 style.css 文件，搭建页面框架，代码如下。

```
<!DOCTYPE html>
<html>
<head>
<title>关于我们--游戏公园</title>
<meta name="viewport" content="width=device-width, initial-scale=1">
<meta http-equiv="Content-Type" content="text/html; charset=utf-8" />
<link href="css/bootstrap.css" rel="stylesheet" type="text/css" media="all" />
<link href="css/style.css" rel="stylesheet" type="text/css" media="all" />
</head>
<body>
</body>
```

（2）实现顶部和底部的布局，显示网站的 LOGO、菜单导航和制作团队等内容。具体方法请参考 17.4.2 节的内容。

（3）实现内容区的布局，关键代码如下。

```
<!--关于我们介绍文字-->
<div class="about-top">
        <h3>关于我们</h3>
</div>
<div class="about-bottom">
        <p style="text-align: left;font-size: 20px"><strong>明日学院，是吉林省明日科技有限公司倾力打造的
        在线实用技能学习平台，该平台于 2016 年正式上线，主要为学习者提供海量、优质的课程，课程结构
        严谨，用户可以根据自身的学习程度，自主安排学习进度。我们的宗旨是，为编程学习者提供一站式
        服务，培养用户的编程思维。</strong>
        </p>
<!--引入两张介绍图片-->
<div class="about-btm">
      <div class="col-md-6 about-left">
            <a href="single.html">
                  <img class="img-responsive" src="images/bt.jpg" alt=""/></a>
      </div>
      <div class="col-md-6 about-right">
            <a href="single.html">
                  <img class="img-responsive" src="images/bt1.jpg" alt=""/></a>
        </div>
        <div class="clearfix"></div>
</div>
</div>
```

注意

关于我们的介绍文字和介绍图片仅做案例说明使用，可根据实际的开发情况，修改或替换对应的文字和图片。

（4）实现团队介绍的布局。首先添加 ch-item 样式类，横排布局团队的成员，然后增补 ch-img-1 样式类、ch-img-2 样式类和 ch-img-3 样式类，引入团队成员漫画照。实现后的界面如图 17.13 所示。

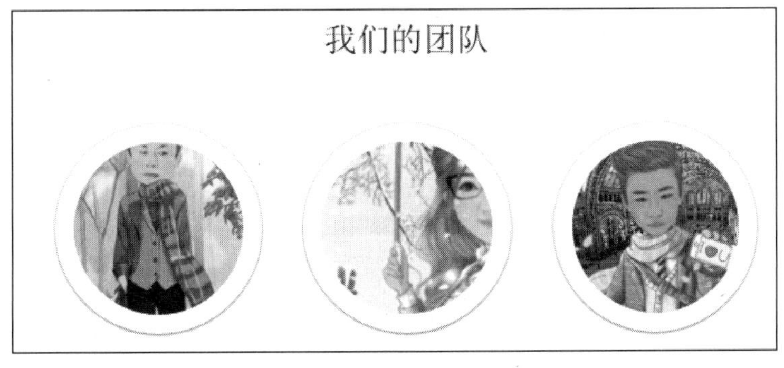

图 17.13　团队介绍的界面效果

关键代码如下。

```
<li>
    <div class="ch-item">
        <div class="ch-info-wrap">
            <div class="ch-info">
                <div class="ch-info-front ch-img-1"></div>
                <div class="ch-info-back">
                    <h3>Jonsen</h3>
                    <p>前端工程师</p>
                </div>
            </div>
        </div>
    </div>
</li>
```

17.7 小　　结

本课程使用 HTML、CSS3 和 JavaScript 技术，制作完成了一个相对简单的游戏资讯网站——游戏公园。从功能划分，网站由主页、博客和关于我们这 3 个功能构成。从知识点分析，涉及 HTML 常用标签的使用、CSS3 动画属性的展示和 JavaScript 控制页面样式的能力等内容。

相信通过对网站的设计和代码的实现，学习人员能更容易理解网站制作的流程，对今后的工作实践大有益处。

软件开发微视频讲堂

HTML5+CSS3+JavaScript 从入门到精通

（微视频精编版）

明日科技　编著

清華大學出版社

北　京

内 容 简 介

本书内容浅显易懂，实例丰富，详细介绍了 HTML5+CSS3+JavaScript 开发需要掌握的各类实战知识。

全书分为两册：核心技术分册和强化训练分册。核心技术分册共 17 章，包括 HTML 基础、文本、图像和超链接、CSS3 概述、CSS3 高级应用、表格与<div>标签、列表、表单、多媒体、HTML5 新特性、JavaScript 基础、绘制图形、文件与拖放、JavaScript 对象编程、响应式网页设计、响应式组件、课程设计——游戏公园等内容。通过学习，读者可快速开发一些中小型应用程序。强化训练分册共 15 章，通过大量源于实际生活的趣味案例，强化上机实践，拓展和提升软件开发中对实际问题的分析与解决能力。

本书除纸质内容外，配书资源包中还给出了海量开发资源，主要内容如下。

- ☑ 视频讲解：总时长 17 小时，共 162 集
- ☑ 技术资源库：800 页技术参考文档
- ☑ 实例资源库：400 个实用范例
- ☑ 测试题库系统：138 道能力测试题目
- ☑ 面试资源库：369 道企业面试真题

本书可作为软件开发入门者的自学用书或高等院校相关专业的教学参考书，也可供开发人员查阅、参考。

图书在版编目（CIP）数据

HTML5+CSS3+JavaScript 从入门到精通：微视频精编版 / 明日科技编著. —北京：清华大学出版社，2020.5 (2022.7 重印)
（软件开发微视频讲堂）
ISBN 978-7-302-53610-9

Ⅰ.①H… Ⅱ.①明… Ⅲ.①超文本标记语言-程序设计 ②网页制作工具 ③JAVA 语言-程序设计 Ⅳ.①TP312.8 ②TP393.092.2

中国版本图书馆 CIP 数据核字（2019）第 173918 号

责任编辑：贾小红
封面设计：魏润滋
版式设计：文森时代
责任校对：马军令
责任印制：丛怀宇

出版发行：清华大学出版社
网　　址：http://www.tup.com.cn，http://www.wqbook.com
地　　址：北京清华大学学研大厦 A 座　　邮　　编：100084
社 总 机：010-83470000　　邮　　购：010-62786544
投稿与读者服务：010-62776969，c-service@tup.tsinghua.edu.cn
质量反馈：010-62772015，zhiliang@tup.tsinghua.edu.cn
印 装 者：三河市龙大印装有限公司
经　　销：全国新华书店
开　　本：203mm×260mm　　印　　张：33.5　　字　　数：887 千字
版　　次：2020 年 6 月第 1 版　　印　　次：2022 年 7 月第 3 次印刷
定　　价：99.80 元（全 2 册）

产品编号：082571-01

前　言

Preface

通过网站获取资讯及进行学习、娱乐、消费，已经成为人们生活和工作中不可或缺的一部分。随着技术的发展，网站内容越来越丰富，网页页面越来越美观，页面与用户的交互性也越来越强。HTML5、CSS3 和 JavaScript 的出现，使得网页设计从外观上更炫，技术上更简单。因此，HTML5+CSS3+JavaScript 这一开发组合受到广大程序员的青睐，成为网页开发人员使用的主流编程语言。

本书内容

本书分为两册：核心技术分册和强化训练分册。

核心技术分册共 17 章，提供了从入门到编程高手所必需的 HTML5、CSS3 和 JavaScript 各类核心知识，大体结构如下图所示。

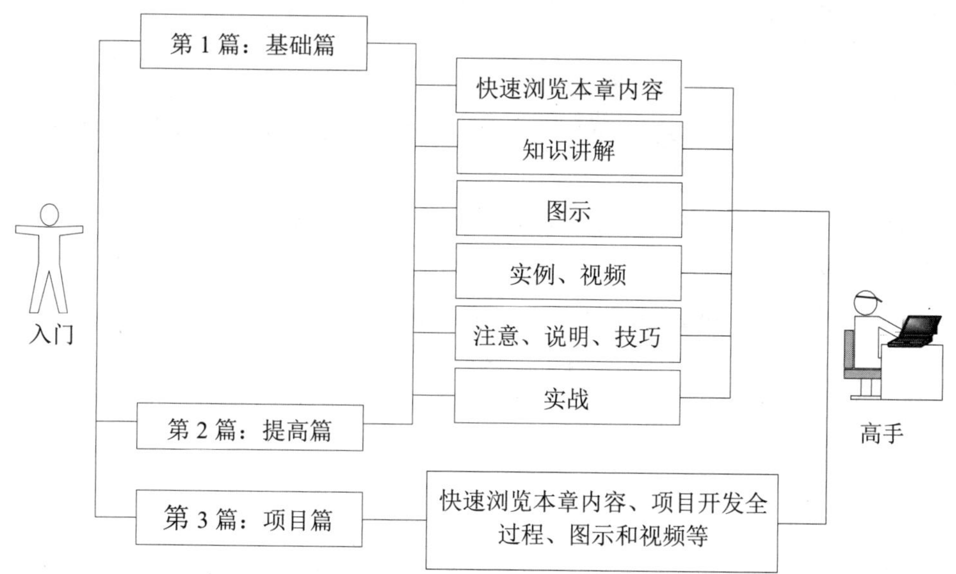

第 1 篇：基础篇。本篇介绍了 HTML 基础、文本、图像和超链接、CSS3 概述、CSS3 高级应用、表格与<div>标签、列表、表单、多媒体、HTML5 新特性、JavaScript 基础等内容，使读者快速掌握开发基本内容，为以后编程奠定坚实的基础。

第 2 篇：提高篇。本篇介绍了绘制图形、文件与拖放、JavaScript 对象编程、响应式网页设计、响应式组件等内容。学习完本篇，能够开发一些中小型应用程序。

第 3 篇：项目篇。本篇通过制作一个“游戏公园”主题的网站，运用软件工程的设计思想，让读者学习如何进行软件项目的实践开发。书中按照“需求分析→系统设计→主页实现→博客列表实现→博客详情实现→关于我们”的流程进行介绍，带领读者亲身体验开发项目的全过程。

强化训练分册共15章，通过250个来源于实际生活的趣味案例，强化上机实战，拓展和提升读者对实际问题的分析与解决能力。

本书特点

- ☑ **深入浅出，循序渐进。**本书以初、中级程序员为对象，先从语言基础学起（HTML基础、CSS基础和JavaScript基础），再学习网站制作常用组件的功能实现，最后学习开发一个完整项目。讲解过程步骤详尽，版式新颖，使读者在阅读时一目了然，从而快速掌握书中内容。
- ☑ **实例典型，轻松易学。**通过例子学习是最好的学习方式，本书通过“一个知识点、一个例子、一个结果、一段评析、一个综合应用”的模式，透彻详尽地讲述了实际开发中所需的各类知识。另外，为了便于读者阅读程序代码，快速学习编程技能，书中几乎每行代码都提供了注释。
- ☑ **微课视频，可听可看。**为便于读者直观感受程序开发的全过程，书中大部分章节都配备了教学微视频。这些微课可听、可看，能快速引导初学者入门，使其感受编程的快乐和成就感，进一步增强学习的信心。
- ☑ **强化训练，实战提升。**软件开发学习，实战才是硬道理。核心技术分册中提供了40个实战练习，强化训练分册中更是给出了250个源自生活的真实案例。应用编程思想来解决这些生活中的难题，不但能锻炼动手能力，还可以快速提升实战技巧。如果在实现过程中遇到问题，可以从资源包中获取相应实战的源码进行解读。
- ☑ **精彩栏目，贴心提醒。**本书根据需要在各章安排了很多“注意”“说明”“技巧”等小栏目，让读者可以在学习过程中更轻松地理解相关知识点及概念，更快地掌握个别技术的应用技巧。在强化训练分册中，更设置了“▷①②③④⑤⑥”栏目，读者每亲手完成一次实战练习，即可涂上一个序号。通过反复实践，可真正实现强化训练和提升。

本书资源

为帮助读者学习，本书配备了长达17个小时（共162集）的微课视频讲解。除此以外，还为读者提供了“Java Web开发资源库”系统，可以帮助读者快速提升编程水平和解决实际问题的能力。

本书和Java Web开发资源库配合学习的流程如下图所示。

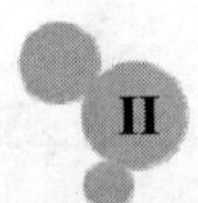

Java Web 开发资源库系统的主界面如下图所示。

开发资源库
使用说明

在学习本书的过程中，可以配合技术资源库和实例资源库的相应内容，全面提升个人综合编程技能和解决实际开发问题的能力，为成为软件开发工程师打下坚实基础。

对于数学逻辑能力和英语基础较为薄弱的读者，或者想了解个人数学逻辑思维能力和编程英语基础的用户，本书提供了数学及逻辑思维能力测试和编程英语能力测试以供练习和测试。

面试资源库提供了大量国内外软件企业的常见面试真题，同时还提供了程序员职业规划、程序员面试技巧、虚拟面试系统等精彩内容，是程序员求职面试的绝佳指南。

读者对象

- ☑ 初学编程的自学者
- ☑ 编程爱好者
- ☑ 大中专院校的老师和学生
- ☑ 相关培训机构的老师和学员
- ☑ 做毕业设计的学生
- ☑ 初、中级程序开发人员
- ☑ 程序测试及维护人员
- ☑ 参加实习的“菜鸟”程序员

读者服务

学习本书时，请先扫描封底的权限二维码（需要刮开涂层）获取学习权限，然后即可免费学习书中的所有线上线下资源。本书所附赠的各类学习资源，读者可登录清华大学出版社网站（www.tup.com.cn），在对应图书页面下获取其下载方式。也可扫描图书封底的“文泉云盘”二维码，获取其下载方式。

致读者

本书由明日科技软件开发团队组织编写。明日科技是一家专业从事软件开发、教育培训以及软件开发教育资源整合的高科技公司，其编写的教材非常注重选取软件开发中的必需、常用内容，同时也很注重内容的易学、方便性以及相关知识的拓展性，深受读者喜爱。其教材多次荣获“全行业优秀畅销品种”“中国大学出版社优秀畅销书”等奖项，多个品种长期位居同类图书销售排行榜的前列。

在编写本书的过程中，我们始终本着科学、严谨的态度，力求精益求精，但错误、疏漏之处在所难免，敬请广大读者批评指正。

感谢您购买本书，希望本书能成为您编程路上的领航者。

“零门槛”编程，一切皆有可能。

祝读书快乐！

编　者

2020年6月

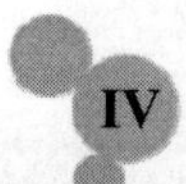

目　录

Contents

第 1 章　HTML 基础 1

应用技能拓展学习 1

1．WebStorm 常用快捷键 1

2．HTML 注释快捷键（WebStorm 编辑器） 1

3．谷歌浏览器中的开发者工具 2

实战技能强化训练 4

训练一：基本功强化训练 4

1．输出雷军的名言 4

2．输出中英文版的“时间不等人” 5

3．输出俞敏洪老师的图书信息 5

4．输出绕口令 5

5．输出跨年演讲主题 5

训练二：实战能力强化训练 6

6．输出淘宝网底部菜单 6

7．输出腾讯免费直播课公告 6

8．输出明日学院简介 7

9．输出新浪官网底部版权信息 7

第 2 章　文本 9

应用技能拓展学习 9

1．<article>标签 9

2．<section>标签 9

3．特殊符号“ ” 11

实战技能强化训练 12

训练一：基本功强化训练 12

1．输出每日励志名言 12

2．输出影片基本信息 12

3．输出马云语录 12

4．输出明日学院官方网站地址 12

5．输出 2018 年世界杯分组情况 13

6．输出彩色数字 13

7．输出微信支付凭证 14

8．输出 2018 年天猫双十一总成交额 14

9．输出超市购物小票 14

10．输出商品标价签 15

训练二：实战能力强化训练 15

11．居中排版节日板报 15

12．居中排版唐诗 16

13．天气预报消息发布 16

14．打折商品清单 16

15．输出方程 $2X+X^2=16$ 16

16．输出方程 $8Y_1-X_3=20$ 17

17．绘制情人节字符画 17

18．给自己画个字符画像 17

19．完成一则通告内容 17

20．使用水平线标签实现菜谱列表 18

第 3 章　图像和超链接 19

应用技能拓展学习 19

1．SVG 图像 19

2．AlloyImage 图像处理库 20

实战技能强化训练 21

训练一：基本功强化训练 21

1．制作购物网站的“促销活动”页面 21

2．使用图像标签在页面中显示图书封面 22

3．制作手机商城的商品展示页面 22

4．制作图书导航页面 23

5．展示玫瑰的生长过程 24

6．布局电脑配件页面 25

7．为图书添加替换文本和提示文字 25

8．制作商品评价页面，提示文字为商品信息 26

9．使用链接制作网站的导航菜单 26

10．“展开全文”页面链接效果 27

训练二：实战能力强化训练 27
11．仿淘宝放大镜效果 27
12．SVG 实现图片模糊效果 28
13．SVG 实现点赞特效 28
14．应用 AlloyImage 对图像进行灰度处理 28
15．应用 AlloyImage 对图像进行反色处理 29
第 4 章　CSS3 概述 30
应用技能拓展学习 30
1．Velocity.js 框架 30
2．活用 position 属性 31
实战技能强化训练 31
训练一：基本功强化训练 31
1．制作一个简单的注册/登录页面 31
2．制作网页版个人简历 31
3．制作网页版生日贺卡 32
4．制作网页版宣传海报 32
5．制作购物商城的商品展示页面 33
6．制作手机介绍页面 34
7．制作个人空间主页 34
8．实现页面横幅广告效果 35
9．制作购物商城的“热销爆款”页面 35
10．制作购物商城的“精品手机”页面 36
11．制作网站登录页面 36
12．制作手机展示页面 37
13．华为手机详情页面 37
14．手机产品参数页面 38
训练二：实战能力强化训练 39
15．图片跑马灯效果 39
16．相册内图片单击轮换效果 40
17．图形加载动画 40
18．制作方块填充的进度条 40
第 5 章　CSS3 高级应用 41
应用技能拓展学习 41
1．伪类选择器的应用 41
2．弹性布局（flexbox）的使用 42
实战技能强化训练 44
训练一：基本功强化训练 44
1．制作手机商城的“精品配件”页面 44
2．制作开心消消乐网站的“最新活动”页面 45
3．制作小米 Max 2 手机宣传页面 45
4．实现手机分类筛选页面 45
5．制作新增收货地址页面 46
6．制作商品详情页的产品规格部分 46
7．制作手机商城中“主题购”页面 47
8．制作一个简单的横向导航栏 47
9．制作含二级菜单的横向导航栏 48
10．制作含二级菜单的侧边导航栏 48
11．旋转风车效果 49
12．自动拼图动画效果 49
13．鼠标光标滑过时的平移特效 50
14．鼠标悬停时展开和放大相册 50
15．旅游网站图片轮播效果 51
16．广告页面文字滚动显示效果 51
训练二：实战能力强化训练 52
17．实现凸显图片效果 52
18．实现文字水波纹效果 52
19．实现邮件订阅中心页面 53
20．制作红包兑换页面 53
21．制作 360 每日趣闻页面 53
22．实现跳动文字效果 54
第 6 章　表格与<div>标签 55
应用技能拓展学习 55
1．表格中的结构标签 55
2．伪元素选择器的巧用 57
实战技能强化训练 57
训练一：基本功强化训练 57
1．表格实现键盘快捷键介绍页面 57
2．表格实现 12306 公告页面 58
3．CSS 实现唯美主题背景 58
4．表格实现 KTV 价格表 58
5．实现电子版违章罚单 59
6．实现 ATM 机银行凭证 59
7．实现健身房课程表 59
8．制作电子邀请函 60

9. DIV 实现岗位招聘页面 60
10. 表格实现手机版天气预报 61
11. 表格实现商品列表 61
12. 表格实现 51 购商城首页商品信息 62
13. 制作移动端王者荣耀官网页面 62
14. 制作美团外卖页面 63
15. 表格实现科学计算器 64
16. 表格实现日历页面 64
17. DIV 实现优惠券领取页面 64
18. 微信朋友圈动态效果 65

训练二：实战能力强化训练 65

19. 图文显示课程列表页面 65
20. 使用表格布局女装页面 65
21. 美食制作热门推荐列表 66
22. 表格实现游戏博客页面 67

第 7 章　列表 68

应用技能拓展学习 68

1. CSS3 中的列表属性 68
2. 列表的嵌套 68

实战技能强化训练 70

训练一：基本功强化训练 70

1. 手机详情页面信息 70
2. CSS 制作精美书签 71
3. 餐厅菜单页面 71
4. 支付宝话费充值页面 72
5. 看图猜成语页面 72
6. 修改列表项标志 72
7. QQ 联系人列表 73
8. 商品热销排行榜 73
9. 票据报销网络填单 73
10. 仿手机联系人页面 73

训练二：实战能力强化训练 74

11. 分类导航页面 74
12. 列表实现汽车网站导航菜单 74
13. 红包领取记录 75
14. 驾考宝典答题页面 75
15. 教师节节日贺卡 76
16. 限时抢购页面 76
17. 手机商城“热卖推荐”页面 76
18. 开发类网站的二级导航菜单 77
19. 轮播介绍手机的儿童模式 77
20. 时间轴显示各月份最适合的景点 78

第 8 章　表单 79

应用技能拓展学习 79

1. HTML5 新增的 input 标签的属性 79

实战技能强化训练 81

训练一：基本功强化训练 81

1. QQ 注册页面 81
2. 电子发票开具页面 81
3. 中奖信息填写页面 81
4. 简约登录页面 82
5. “爱家”在线租房申请页面 82
6. 商品评价时限制输入的长度 83
7. 玩转漂流瓶 83
8. 在线留言页面 83
9. 包含第三方登录接口的会员登录页面 84
10. 文本框不为空验证 84

训练二：实战能力强化训练 85

11. 手机端购票页面 85
12. 个人档案页面 85
13. 百货超市满意度调查表 86
14. QQ 空间留言板 86
15. 大连一日游预定报名页面 87
16. bug 意见反馈页面 88

第 9 章　多媒体 89

应用技能拓展学习 89

1. Audio 标签与 Video 标签的使用 89
2. Audio 对象和 Video 对象的属性 89
3. Audio 对象和 Video 对象方法 90

实战技能强化训练 92

训练一：基本功强化训练 92

1. 网页中添加视频 92
2. 实现直播页面 92
3. 设置视频控制栏的显示与隐藏 93
4. 添加背景音乐 93

5．动态设置视频大小与播放状态 94
6．自定义视频工具栏 94
7．音乐循环播放 95
8．HTML5 手机视频播放器 95
9．实现音乐、歌词同步 96
10．为视频添加弹幕 96
训练二：实战能力强化训练 96
11．为视频添加字幕 96
12．实现 PC 端音乐播放器 97
13．模拟游戏音效 97
14．仿酷狗音乐播放器 98
第 10 章　HTML5 新特性 99
应用技能拓展学习 99
1．HTML5 中新增的结构元素与语义化元素 99
2．HTML5 中新增的 input 元素类型 101
实战技能强化训练 101
训练一：基本功强化训练 101
1．会说话的汤姆猫 101
2．文字边缘镂空动画 101
3．恐龙爬坡动画 102
4．悬挂的日历 102
5．气温变化图 103
6．网购商城商品跳转页面 103
训练二：实战能力强化训练 104
7．商品订购信息 104
8．实现个人博客主页 104
9．将图片裁切为不规则图形 105
第 11 章　JavaScript 基础 106
应用技能拓展学习 106
1．函数的定义和调用 106
2．for 语句 108
3．数组简介 108
4．toFixed()方法 111
5．Math 对象简介 111
6．Number()函数 112
7．eval()函数 113
8．parseInt()函数 113
9．Date 对象 114
10．setTimeout()方法 115
11．事件对象简介 115
12．为元素绑定事件 117
13．DOM 简介 117
14．style 对象简介 121
15．图像对象简介 125
16．offsetLeft、offsetTop、offsetWidth、offsetHeight 属性 127
17．scrollLeft、scrollTop 属性 127
18．直接创建自定义对象的方法 127
实战技能强化训练 128
训练一：基本功强化训练 128
1．输出自动柜员机客户凭条 128
2．输出《九阳神功》口诀 128
3．计算存款本息合计 128
4．计算身体质量指数 129
5．查看你是什么星座 129
6．输出由“*”组成的空心菱形 130
7．商品抢购倒计时 130
8．播放歌曲权限设置 130
9．计算从出生到现在度过的时间 131
10．输出 2018 年内地电影票房排行榜 131
训练二：实战能力强化训练 131
11．灯泡点亮与熄灭 131
12．抽屉风格的滑出菜单 132
13．切换表情图片 132
14．为图片添加和移除模糊效果 132
15．简单计算器 133
16．随意摆放的照片墙 133
17．模拟画图软件调整图片大小 133
18．图片放大镜效果 134
19．显示选择的酒店类型 134
20．切换商品类别选项卡 135
21．验证用户登录信息是否为空 135
22．横向导航菜单 136
第 12 章　绘制图形 137
应用技能拓展学习 137
1．sin()方法和 cos()方法 137
2．状态的保存和恢复 138

3．onwheel 事件 138
4．zoom 属性 139
5．createPattern()方法 139
6．绘制阴影 140
7．clearRect()方法 141
8．Date 对象中的几个方法 141
9．数组的 push()方法 143
10．在 canvas 中应用 layerX 和 layerY 属性 143
11．min()方法 144
12．random()方法 144
13．requestAnimationFrame()方法 144

实战技能强化训练 145

训练一：基本功强化训练 145

1．绘制火柴人 145
2．绘制红心 145
3．绘制简易房屋 145
4．在图片上输出文字 146
5．绘制向日葵 146
6．在画布中显示图片 146
7．通过鼠标滚轮放大和缩小图片 146
8．制作图像平铺效果 147
9．制作文字阴影效果 147

训练二：实战能力强化训练 147

10．绘制别墅与树木 147
11．制作桌面时钟 147
12．小车的移动和停止 148
13．图像放大镜 148
14．制作简易写字板 149
15．图片渐隐渐现效果 149
16．图像局部放大效果 149
17．下雪动画效果 150
18．地球绕太阳公转效果 150

第 13 章　文件与拖放 151

应用技能拓展学习 151

1．Math 对象的两个方法 151
2．正则表达式简介 152
3．naturalWidth 和 naturalHeight 属性 153
4．substr()方法 153
5．canvas 元素的 toBlob()方法 154
6．URL.createObjectURL()方法 154
7．URL.revokeObjectURL()方法 154
8．createElement()方法 155
9．appendChild()方法 155

实战技能强化训练 156

训练一：基本功强化训练 156

1．显示上传文件名 156
2．单图缩略图预览 157
3．单图预览并输出文件信息 157
4．编辑照片墙 158
5．文本的上传预览 159
6．应用事件属性拖放图片到指定区域 160
7．应用事件监听器帮小鸟回家 161
8．将文件拖动到指定区域预览 161

训练二：实战能力强化训练 162

9．将商品拖至购物车 162
10．随意拖动广告图 162
11．下载 canvas 图像 163
12．预览多个上传文件信息 163
13．图片在两个容器内随意拖动 164
14．将图片拖放到回收站 164

第 14 章　JavaScript 对象编程 165

应用技能拓展学习 165

1．setInterval()方法和 clearInterval()方法 165
2．classList 属性 166
3．style 对象的几个属性 168
4．按钮的 disabled 属性 171
5．下拉菜单的 selectedIndex 属性 172
6．clientHeight 属性 172
7．setAttribute()和 getAttribute()方法 172
8．数组的 splice()方法 173
9．globalCompositeOperation 属性 174

实战技能强化训练 175

训练一：基本功强化训练 175

1．删除订单信息 175
2．奥运知识问答 175
3．单击火箭图片返回顶部 176
4．切换注册按钮的状态 176

5．在列表中选择头像......177
6．使用进度条模拟安装过程......177
7．实现秒表计时功能......177
8．输入取票码取票......178
9．获取验证码倒计时......178
10．更换页面主题......179
训练二：实战能力强化训练......179
11．实现图片轮播功能......179
12．柱形图显示投票结果......179
13．红心按钮点赞动画特效......180
14．开心小农场......180
15．幸运大抽奖......181
16．模拟刮刮卡刮奖特效......181
17．歌曲置顶和删除......182
18．模拟老虎机滚动抽奖效果......182
19．幕帘动画效果......182
20．模拟微信弹出菜单......183
21．模拟微信输入支付密码......184
22．实现电影海报轮播......184

第 15 章　响应式网页设计......186
应用技能拓展学习......186
1．媒体查询的使用......186
2．响应式插件之栅格系统......187
实战技能强化训练......188
训练一：基本功强化训练......188
1．开心消消乐“最新活动”页面......188
2．浏览器缩小时，隐藏成绩表中的列......188
3．翻转并滚动显示招聘表......189
4．CSS 实现响应式导航栏......190
5．实现课程推荐列表页面......190
训练二：实战能力强化训练......191
6．360 趣玩页面......191
7．响应式游戏活动介绍页面......191
8．响应式游戏列表页面......192
9．女装专场活动页面......192
10．Bootstrap 实现图片轮播......193

答案提示......194

第 1 章　HTML 基础

学习指南

本章训练任务对应核心技术分册第 1 章“HTML 基础”部分。

重点练习内容：

1. 熟悉键盘上的字母、数字、符号的位置。
2. 使用键盘上的字符输出文字、图案等。
3. 熟悉特殊字符的输出和使用。
4. 使用字符输出常见的网站界面。
5. 使用字符输出生活中常见的一些应用场景。

应用技能拓展学习

1. WebStorm 常用快捷键

WebStorm 编辑器被广大开发者誉为 Web 前端开发神器、强大的 HTML5 编辑器、智能 JavaScript IDE 等。WebStorm 中有很多实用的快捷键，如表 1.1 所示。熟练运用 WebStorm 中的快捷键，开发过程会更高效、快捷。

表 1.1　WebStorm 常用快捷键

快　捷　键	含　　义
Ctrl+/ 或 Ctrl+Shift+/	注释（// 或者/*…*/ ）
Shift+F6	重构-重命名
Ctrl+X	删除行
Ctrl+D	复制行
Ctrl+G	查找行
Ctrl+Shift+Up/Down	代码向上/下移动
F2 或 Shift+F2	高亮显示错误或快速定位警告
写代码，按 Tab	生成代码

2. HTML 注释快捷键（WebStorm 编辑器）

（1）注释标签<!--…-->

注释标签<!--…-->用来在代码中插入注释。注释能帮助他人快速读懂代码，减轻网站维护难度。注释的内容不会在浏览器中显示。代码注释的语法格式如下：

```
<!--这是一个注释，注释在浏览器中不会显示-->
<p>这是一个段落</p>
```

注意：“<!”后和“>”前有两个连字符，有些浏览器对此有严格检查。

（2）注释快捷键

在 WebStorm 中，HTML 的注释快捷键为“Ctrl + Alt +？”。

3. 谷歌浏览器中的开发者工具

谷歌浏览器（Google Chrome）功能丰富、便利、快捷，市场占有率非常高。按 F12 键（或快捷键 Ctrl+Shift+I），可轻松访问浏览器搭载的开发者工具。

（1）开发者工具面板

谷歌浏览器的开发者工具还未被汉化，所以菜单等信息都是英文显示。以百度网页为例，进入百度首页后，按键盘上的 F12 快捷键，即可调出开发者工具面板。

如图 1.1 所示，最上方一栏包含了选择图标、移动设备图标和功能面板菜单。

图 1.1 谷歌浏览器的开发者工具页面

- ☑ 选择图标：可使用鼠标选择网页上的元素。
- ☑ 移动设备图标：表示当前界面是否切换为移动设备模式。
- ☑ 功能面板菜单：包含 9 个功能面板选项，分别是 Elements、Memory、Network、Sources、Console、Audits、Security、Performance 和 Application。

（2）Elements 功能面板

Elements 面板主要用于验证标签元素及其样式，是 Web 开发者使用最多的功能选项。

如图 1.2 所示，在 Elements 功能面板中，左侧为 DOM 树信息区，可用树形图的形式显示当前的 HTML 元素信息；底部为标签层次信息栏，当前选择的 HTML 元素层次内容将显示在这里；右侧为样式信息区，当前选择的 HTML 元素的 CSS 样式等信息将显示在这里。

图 1.2　Element 功能区

Elements 功能区中，常用的操作有以下几种。

☑　双击标签名称，可编辑标签，如图 1.3 所示。

```
▶<div class="s_bdbri s_bdbriimg" style="opacity: 1; min-
height: 600px; display: none;">…</div>
</div>
▶<style>…</style>
<div class="clear"></div>
▼<div id="head_wrapper" class="s-isindex-wrap head_wrapper s-
title-img  s-ps-islite"> == $0
  <link rel="stylesheet" href="https://ss1.bdstatic.com/
  5eN1bjq8AAUYm2zgoY3K/r/www/cache/static/protocol/https/
  soutu/css/soutu.css" type="text/css" data-for="result">
```

图 1.3　编辑标签功能

☑　双击属性，可编辑属性，如图 1.4 所示。

```
▼<div id="head_wrapper" class="s-isindex-wrap head_wrapper s-title-img  s-ps-islite">
    <link rel="stylesheet" href="https://ss1.bdstatic.com/5eN1bjq8AAUYm2zgoY3K/r/www/cache/static/protocol/https/soutu/css/soutu.css" type="text/css" data-for="result"> == $0
  ▼<div id="s_fm" class="s_form">
    ▼<div class="s_form_wrapper soutu-env-nomac soutu-env-newindex" id="s_form_wrapper">
```

图 1.4　编辑属性功能

☑　右键单击，在弹出的快捷菜单中选择 Edit as HTML 命令，可再次编辑 HTML，如图 1.5 所示。

图 1.5　再次编辑 HTML

实战技能强化训练

训练一：基本功强化训练

1. 输出雷军的名言　▷①②③④⑤⑥

编写程序，输出雷军的名言“天道不一定酬勤，深度思考比勤奋工作更重要”，实现效果如图 1.6 所示。

2．输出中英文版的“时间不等人” ▷①②③④⑤⑥

编写程序，输出中英文版的“时间不等人”及“Time and tide wait for no man”，效果如图 1.7 所示。

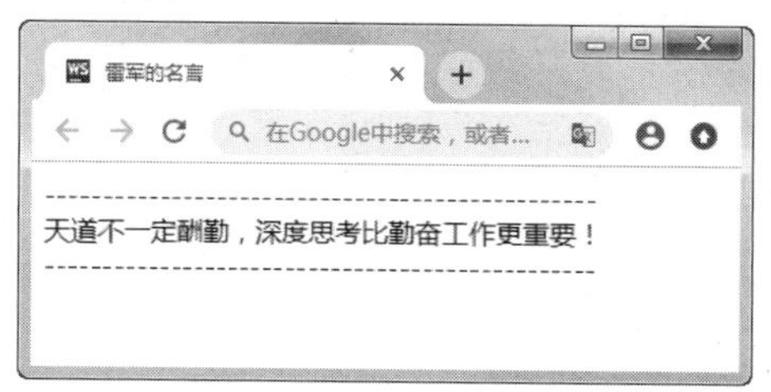

图 1.6 输出雷军的名言

图 1.7 中英文版的“时间不等人”

3．输出俞敏洪老师的图书信息 ▷①②③④⑤⑥

编写程序，输出俞敏洪老师图书《愿你的青春不负梦想》的出版信息，如图 1.8 所示。

4．输出绕口令 ▷①②③④⑤⑥

编写程序，输出绕口令《画凤凰》的内容，实现效果如图 1.9 所示。

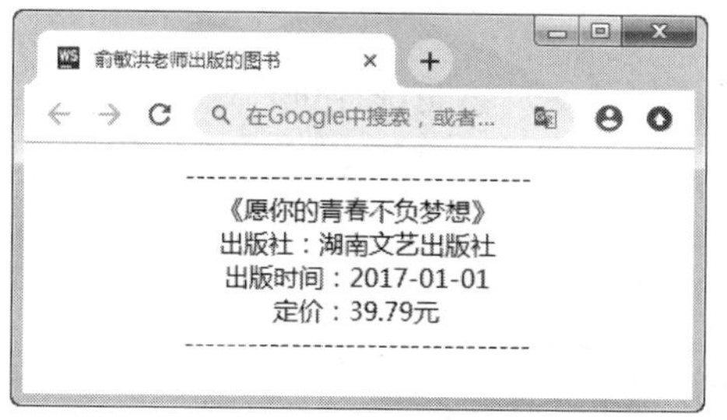

图 1.8 输出俞敏洪老师图书的信息

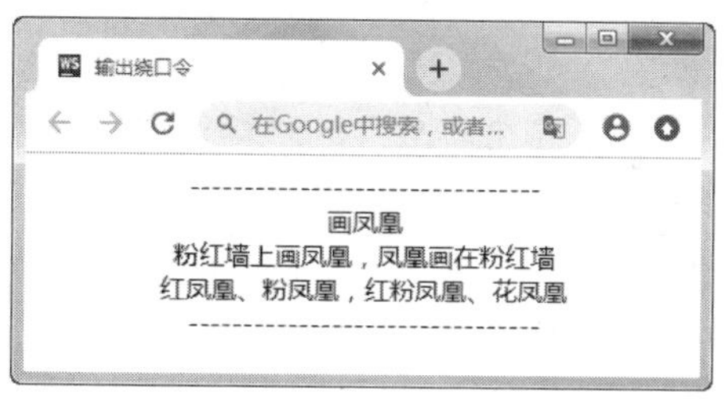

图 1.9 输出绕口令

5．输出跨年演讲主题 ▷①②③④⑤⑥

2017 年跨年夜，罗振宇老师开始了他人生中第三次“时间的朋友”跨年演讲。编写程序，使用键盘上的“&”符号，输出跨年演讲主题“哪来直接登顶的人生，只有不断迭代的历程”，效果如图 1.10 所示。

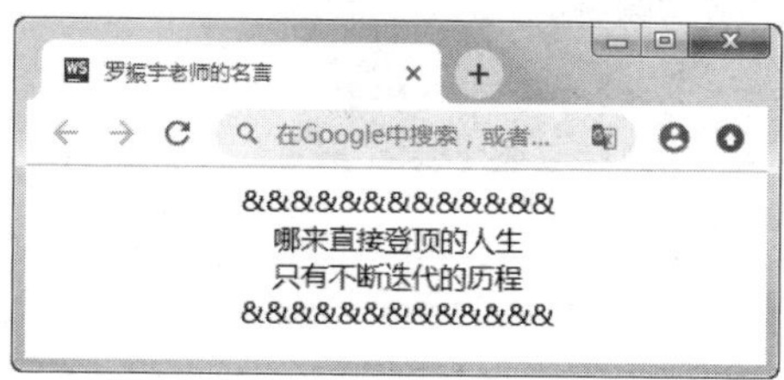

图 1.10 输出跨年演讲主题

训练二：实战能力强化训练

6．输出淘宝网底部菜单 ▷①②③④⑤⑥

仔细观察，可发现淘宝网首页的底部有许多推广链接，还有一个导航菜单，以及各类许可证信息。编写程序，输出淘宝网底部导航菜单中的内容（如图 1.11 所示），最后实现效果如图 1.12 所示。

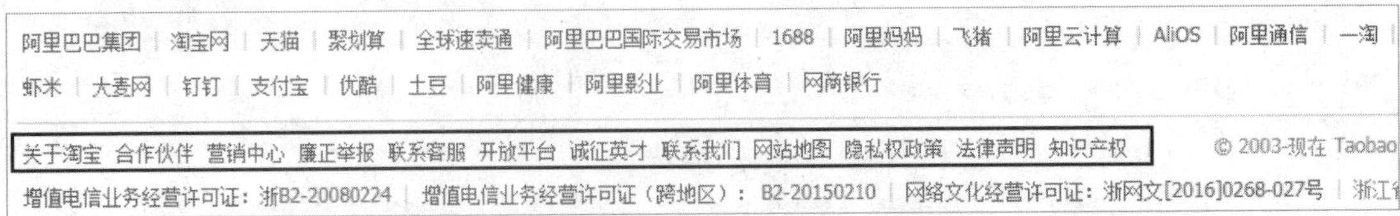

图 1.11　输出淘宝网底部菜单信息

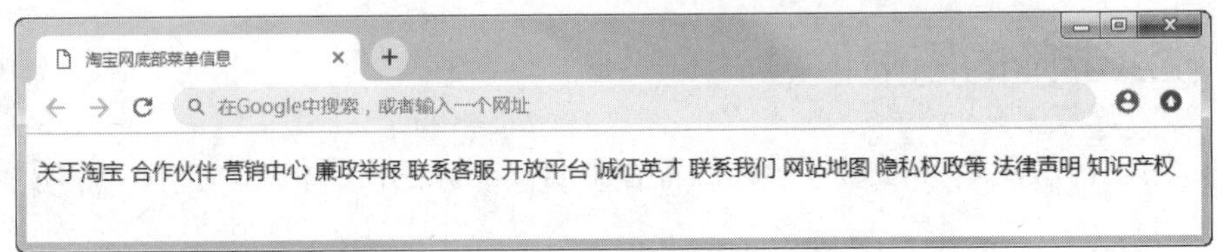

图 1.12　实现效果

7．输出腾讯免费直播课公告 ▷①②③④⑤⑥

腾讯课堂有许多免费直播课，爱学习的人可随时选择自己感兴趣的课程进行在线学习。如图 1.13 所示为“Python 爬虫实战”的直播课程页面，右侧会以列表形式公告正在直播中的课程信息，以及即将开播的课程信息。

编写程序，模拟输出腾讯免费直播课的公告信息，效果如图 1.14 所示。

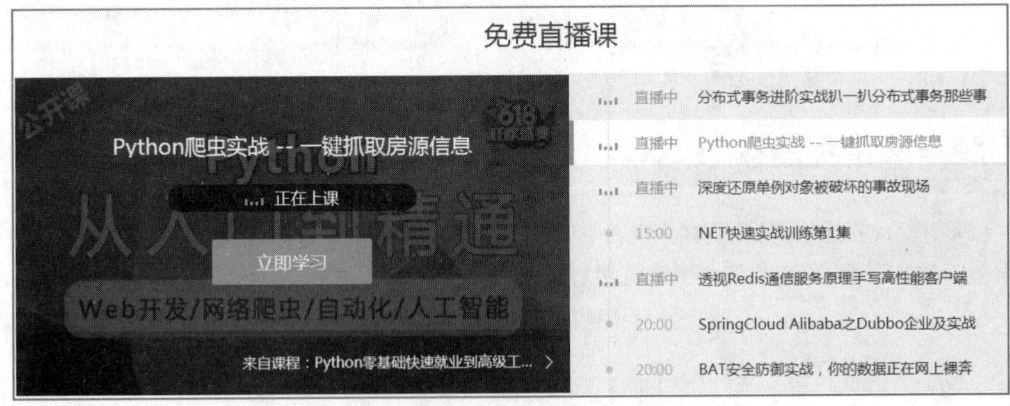

图 1.13　腾讯课堂直播课程

图1.14　输出腾讯直播课公告

8. 输出明日学院简介　▷①②③④⑤⑥

在明日学院的官方网站上，可以找到相关的介绍内容，如图 1.15 所示。编写程序，输出明日学院网页中“关于我们”这段内容，如图 1.16 所示。

图1.15　明日学院官方网站

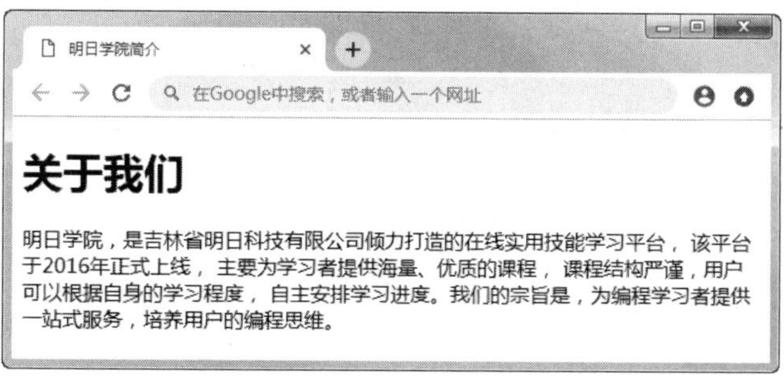

图1.16　实现效果

9. 输出新浪官网底部版权信息　▷①②③④⑤⑥

网页的最下方通常是一行版权信息文字，如图 1.17 所示为新浪网页面底部的版权信息。

使用键盘上的字母或符号，编程输出如图 1.18 所示的版权信息效果。

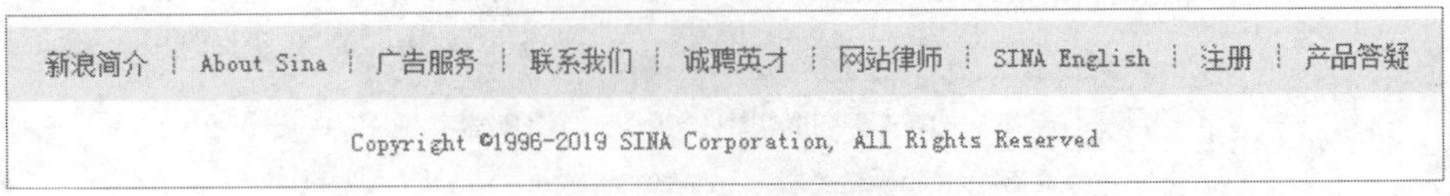

新浪简介 | About Sina | 广告服务 | 联系我们 | 诚聘英才 | 网站律师 | SINA English | 注册 | 产品答疑
Copyright ©1996-2019 SINA Corporation, All Rights Reserved

图1.17　新浪网底部版权信息

新浪网底部版权信息
在Google中搜索，或者输入一个网址
Copyright ©1996-2019 SINA Corporation, All Rights Reserved

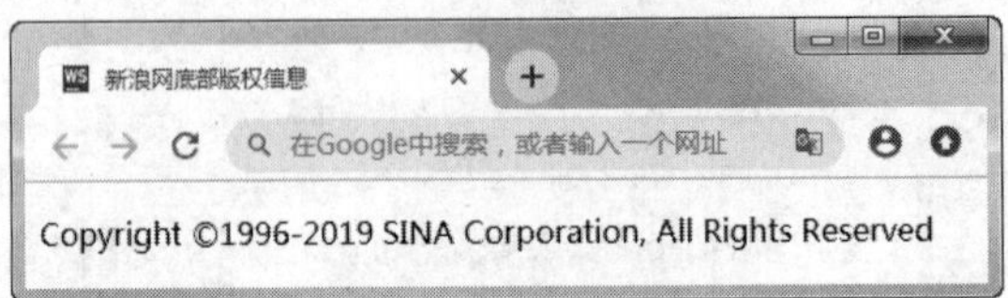

图 1.18　实现效果

第 2 章　文　　本

本章训练任务对应核心技术分册第 2 章“文本”部分。

重点练习内容：

1．段落标签的熟练掌握。
2．使用特殊符号输出内容。
3．输出常见的文字排版内容。
4．使用字符输出生活中常见的一些应用场景。

应用技能拓展学习

1．<article>标签

<article>标签是 HTML5 中新增的标签，用来定义独立于文档且有意义的外部内容，如新闻内容、博客内容和论坛内容等。

<article>标签的语法格式如下：

```
<article>内容</article>
```

说明：<article>标签中的内容经常包含有<h1>、<header>、<footer>等标签。

在搭建博客或新闻内容的页面中，可以使用<article>标签，基本代码结构如下：

```
<article>
    <h1>文档标题</h1>
    <p>文章段落</p>
    <p>文章段落</p>
    <p>文章段落</p>
</article>
```

运行结果如图 2.1 所示。

2．<section>标签

<section> 标签用来定义文档中的节，如章节、页眉、页脚或文档中的其他部分。

需要注意的是：

☑ <section>不是一个专用来作为容器的标签。如果是为了设置样式或处理脚本，专用的是<div>标签。

☑ <section>里应该有标题标签（h1~6），但在文章中推荐使用 <article> 标签。
☑ 当元素内容被列在文档大纲中时，才适合用<section>元素。
☑ <section>的作用是对页面上的内容进行分块，如含标题的版块、功能区等，或对文章进行分段。不要与有自己完整、独立内容的<article>标签相混淆。

<section> 标签的语法格式如下：

```
<section>内容</section>
```

📖说明：< section >标签中的内容经常包含有<h1>标签。

在搭建博客或新闻内容的页面中，可以使用<article>标签，代码如下：

```
<!DOCTYPE html>
<html lang="en">
<head>
    <meta charset="UTF-8">
    <title>section 标签</title>
</head>
<body>
<section>
    <h2>体育板块</h2>
    <p>介绍国内外最新体育信息内容</p>
</section>
<article>
    <h2>评论：中国足球何时能走出国门？</h2>
    <section>
        <h3>段落 1</h3>
        <p>段落 1 的内容</p>
    </section>
    <section>
        <h3>段落 2</h3>
        <p>段落 2 的内容</p>
    </section>
    <section>
        <h3>段落 3</h3>
        <p>段落 3 的内容</p>
    </section>
</article>
<footer>
    底部版权信息等内容
</footer>
</body>
</html>
```

运行结果如图 2.2 所示。

图 2.1　<article>标签效果

图 2.2　<section>标签效果

3. 特殊符号“ ”

特殊符号“ ”用于定义一个全角的空格。其占据的宽度正好是一个中文的宽度，而且基本上不受字体影响。

例如，在段落文本的起始处应用“ ”符号定义两个中文宽度的空格，代码如下：

```
<h2>超文本标记语言</h2>
<p>  HTML 语言(Hypertext Markup Language，中文通常称为超文本置标语言或超文本标记语言)是一种文本类、解释执行的标记语言，它是 Internet 上用于编写网页的主要语言。用 HTML 编写的超文本文件称为 HTML 文件。</p>
```

运行结果如图 2.3 所示。

超文本标记语言

　　HTML语言（Hypertext Markup Language，中文通常称为超文本置标语言或超文本标记语言）是一种文本类、解释执行的标记语言，它是Internet上用于编写网页的主要语言。用HTML编写的超文本文件称为HTML文件。

图 2.3　段首定义两个空格

实战技能强化训练

训练一：基本功强化训练

1. 输出每日励志名言 ▷①②③④⑤⑥

编写程序，应用标题标签输出每日励志名言，实现效果如图 2.4 所示。

2. 输出影片基本信息 ▷①②③④⑤⑥

《我是传奇》是威尔·史密斯主演的一部科幻电影。编写程序，使用标题标签中的 align 属性，输出该影片的海报图片、中文名、导演和主演等信息，效果如图 2.5 所示。

每日励志名言

理想是人生的太阳。——德莱赛

时间是一切财富中最宝贵的财富。——德奥弗拉斯多

成功的秘诀，在永不改变既定的目的。——卢梭

伟大的思想能变成巨大的财富。——塞内加

图 2.4　输出每日励志名言

中文名：我是传奇

导演：弗朗西斯•劳伦斯

主演：威尔•史密斯

图 2.5　输出影片基本信息

3. 输出马云语录 ▷①②③④⑤⑥

编写程序，输出马云语录“别人可以拷贝我的模式，不能拷贝我的苦难，不能拷贝我不断往前的激情”。要求文字带颜色，并用如图 2.6 所示的版式输出。

4. 输出明日学院官方网站地址 ▷①②③④⑤⑥

编写程序，在明日学院简介中用斜体字输出明日学院的官方网站地址，效果如图 2.7 所示。

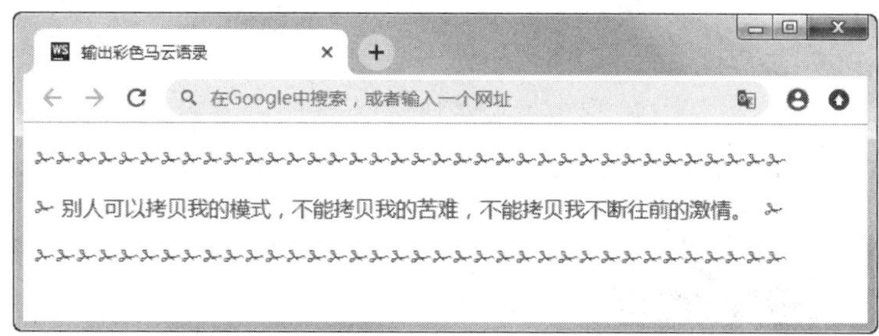

图 2.6　输出马云语录

明日学院简介

明日学院，是吉林省明日科技有限公司倾力打造的在线实用技能学习平台，该平台于2016年正式上线，主要为学习者提供海量、优质的课程，课程结构严谨，用户可以根据自身的学习程度，自主安排学习进度。我们的宗旨是，为编程学习者提供一站式服务，培养用户的编程思维。明日学院的官方网站地址是*http://www.mingrisoft.com*，欢迎大家访问。

图 2.7　输出明日学院简介

5. 输出 2018 年世界杯分组情况　▷①②③④⑤⑥

编写程序，输出 2018 年世界杯足球赛小组赛的分组情况，要求每组之间用一条横线进行分隔，实现效果如图 2.8 所示。

6. 输出彩色数字　▷①②③④⑤⑥

编程输出如图 2.9 所示的彩色数字，点阵用特殊符号“*”或者“□”都可以，文字颜色按实际颜色输出。

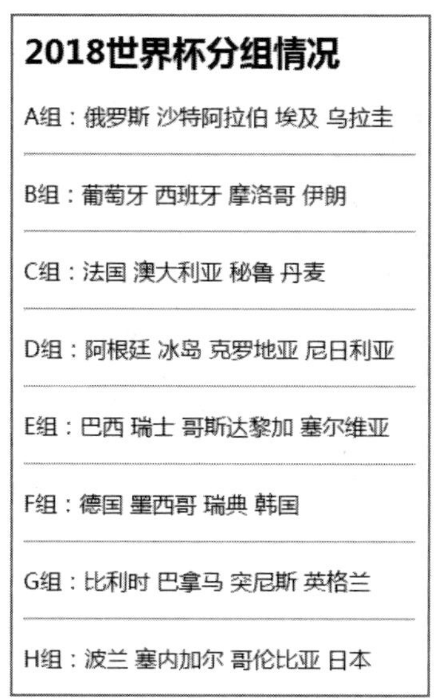

图 2.8　输出 2018 世界杯分组情况

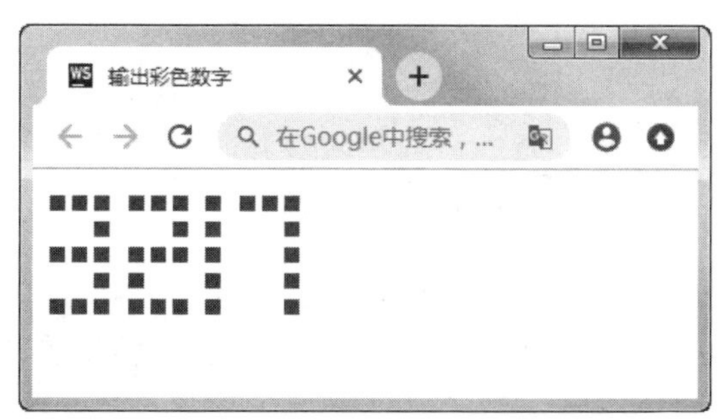

图 2.9　输出彩色数字

7．输出微信支付凭证　▷①②③④⑤⑥

编写程序，输出如图 2.10 所示的微信支付凭证。不考虑文字大小，图标可以不输出，最终实现效果如图 2.11 所示。

图 2.10　微信支付凭证

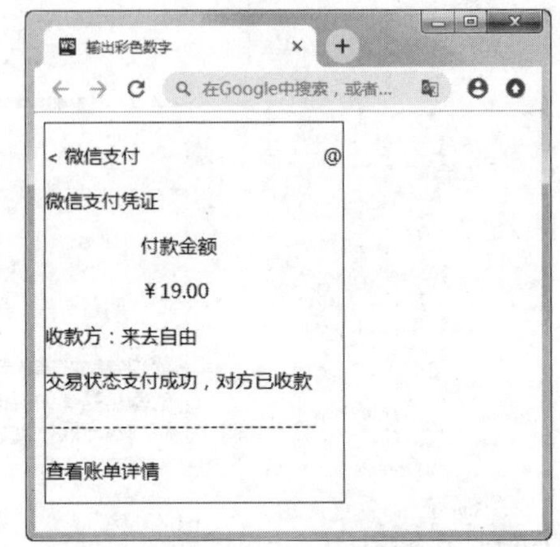

图 2.11　实现效果

8．输出 2018 年天猫双十一总成交额　▷①②③④⑤⑥

2018 年天猫双十一的成交额为 2135 亿元，创造了中国乃至全球商业的传奇。尝试输出如图 2.12 所示的成交额数字效果。

注意：如果计算机中安装有搜狗输入法，也可使用搜狗工具箱中的符号实现输出。

图 2.12　输出 2018 年天猫双十一总成交额

9．输出超市购物小票　▷①②③④⑤⑥

超市购物后，常会收到如图 2.13 所示的超市购物小票。用 HTML 编写一段程序，输出如图 2.14 所示的购物小票。（可尝试用程序输出其他各种购物清单）

操作员:1 收据号:4370
日期:2017-09-24 17:48 秤号:10414
商品名称
千克(个) 元/千克(个) 元
水晶梨 (特价)
2.245 2.56 5.80
件数/交易数 1/1 合计 5.80
应付 5.80
现金 5.80
欢迎惠顾!

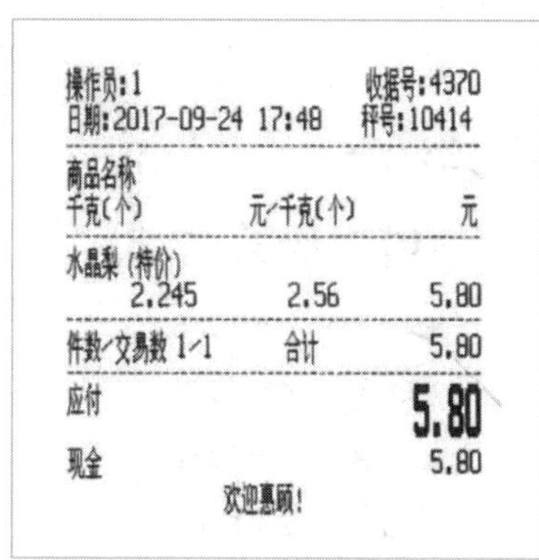

图 2.13 微信支付凭证

操作员:1 收据号:4370
日期:2017-09-24 17:48 称号:10414
商品名称
千克(个) 元/千克(个) 元
水晶梨(特价)
2.245 2.56 5.80
件数/交易数1/1 合计 5.80
应付 5.80
现金 5.80
欢迎惠顾!

图 2.14 实现效果

10. 输出商品标价签 ▷①②③④⑤⑥

参照图 2.15，用 HTML 输出一个商品标价签。不考虑背景颜色、图标的背景图片、文字的颜色和大小，但要求整体结构完全一致。最终效果如图 2.16 所示。

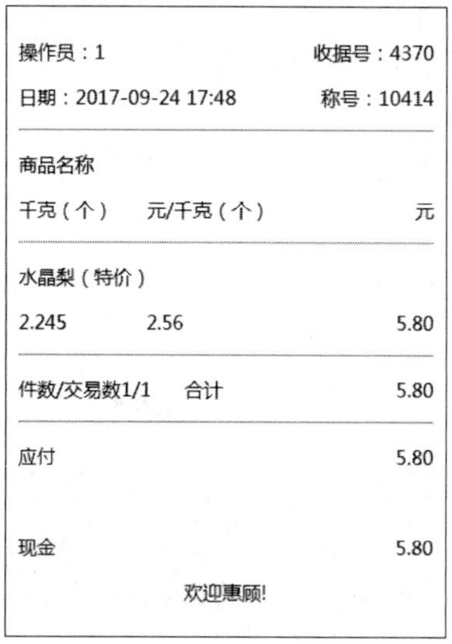

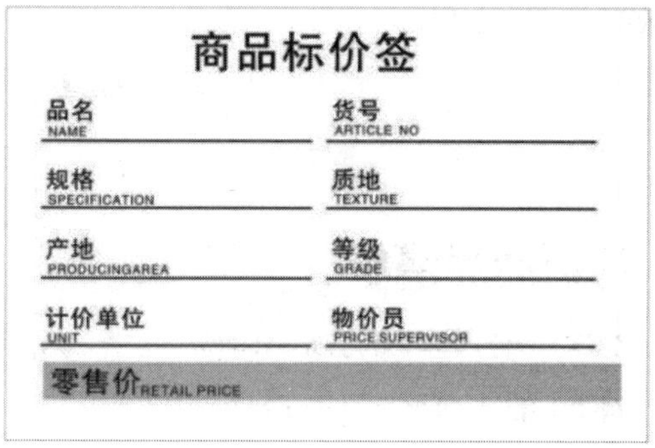

商品标价签
品名 NAME
货号 ARTICLE NO
规格 SPECIFICATION
质地 TEXTURE
产地 PRODUCINGAREA
等级 GRADE
计价单位 UNIT
物价员 PRICE SUPERVISOR
零售价 RETAIL PRICE

图 2.15 商品标价签

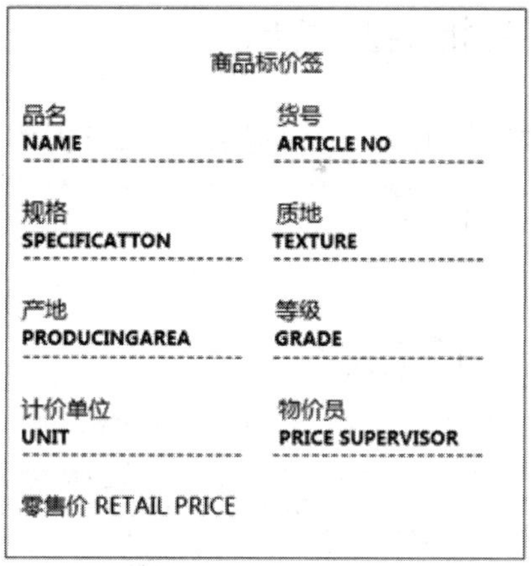

商品标价签
品名 NAME
货号 ARTICLE NO
规格 SPECIFICATTON
质地 TEXTURE
产地 PRODUCINGAREA
等级 GRADE
计价单位 UNIT
物价员 PRICE SUPERVISOR
零售价 RETAIL PRICE

图 2.16 实现效果

训练二：实战能力强化训练

11. 居中排版节日板报 ▷①②③④⑤⑥

试着利用 align 属性，采用居中排版方式实现一则节日板报，效果如图 2.17 所示。

12. 居中排版唐诗 ▷①②③④⑤⑥

试着利用 align 属性的居中排版方式，输出一首唐诗，效果如图 2.18 所示。

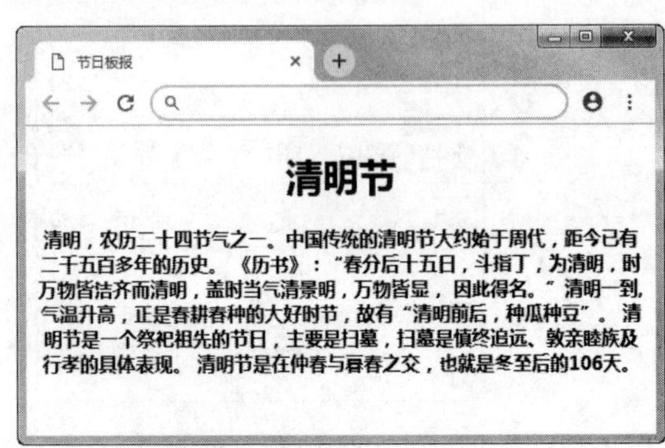

图 2.17　节日板报

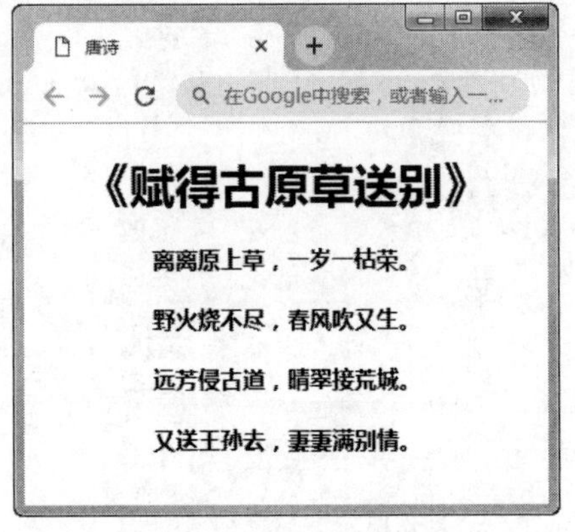

图 2.18　居中排版唐诗

13. 天气预报消息发布 ▷①②③④⑤⑥

试着使用<h1>、<h4>和<h5>标签，实现一则天气预报消息发布，效果如图 2.19 所示。

14. 打折商品清单 ▷①②③④⑤⑥

试着使用<strike>标签，完成打折商品清单页面，效果如图 2.20 所示。

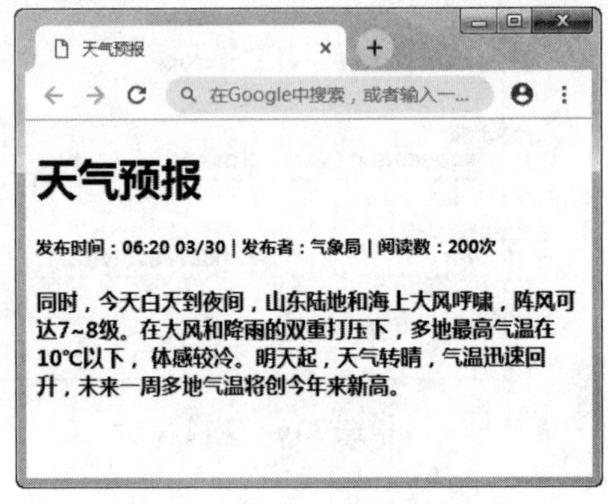

图 2.19　天气预报消息发布

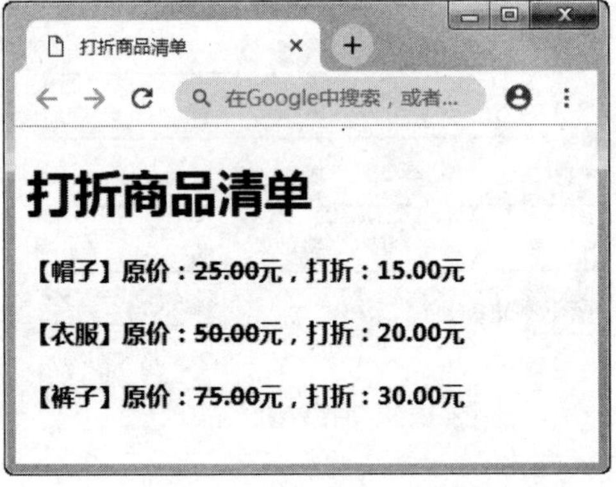

图 2.20　打折商品清单

15. 输出方程 $2X+X^2=16$ ▷①②③④⑤⑥

使用<sup>上标标签，输出方程 $2X+X^2=16$，如图 2.21 所示。

16．输出方程 $8Y_1-X_3=20$ ▷①②③④⑤⑥

使用<sub>下标标签，输出方程 $8Y_1-X_3=20$，如图 2.22 所示。

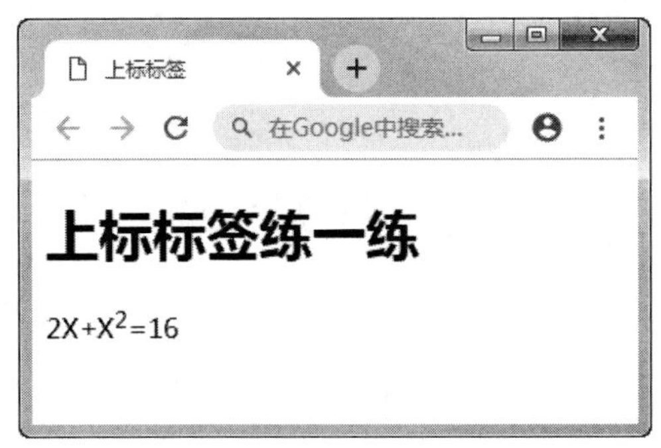

图 2.21　输出方程 $2X+X^2=16$

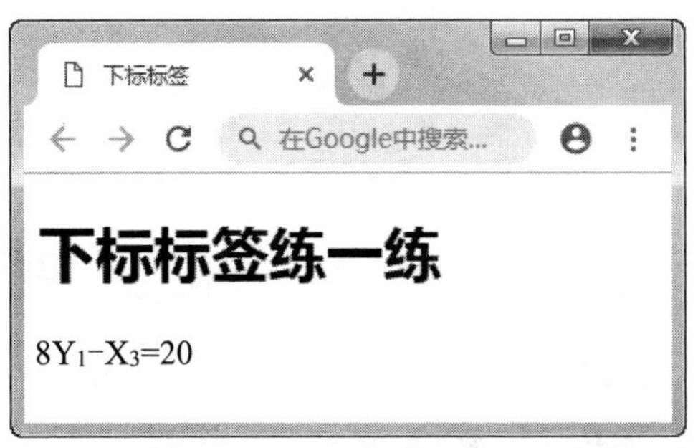

图 2.22　输出方程 $8Y_1-X_3=20$

17．绘制情人节字符画 ▷①②③④⑤⑥

试着使用特殊文字符号，发挥想象创意，完成一个情人节的字符画，如图 2.23 所示。

18．给自己画个字符画像 ▷①②③④⑤⑥

试着使用特殊文字符号，发挥想象创意，完成自己的字符画像。如图 2.24 所示为参考图像。

图 2.23　绘制情人节字符画

图 2.24　给自己画个字符画像

19．完成一则通告内容 ▷①②③④⑤⑥

试着使用<p>段落标签和
换行标签，完成一则通告内容，效果如图 2.25 所示。

20．使用水平线标签实现菜谱列表 ▷①②③④⑤⑥

试着使用<hr>水平线标签，实现一个菜谱列表，效果如图 2.26 所示。

图 2.25　完成一则通告内容

图 2.26　使用水平线标签实现菜谱列表

第 3 章　图像和超链接

学习指南

本章训练任务对应核心技术分册第 3 章“图像和超链接”部分。

重点练习内容：

1. SVG图像的使用。
2. AlloyImage图像处理库的使用。
3. 复习图像和超链接的知识内容。
4. 使用图像和超链接，输出网络中常见的一些应用场景。

应用技能拓展学习

1. SVG 图像

SVG（Scalable Vector Graphics，可缩放矢量图形）是一种基于 XML 的图像格式。其他图像格式都是基于像素处理的，SVG 属于对图像的形状描述，其本质上是一个文本文件。SVG 图像体积较小，且不管放大多少倍，都不会失真。

设置 SVG 图像的语法格式如下：

```
<svg width="100%" height="100%">
    <circle id="mycircle" cx="50" cy="50" r="50" />
</svg>
```

📖**说明：**<svg>的 width 属性和 height 属性用于指定 SVG 图像在 HTML 元素中占据的宽度和高度。除了相对单位，也可以采用绝对单位（单位为像素）。如果不指定这两个属性，SVG 图像默认大小是 300 像素（宽）×150 像素（高）。

将 SVG 代码直接写在 HTML 网页中，它就成为网页 DOM 的一部分，可以直接用 DOM 进行操作，例如：

```
<svg id="mysvg"
     xmlns="http://www.w3.org/2000/svg"
     viewBox="0 0 800 600"
     preserveAspectRatio="xMidYMid meet">
    <circle id="mycircle" cx="400" cy="300" r="50"/>
    <svg>
```

上面的代码插入网页之后，就可以使用 CSS 定制样式。代码如下：

```
circle {
    stroke-width: 5;
    stroke: #f00;
    fill: #ff0;
}

circle:hover {
    stroke: #090;
    fill: #fff;
}
```

然后，可以用 JavaScript 代码操作 SVG，代码如下：

```
var mycircle = document.getElementById('mycircle');
mycircle.addEventListener('click', function(e) {
    console.log('circle clicked - enlarging');
    mycircle.setAttribute('r', 60);
}, false);
```

2. AlloyImage 图像处理库

AlloyImage（AI）是一个基于 HTML5 的 JS 图像处理库，集成了一些方便、快捷的图像处理 API。将其引用到网页中，结合 CSS3 等技术，可做出一些之前无法实现的优美效果，或提供一个用 JS 编写的在线图像处理工具等。

设计理念：

☑ 接口调用简单。

☑ 提供进一步的封装组合效果，方便调用。

☑ 基于 AI 编写的 AalloyPhoto，完整展示 AI 的能力和接口，以及调用方法 Demo 展示，更易于学习。

使用 AlloyImage 时，需要在 HTML 文件中引入该图像处理库，然后在 JavaScript 脚本代码中调用相关方法，并设置参数。常见调用方法如表 3.1 所示。

表 3.1　AlloyImage 中方法及其说明

属 性 值	含　义
act()	对单个图层进行效果处理
add()	合并一个图层到本图层上去
show()	将当前图层的 canvas 元素显示出来
replace()	将本图像替换为 image 显示
clone()	复制图层对象
view()	预览模式下处理
excute()	执行预览模式下的操作
cancel()	取消预览模式下所做的处理
ctx	调用原生 Canvas API

例如，如果对图像进行灰度处理，需调用 act()方法，语法如下：

```
var grayPic = picTranseObj.act("灰度处理");
```

📖**说明**：在 act()方法中添加不同的参数，可实现不同的处理效果。

例如，新建 HTML 文件，添加图片并设置 ID，引入 AlloyImage API 文件，关键代码如下：

```
<div class="cont">
    <p>将鼠标悬停在图片上，可观看图片灰度处理后的效果</p>
    <img id="pic" src="img/view1.jpg" alt="" width="1000"/>
</div>
```

例如，在<head>标签中添加<style>标签，并在其中设置页面样式，关键代码如下：

```
<style type="text/css">
    .cont {
        text-align: center;
        font: bold 25px/20px "";
        margin: 40px auto;
    }
</style>
```

例如，在<div>标签下添加<script>标签，并在其中调用相关方法对图像进行灰度处理，代码如下：

```
<script type="text/javascript">
    var pics = document.getElementById("pic");
    pics.loadOnce(function () {
        var picTranseObj = psLib(this);              //创建一个 psLib 对象
        var origin = picTranseObj.clone();           //复制原始对象，作为原始副本
        var grayPic = picTranseObj.act("灰度处理");
        this.onmouseout = function () {
            origin.replace(this);
        };
        this.onmouseover = function () {
            grayPic.replace(this);
        }
    })
```

实战技能强化训练

训练一：基本功强化训练

1. 制作购物网站的“促销活动”页面　▷①②③④⑤⑥

编写程序，输出如图 3.1 所示的“促销活动”页面。

图 3.1　制作购物网站的“促销活动”页面

2．使用图像标签在页面中显示图书封面　▷①②③④⑤⑥

编写程序，利用图像标签实现图书展示功能，即在页面中显示多本图书的封面，如图 3.2 所示。

图 3.2　使用图像标签显示图书封面

3．制作手机商城的商品展示页面　▷①②③④⑤⑥

编写程序，制作手机商城的商品展示页面，要求页面的图片大小统一，如图 3.3 所示。

图 3.3　手机商城的商品展示页面

4．制作图书导航页面

▷①②③④⑤⑥

编写程序，制作图书网站首页的导航菜单和宣传图片，效果如图 3.4 所示。

图 3.4　图书网站的导航页面

5. 展示玫瑰的生长过程

▷①②③④⑤⑥

编写程序，在网页中通过插入图片的方法，展示玫瑰的生长过程，效果如图 3.5 所示。

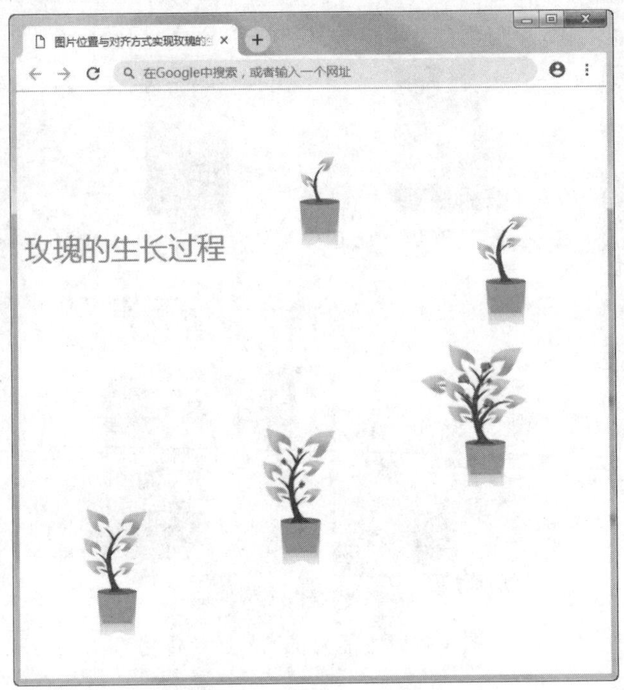

图 3.5　玫瑰的生长过程

6. 布局电脑配件页面　▷①②③④⑤⑥

编写程序，实现如图 3.6 所示的电脑配件页面效果。

图 3.6　手机商品布局页面

7. 为图书添加替换文本和提示文字　▷①②③④⑤⑥

编写程序，制作一个编程图书的介绍页面，并为图片添加替换文本和提示文字，如图 3.7 所示。

图 3.7　制作图书介绍页面

8．制作商品评价页面，提示文字为商品信息　▷①②③④⑤⑥

编写程序，制作商品评价页面，设置图片的提示文字为商品的相关信息，如图3.8所示。

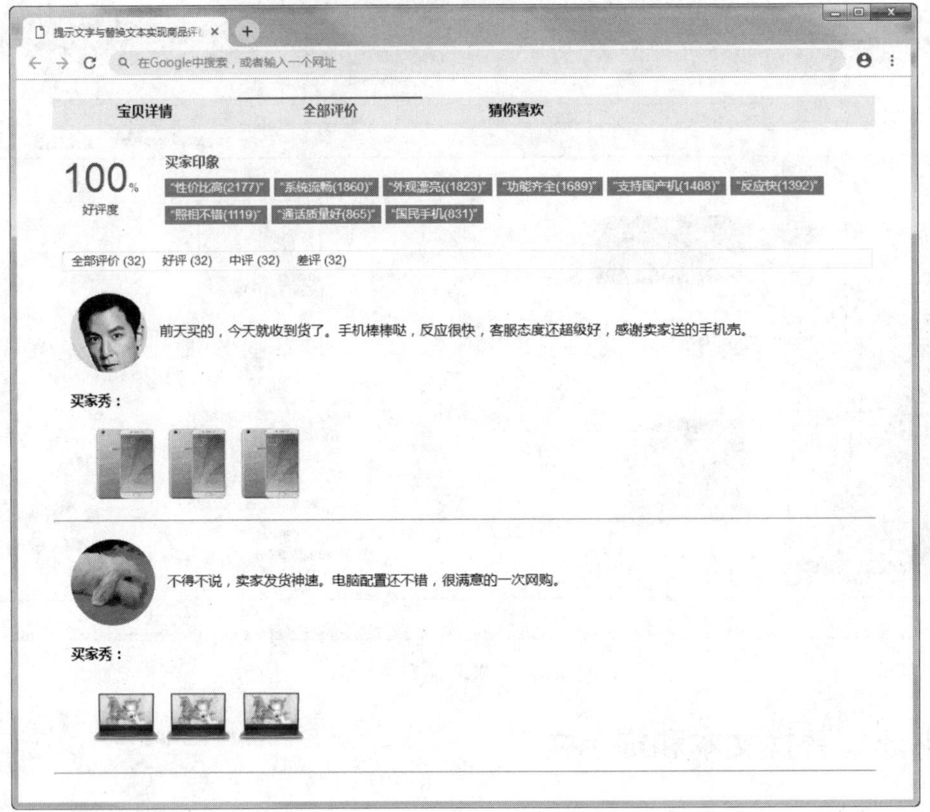

图3.8　商品评价页面

9．使用链接制作网站的导航菜单　▷①②③④⑤⑥

编写程序，使用文本链接，制作网站的导航菜单，效果如图3.9所示。

图3.9　使用链接制作网站的导航菜单

10．“展开全文”页面链接效果　▷①②③④⑤⑥

编写程序，使用文本链接，制作网页中“展开全文”页面，效果如图 3.10 所示。

图 3.10　“展开全文”页面链接效果

训练二：实战能力强化训练

11．仿淘宝放大镜效果　▷①②③④⑤⑥

在电商网站的商品详情页中，常常附带放大镜功能，可以非常方便地查看商品细节。

编写程序，模拟淘宝的放大镜功能。如图 3.11 所示，当鼠标光标在左侧图片中移动时，图片中会显示一块半透明区域，半透明区域中的内容会放大并显示在右侧图片中。

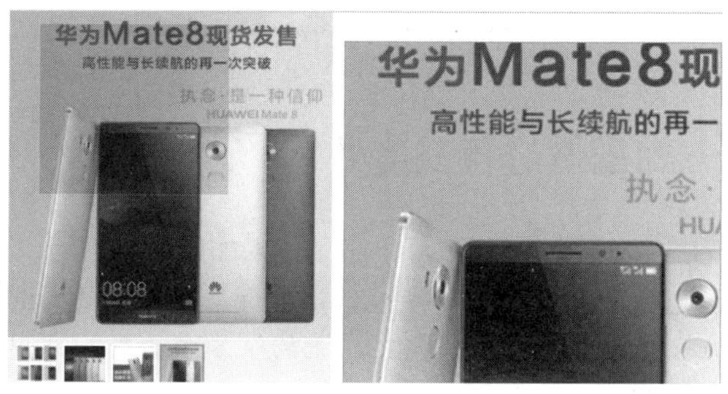

图 3.11　仿淘宝放大镜效果

12．SVG 实现图片模糊效果 ▷①②③④⑤⑥

HTML5 的 SVG 包含多种滤镜，使用这些滤镜可对图片或文字设置一些特殊效果。

编写程序，使用高斯滤镜使图像变模糊。首先显示一张模糊的图片，下方提示高斯模糊值为 3，如图 3.12 所示。向右拖动滑块，将增大模糊值，图像会更加模糊。向左拖动滑块，图片将变清晰。将滑块拖至最左侧，即高斯模糊值为 0，图像将变清晰，如图 3.13 所示。

设置模糊值： stdDeviation= 3

图 3.12　高斯模糊值为 3

设置模糊值： stdDeviation= 0

图 3.13　高斯模糊值为 0

13．SVG 实现点赞特效 ▷①②③④⑤⑥

编写程序，通过 SVG 实现朋友圈点赞特效。打开页面，可看到一条朋友圈动态，如图 3.14 所示。单击右下方的爱心图标时，爱心会变为蓝色，同时爱心周围会出现一个圆圈，先逐渐放大，又逐渐模糊直到消失，效果如图 3.15 所示。

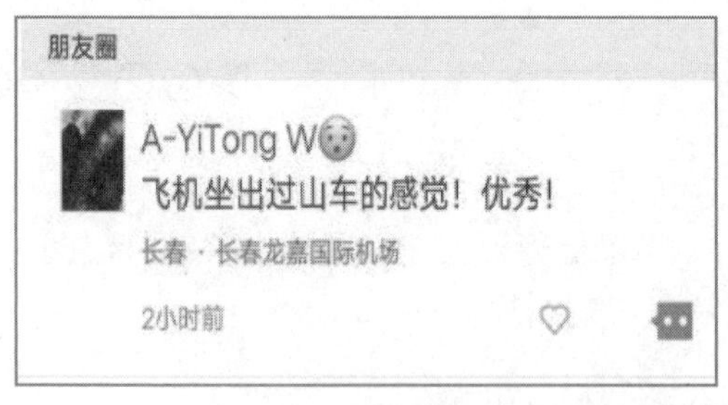

图 3.14　朋友圈动态

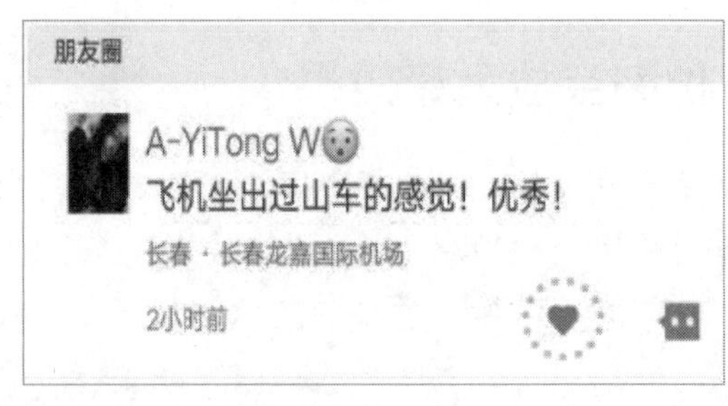

图 3.15　点赞特效

14．应用 AlloyImage 对图像进行灰度处理 ▷①②③④⑤⑥

编写程序，对图像进行灰度处理。打开图片，原图效果如图 3.16 所示。当鼠标放置在图片上时，图片被灰度处理，变成灰白色图片，如图 3.17 所示。当鼠标从图片上离开时，图片又恢复为彩色。

注意： 本任务需要在火狐浏览器或者 IE11 以上的版本中运行。使用谷歌浏览器时，需要通过 WebStorm 打开谷歌浏览器。

图 3.16　原图

图 3.17　图像灰度处理后的效果

15. 应用 AlloyImage 对图像进行反色处理　▷①②③④⑤⑥

编写程序，对图像进行反色处理。打开图片，原图效果如图 3.18 所示。单击图片，可看到图像被反色处理后的效果，如图 3.19 所示。

注意： 本任务需要在火狐浏览器或者 IE11 以上的版本中运行。使用谷歌浏览器时，需要通过 WebStorm 打开浏览器。

图 3.18　原图

图 3.19　对图像反色处理后的效果

第 4 章　CSS3 概述

本章训练任务对应核心技术分册第 4 章“CSS3 概述”部分。

重点练习内容：

1. 理解CSS在页面中的作用。
2. 掌握CSS的基本语法、常用属性。
3. 使用CSS美化文本、图像等内容。
4. 通过CSS在页面中设置动画效果。

应用技能拓展学习

1. Velocity.js 框架

Velocity.js 是一个简单、易用、高性能、功能丰富的轻量级 JS 动画库，其官方网站下载地址是 http://velocityjs.org/。它能与 jQuery 完美协作，并和$.animate()有着相同的 API。同时，它不依赖于 jQuery，可单独使用。

Velocity 不仅包含了 $.animate() 的全部功能，还拥有颜色动画、转换动画（transforms）、循环、缓动、SVG 动画、滚动动画等特色功能。

下面的代码中就调用了 Velocity.js 框架。

```
<body>
<!-- dom -->
<div class="element"></div>
<script src="https://cdn.jsdelivr.net/npm/jquery@3.1.0/dist/jquery.min.js"></script>
<script src="https://cdn.jsdelivr.net/npm/velocity-animate@1.5.0/velocity.min.js"> </script>
<script>
    $(".element").velocity({
        left: "200px"
    }, {
```

```
            duration: 450,
            delay: 1000
        });
        // $.animate() 的写法，效果同上
        $(".element").delay(1000).velocity({left: "200px"}, 450);
    </script>
</body>
```

2. 活用 position 属性

在训练 16 中，用到了 CSS 中的 position 属性。

该实例中，通过数组存放图片轮播时 5 张图片的宽度、高度、透明度、位置以及优先级信息，当鼠标单击向左或向右按钮时，依次改变图片的大小位置以及透明度等样式。实现相册图片的切换效果。

改变透明度通过 opacity 实现，其语法如下：

```
opacity：number
```

需要说明的是，number 为指定对象的不透明度，其取值范围为 0.0～1.0。

实战技能强化训练

训练一：基本功强化训练

1. 制作一个简单的注册/登录页面 ▷①②③④⑤⑥

浏览网站时，通常需要注册或登录账号。编写一个简单的注册/登录页面，并通过 CSS 美化页面内容，效果如图 4.1 所示。

2. 制作网页版个人简历 ▷①②③④⑤⑥

尝试为自己制作一份网页版个人简历，然后通过 CSS 美化简历，效果如图 4.2 所示。

图 4.1　简单的注册/登录页面

图 4.2　网页版个人简历

3．制作网页版生日贺卡　▷①②③④⑤⑥

小张生日快到了，帮他制作一个网页版生日贺卡，效果如图 4.3 所示。

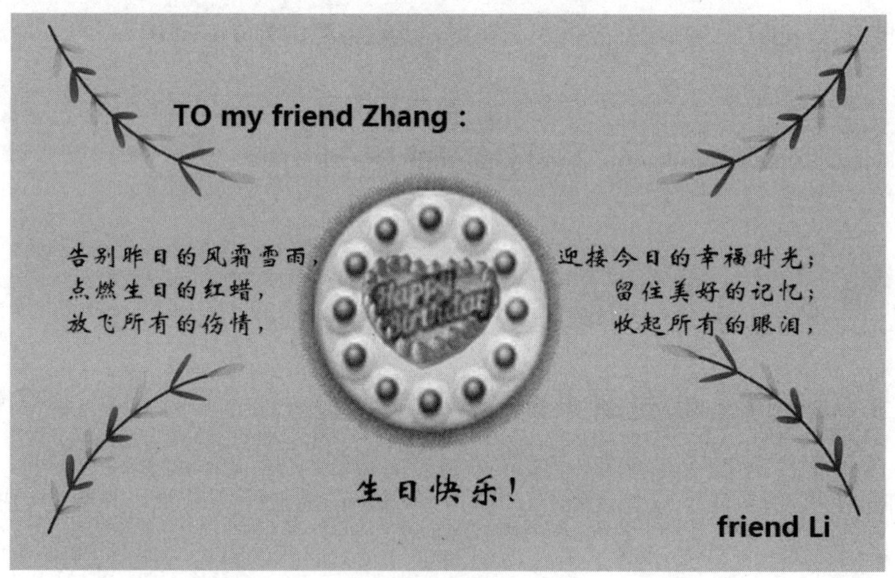

图 4.3　网页版生日贺卡

4．制作网页版宣传海报　▷①②③④⑤⑥

李先生新开一家手机店，为他设计一个新店开张宣传海报页面，效果如图 4.4 所示。

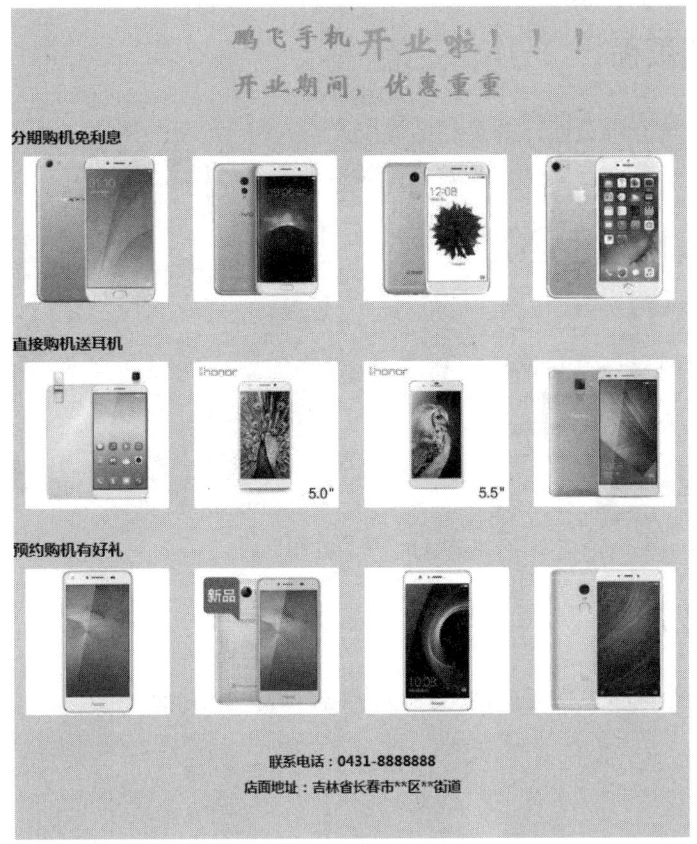

图 4.4　网页版宣传海报

5. 制作购物商城的商品展示页面

▷①②③④⑤⑥

制作购物商城的商品展示页面，效果如图 4.5 所示。当鼠标放置在商品上时，图片放大。另外，需要设置不同状态下的超链接字体颜色。

图 4.5　手机展示页面

6．制作手机介绍页面 ▷①②③④⑤⑥

制作一个手机的宣传介绍页面，效果如图 4.6 所示。

（提示：设置网页中第一行文字以及第二行第一个文字的样式）

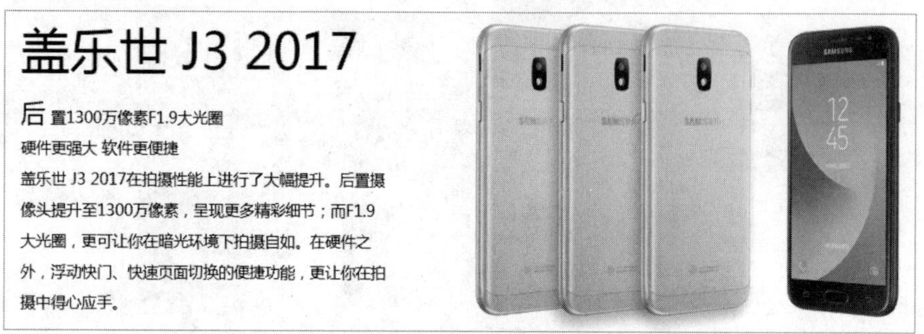

图 4.6　手机介绍页面

7．制作个人空间主页 ▷①②③④⑤⑥

尝试编写一个个人空间主页，并使用 CSS 美化它，效果如图 4.7 所示。

图 4.7　个人空间主页

8．实现页面横幅广告效果　　▷①②③④⑤⑥

编写程序，实现手机商城首页的横幅广告效果，如图 4.8 所示。

（提示：使用背景以及文本的相关属性）

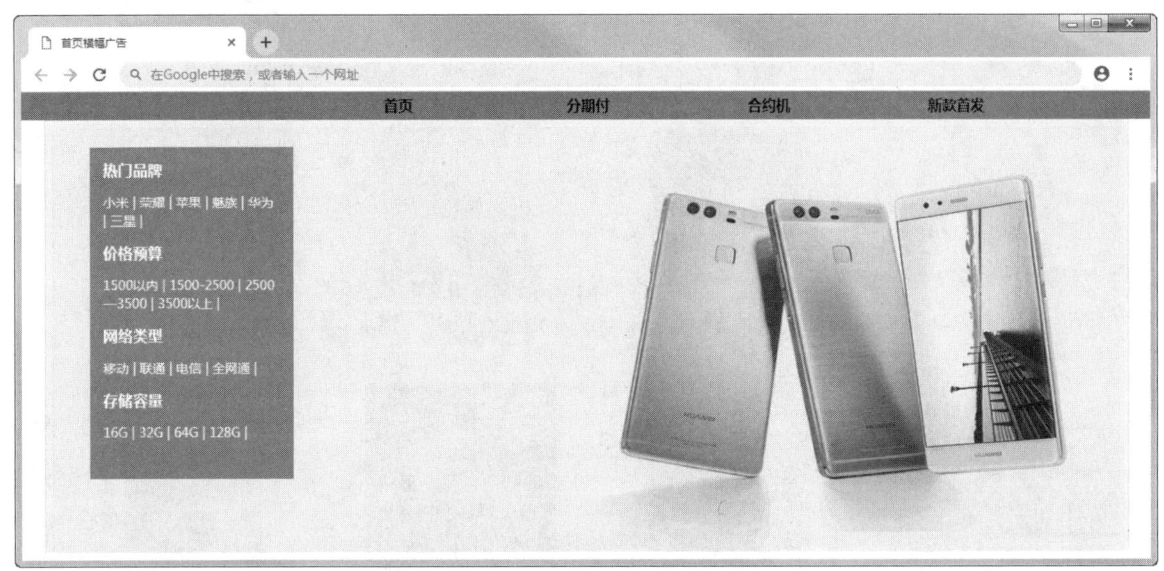

图 4.8　首页横幅广告效果

9．制作购物商城的“热销爆款”页面　　▷①②③④⑤⑥

制作购物商城首页中的“热销爆款”页面，如图 4.9 所示。

换季换新机

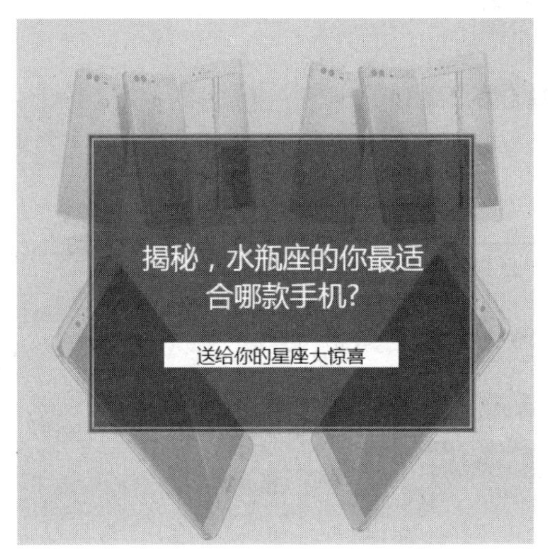

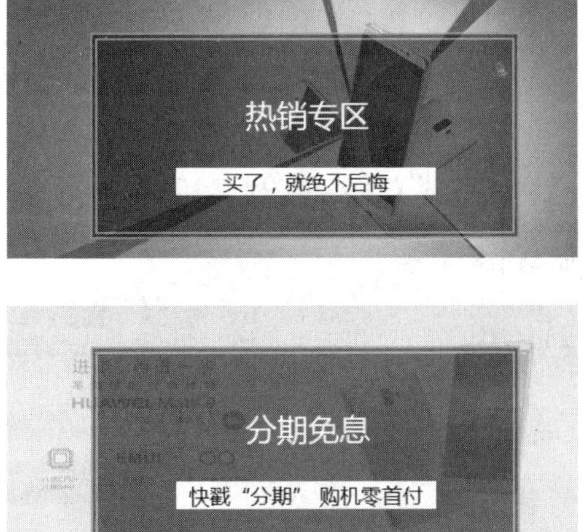

图 4.9　“热销爆款”页面

10．制作购物商城的“精品手机”页面 ▷①②③④⑤⑥

编写程序，制作手机商城的“精品手机”页面，效果如图 4.10 所示。

图 4.10 “精品手机”页面

11．制作网站登录页面 ▷①②③④⑤⑥

编写程序，制作 51 购商城的登录页面，效果如图 4.11 所示。
（提示：添加一张背景图片）

图 4.11 网站登录页面

12．制作手机展示页面　▷①②③④⑤⑥

编写程序，实现手机商城的多款手机展示页面，如图 4.12 所示。

（提示：使用背景图片和文字的相关属性）

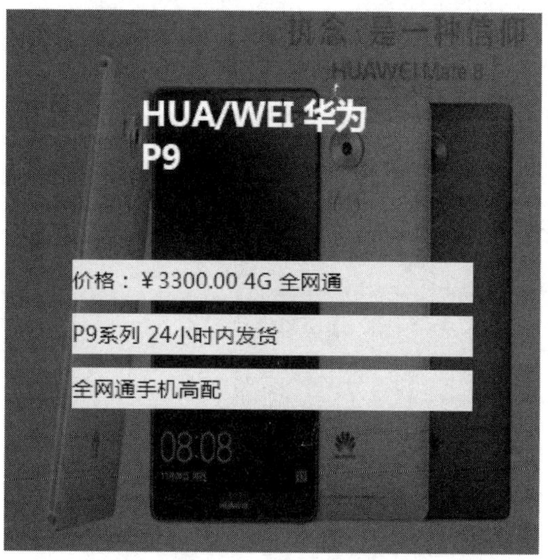

图 4.12　手机展示页面

13．华为手机详情页面　▷①②③④⑤⑥

编写程序，实现华为手机详情页面，如图 4.13 所示。

（提示：使用列表标签实现）

图 4.13　商品详情页面

14．手机产品参数页面

▷①②③④⑤⑥

编写程序，制作购物网站中某款手机的产品参数页面，效果如图 4.14 所示。

（提示：使用列表标签实现）

图 4.14　产品参数页面

训练二：实战能力强化训练

15．图片跑马灯效果　▷①②③④⑤⑥

以滚动方式显示图片，实现图片跑马灯效果，如图 4.15 所示。页面加载完毕后，图片自动向右滚动；单击向左滚动按钮◁，图片向左滚动；单击向右滚动按钮▷，图片继续向右滚动；鼠标悬停在图片上时，图片停止滚动。

图 4.15　图片跑马灯效果

16．相册内图片单击轮换效果 ▷①②③④⑤⑥

实现相册内图片单击轮换效果。显示 5 张图片，两侧各有一个圆形的半透明按钮，以控制图片向左或向右进行切换。当鼠标指针悬停圆形按钮上时，如悬停在右侧按钮上，该按钮不再透明。单击右侧按钮，图片会逆时针依次移动一个位置；单击左侧按钮，图片可顺时针依次移动一个位置。实现效果如图 4.16 所示，

图 4.16　相册切换效果

17．图形加载动画 ▷①②③④⑤⑥

浏览网页时，难免会遇到页面加载缓慢的情况。为避免网页长时间空白，可以显示一些简单的动画。实现一个圆形加载动画，如图 4.17 所示，页面加载过程中弧形一直转动，直至页面加载完成。

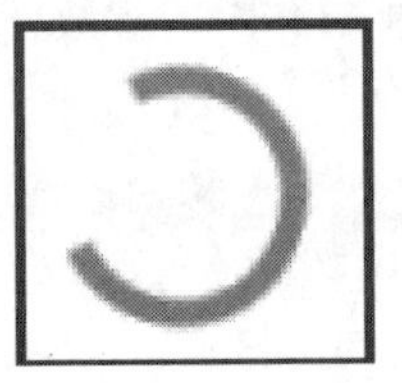

图 4.17　圆形加载动画

18．制作方块填充的进度条 ▷①②③④⑤⑥

下载或安装软件过程中，经常会看到各类进度条，最常见的就是如图 4.18 所示的进度条。试着实现这样的进度条，随着下载或安装进行，绿色方块区逐渐变长，当进度达到 100%时，进度条完全被充满。

图 4.18　方块填充的进度条

第 5 章　CSS3 高级应用

本章训练任务对应核心技术分册第 5 章“CSS3 高级应用”部分。

重点练习内容：

1．掌握CSS3中的常用的选择器。
2．使用CSS3设置网页的背景颜色以及背景图像。
3．熟练掌握盒模型。
4．灵活使用position、浮动。
5．使用CSS中的变形、过渡以及动画。

应用技能拓展学习

1. 伪类选择器的应用

浏览网页时，经常会看到一些特殊样式在鼠标悬停、单击、获取焦点时触发。设置这些样式需要使用以下 4 个伪类选择器。

☑ :link ：表示对未访问的超链接应用样式。
☑ :visited ：表示对已访问的超链接应用样式。
☑ :hover ：表示对鼠标悬停的元素应用样式。
☑ :active ：对用户正在单击的元素应用样式。

使用伪类选择器时，需要注意两点：

☑ 伪类选择器的顺序必须正确。如果不正确，将无法正确应用样式。正确顺序是:hover 在:link、:visited 之后，:active 在:hover 之后。
☑ :link 和:visited 只能用于超链接，不能用于其他元素。

例如，在网页中添加一个导航菜单，并为菜单分别设置未访问、已访问、悬停以及单击时的样式，其关键代码如下：

```
<style type="text/css">
    ul li a:link {                          /*未访问时的超链接样式*/
        color: black;
        text-decoration: none;
    }
```

```
    ul li a:visited {                          /*已访问的超链接样式*/
        color: red;
    }
    ul li a:hover {                            /*鼠标悬停时的超链接样式*/
        color: #fff;
        background: #35ccc7;
    }
    ul li a:active {
        text-decoration: underline;            /*正在单击时的超链接样式*/
    }
</style>
<ul>
    <li><a href="../05/index.html">首页</a></li>
    <li><a href="../06/index.html">果蔬生鲜</a></li>
    <li><a href="../07/index.html">户外运动</a></li>
    <li><a href="../08/index.html">手机数码</a></li>
</ul>
```

上述代码的实现效果分别如图 5.1~图 5.4 所示。

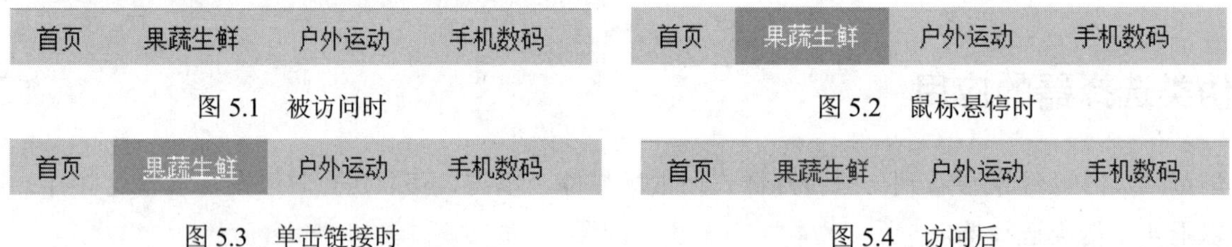

图 5.1　被访问时

图 5.2　鼠标悬停时

图 5.3　单击链接时

图 5.4　访问后

2. 弹性布局（flexbox）的使用

网页布局是 CSS 的一个重点应用，传统的布局依赖于 display+position+float，弹性布局是 CSS3 中一种新的布局方式，使用这种布局的元素被称为弹性容器（flex-box），其所有子元素会自动成为弹性项目（flex-item）。

（1）容器主轴方向

弹性容器存在两根轴——主轴和侧轴。默认情况下，主轴方向为水平向右，侧轴方向为垂直向下。可通过 flex-direction 属性修改主轴方向。

- ☑ row：默认值，表示主轴方向为水平向右，侧轴方向为垂直向下，如图 5.5 所示。
- ☑ row-reverse：表示主轴方向为水平向左，侧轴方向为垂直向下，如图 5.6 所示。
- ☑ column：表示主轴方向为垂直向下，侧轴方向为水平向右，如图 5.7 所示。
- ☑ column-reverse：表示主轴方向为垂直向上，侧轴方向为水平向右，如图 5.8 所示。

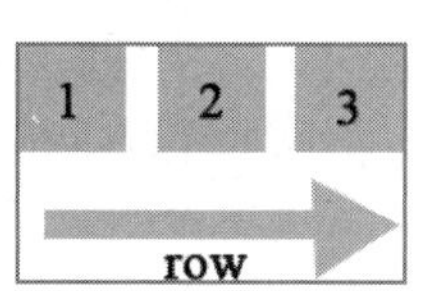

图 5.5　row 排列

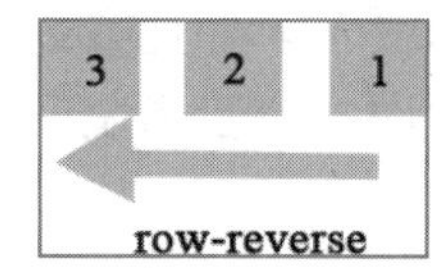

图 5.6　row-reverse 排列

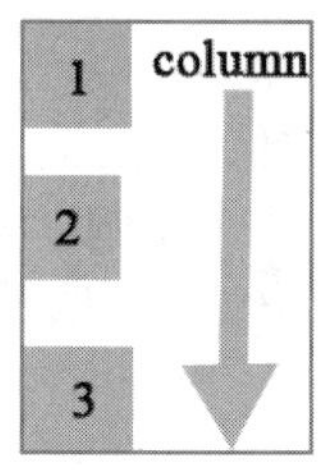

图 5.7　column 排列

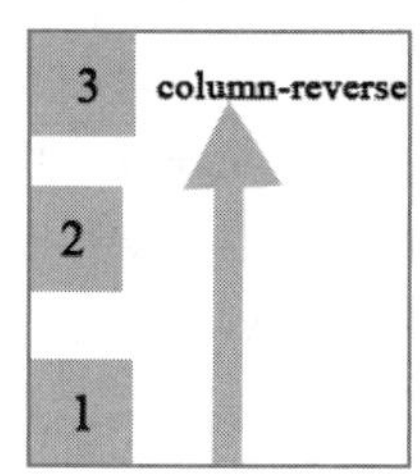

图 5.8　column-reverse 排列

（2）容器属性

除了主轴方向以外，容器还有以下属性。

☑ flex-wrap：当项目不能完全显示在一行中时，是否换行以及如何换行，由以下 3 个属性值决定。
  - no-wrap：项目不换行。
  - wrap：换行，从上往下换行，即第一行在最上方。
  - wrap-reverse：换行，从下往上换行，即第一行在最下方。

☑ flex-flow：flex-direation 和 flex-wrap 的简写，其语法如下：

```
flex-flow：flex-direction flex-wrap
```

☑ justify-content：设置项目在主轴上的对齐方式。共有 5 个属性值，其值及表示的对齐含义如图 5.9 所示。

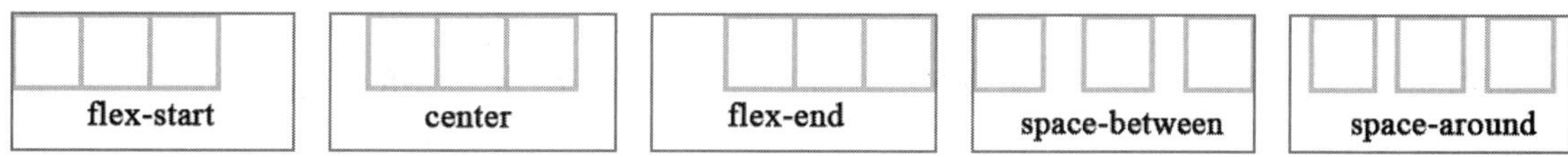

图 5.9　justify-content 属性值

☑ align-items：表示项目在侧轴上的对齐方式。同样有 5 个属性值，其值及表示的对齐含义如图 5.10 所示。

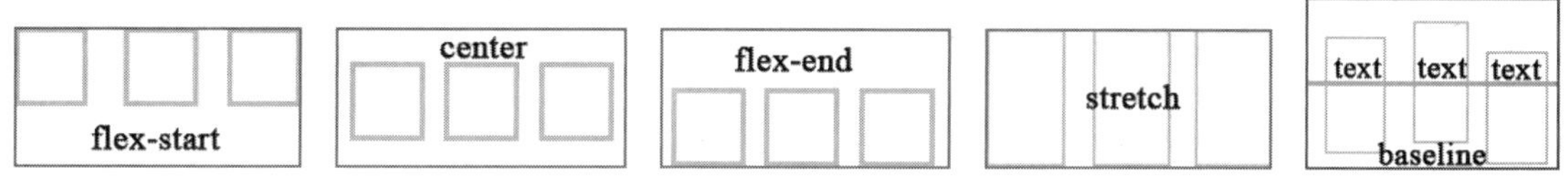

图 5.10　align-items 属性值

☑ align-content：弹性盒中拥有多行项目时，用于设置行的对齐方式。如果只有一行项目，那么该属性值无效。其主要有 6 个属性值，其值及表示的对齐含义如图 5.11 所示。

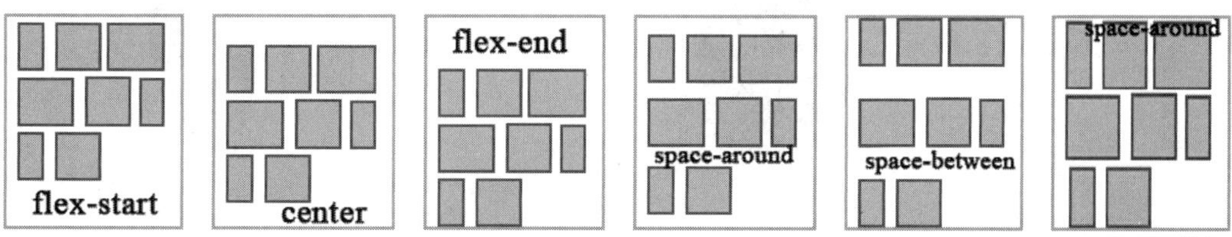

图 5.11　align-content 属性值

（3）项目属性

此外，还可以通过项目属性自定义项目在侧轴上的对齐方式、项目的排列顺序等。项目的具体属性如下。

- ☑ align-self：自定义某个项目在侧轴上的对齐方式，其属性值及含义与 align-items 相同。
- ☑ flex-grow：定义项目的放大比例。默认值为 0，表示即使有剩余空间，也不放大项目。
- ☑ flex-shrink：定义项目的缩小比例。默认值为 1，表示当空间不足时，缩小项目以适应整个容器。
- ☑ flex-basis：弹性项目分配多余空间前所占的主轴空间。
- ☑ flex：flex-grow、flex-shrink 以及 flex-basis 的缩写。其语法如下：

```
flex：flex-grow flex-shrink flex-basis
```

- ☑ order：定义项目的排列顺序，其属性值为具体数字。数字越小，排列越靠前。

实战技能强化训练

训练一：基本功强化训练

1. 制作手机商城的“精品配件”页面　▷①②③④⑤⑥

网购是非常受年轻人青睐的一种购物方式。如图 5.12 所示为手机商城的“精品配件”页面，使用 HTML 和 CSS 完成该页面。

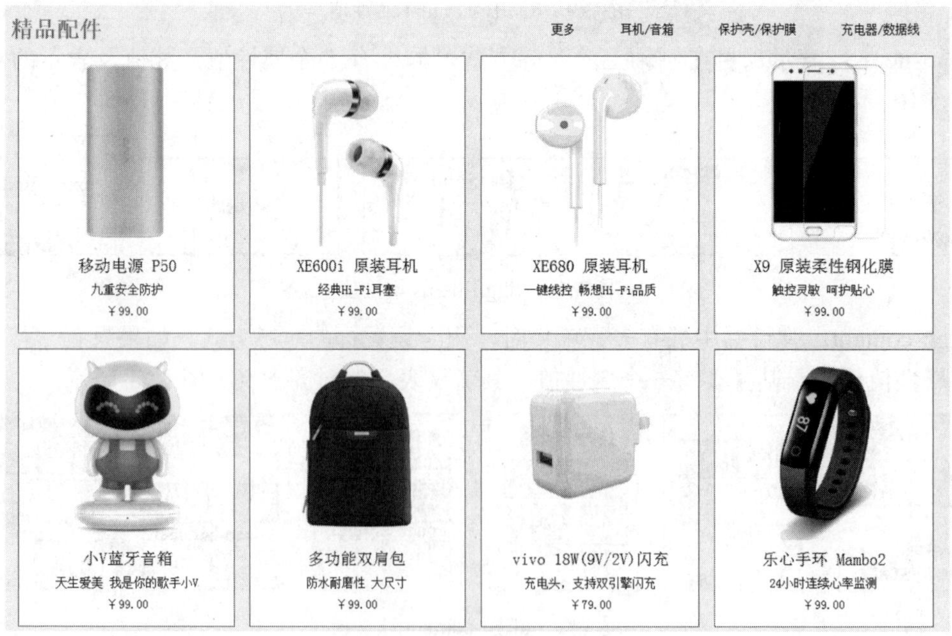

图 5.12　“精品配件”页面

2．制作开心消消乐网站的“最新活动”页面　▷①②③④⑤⑥

开心消消乐是一款老少皆宜的休闲游戏。尝试制作游戏网站中的“最新活动”页面，如图 5.13 所示。

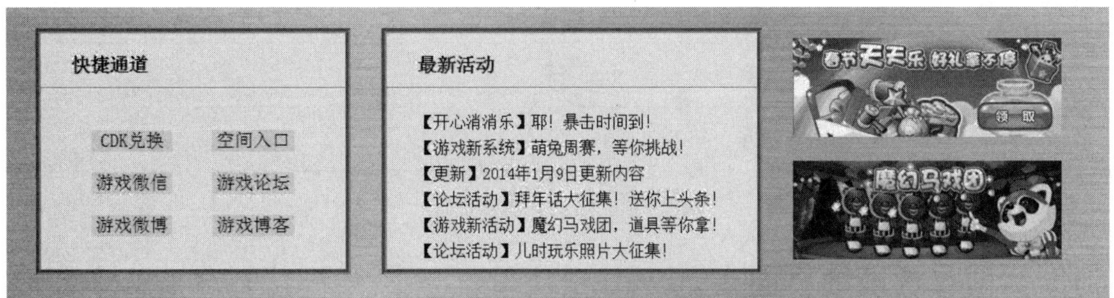

图 5.13　开心消消乐网站的“最新活动”页面

3．制作小米 Max 2 手机宣传页面　▷①②③④⑤⑥

手机的更新速度越来越快，如图 5.14 所示为小米 Max 2 上市时宣传页面的一部分，试着完成这个页面。

图 5.14　小米 Max 2 手机宣传页面

4．实现手机分类筛选页面　▷①②③④⑤⑥

电商网站，为了方便用户能快速找到自己所需的东西，其商品列表页面中通常会设置一些条件筛选项。如图 5.15 所示为一个手机页面的分类筛选项，请实现该页面。

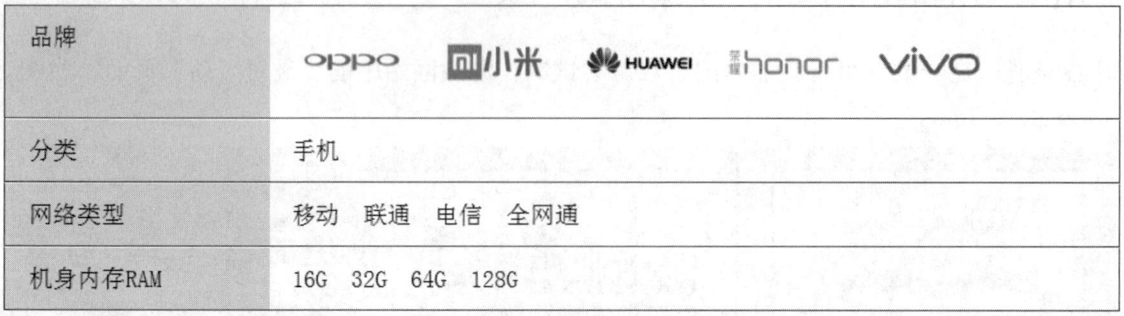

品牌	oppo　mi小米　HUAWEI　荣耀honor　vivo
分类	手机
网络类型	移动　联通　电信　全网通
机身内存RAM	16G　32G　64G　128G

图 5.15　手机分类筛选项

5．制作新增收货地址页面　▷①②③④⑤⑥

网购中，选择好商品后，需要选择或添加收货地址，为下一步支付做准备。如图 5.16 所示就是一个添加收货地址的页面，试着实现这个页面。

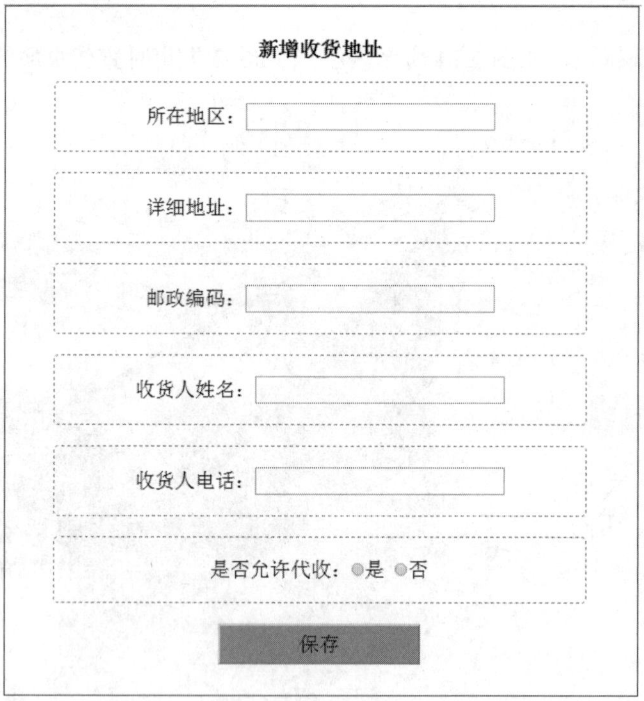

图 5.16　新增收货地址页面

6．制作商品详情页的产品规格部分　▷①②③④⑤⑥

编写程序，制作商品详情页的产品参数与规格部分，效果如图 5.17 所示。

产品参数

图案：卡通动漫	颜色：人物印花	袖型：中袖
上衣厚度：适中	上衣门襟：单排扣	穿着方式：开衫
尺码：S，M	衣长：30-40cm	版型：宽松
下摆：敞口	季节：夏季	材质：其他
领型：圆领	潮流：日系	风格：通勤（OL）

图 5.17　商品详情页的产品参数部分

7．制作手机商城中“主题购”页面　▷①②③④⑤⑥

如图 5.18 所示为电子商城中的“主题购”页面，尝试完成这个页面。

图 5.18　“主题购”页面

8．制作一个简单的横向导航栏　▷①②③④⑤⑥

编写一个简单的横向导航栏，当鼠标指针悬停在某个菜单项上时，该菜单项会自动添加背景颜色，效果如图 5.19 所示。

（提示：使用背景以及文本相关属性）

图 5.19　简单导航栏

9．制作含二级菜单的横向导航栏　▷①②③④⑤⑥

当导航内容较多时，为了节省空间，通常会设置多级导航菜单，将一部分内容折叠起来。如图 5.20 所示为一个横向二级导航菜单页面，当鼠标指针悬停在一级菜单项上时，会自动展开二级子菜单项，请编程实现该页面。

图 5.20　横向导航栏

10．制作含二级菜单的侧边导航栏　▷①②③④⑤⑥

侧边导航也是一种比较常见的导航方式，其导航菜单是竖向的，子菜单也同步向右展开。如图 5.21 所示为某电商网站中当鼠标悬停在第 5 项菜单上时展开的子菜单效果。请编程实现这个页面。

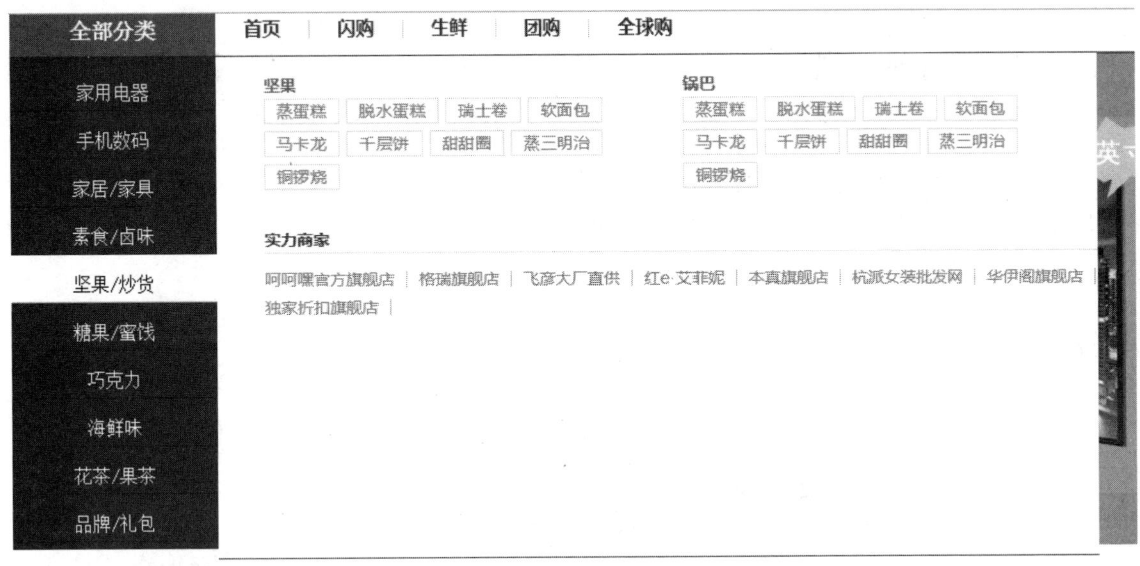

图 5.21　含二级导航菜单的侧边导航栏

11．旋转风车效果　▷①②③④⑤⑥

制作一个旋转风车页面，当鼠标指针悬停在风车上时，风车开始旋转，效果如图 5.22 所示。（提示：旋转效果中，通过 transform-orgin 属性为旋转对象设置旋转中心点）

图 5.22　旋转风车效果

12. 自动拼图动画效果 ▷①②③④⑤⑥

编写程序，实现自动拼图的动画效果。打开页面时，若干图片散乱地显示在页面中，如图 5.23 所示。当鼠标放置在任意一张图片上时，所有图片会自动组合为一张完整图像，如图 5.24 所示。

（提示：通过定位 position 以及旋转等效果实现图像拼接前的位置，通过 CSS3 中的过渡属性实现图像自动拼接过程）

图 5.23　图片散乱显示

图 5.24　拼图效果

13. 鼠标光标滑过时的平移特效 ▷①②③④⑤⑥

编写程序，实现电子商城中当鼠标光标滑过商品时，商品逐次平移的页面效果，如图 5.25 所示。

图 5.25　鼠标光标滑过时的平移特效

14. 鼠标悬停时展开和放大相册 ▷①②③④⑤⑥

编写程序，制作一个网页版相册。当鼠标悬停在相册上时，相册展开；鼠标再次悬停在照片上时，照片逐渐放大，如图 5.26 所示。

（提示：通过伪类选择器可以实现鼠标悬停特效）

图 5.26　网页版相册

15．旅游网站图片轮播效果　▷①②③④⑤⑥

编写程序，实现图片依次向左轮流播放的页面效果，如图 5.27 所示。

（提示：通过 animation 实现轮播图动画）

图 5.27　图片轮播效果

16．广告页面文字滚动显示效果　▷①②③④⑤⑥

编写程序，实现网站中文字滚动显示的页面效果，如图 5.28 所示。

（提示：通过 animation-dalay 属性设置动画延长时间，使得广告按顺序滚动显示）

图 5.28　广告中文字滚动显示效果

训练二：实战能力强化训练

17. 实现凸显图片效果　▷①②③④⑤⑥

实现一个画廊图片效果，如图 5.29 所示。画廊中的图片整齐排列，却又很模糊，当鼠标悬停在某张图片上时，该图片会逐渐变清晰。

（提示：调整图片清晰度，可使用 CSS3 中的 opacity 属性实现，其值为 0～1 的小数）

图 5.29　画廊图片效果

18. 实现文字水波纹效果　▷①②③④⑤⑥

浏览网页时，常会看到各种各样的文字特效。试着通过多个动画组合，实现如图 5.30 所示的文字水波纹效果。

（提示：使用 CSS 的 background-clip 属性实现）

图 5.30　文字水波纹效果

19. 实现邮件订阅中心页面　▷①②③④⑤⑥

每天打开手机，看看娱乐新闻或推送的文章，已成为多数年轻人的习惯。有的人喜欢订阅一些邮件，每早收到一些感兴趣的推荐和资讯。如图 5.31 所示就是通过弹性布局实现的邮件订阅中心页面，当页面内容缩小到无法装下一整行内容时，页面中的项目就会分两行排列，如图 5.32 所示，请尝试实现该页面。

图 5.31　邮件订阅中心

图 5.32　分两行显示

20. 制作红包兑换页面　▷①②③④⑤⑥

在淘宝、美团等 APP 上签到或消费后，经常会有发红包、领红包活动，参与即可领取一些优惠券。试着用弹性布局制作一个兑换红包页面，效果如图 5.33 所示。

21. 制作 360 每日趣闻页面　▷①②③④⑤⑥

安装过 360 的人都知道，每天一打开电脑，就会弹出一个推送页面，涵盖脑筋急转弯、最新资讯、游戏等信息。如图 5.34 所示就是通过弹性布局实现的一个仿 360 的每日趣闻页面，尝试完成这个页面。

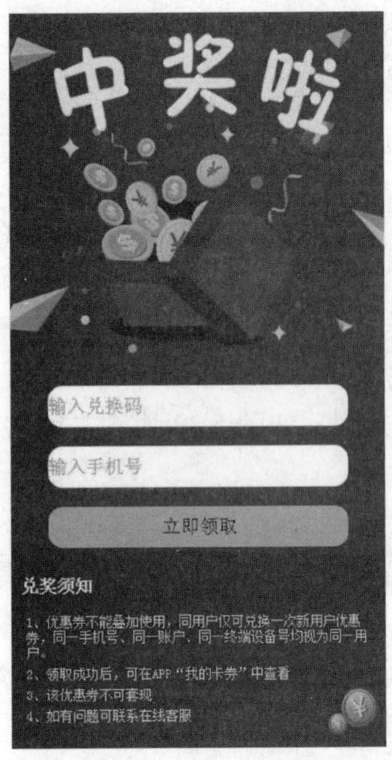

图 5.33　红包兑换页面

图 5.34　360 每日趣闻页面

22．实现跳动文字效果　▷①②③④⑤⑥

编写程序，实现文字在页面中上下跳动的动画，效果如图 5.35 所示。

mingrisoft

图 5.35　跳动的文字

第 6 章　表格与<div>标签

本训练任务对应核心技术分册第 6 章“表格与<div>标签”部分。

重点练习内容：

1. 表格的基本使用。
2. 表格中合并单元格的使用。
3. 表格标签中各子标签及其属性的含义。
4. <div>的含义及其使用。
5. DIV+CSS的结合使用。

应用技能拓展学习

1. 表格中的结构标签

使用<thead> <tbody>和<tfoot> 3 组标签，可将表格分为表头、表文内容和页脚 3 部分。这 3 组标签需要结合使用，通过使用这些标签可以滚动表格的主题内容。

例如，在网页中添加一个大学课程表，关键代码如下：

```
<table border="1" cellpadding="0" cellspacing="0" width="800" bgcolor="#FFD7FE" height="300">
  <!—表头-->
    <thead>
    <tr bgcolor="#FFB039">
        <th></th>
        <th>星期一</th>
        <th>星期二</th>
        <th>星期三</th>
        <th>星期四</th>
        <th>星期五</th>
    </tr>
    </thead>
  <!—表格主题-->
    <tbody>
```

```
    <tr>
        <th>08:00-09:30</th>
        <td>大学语文</td>
        <td>计算机基础理论</td>
        <td>大学英语</td>
        <td></td>
        <td>计算机算法</td>
    </tr>
    <tr>
        <th>09:50-11:20</th>
        <td>计算机实践</td>
        <td>逻辑算法</td>
        <td></td>
        <td>C 语言基础</td>
        <td></td>
    </tr>
    <!--此处省略其余内容-->
    </tbody>
  <!—页脚-->
    <tfoot>
    <tr bgcolor="#FFB039">
        <td colspan="6" align="center">备注：星期五下午，全年级进行大扫除</td>
    </tr>
    </tfoot>
</table>
```

上述代码的实现效果如图 6.1 所示。

	星期一	星期二	星期三	星期四	星期五
08:00-09:30	大学语文	计算机基础理论	大学英语		计算机算法
09:50-11:20	计算机实践	逻辑算法		C语言基础	
12:50-14:20		大学英语			计算机基础理论
14:40-16:10	多媒体技术		大学物理		
16:30-18:00			商务英语（选修）		
备注：星期五下午，全年级进行大扫除					

图 6.1　在网页中添加课程表

2. 伪元素选择器的巧用

伪元素选择器可用来改变文档中特定部分的效果样式，这是通过普通选择器无法定义到的部分。CSS 中常用的伪元素选择器有以下 4 种。

☑ :first-letter：指定对象中第一个字符的样式。

☑ :first-line：指定对象内第一行文字的样式。

☑ :before：在指定对象的前面添加内容。

☑ :after：在指定对象的后面添加内容。

在使用:after 和:before 时，需要先通过 content 属性设置要添加的内容，否则设置的样式无效。例如训练 9 中，邀请函中的菱形方块就是通过:after 实现的。

实战技能强化训练

训练一：基本功强化训练

1. 表格实现键盘快捷键介绍页面　▷①②③④⑤⑥

使用电脑办公时，要想提高工作效率，掌握一些常用的快捷键是必不可少的。试着编程实现一个网页，显示常见的快捷键组合及其功能，如图 6.2 所示。

（提示：设置表格隔行换色时，可通过:nth-child(2n)和:nth-(2n+1)分别选中表格中的偶数行和奇数行）

功能	Windows	Mac OS
编辑菜单	Alt+E	Ctrl+F2+F
文件菜单	Alt+F	Ctrl+F2+E
视图菜单	Alt+V	Ctrl+F2+V
全选	Ctrl+A	Cmd+A
复制	Ctrl+C	Cmd+C
查找文本	Ctrl+F	Cmd+F
新建文档	Ctrl+N	Cmd+N
打开文件	Ctrl+O	Cmd+O
剪切文本	Ctrl+X	Cmd+X
撤销文本	Ctrl+Z	Cmd+Z
打印选项	Ctrl+P	Ctrl+P

图 6.2　表格实现键盘快捷键介绍

2．表格实现12306公告页面　▷①②③④⑤⑥

表格曾经是流行一时的页面布局方式，虽然现在人们更多使用DIV+CSS布局页面，但在布局一些简单页面时仍然可以使用表格来实现。使用表格，布局如图6.3所示的12306网站公告部分。

最新发布	常见问题	信用信息	
候补的购票操作说明	2019-07-23	公告候补的购票操作说明	2018-11-03
关于调整互联网、电话订票起售时间…	2019-07-27	中国铁路广州局有限公司关于2019年8月…	2019-08-29
候补的购票操作说明	2019-07-23	公告候补的购票操作说明	2018-11-03
关于调整互联网、电话订票起售时间…	2019-07-27	中国铁路广州局有限公司关于2019年8月…	2019-08-29
候补的购票操作说明	2019-07-23	公告候补的购票操作说明	2018-11-03
关于调整互联网、电话订票起售时间…	2019-07-27	中国铁路广州局有限公司关于2019年8月…	2019-08-29

图6.3　表格实现12306公告页面

3．CSS实现唯美主题背景　▷①②③④⑤⑥

每个网站都有自己的风格，如图6.4所示为使用CSS实现的明日科技唯美风格页面效果，试着编程实现该页面效果。

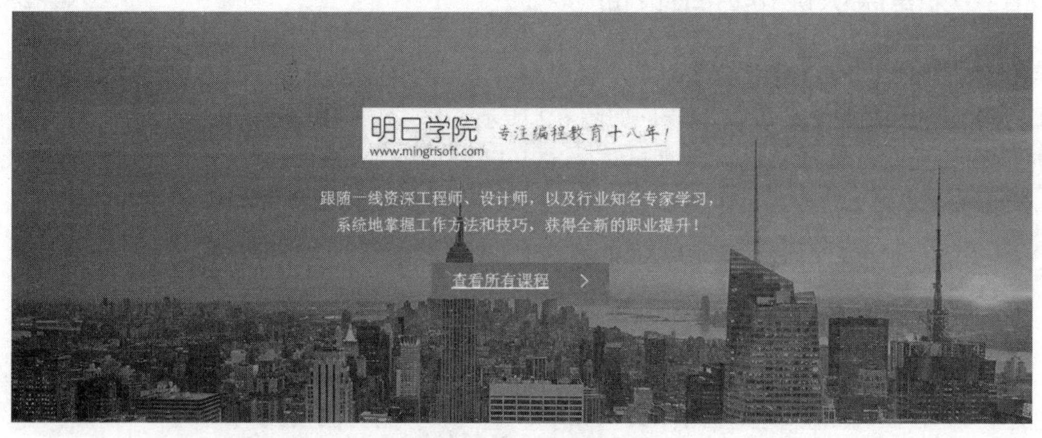

图6.4　明日科技唯美主题页面

4．表格实现KTV价格表　▷①②③④⑤⑥

饭后飙歌是年轻人聚会时常见的娱乐方式。如图6.5所示为印象KTV某分店的价格表，试着编程实现该页面。

（提示：表头斜线可通过伪元素选择器实现）

时段 每小时	小包	中包	大包	豪华大包
09:00-18:00(白场)	80	100	200	500
22:00-07:00(午夜场)	100	200	300	800
温馨提示：需一次性消费对应时间段金额可减免房费				
地址：**领域3楼				

图 6.5　印象 KTV 价格表

5. 实现电子版违章罚单　▷①②③④⑤⑥

有车族可以在网上查询自己是否有交通违章行为。如图 6.6 所示为电子版的违章罚单效果，试着编程实现该页面。

6. 实现 ATM 机银行凭证　▷①②③④⑤⑥

编写一个程序，实现 ATM 机打印的银行凭证效果，如图 6.7 所示。

图 6.6　电子版违章罚单

**银行

客户通知书　CUSTOMER ADVICE			
卡号 CARD NO.			
金额 AMOUNT			受理行号 ACQUIRER NUMBER
转入账号 TRANSFER TO			
存款金额 DEPOSIT			应答码 RESPONSE NUMBER
存款 DEPOSIT	取款 WITHDRAWAL	转账 TRANSFER	其他 OTHER TRANSACTION
接受 ACCEPTED	取消 REJECTED	吞卡 ACRDRETAINED	请与银行联系 PLEASE CONTACT BANK
日期和时间 DATE & TIME			ATM编号 ATM ID
检索参考号 TRANS REFER NO.		检索参考号 RETRIEVAL REFERENCE NUMBER	
如有疑问请持此凭条与银行联系 Please contact the bank with this advices for any questions 客户服务热线电话 9****。 Tel：9****			

图 6.7　ATM 机凭证

7. 实现健身房课程表

健身馆每天会安排不同的课程，人们可根据课程表合理安排自己的健身训练时间。

如图 6.8 所示为某健身馆的课程表，同一课程的背景颜色相同。请尝试完成这个页面。

（提示：设置单元格背景颜色时，可在单元格中依次通过 bg 属性设置，也可以添加类名，然后使用 CSS 来设置）

	周一	周二	周三	周四	周五	周六	周日
11:50-12:50	普拉提	瑜伽	哈拉瑜伽	普拉提	瑜伽	哈拉瑜伽	普拉提
16:30-17:00	哈拉瑜伽				普拉提	哈拉瑜伽	
12:50-13:50			肚皮舞		肚皮舞		哈拉瑜伽
17:30-16:20	有氧舞蹈		肚皮舞		有氧舞蹈	肚皮舞	瑜伽
16:30-17:20	动感单车						
17:30-20:15		动感单车					

图 6.8 健身房课程表

8. 制作电子邀请函 ▷①②③④⑤⑥

每逢重大活动，总要邀请各类嘉宾，因此总要设计出各种精美的邀请函。如图 6.9 所示为使用 DIV+CSS 实现的一封简易电子邀请函，试着实现该页面。

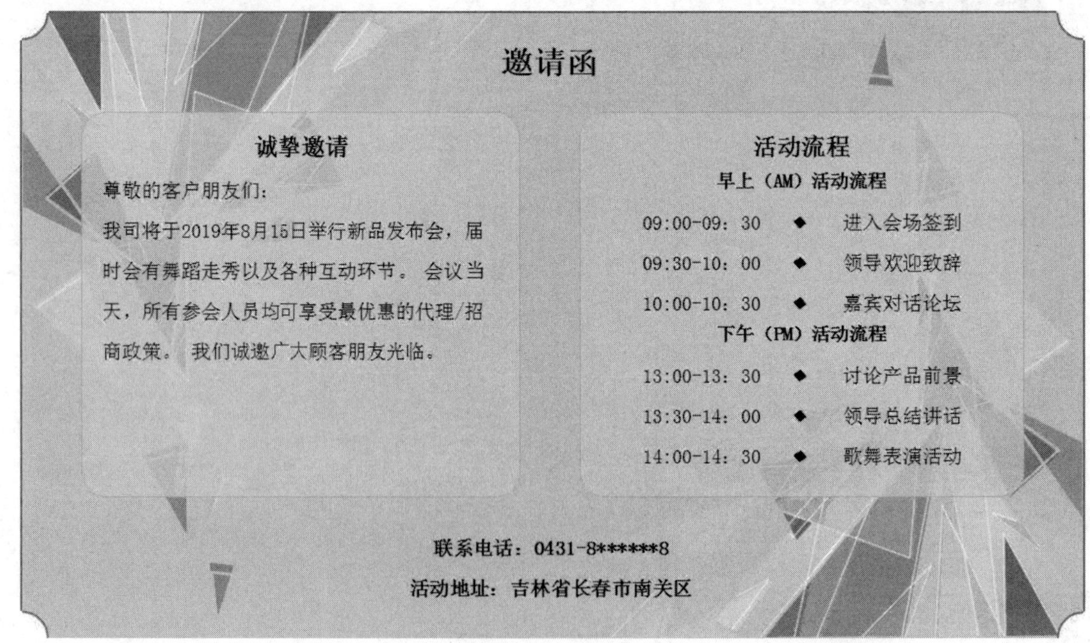

图 6.9 邀请函

9．DIV 实现岗位招聘页面　▷①②③④⑤⑥

每逢毕业季，很多毕业生就会收到各公司的招聘宣传单。试着实现一个简易的电子招聘宣传单，其页面效果如图 6.10 所示。

10．表格实现手机版天气预报　▷①②③④⑤⑥

编写一个程序，实现手机端的天气预报页面，效果如图 6.11 所示。

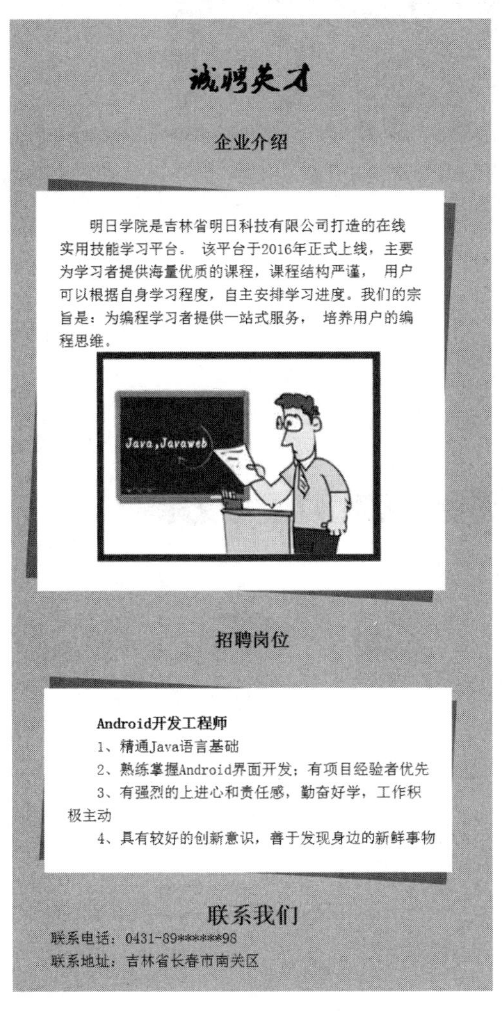

图 6.10　岗位招聘页面

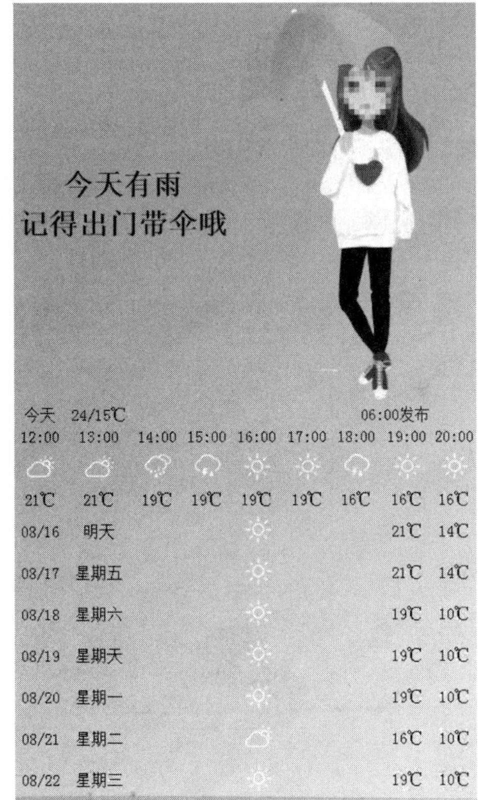

图 6.11　手机版天气预报

11．表格实现商品列表　▷①②③④⑤⑥

布局商品列表页面时通常使用 DIV+CSS 实现，其实表格也可以实现商品列表页面。试着编程实现如图 6.12 所示的水果推荐购买列表页面，要求采用表格来实现。

图 6.12　水果推荐购买列表

12．表格实现 51 购商城首页商品信息　▷①②③④⑤⑥

对于电商网站，相信大家都不陌生。如图 6.13 所示为 51 购商城的首页商品信息，请使用表格实现该页面。

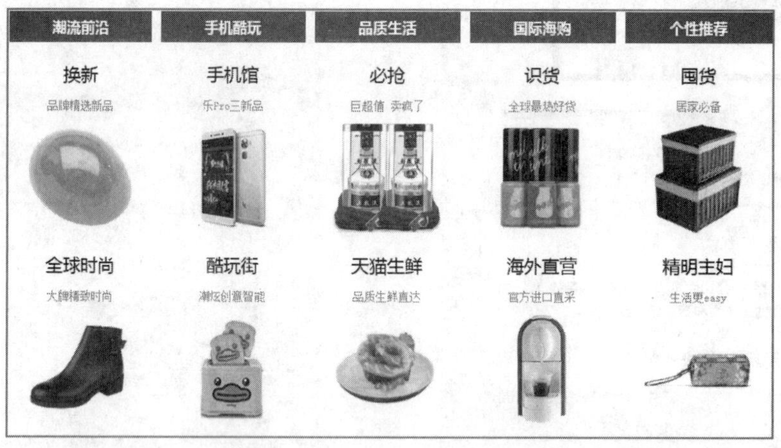

图 6.13　51 购商城首页商品信息

13．制作移动端王者荣耀官网页面　▷①②③④⑤⑥

王者荣耀是一款广受年轻人青睐的游戏。编写程序，实现移动端王者荣耀游戏页面，效果如图 6.14 所示。

图 6.14　王者荣耀官网页面

14．制作美团外卖页面　▷①②③④⑤⑥

外卖是近些年来兴起的一个行业，深受广大上班族的喜爱。如图 6.15 所示为美团订餐页面，试着编程实现该页面。

图 6.15　美团外卖页面

15. 表格实现科学计算器　　▷①②③④⑤⑥

编写程序，实现一个简易的科学计算器页面，其实现效果如图 6.16 所示。

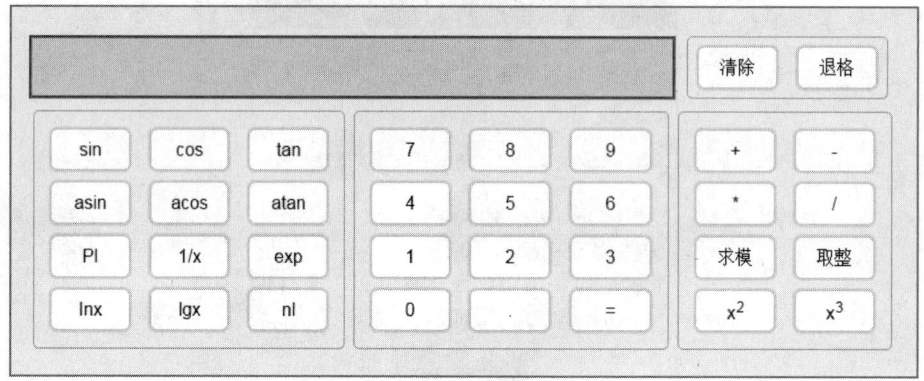

图 6.16　表格实现计算器页面

16. 表格实现日历页面　　▷①②③④⑤⑥

编写程序，实现一则日历页面效果。如图 6.17 所示。

（提示：设置单元格的边框不重复显示，可以通过 CSS 去掉一部分单元格边框）

2019JUN

Su	M	Tu	W	Th	F	Sa
						1 儿童节
2 廿九	3 五月大	4 初二	5 初三	6 爱眼日	7 端午节	8 初六
9 初七	10 初八	11 初九	12 初十	13 十一	14 十二	15 十三
16 父亲节	17 十五	18 十六	19 十七	20 十八	21 夏至	22 二十
23 廿一	24 廿二	25 廿三	26 廿四	27 廿五	28 廿六	29 廿七
30 廿八						

图 6.17　表格实现日历页面

17. DIV 实现优惠券领取页面　　▷①②③④⑤⑥

打开美团或饿了么 App 订餐时，总会弹出优惠券领取页面，如图 6.18 所示。试着编写程序实现该页面效果。

（提示：调整图片清晰度可使用 CSS3 中的 opacity 属性实现，其属性值为 0～1 的小数）

18．微信朋友圈动态效果　▷①②③④⑤⑥

刷朋友圈几乎是当代人每天做的一件必不可少的事。试着编写程序，实现仿微信朋友圈的文章列表效果，如图 6.19 所示。

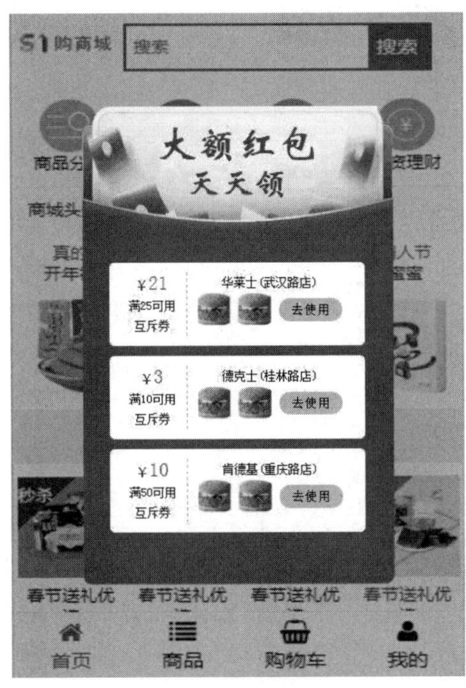

图 6.18　优惠券领取页面

图 6.19　微信朋友圈页面

训练二：实战能力强化训练

19．图文显示课程列表页面　▷①②③④⑤⑥

如图 6.20 所示为通过弹性布局实现的课程列表页面，试着编程实现这个页面。

20．使用表格布局女装页面　▷①②③④⑤⑥

如图 6.21 为使用表格实现的精美女装页面，试着编程实现该页面。

21. 美食制作热门推荐列表 ▷①②③④⑤⑥

如图 6.22 所示为某美食视频网站的热门推荐页面。当鼠标指针悬停某个视频教程上时，视频下方会向上滑出一个播放按钮。试着编程实现该页面。

图 6.20 课程列表页面

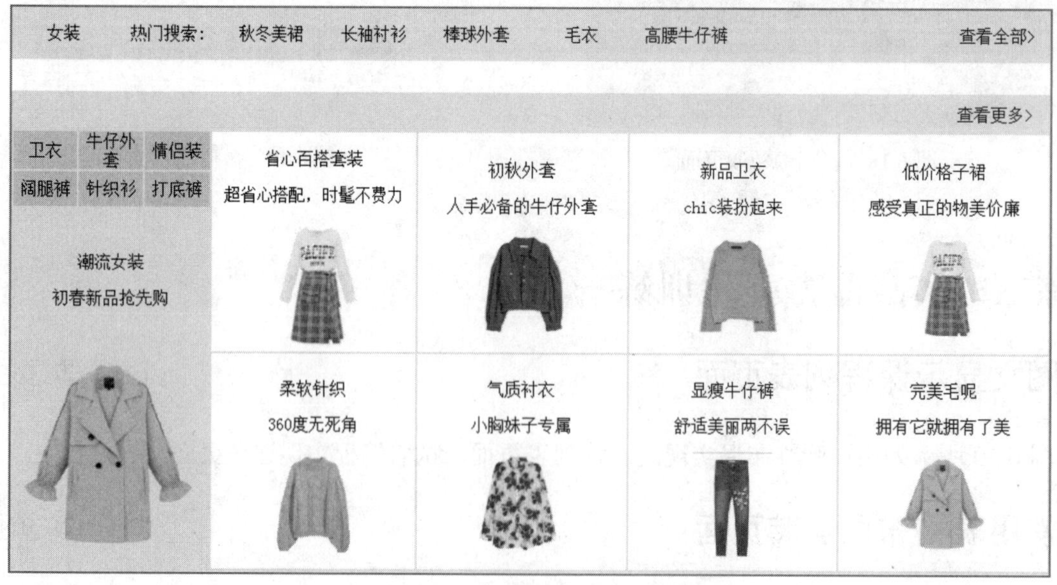

图 6.21 使用表格布局女装页面

图 6.22　美食制作视频教程页面

22．表格实现游戏博客页面 ▷①②③④⑤⑥

编写一个程序，利用表格实现一个游戏博客页面，具体效果如图 6.23 所示。

图 6.23　游戏博客页面

第 7 章　列　表

本章训练任务对应核心技术分册第 7 章“列表”部分。

重点练习内容：

1．3类常用列表的基本使用。

2．使用CSS3对列表项进行横向和纵向排列。

3．列表项样式的设置。

4．列表的嵌套。

应用技能拓展学习

1. CSS3 中的列表属性

使用无序列表或有序列表时，使用 type 属性可设置列表项的标志或序号类型。CSS3 中 list-style 属性可用来定义列表项的标志和位置。其语法格式如下：

```
list-style:list-style-type list-style-position list-style-image
```

☑ list-style-type：设置列表项标志的类型，其值有 circle（空心圆）、square（实心方块）等，默认值为 disc（实心圆）。

☑ list-style-position：表示列表项标志的位置，其值有 inside（位于文本内，环绕文本根据标记对齐）和 outside（位于文本左侧，放置在文本外）以及 inherit（从父元素继承 list-style-position 属性的值）。

☑ list-style-image：将图像作为列表项的标志，其值为图像的路径。

（提示：list-style 是一个简写属性，实际使用时既可以直接使用该属性，也可以单独使用其他列表属性。）

2. 列表的嵌套

有序列表、无序列表以及定义列表之间可以互相嵌套。嵌套的方式不一样，表现结果也不一样。实际开发时，可根据需要选择适当的嵌套形式。

例如，通过嵌套有序列表，实现一个刮刮乐介绍页面，代码如下：

```
<style type="text/css">
    dl {                          /*设置背景*/
        background: url('bg.jpg') no-repeat;
        background-size: 100% 100%;
        width: 600px;
        padding: 180px 0 50px
    }
    dt {                         /*标题*/
        font-size: 40px;
        width: 250px;
        margin: 0 auto;
        border-radius: 10px;
        color: #af4040;
    }
    ol li {                                     /*有序列表*/
        margin: 16px 0px;
        font :bold   22px/40px "";
        color: #272220;;
        list-style-position: inside;
        width: 480px;
        background: rgba(255, 194, 142, 0.3);
        border-radius: 10px;
    }
    </style>
<dl>
    <dt style="text-align: center;"><span style="font-size: 46px">刮刮乐</span>常识</dt>
    <dd style="margin:180px 0 0 20px">
        <ol>
            <li>什么是刮刮乐</li>
            <li>刮刮乐生产过程大揭秘</li>
            <li>刮刮乐购票须知</li>
            <li>刮刮乐常见玩法汇总</li>
            <li>刮刮乐十大主题代表游戏</li>
        </ol>
    </dd>
</dl>
```

其运行效果如图 7.1 所示。

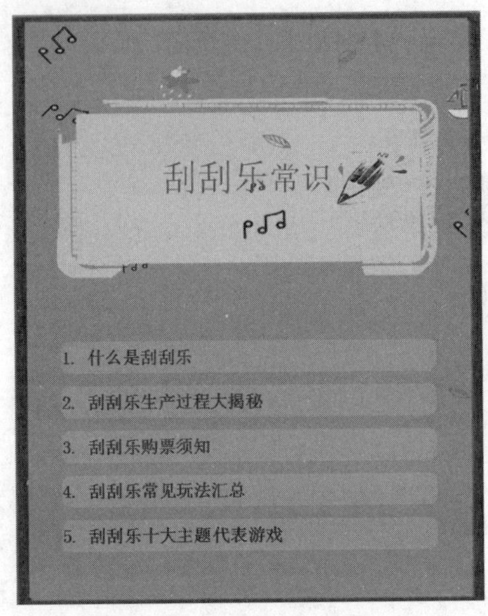

图 7.1　列表中嵌套有序列表

实战技能强化训练

训练一：基本功强化训练

1. 手机详情页面信息　▷①②③④⑤⑥

网上购物时，在商品详情页面可以查看商品的详细信息。如图 7.2 所示为手机商品的详情页面，请完成该页面。

（提示：颜色、套装、数量等整齐罗列的内容，可通过无序列表实现）

图 7.2　手机详情页面

2．CSS 制作精美书签　▷①②③④⑤⑥

使用 CSS 可以设计出许多精美的书签样式，试着设计如图 7.3 所示的书签效果。
（提示：书签上的胶纸效果可通过:after 或者:before 添加，也可以通过<div>实现）

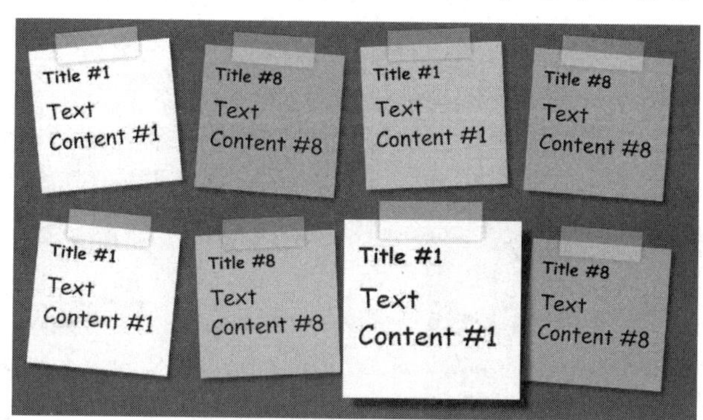

图 7.3　CSS 制作精美书签

3．餐厅菜单页面　▷①②③④⑤⑥

菜单是一个饭店必不可少的，试着设计一个创意菜单，页面效果如图 7.4 所示。
（提示：菜单左上角的圆圈可通过 border-radius 实现）

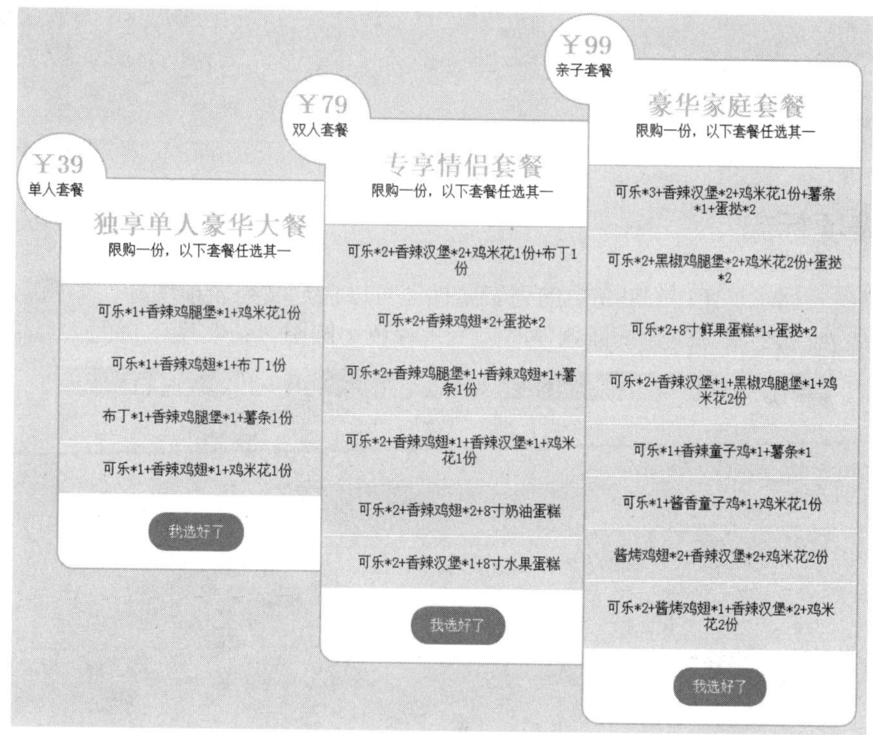

图 7.4　餐厅菜单页面

4. 支付宝话费充值页面

▷①②③④⑤⑥

在支付宝上缴纳手机话费，可省去在营业厅排队的等待时间，非常方便。如图 7.5 所示为仿支付宝话费充值页面，请实现该页面。

5. 看图猜成语页面

▷①②③④⑤⑥

看图猜成语是一款老少皆宜的益智游戏。编写程序，实现一个看图猜成语游戏页面，效果如图 7.6 所示。

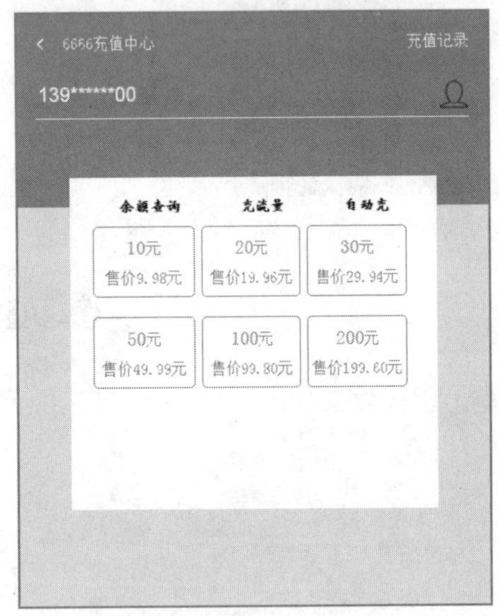

图 7.5 支付宝充值页面

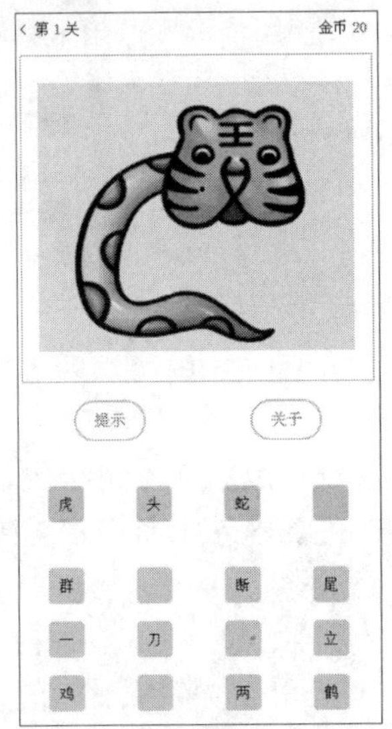

图 7.6 看图猜成语页面

6. 修改列表项标志

▷①②③④⑤⑥

可以自定义列表标志，使用 CSS3 中的列表属性还可以自定义列表项图标。如图 7.7 所示页面中，左侧导航栏图标为蓝色小圆圈；当鼠标悬停时，变为绿色小圆圈。请实现该页面。

图 7.7 修改列表项标志

7．QQ 联系人列表　▷①②③④⑤⑥

相信每个人手机都安装有 QQ。如图 7.8 所示为 QQ 联系人列表，请尝试制作这个页面。

图 7.8　QQ 联系人列表

8．商品热销排行榜　▷①②③④⑤⑥

电商网站中经常会有各类热销商品排行榜，如图 7.9 所示就是一个简单的隐形眼镜热销排行榜页面，试着实现该页面。

9．票据报销网络填单　▷①②③④⑤⑥

如图 7.10 所示为移动端票据报销填写页面，请实现该页面。

10．仿手机联系人页面　▷①②③④⑤⑥

实现如图 7.11 所示的仿手机通讯录页面。该页面中，当鼠标指针悬停在联系人分类上时，其子菜单会自动展开。

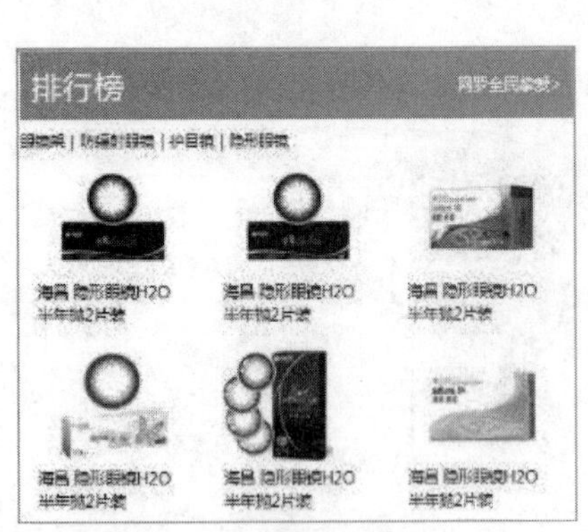

图 7.9　热销排行榜

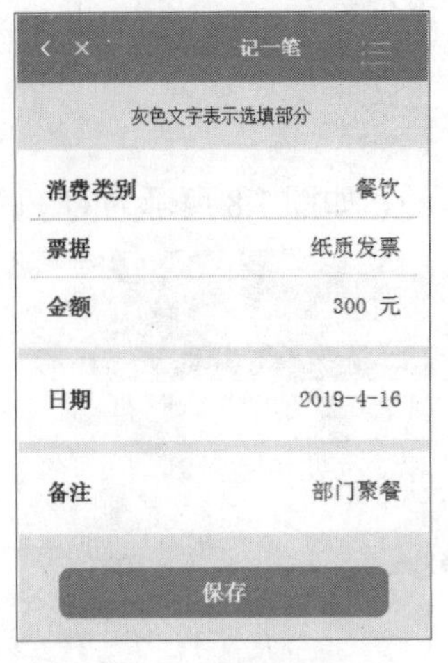

图 7.10　票据报销页面

家人 3
老爸
老妈
朋友 3
同事 3
同学 3

图 7.11　手机联系人列表

训练二：实战能力强化训练

11. 分类导航页面　▷①②③④⑤⑥

随着 IT 行业的发展，一些开发学习类网站越来越受欢迎。程序员们可以在这些学习网上寻找自己需要的视频、课程、资源等。制作一个开发学习网站的分类导航页面，当鼠标指针悬停在左侧菜单上时，右侧会展开对应的内容。如图 7.12 所示为鼠标悬停在“网络课程”菜单项时，右侧展开的相应内容页面。

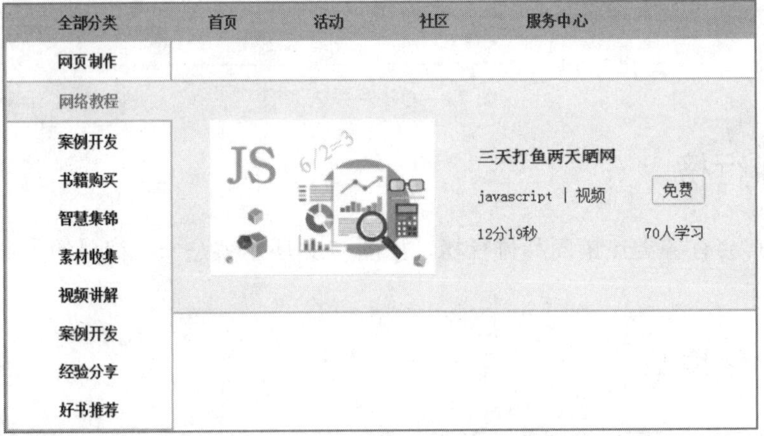

图 7.12　分类导航页面

12. 列表实现汽车网站导航菜单　▷①②③④⑤⑥

如图 7.13 所示为列表实现的汽车网站导航菜单。当鼠标指针悬停时，导航菜单下方会显示滑块，并展开二级导航菜单，请实现该页面。

汽车饰品　电子导航　大牌配件　改装装潢　美容保养

行车导航
影音娱乐
车载电器
智能车机
记录仪

图 7.13　列表实现汽车网站导航菜单

13．红包领取记录 ▷①②③④⑤⑥

相信大家都在微信中发过红包，也领过红包。编写程序，实现一个红包领取记录页面，效果如图 7.14 所示。

14．驾考宝典答题页面 ▷①②③④⑤⑥

考驾照分为两部分：理论知识考试和实际操作考试。理论部分，人们可以在“驾考宝典”等 App 上快速做题，模拟考试场景。如图 7.15 所示为“驾考宝典”上科目一的答题页面，请完成该页面。

图 7.14　红包领取记录页面

图 7.15　驾考宝典答题页面

15. 教师节节日贺卡 ▷①②③④⑤⑥

教师节要到了，试着制作一份网页版贺卡送给老师，页面效果如图 7.16 所示。

（提示：为图片设置边框可通过 CSS 中的 border-image 实现）

图 7.16　教师节贺卡

16. 限时抢购页面 ▷①②③④⑤⑥

编写一个程序，实现购物网站的限时抢购页面，如图 7.17 所示。

图 7.17　限时抢购页面

17. 手机商城“热卖推荐”页面 ▷①②③④⑤⑥

实现手机商城中的“热卖推荐”页面。当鼠标指针悬停在某个商品列表上时，商品图片被放大，并且显示出已选参数等信息。如图 7.18 所示为选中第二个商品后的详情效果。

（提示：可以结合伪类选择器与 display 属性设置商品详情的显示与隐藏）

图 7.18　手机商城中热卖推荐

18．开发类网站的二级导航菜单　▷①②③④⑤⑥

编写一段程序，制作软件开发类网站的二级导航菜单，具体效果如图 7.19 所示。

图 7.19　自学网站的二级导航菜单

19．轮播介绍手机的儿童模式　▷①②③④⑤⑥

部分手机可以设置儿童模式。开启儿童模式后，可以防沉迷，限制游戏、应用等开启的时间，保护儿童稚嫩的视力。编写程序，通过轮播图的自动切换介绍儿童模式，页面效果如图 7.20 所示。

图 7.20　手机儿童模式介绍

20．时间轴显示各月份最适合的景点　▷①②③④⑤⑥

编写程序，通过一个时间轴显示各月份最适合旅游的景点，页面效果如图 7.21 所示。（提示：时间轴首、末端的圆和箭头既可以通过 div 实现，也可以通过:after 和:before 实现）

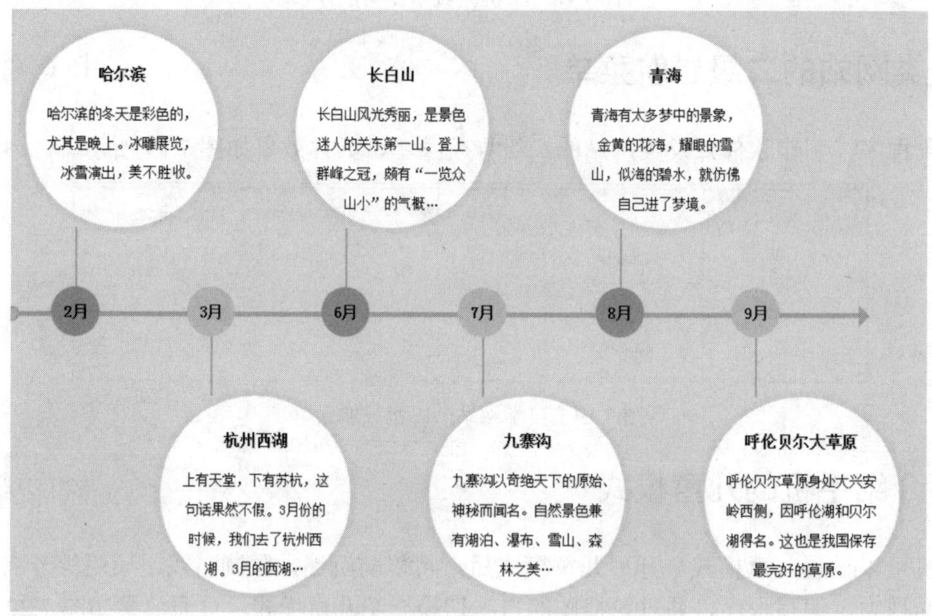

图 7.21　时间轴显示各月份最适合的景点

第 8 章　表　　单

本章训练任务对应核心技术分册第 8 章“表单”部分。

重点练习内容：

1. 表单标签的使用。
2. input标签中type属性各属性值的应用。
3. 合理布局表单页面。
4. 掌握input标签的其他常用属性。

应用技能拓展学习

1. HTML5 新增的 input 标签的属性

input 标签中，type 属性可以根据不同的属性值，定义不同的输入字段类型。type 属性值不同，其功能也不同，如 type="text"和 type="password"等。除此之外，input 标签还新增了许多属性，如表 8.1 所示。（由于 type 属性大家已熟知，故表中没有列举）

表 8.1　input 标签新增的属性及其含义

属　　性	属　性　值	含　　义	说　　明
accept	audio/* video/* image/*等	规定通过文件上传来提交的文件类型	只针对 type="file"
alt	text	定义图像输入的替代文本	只针对 type="image"
autocomplete	on/off	规定是否开启自动完成	
autofocus	autofocus	页面加载时，<input>标签自动获取焦点	
checked	checked	页面加载时，<input>标签被预先选中	只针对 type="checkbox" 或 type="radio"
disabled	disabled	禁用该<input>标签	
form	form_id	规定<input>标签所属的一个或多个表单	
formaction	url	表单提交时处理输入控件的文件 URL	只针对 type="submit"和 type="image"
formenctype	Application text/plain 等	表单提交到服务器时如何编码	只针对 type="submit"和 type="image"
formmethod	get post	定义发送表单数据到 actionURL 的 HTTP 方法	只针对 type="submit"和 type="image"
formnovalidate	formnovalidate	覆盖<form>标签的 novalidate 属性	

续表

属　性	属 性 值	含　义	说　明
formtarget	_blank _self _top _parent	表单提交后，显示接收到的相应名称或关键字	只针对 type="submit"和 type="image"
height	pixels	规定<input>元素的高度	只针对 type="image"
list	datalist_id	应用<datalist>标签，其中包含<input>标签预定义的选项	
max	number	规定<input>标签的最大值	
maxlength	number	规定<input>的最大字符数	
min	number	规定<input>标签的最小值	
nultiple	nultiple	允许用户输入多个值	
name	text	定义<input>元素的名称	
pattern	regexp	规定用于验证<input>值的正则表达式	
placeholder	text	规定<input>标签预期值的提示信息	
readonly	readonly	规定输入字段为只读	
required	required	规定提交表单之前必须输入字段	
size	number	规定<input>标签的可见宽度，单位为字符	
src	URL	规定提交按钮的图像的 URL	只针对 type="image"
step	number	规定<input>标签的合法数字间隔	
value	text	规定<input>中 value 的值	
width	pixles	规定<input>元素的宽度	只针对 type="image"

例如，通过<datalist>标签和 list 属性为文本框添加快捷输入选项。代码如下：

```
<form>
    <label>请选择编程语言</label><input type="text" list="list1">
    <datalist id="list1">
        <option value="HTML">
        <option value="Java">
        <option value="PHP">
        <option value="Android">
        <option value="python">
        <option value="C#">
    </datalist>
</form>
```

其实现效果如图 8.1 所示。

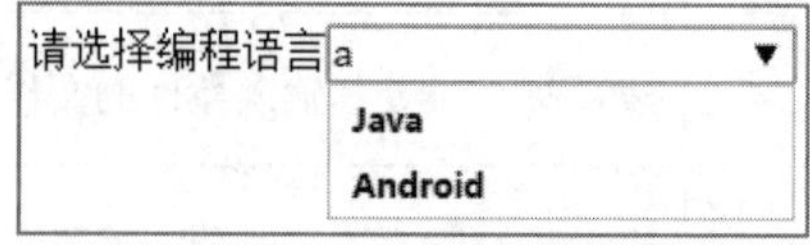

图 8.1　list 属性的使用

（提示：表 8.1 所列举的属性中，有的可以直接使用，有的则需要结合其他标签使用。例如，list 属性需要结合<datalist>标签使用）

实战技能强化训练

训练一：基本功强化训练

1. QQ 注册页面　▷①②③④⑤⑥

QQ 是我们常用的聊天工具之一，甚至很多人注册了两个以上 QQ 账号。如图 8.2 所示为仿 QQ 注册页面，请实现该页面。

图 8.2　QQ 注册页面

2. 电子发票开具页面　▷①②③④⑤⑥

开发票大家都经历过，那么大家有没有开具过电子发票呢？如图 8.3 所示为开具电子发票的页面，请实现该页面。

3. 中奖信息填写页面　▷①②③④⑤⑥

一些网站为了促销，会不定时地进行抽奖或派发优惠券。中奖的小伙伴需要先绑定账号，然后才能兑奖。编写一个程序，实现中奖信息填写页面。

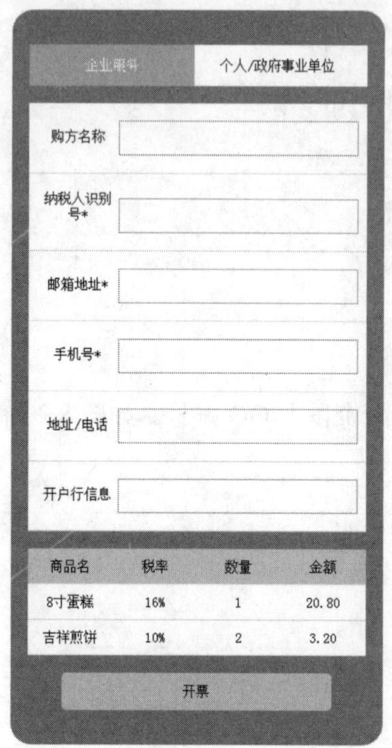

图 8.3　电子发票开具页面

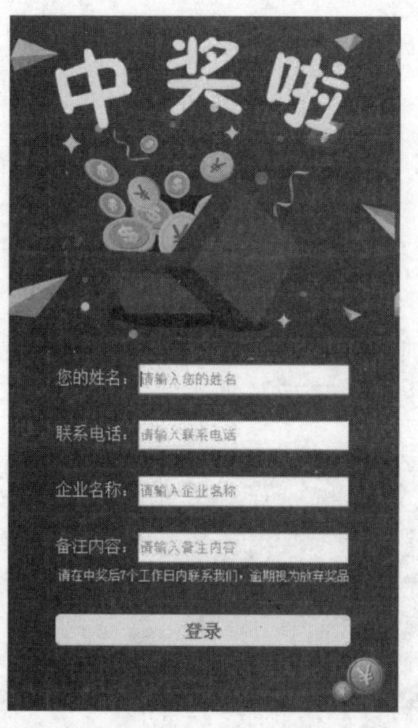

图 8.4　中奖信息填写页面

4．简约登录页面　▷①②③④⑤⑥

网站的功能不同，其页面风格也不同。如图 8.5 所示就是一个简约风格的登录页面，请实现该页面。

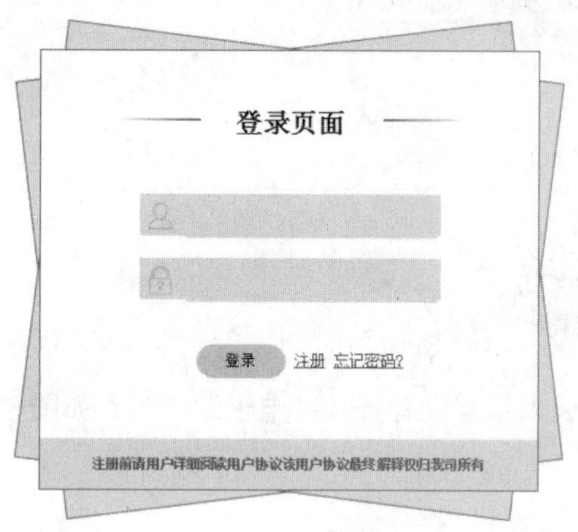

图 8.5　简约登录页面

5．“爱家”在线租房申请页面　▷①②③④⑤⑥

多数人都有过租房的经历，制作如图 8.6 所示的“爱家”在线租房申请页面。

（提示：通过 CSS 中的-webkit-linear-gradient 属性实现页面背景的线性渐变）

6. 商品评价时限制输入的长度　　▷①②③④⑤⑥

很多网站的表单在用户填写时都会限制输入内容的长度，如限制用户名和密码的长度等。实现如图 8.7 所示网购后的商品评价页面，限制输入内容的长度在 40 个字以内。

（提示：通过 maxlength 属性设置文本域内容的长度）

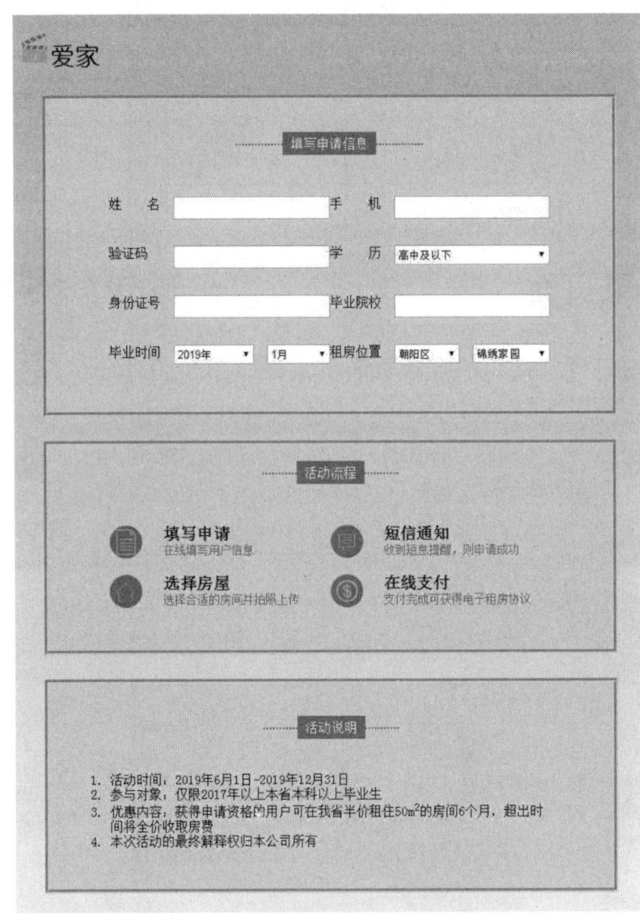

图 8.6　“爱家”在线租房申请页面

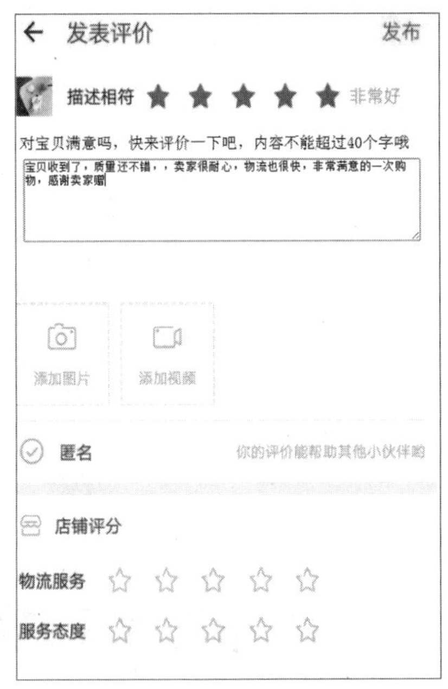

图 8.7　限制输入的长度

7. 玩转漂流瓶　　▷①②③④⑤⑥

漂流瓶是 QQ 和微信中早期的功能，模拟实现如图 8.8 所示的漂流瓶页面效果。

8. 在线留言页面　　▷①②③④⑤⑥

编写程序，实现移动端在线留言页面，具体效果如图 8.9 所示。

（提示：“在线留言”两侧的菱形块可通过:after 和:before 实现，也可通过添加 DIV+ CSS 实现）

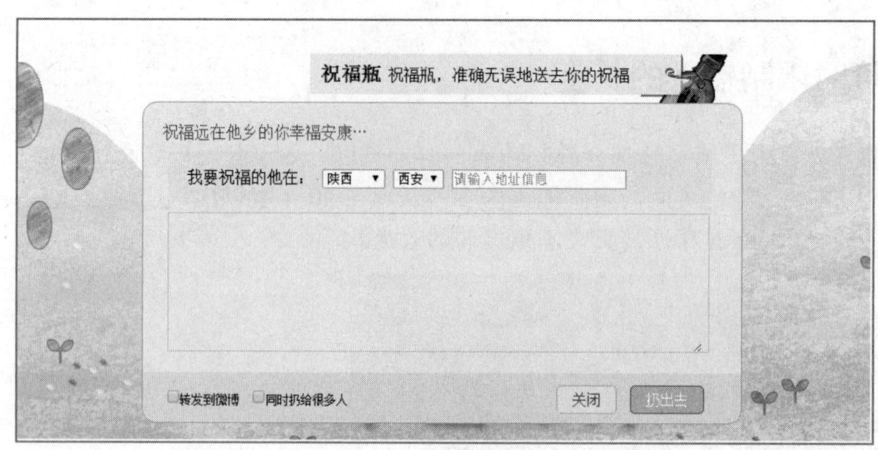

图 8.8 玩转漂流瓶

9. 包含第三方登录接口的会员登录页面 ▷①②③④⑤⑥

登录页面很常见，这里设计一个包含第三方登录接口的登录页面，效果如图 8.10 所示。

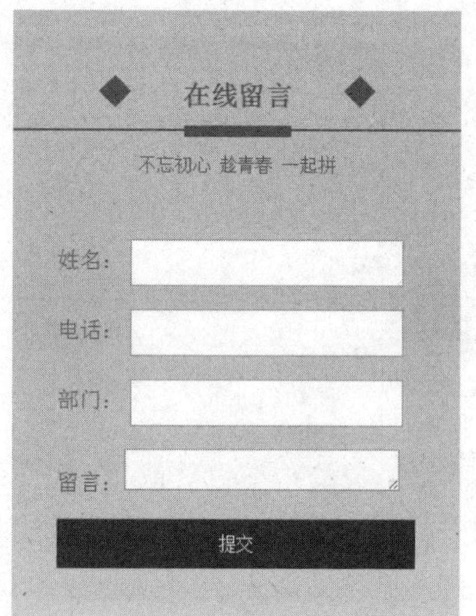

图 8.9 在线留言页面

图 8.10 包含第三方信息的登录页面

10. 文本框不为空验证 ▷①②③④⑤⑥

注册或登录账号时，某些关键项没有填写完整，就无法完成登录或注册，并且会弹出不能为空的提示。使用 HTML 中的属性可以完成表单的非空验证。如图 8.11 所示，当用户昵称、密码以及确认密码为空时，提交该页面，就会弹出非空警告，请实现该页面。

（提示：非空验证可以通过 HTML 中的 required 属性实现）

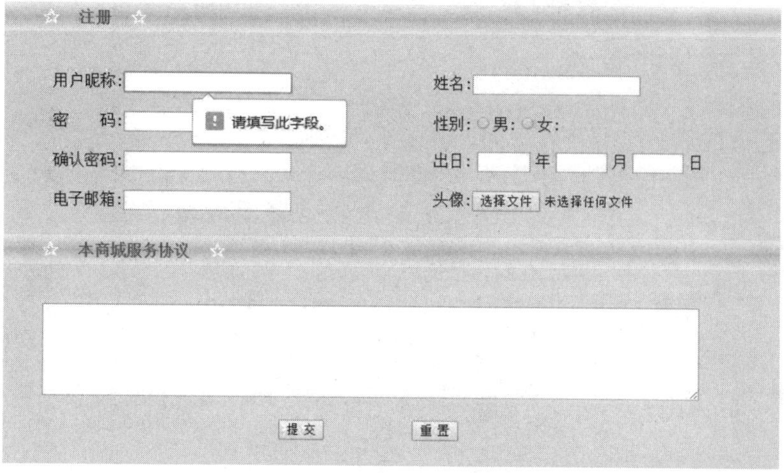

图 8.11　文本框不为空验证

训练二：实战能力强化训练

11．手机端购票页面　▷①②③④⑤⑥

编写程序，实现手机端用户购票时的订单信息页面，效果如图 8.12 所示。

12．个人档案页面　▷①②③④⑤⑥

几乎所有网站在用户注册时，都会搜集并保存用户上传的个人信息。如图 8.13 所示为用户个人档案填写页面，请实现该页面。

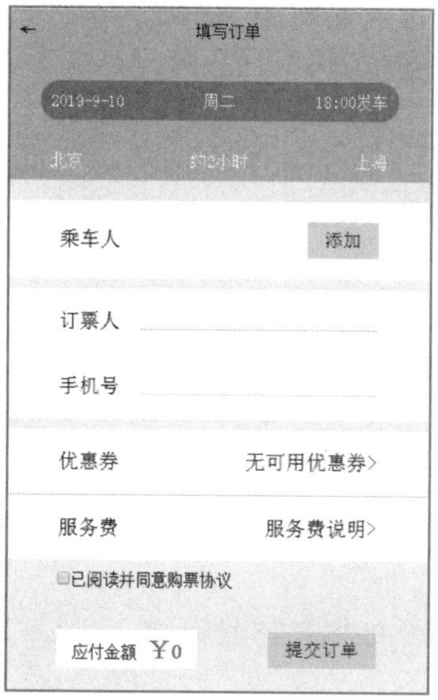

图 8.12　手机端购票页面

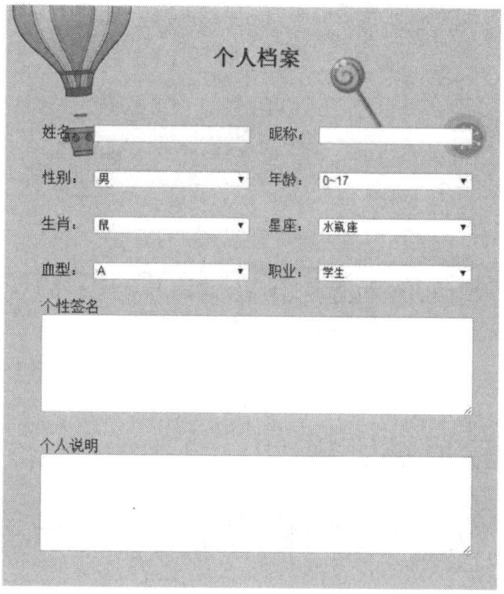

图 8.13　个人档案填写页面

13．百货超市满意度调查表

▷①②③④⑤⑥

制作一个百货超市的满意度调查表页面，其实现效果如图 8.14 所示。

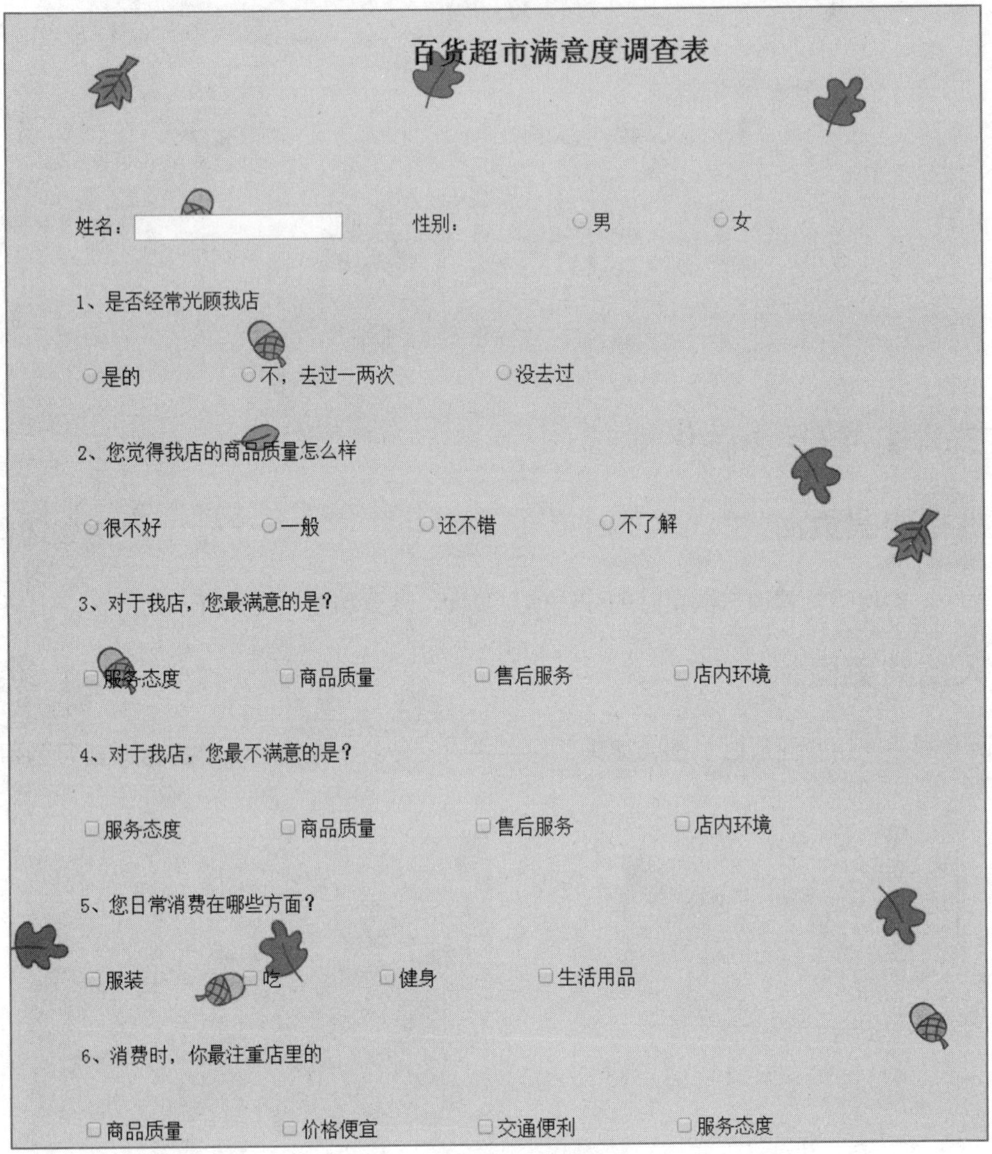

百货超市满意度调查表

姓名： 性别： ○男 ○女

1、是否经常光顾我店

○是的 ○不，去过一两次 ○没去过

2、您觉得我店的商品质量怎么样

○很不好 ○一般 ○还不错 ○不了解

3、对于我店，您最满意的是？

□服务态度 □商品质量 □售后服务 □店内环境

4、对于我店，您最不满意的是？

□服务态度 □商品质量 □售后服务 □店内环境

5、您日常消费在哪些方面？

□服装 □吃 □健身 □生活用品

6、消费时，你最注重店里的

□商品质量 □价格便宜 □交通便利 □服务态度

图 8.14　百货超市满意度调查表

14．QQ 空间留言板

▷①②③④⑤⑥

制作一个 QQ 空间留言板，并且美化该页面，具体实现效果如图 8.15 所示。

图 8.15　QQ 空间留言板

15. 大连一日游预定报名页面

▷①②③④⑤⑥

以前逢年过节，家人通常会团聚在一起，聚会娱乐。而现在，许多人们会选择全家一起外出旅游。如图 8.16 所示为大连一日游的预订报名页面，请完成该页面。

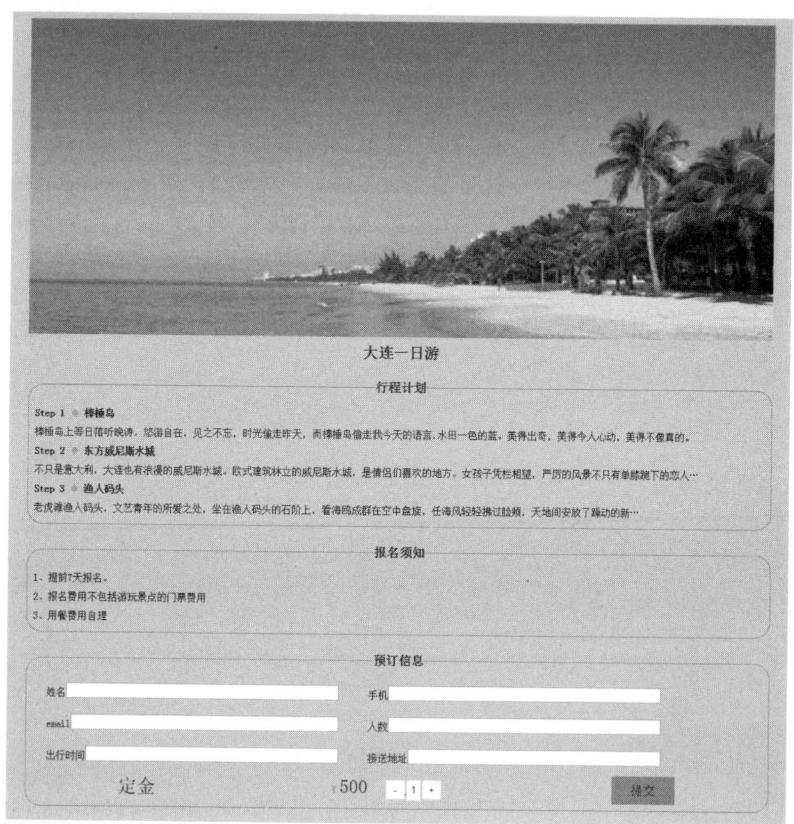

图 8.16　旅游报名页面

16. bug 意见反馈页面 ▷①②③④⑤⑥

写程序出现 bug 是常有的事情。如图 8.17 所示为某进销存管理系统的 bug 意见反馈页面，请实现该页面。

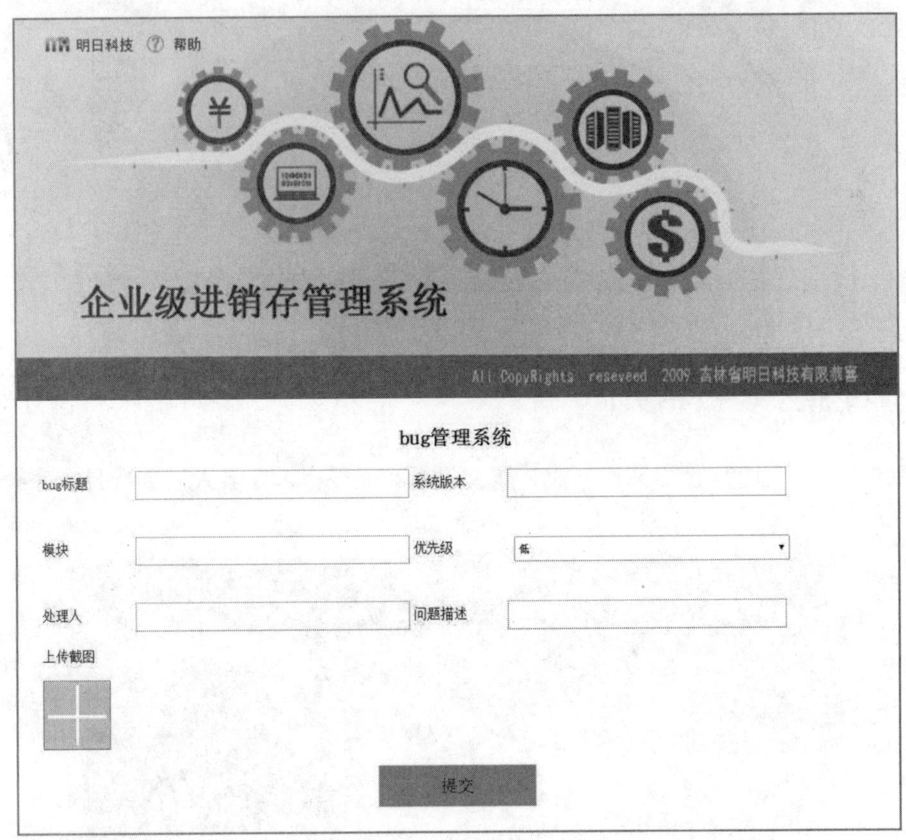

图 8.17　bug 意见反馈页面

第9章　多　媒　体

本章训练任务对应核心技术分册第 9 章“多媒体”部分。

重点练习内容：

1. Video与audio的简单使用。
2. Video对象与audio对象中常用的属性和方法。
3. 自定义视频和音频的工具栏。
4. 获取和设置视频及音频的状态、时长等常用数据。

应用技能拓展学习

1. Audio 标签与 Video 标签的使用

Audio 标签（即<audio>标签）和 Video 标签（即<video>标签）是 HTML5 中新增的标签。其中，<audio>标签用于添加音频，<video>标签用于添加视频。有了这两个标签，播放视频时就不再需要插件了。

<audio>标签的使用语法如下：

```
<audio src="media/6.mp3" controls autoplay loop></audio>
```

- ☑ src：表示待添加的音频的路径。
- ☑ controls：表示显示播放器的控制栏。此为简写形式，具体写法是：controls="controls"。
- ☑ autoplay：表示音乐加载结束后自动播放。此为简写形式，具体写法是：autoplay ="autoplay"。
- ☑ loop：表示音乐循环播放。此为简写形式，具体写法是：loop="loop"。

<video>标签的使用语法如下：

```
<video src="media/2.mp4" poster="media/96.png" autoplay controls loop></video>
```

这里，src、controls、autoplay 等属性的含义与<audio>标签相同，poster 属性用于定义视频加载时（或播放前）显示的图像。

2. Audio 对象和 Video 对象的属性

自定义视频或音频工具栏后，要实现工具栏中按钮的功能，则需要通过 Audio 对象和 Video 对象的属性来实现。

Audio 对象和 Video 对象的属性大多类似，一些常用的属性及其含义如表 9.1 所示。

表 9.1　Audio 对象和 Video 对象的属性及含义

属　性	说　明	备　注
audioTacks	返回可用于音频轨道的 AudioTrackList 对象	
autoplay	设置或返回是否在加载完成后随机播放音频（视频）	
buffered	返回表示音频（视频）已缓冲部分的 TimeRanges 对象	
controller	返回表示音频（视频）当前媒体控制器 MediaController 对象	
controls	设置或返回音频（视频）是否显示控件（比如播放/暂停等）	
crossOrigin	设置或返回音频（视频）的 CORS 设置	
currentTime	设置或返回音频（视频）当前的播放位置（单位 s）	
currentSrc	返回当前音频（视频）的 URL	
defauleMuted	设置或返回音频（视频）是否默认为静音	
defaultPlaybackRate	设置或返回音频（视频）的默认播放速度	
duration	返回当前音频（视频）的长度（单位 s）	
ended	返回音频（视频）播放是否已结束	
error	返回音频（视频）错误状态的 MediaError 对象	
height	设置或返回 height 属性的值	仅针对 video 对象
loop	设置或返回音频（视频）是否应在结束时重新播放	
mediaGroup	设置或返回音频（视频）是否静音（用于连接多个音频元素）	
muted	设置或返回音频（视频）是否静音	
networkState	返回音频（视频）的当前网络状态	
paused	设置或返回音频（视频）是否暂停	
playBackRate	设置或返回音频（视频）播放的速度	
played	表示音频（视频）已播放部分的 TimeRanges 对象	
poster	设置或返回 poster 属性的值	仅针对 video 对象
preload	设置或返回音频（视频）是否在页面加载完后进行预加载	
readyState	表示音频（视频）当前的就绪状态	
seekable	返回音频（视频）可寻址部分的 TimeRanges 对象	
seeking	返回用户当前是否正在音频（视频）中查找	
src	设置或返回音频（视频）src 属性的值	
startDate	返回当前时间偏移的 Date 对象	仅针对 video 对象
textTracks	返回可用文本轨道的 TextTrackList 对象	
volume	设置或返回视频（音频）的音量	
width	设置或返回视频 width 属性的值	仅针对 video 对象

3. Audio 对象和 Video 对象方法

除了属性以外，为视频、音频添加某些功能时还需要用到一些方法。表 9.2 列举了 Audio 和 Video 对象常用的方法，综合使用这些方法和属性，可以实现一些意想不到的功能。

表 9.2　Audio 对象和 Video 对象方法

方　　法	说　　明
addPlayTracke()	向视频（音频）添加新的文本轨道
canPlayType()	检查浏览器是否能够播放指定的视频（音频）类型
load()	重新加载视频元素
play()	开始播放视频
pause()	暂停当前播放的视频

例如，在网页中添加视频，定义“暂停”和“播放”两个按钮，且视频暂停时显示视频的总时长及播放位置。代码如下：

```
<div style="text-align: center">
    <video src="media/3.mp4" id="video1"></video><br>
    <button type="button" onclick="play1()">播放</button>
    <button type="button" onclick="pause1()">暂停</button>
</div>
<script type="text/javascript">
    var video1 = document.getElementById("video1");
    function play1() {
        video1.play();
    }
    function pause1() {
        video1.pause();
        alert("已暂停,该视频总时长为" + video1.duration + "s，已播放" + video1.currentTime + "s")
    }
</script>
```

其运行结果如图 9.1 所示。

图 9.1　视频暂停时获取相关信息

实战技能强化训练

训练一：基本功强化训练

1．网页中添加视频 ▷①②③④⑤⑥

爱奇艺、优酷等视频网站深受人们喜爱，因为里面有许多精彩大片。编写程序，使用<video>标签在网页中添加一段视频，运行效果如图 9.2 所示。

图 9.2　网页中添加视频

2．实现直播页面 ▷①②③④⑤⑥

直播是近几年来兴起的一个热门行业。编程实现一个直播页面，运行效果如图 9.3 所示。

图 9.3　直播页面

3．设置视频控制栏的显示与隐藏　▷①②③④⑤⑥

在网页中添加视频，设置视频播放前的显示图像，并动态显示与隐藏视频控制栏，具体效果如图 9.4 与图 9.5 所示。

（提示：设置视频播放前显示的图像可以通过 poster 属性，其属性值为所设置图像的路径）

图 9.4　隐藏控制栏

图 9.5　显示控制栏

4．添加背景音乐　▷①②③④⑤⑥

编写程序，在网页中添加背景音乐，设置页面背景颜色随时间发生变化，并且歌词内容和歌曲信息互相切换显示，其实现效果如图 9.6 和图 9.7 所示。

（提示：判断音频的播放状态可以通过 paused 属性，该属性用于判断音频是否被暂停）

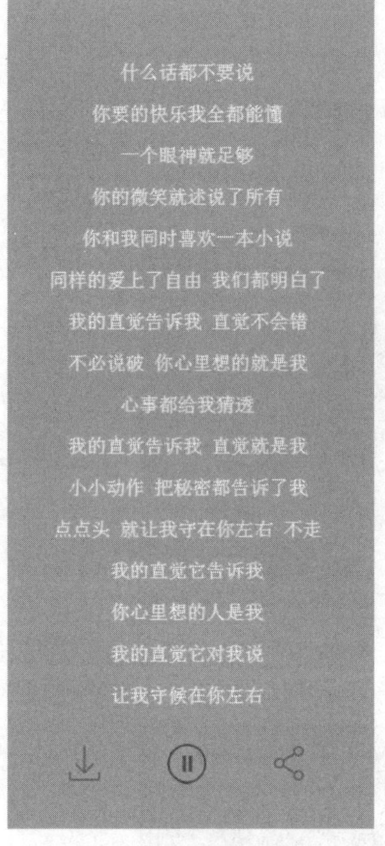

图 9.6 显示歌词内容

图 9.7 切换歌曲时背景发生变化

5．动态设置视频大小与播放状态 ▷①②③④⑤⑥

我们在观看视频时，可以通过控制栏设置视频的状态。其实，这些控制栏并非是固定不变的，用户也可以自定义视频的控制栏。如图 9.8 所示，自定义视频的播放与暂停按钮，并且通过按钮实现视频的放大与缩小。

（提示：设置视频的大小可以通过 video 对象中的 width 和 height 属性实现）

6．自定义视频工具栏 ▷①②③④⑤⑥

编写一个程序，自定义视频的工具栏，其运行效果如图 9.9 所示。通过控制栏中的◁ ⏸ ▷按钮可以实现视频的播放与暂停，同时显示视频的播放进度以及视频总时长。

（提示：获取视频总时长可以通过 video 对象的 duration 属性；而获取视频的播放进度可以通过 currentTime 属性）

图 9.8　实现效果

图 9.9　实现效果

7. 音乐循环播放　▷①②③④⑤⑥

实现一款音乐播放器，音乐可暂停播放和显示播放进度，还可以动态设置音乐是否循环播放以及设置音乐播放动画。其运行效果如图 9.10 所示。

（提示：可以通过 audio 对象的 loop 属性获取和设置循环播放音频）

8. HTML5 手机视频播放器　▷①②③④⑤⑥

编写一个程序，模拟在手机中播放视频的效果。设置鼠标悬停在视频上时，上方滑出视频标题，右侧滑出分享和收藏等按钮。视频播放时，显示播放进度，并可以设置视频暂停播放、继续播放、放大、缩小等效果。实现效果如图 9.11 所示。

（提示：鼠标悬停和离开视频时调用函数可以通过 onmouseover 和 onmouseout 实现）

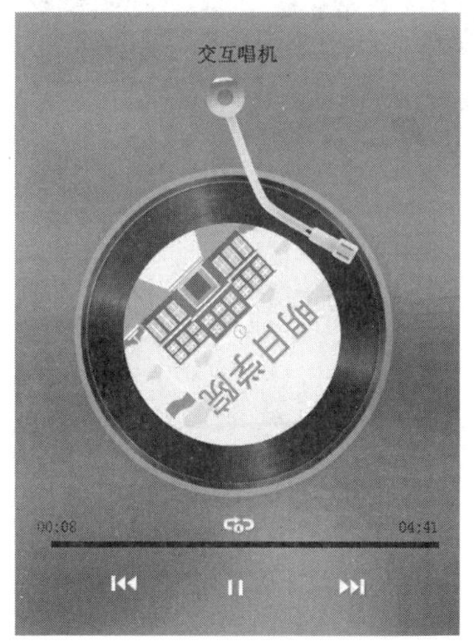

图 9.10　设置音频是否循环播放

图 9.11　仿手机播放器

9．实现音乐、歌词同步 ▷①②③④⑤⑥

编写程序，为音乐添加歌词，且歌词与播放进度同步显示，运行效果如图 9.12 所示。

（提示：在 HTML 中添加歌词，然后通过 JavaScript 将歌词中的时间与歌词内容分割，最后将时间与播放进度进行比较，实现歌词同步）

10．为视频添加弹幕 ▷①②③④⑤⑥

看视频或者直播的时候，经常会看到许多弹幕文字。编写程序，实现弹幕发送功能，效果如图 9.13 所示。在文本框中输入内容，然后提交，弹幕内容就会在视频中随机显示并向左移动；移除视频范围后，弹幕就会被删除。

（提示：动态添加字幕，需要通过 getCreatElement()方法新建元素，然后通过 appendChild()方法将新建元素添加到父元素中）

图 9.12　播放音乐时同步显示歌词

图 9.13　为视频添加弹幕

训练二：实战能力强化训练

11．为视频添加字幕 ▷①②③④⑤⑥

编写程序，为视频添加字幕，具体实现效果如图 9.14 所示。

（提示：为视频添加字幕与为音频添加歌词的原理类似）

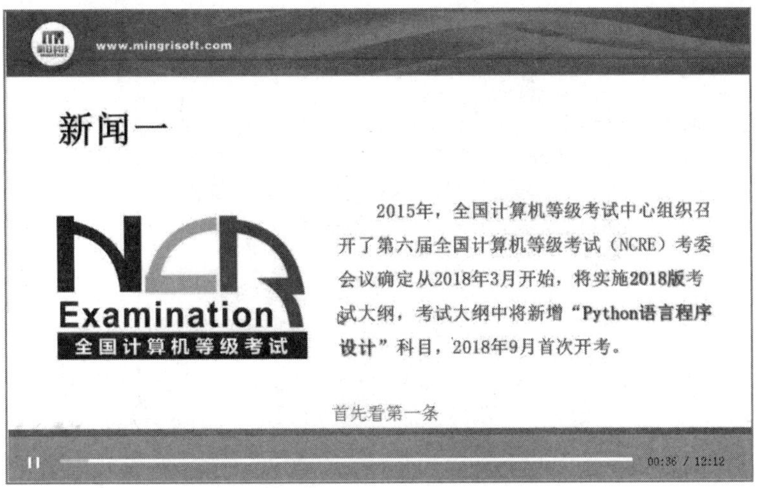

图 9.14　为视频添加字幕

12．实现 PC 端音乐播放器　▷①②③④⑤⑥

实现一款 PC 端音乐播放器，控制栏效果如图 9.15 所示。可以实现前后歌曲切换以及暂停和播放歌曲，可以增减歌曲播放时的音量。单击控制栏中的列表按钮时，控制栏下方会显示歌曲列表，如图 9.16 所示。

（提示：设置音量大小可以通过 audio 对象的 column 属性实现）

图 9.15　音乐播放器控制栏

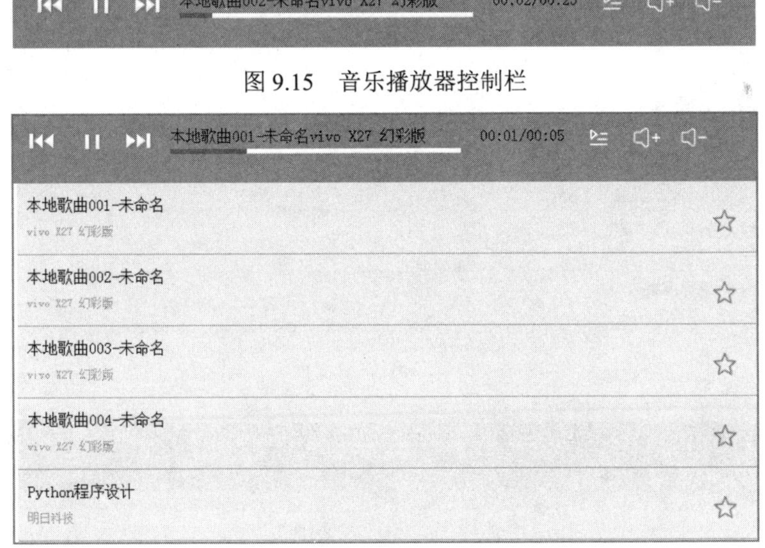

图 9.16　显示歌曲列表

13．模拟游戏音效　▷①②③④⑤⑥

玩游戏的时候，游戏中精彩的音效可以增强玩家的体验感和浸入感。制作一个小游戏，当小球碰撞到四周时，触发碰撞音效，如图 9.17 所示。

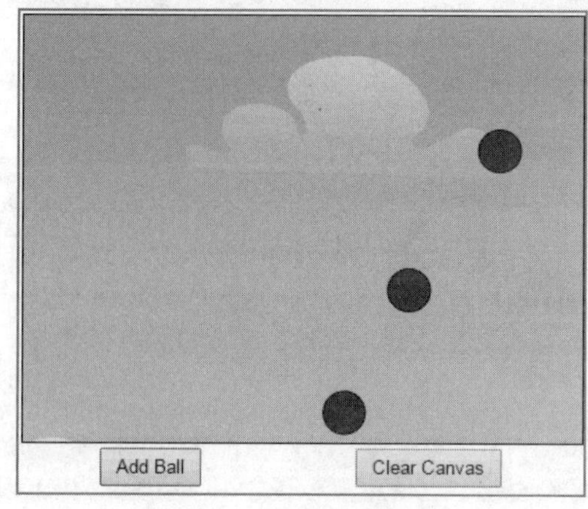

图 9.17　模拟游戏音效

14．仿酷狗音乐播放器　▷①②③④⑤⑥

酷狗是一款广受欢迎的音乐 APP，下面模仿酷狗音乐播放器，实现音乐播放功能，效果如图 9.18 所示。单击歌曲列表中的播放/暂停按钮，可播放或暂停音乐；单击下方工具栏中的左右切换按钮，可以切换音乐。

图 9.18　仿酷狗音乐播放器

第 10 章　HTML5 新特性

本章训练任务对应核心技术分册第 10 章“HTML5 新特性”部分。

重点练习内容：

1. 了解语义化元素的含义。
2. 知道HTML5中新增的元素及其应用。
3. 掌握HTML5中新增的表单属性。
4. 了解HTML5中废弃的元素。

应用技能拓展学习

1. HTML5 中新增的结构元素与语义化元素

每个标签都有固定的含义，如标题标签<hx>、段落标签<p>等。开发网站时，要实现不同的功能，需要使用不同的标签，这就叫作语义化。

语义化的主要好处是对搜索引擎友好。HTML4 网页中，较多地使用了<div>标签，不利于被搜索引擎抓取，所以 HTML5 中新增了一些语义化元素和结构元素。

（1）新增的结构元素

☑ section 元素：定义文档或应用程序的一个区段，如章节、页脚或文档其他部分，可与 h1、h2 等元素结合使用。其语法如下：

```
<section>…</section>
```

☑ article 元素：定义文档中一块独立的内容，如博客或报纸中的一篇文章。其语法如下：

```
<article>...</article>
```

☑ header 元素：定义页面的第一个内容区块或标题。其语法如下：

```
<header>…</header>
```

☑ nav 元素：定义页面的导航部分。其语法如下：

```
<nav>…</nav>
```

☑ footer 元素：定义整个页面或页面中某个内容区块的脚注。一般来说，包含创作者的姓名、文档的创作日期以及创建者联系信息。其语法如下：

```
<footer>…</footer>
```

（2）新增的语义元素

☑ aside 元素：定义 article 元素内容之外但与其内容相关的内容。其语法如下：

```
<aside>…</aside>
```

☑ figure 元素：定义一段独立的流内容，一般表示为文档主体流内容中的一个独立单元。可使用 <figcaption> 元素为 figure 元素组添加标题。其语法如下：

```
<figure>
    <figcaption> 标题 </figcaption>
    <p>文本</p>
</figure>
```

☑ dialog 元素：定义对话（如交谈）。其代码示例如下：

```
<dialog open>
    <dt>小 A:</dt>
    <dd>你知道 ABCDEFG 的含义吗</dd>
    <dt>小 B:</dt>
    <dd>A boy can do everything for girl.</dd>
    <dt>小 B:</dt>
    <dd>可你知道 HIJK 的含义吗</dd>
    <dt>小 A:</dt>
    <dd>不知道</dd>
    <dt>小 B:</dt>
    <dd>He is just kidding</dd>
</dialog>
```

上述代码的运行结果如图 10.1 所示。

```
小A:你知道ABCDEFG的含义吗
小B:A boy can do everything for
girl.
小B:可你知道HIJK的含义吗
小A:不知道
小B:He is just kidding
```

图 10.1　dialog 会话框

☑ mark 元素：定义需要突出显示或高亮显示的文字。最典型的应用就是在搜索结果中向用户高亮显示搜索关键词。其语法如下：

```
<mark>…</mark>
```

☑ time 元素：定义日期或时间，也可以同时定义两者。其语法如下：

```
<time>…</time>
```

☑ progress 元素：定义运行中的进程，可用来显示 JavaScript 中耗费时间的函数进程。其语法如下：

```
<progress>…</progress>
```

2. HTML5 中新增的 input 元素类型

HTML5 中，新增了很多 input 元素类型。

☑ email：包含 e-mail 地址的输入域。

☑ url：包含 URL 地址的输入域。

☑ number：包含数值的输入域。

☑ range：包含一定范围数字值的输入域。

☑ Date Pickers（数据检出器）。

☑ Search：搜索域（如站点搜索或 Google 搜索等），显示为常规的文本域。

HTML5 拥有多个可供选取日期和时间的新输入类型。

☑ date：选取日、月和年。

☑ month：选取月和年。

☑ week：选取周和年。

☑ time：选取时间（小时和分钟）。

☑ datetime：选取时间、日、月、年（UTC 时间）。

☑ datetime-local：选取时间、日、月、年（本地时间）。

实战技能强化训练

训练一：基本功强化训练

1. 会说话的汤姆猫　▷①②③④⑤⑥

"会说话的汤姆猫"是一款休闲游戏，深受孩子们的喜爱，甚至市场上还有简易版的汤姆猫手机玩具。模拟实现该游戏，当鼠标单击汤姆猫身体不同部位时，汤姆猫可做出不同反应，运行效果如图 10.2 所示。

（提示：通过<map>标签与<area>标签定义图片中的不同部位）

2. 文字边缘镂空动画　▷①②③④⑤⑥

<svg>是 HTML5 中一个新的标签，使用它可实现一些简单的图形和动画。尝试实现如图 10.3 所示的镂空文字边缘动画。

（提示：通过 stroke-dasharray 属性实现文字边缘动画）

图 10.2　会说话的汤姆猫

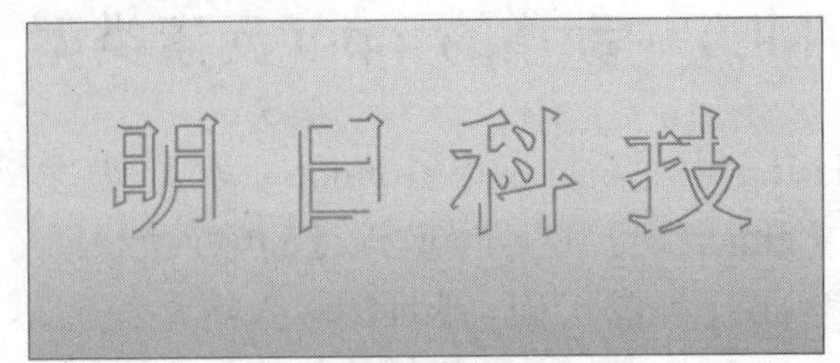

图 10.3　文字边缘镂空动画

3. 恐龙爬坡动画

▷①②③④⑤⑥

通过 CSS3 可以实现一些简单路径的动画，而一些复杂的、指定路径的动画则需要通过<svg>实现。如图 10.4 所示为<svg>实现的小恐龙爬山坡动画。

（提示：要使元素按指定路径移动，可以通过<animate>或<animateMotion>标签实现）

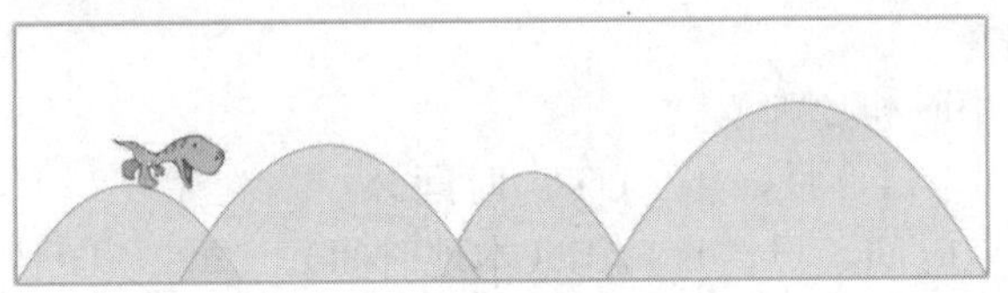

图 10.4　恐龙爬坡动画

4. 悬挂的日历

▷①②③④⑤⑥

编写程序，实现桌面日历效果，如图 10.5 所示。

（提示：HTML5 中新增了<fieldset>标签和<legend>标签，其中<fieldset>标签用于将相关元素组合在一起，<legend>标签是<fieldset>标签的标题，本任务将用到这两个标签）

图 10.5　悬挂的日历

5．气温变化图　▷①②③④⑤⑥

实现如图 10.6 所示的一周气温变化及空气质量情况图。

（提示：<progress>和<meter>标签均可实现进度条，前者注重进程，后者注重度量，本例使用<meter>标签实现）

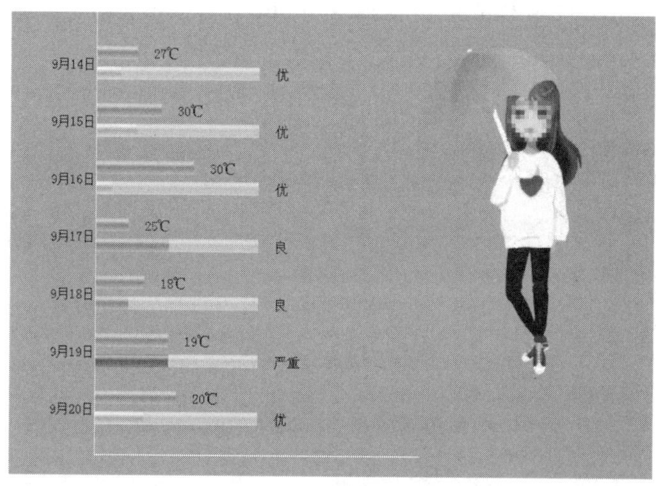

图 10.6　气温变化图

6．网购商城商品跳转页面　▷①②③④⑤⑥

实现一个网购商城的商品列表页面，单击左侧导航菜单，右侧页面可自动跳转至对应楼层的商品，如图 10.7 所示。注意使用语义化标签（如<nav>标签、<aside>标签等）替代部分<div>标签。

（提示：通过超链接标签<a>可实现页内跳转）

图 10.7　商品列表中楼层跳转页面

训练二：实战能力强化训练

7．商品订购信息 ▷①②③④⑤⑥

使用 HTML5 中的表单，实现一个商品信息订购页面，效果如图 10.8 所示。

（提示：设置 input range 元素样式时，可通过 input[type=range]::-webkit-slider-thumb 语句选中滑块）

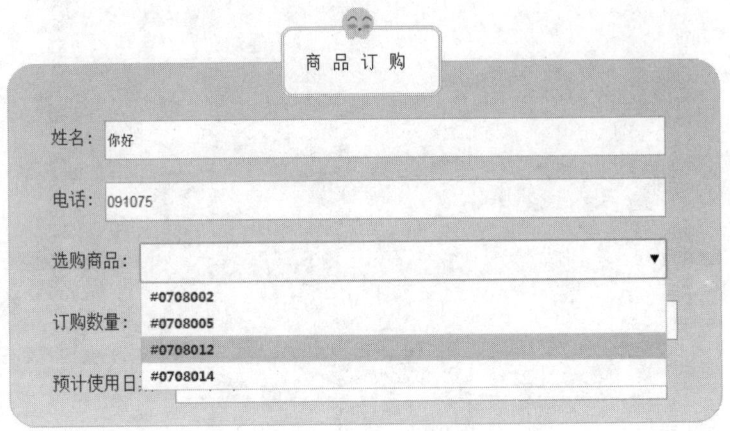

图 10.8 商品订购信息

8．实现个人博客主页 ▷①②③④⑤⑥

使用 HTML5 新增的结构元素及语义化元素，实现一个博客页面，效果如图 10.9 所示。

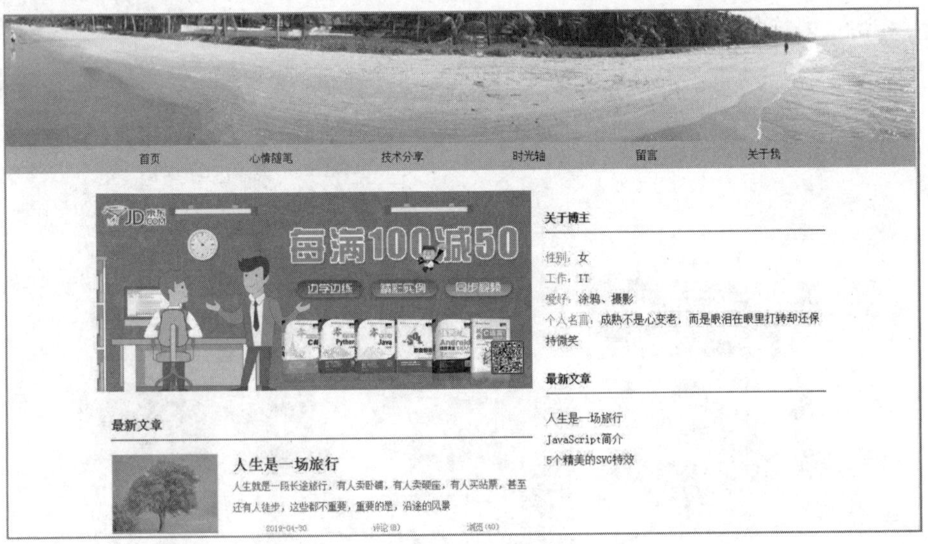

图 10.9　个人博客主页

9．将图片裁切为不规则图形　▷①②③④⑤⑥

网页上的图形并不都是规则图形，还有很多不规则图形。这些不规则图形会使人耳目一新，记忆深刻。将元素裁剪为不规则图形可通过 CSS3 中的 clip-path 属性实现。

编写程序，通过选择页面上方的选项卡，可将图片裁切为菱形、五边形、五角星、左箭头、右箭头、对话框、错号等不规则形状，其中菱形效果如图 10.10 所示。

图 10.10　将图片裁切为不规则图形

第 11 章　JavaScript 基础

本章训练任务对应核心技术分册第 11 章“JavaScript 基础”内容。

重点练习内容：

1. JavaScript的数据类型。
2. 运算符的应用。
3. 流程控制语句的使用。
4. Window对象的使用。
5. JavaScript常用事件的应用。

应用技能拓展学习

1. 函数的定义和调用

JavaScript 中可使用 function 语句来定义一个函数。语法格式如下：

```
function  函数名([参数 1, 参数 2,…]){
    语句
    [return  返回值]
}
```

☑ 函数名：必选项，用于指定函数的名称。同一个页面中，函数名必须具有唯一性，且区分大小写。

☑ 参数：可选项，用于指定参数列表。当使用多个参数时，参数间以逗号进行分隔。一个函数最多可以有 255 个参数。

☑ 语句：必选项，表示函数体，即用于实现函数功能的语句。

☑ 返回值：可选项，用于返回函数值。返回值可以是任意表达式、变量或常量。

例如，定义一个不带参数的函数 cal()，在函数体中输出两个数值型变量的乘积，代码如下：

```
<script type="text/javascript">
    function cal(){                         //定义函数名称为 cal
        var a=5;                            //定义函数体
        var b=6;
        alert(a*b);
    }
</script>
```

例如，定义一个用于计算商品金额的函数 account()，该函数有两个参数，用于指定商品单价和数量，返回值为计算后的金额，代码如下：

```
<script type="text/javascript">
    function account(price,number){              //定义含有两个参数的函数
        var sum=price*number;                    //计算金额
        return sum;                              //返回计算后的金额
    }
</script>
```

函数定义后并不会自动执行，还需要在特定的位置调用它。函数调用语句通常包含函数名称以及各个参数的具体值。

（1）函数的简单调用

直接调用函数的语法如下：

```
函数名(传递给函数的参数 1,传递给函数的参数 2, ……);
```

例如，定义一个函数 cal()，在函数体中输出两个数值型变量的乘积，然后通过调用这个函数输出结果，代码如下：

```
<script type="text/javascript">
    function cal(){                          //定义函数，名称为 cal
        var a=5;                             //定义函数体
        var b=6;
        alert(a*b);
    }
    cal();                                   //调用函数
</script>
```

运行结果：30

（2）在事件响应中调用函数

用户单击某个按钮或复选框时将触发事件，通过编写程序对事件做出反应的行为称为响应事件。在 JavaScript 语言中，将函数与事件相关联，就完成了响应事件的过程。

例如，单击“提交”按钮时弹出对话框，代码如下：

```
<script type="text/javascript">
    function test(){                         //定义函数
        alert("我喜欢 JavaScript ");          //定义函数体
    }
</script>
<button onClick="test();">提交</button>
```

（3）通过链接调用函数

函数除了可在响应事件中被调用之外，还可以在链接中被调用。在<a>标签的 href 属性中使用“javascript:函数名()”格式来调用函数，当用户单击这个链接时，相关函数将被执行。

例如，单击“单击链接”后弹出相应对话框，代码如下：

```
<script type="text/javascript">
```

```
    function test(){                          //定义函数
        alert("我喜欢 JavaScript");             //定义函数体
    }
</script>
<a href="javascript:test();">单击链接</a>     <!--在链接中调用自定义函数-->
```

2. for 语句

for 循环语句又被称为计次循环语句，一般用于循环次数已知的情况下，在 JavaScript 中应用比较广泛。for 循环语句的语法格式如下：

```
for(初始化表达式;条件表达式;迭代表达式){
    语句
}
```

☑ 初始化表达式：初始化语句，用来对循环变量进行初始化赋值。

☑ 条件表达式：循环条件，通常是一个包含比较运算符的表达式，用来限定循环变量的边限。如果循环变量超过了该边限，则停止该循环语句的执行。

☑ 迭代表达式：用来改变循环变量，从而控制循环次数。通常是对循环变量进行增大或减小操作。

☑ 语句：用来指定循环体，在循环条件的结果为 true 时，重复执行。

例如，应用 for 语句输出 1～10 这 10 个数字，代码如下：

```
<script type="text/javascript">
    for(var i=1;i<=10;i++){
        document.write(i+"\n");
    }
</script>
```

运行结果：1 2 3 4 5 6 7 8 9 10

3. 数组简介

数组是 JavaScript 中的一种复合数据类型。变量中保存的是单个数据，数组中保存的则是多个数据集合。数组是数组元素的集合，每个数组元素都有一个索引号（数组的下标），通过索引号可以方便地引用数组元素。数组的下标从 0 开始算起，第一个元素的下标是 0，第二个元素的下标是 1，以此类推。

JavaScript 中主要有以下 4 种定义数组的方法。

（1）定义空数组

使用不带参数的构造函数可以定义一个空数组，后期再向数组中添加数组元素。定义空数组的语法如下：

```
arrayObject = new Array()
```

参数 arrayObject 为必选参数，表示新创建的数组对象的名称。

例如，创建一个空数组，然后向该数组中添加数组元素，代码如下：

```
<script type="text/javascript">
    var arr = new Array();
    arr[0] = "HTML";
    arr[1] = "CSS";
    arr[2] = "JavaScript";
</script>
```

（2）指定数组长度

定义数组的同时可以指定数组元素的个数。语法如下：

```
arrayObject = new Array(size)
```

☑　arrayObject：必选项，表示新创建的数组对象的名称。

☑　size：数组的长度。由于数组的下标是从零开始的，因此数组元素的下标范围是 0～size-1。

例如，创建一个元素个数为 3 的数组，并向该数组中存入数据，代码如下：

```
<script type="text/javascript">
    var arr = new Array(3);
    arr[0] = 1;
    arr[1] = 2;
    arr[2] = 3;
</script>
```

（3）指定数组元素

定义数组的同时可以直接给出数组元素的值，此时数组的长度就是括号中给出的数组元素的个数。语法如下：

```
arrayObject = new Array(element1, element2, element3, ...)
```

☑　arrayObject：必选项，表示新创建的数组对象的名称。

☑　element：存入数组中的元素。使用该定义方式时，必须指定一个以上元素。

例如，创建数组对象的同时向该对象中存入数组元素，代码如下：

```
<script type="text/javascript">
    var arr = new Array(123, "JavaScript", true);
</script>
```

（4）直接定义数组

还有一种定义数组的方式，这种方式不需要使用构造函数，直接将数组元素放在一个中括号中，元素与元素之间用逗号分隔。语法如下：

```
arrayObject = [element1, element2, element3, ...]
```

☑　arrayObject：必选项，表示新创建的数组对象名。

☑　element：存入数组中的元素。使用该定义方式时，必须指定一个以上元素。

例如，直接定义一个含有 3 个元素的数组，代码如下：

```
<script type="text/javascript">
    var arr = [123, "JavaScript", true];
</script>
```

下面介绍与数组相关的一些常用属性和方法。

（1）数组的 length 属性

length 属性用于返回数组的长度。语法如下：

```
arrayObject.length
```

参数 arrayObject 为定义的数组名称。

例如，输出已创建的数组对象的长度。代码如下：

```
<script type="text/javascript">
    var arr = ["HTML", "CSS", "JavaScript"];
    document.write(arr.length);
</script>
```

运行结果：3

（2）数组的 sort()方法

sort()方法用于对数组中的元素排序。语法如下：

```
arrayObject.sort(sortby)
```

☑ arrayObject：必选项，为定义的数组名称。

☑ sortby：可选项。规定排序的顺序，必须是函数。

📖**说明：**如果调用 sort()方法时没有使用参数，将按字母顺序对数组中的元素进行排序，也就是按照字符的编码顺序进行排序。如果想按照其他标准进行排序，就需要提供比较函数。

例如，将数组中的元素按字符编码顺序进行排序。代码如下：

```
<script type="text/javascript">
    var arr=new Array("JavaScript","HTML","CSS");
    arr.sort();
    document.write(arr);
</script>
```

运行结果：CSS,HTML,JavaScript

如果想要将数组元素按照其他方法进行排序，就需要指定 sort()方法的参数。该参数通常是一个比较函数，该函数应该有两个参数（假设为 a 和 b）。在对元素进行排序时，每次比较两个元素都会执行比较函数，并将这两个元素作为参数传递给比较函数。其返回值有以下两种情况：

☑ 如果返回值大于 0，则交换两个元素的位置。

☑ 如果返回值小于等于 0，则不进行任何操作。

例如，定义一个包含 4 个元素的数组，将数组中的元素按从小到大的顺序进行输出。代码如下：

```
<script type="text/javascript">
    var arr=new Array(9,6,10,5);
    function ascOrder(x,y){
```

```
        if(x>y){
            return 1;
        }else{
            return -1;
        }
    }
    arr.sort(ascOrder);
    document.write(arr);
</script>
```

运行结果：5,6,9,10

4. toFixed()方法

toFixed()方法是 Number 对象的一个方法，用于将数值四舍五入为指定小数位数的数字。语法如下：

```
number.toFixed(x)
```

参数 x 为必选参数。用于规定小数的位数，是 0～20 的值，包括 0 和 20，有些实现可以支持更大的数值范围。如果省略了该参数，将用 0 代替。

例如，将数值 5.623 保留一位小数并四舍五入。代码如下：

```
<script type="text/javascript">
    var num=5.623;
    document.write(num.toFixed(1));
</script>
```

运行结果：5.6

5. Math 对象简介

Math 对象提供了大量的数学常量和数学函数。使用 Math 对象时，不能使用 new 关键字创建对象实例，而应直接使用“对象名.成员”的格式访问其属性或方法。

（1）floor()方法

floor()方法用于返回小于等于 x 的最大整数。如果传递的参数是一个整数，则该值不变。语法如下：

```
Math.floor(x)
```

参数 x 为必选参数，表示用于操作的数字。

例如，对不同的数应用 floor()方法。代码如下：

```
<script type="text/javascript">
    var a=Math.floor(2.6);
    var b=Math.floor(2.3);
    var c=Math.floor(6);
    var d=Math.floor(6.1);
    var e=Math.floor(-6.1);
    var f=Math.floor(-6.9);
```

```
    document.write(a+"<br>");
    document.write(b+"<br>");
    document.write(c+"<br>");
    document.write(d+"<br>");
    document.write(e+"<br>");
    document.write(f);
</script>
```

运行结果：2
2
6
6
−7
−7

（2）abs()方法

abs()方法用于返回一个数字的绝对值。语法如下：

```
Math.abs(x)
```

参数 x 为必选参数，表示用于操作的数字。

例如，对不同的数字应用 abs()方法。代码如下：

```
<script type="text/javascript">
    var a=Math.abs(2.6);
    var b=Math.abs(-3.6);
    document.write(a+"<br>");
    document.write(b);
</script>
```

运行结果：2.6
3.6

6．Number()函数

Number()函数是一个 JavaScript 全局函数，用于将对象的值转换为数字。如果对象的值无法转换为数字，那么 Number()函数将返回 NaN。语法格式如下：

```
Number(object)
```

参数 object 为可选参数，表示一个 JavaScript 对象。如果没有提供参数，则返回 0。

📖**说明**：如果参数是 Date 对象，Number()函数将返回从 1970 年 1 月 1 日至今的毫秒数。

例如，将不同的对象转换为数字。代码如下：

```
<script type="text/javascript">
    var bool = true;
    var date = new Date();
    var str = "666";
```

```
    document.write(Number(bool)+"<br>");
    document.write(Number(date)+"<br>");
    document.write(Number(str));
</script>
```

运行结果：1

1561957737369

666

7. eval()函数

eval()函数是一个 JavaScript 全局函数，用于计算 JavaScript 字符串，并把它作为脚本代码来执行。语法格式如下：

```
eval(string)
```

参数 string 为必选参数，表示要计算的字符串，其中含有要计算的 JavaScript 表达式或要执行的语句。

例如，应用 eval()方法执行 JavaScript 语句或表达式。代码如下：

```
<script type="text/javascript">
    eval("x=10;y=20;document.write(x+y)");
    document.write("<br>" + eval("2*3"));
    document.write("<br>" + eval(x+26));
</script>
```

运行结果：30

6

36

8. parseInt()函数

parseInt()函数可解析一个字符串，并返回一个整数。语法如下：

```
parseInt(string, radix)
```

☑ string：要被解析的字符串。

☑ radix：可选参数，表示要解析的数字的基数，该值范围是 2～36。

注意：如果字符串的第一个字符不能被转换为数字，那么 parseInt()函数将返回 NaN。

例如，将字符串“123abc”转换为整数。代码如下：

```
<script type="text/javascript">
    var str="123abc";                    //定义字符串
    document.write(parseInt(str));
</script>
```

运行结果：123

9. Date 对象

在 JavaScript 中，使用 Date 对象可以操作日期和时间。

（1）创建 Date 对象

要使用 Date 对象操作日期和时间，首先要使用 new 运算符创建 Date 对象。创建一个不带参数的 Date 对象的语法格式如下：

```
dateObj = new Date()
```

参数 dateObj 表示要赋值为 Date 对象的变量名。

创建一个指定日期 Date 对象的语法格式如下：

```
dateObj = new Date(year, month, date[, hours[, minutes[, seconds[,ms]]]])
```

各参数的说明如表 11.1 所示。

表 11.1 Date 对象的参数说明

参　数	说　明
dateObj	必选项，表示要赋值为 Date 对象的变量名
year	必选项，表示完整的年份，比如 1976（而不是 76）
month	必选项，表示月份，是 0～11 的整数（1 月至 12 月）
date	必选项，表示日期，是 1～31 的整数
hours	可选项，表示小时，是 0～23 的整数。如果提供了 minutes 则必须给出
minutes	可选项，表示分钟，是 0～59 的整数。如果提供了 seconds 则必须给出
seconds	可选项，表示秒钟，是 0～59 的整数。如果提供了 ms 则必须给出
ms	可选项，表示毫秒，是 0～999 的整数

例如，在页面中输出当前的日期和时间，代码如下：

```
<script type="text/javascript">
    var newDate=new Date();
    document.write(newDate);
</script>
```

运行结果：Thu Sep 12 2019 09:43:07 GMT+0800 (中国标准时间)

（2）getTime()方法

Date 对象提供的 getTime()方法可以返回指定日期和时间距 1970 年 1 月 1 日之间的毫秒数。语法格式如下：

```
dateObj.getTime()
```

参数 dateObj 为创建的 Date 对象名。

例如，输出指定日期和时间距 1970 年 1 月 1 日之间的毫秒数，代码如下：

```
<script type="text/javascript">
    var now = new Date(2019,6,19,10,26,36);
```

```
    document.write(now.getTime());
</script>
```

运行结果：1563503196000

10．setTimeout()方法

setTimeout()方法是 Window 对象中的方法，用于在指定毫秒数后调用函数或计算表达式。语法格式如下：

```
setTimeout(要执行的代码或函数，等待的毫秒数)
```

例如，经过 3 秒钟执行 JavaScript 代码，在页面中弹出一个对话框。代码如下：

```
<script type="text/javascript">
    setTimeout("alert('对不起，让您久等了！')", 3000 )
</script>
```

例如，经过 3 秒钟执行 JavaScript 函数，使页面中指定的文本消失。代码如下：

```
<p id="content">三秒钟后消失!</p>
<script type="text/javascript">
    setTimeout("changeState()",3000 );
    function changeState(){
        var content=document.getElementById('content');
        content.innerHTML="";
    }
</script>
```

11．事件对象简介

IE 浏览器中，事件对象指的是 window 对象的属性 event，只在事件发生的时候被访问，事件处理完之后就消失。在标准的 DOM 浏览器中，event 必须作为唯一的参数传给事件处理函数。为了实现兼容性，通常采用下面的方法：

```
<script type="text/javascript">
    function someHandle(e) {
        //处理兼容性，获得事件对象
        var e = e || window.event;
    }
</script>
```

在标准 DOM 浏览器中，发生事件的元素通过 event 对象的 target 属性获取。例如，单击“测试”按钮时获取触发事件元素的节点名称，代码如下：

```
<script type="text/javascript">
    function test(e) {
        var e = e || window.event;
        alert(e.target.nodeName);
```

```
    }
</script>
<button onclick="test()">测试</button>
```

运行结果：BUTTON

（1）clientX 和 clientY 事件属性

clientX 事件属性用于返回事件被触发时鼠标指针相对于浏览器页面（或客户区）的水平坐标，clientY 事件属性用于返回事件被触发时鼠标指针相对于浏览器页面（或客户区）的垂直坐标。这里，客户区表示当前窗口。

clientX 属性的语法格式如下：

```
event.clientX
```

clientY 属性的语法格式如下：

```
event.clientY
```

例如，单击页面时获取鼠标指针的坐标，代码如下：

```
<script type="text/javascript">
    document.onmousedown=function (e) {
        var x=e.clientX;
        var y=e.clientY;
        alert("X 坐标："+x+"，Y 坐标："+y);
    }
</script>
```

运行结果如图 11.1 所示。

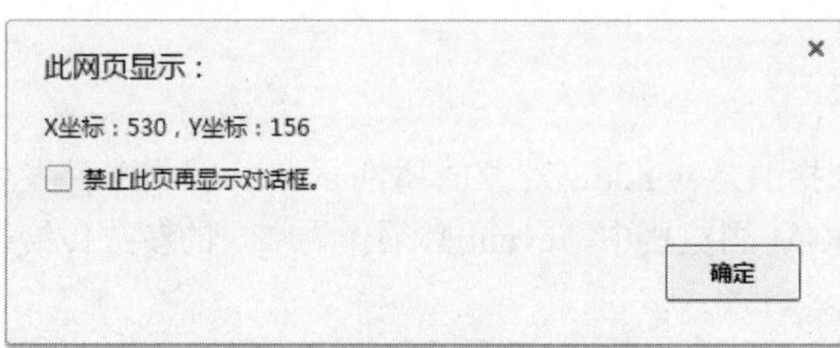

图 11.1　获取鼠标指针的坐标

（2）dispatchEvent()方法

dispatchEvent()方法是事件对象的一个方法，用于向指定事件目标派发一个事件。

例如，向 id 为 show 的按钮派发一个单击事件。代码如下：

```
<button id="show" onclick="alert('先完成一个小目标')">提示</button>
<script type="text/javascript">
    var myEvent = new Event('click');
    document.getElementById("show").dispatchEvent(myEvent);
</script>
```

运行结果：先完成一个小目标

12．为元素绑定事件

以绑定 onclick 事件为例，JavaScript 中为元素绑定 onclick 事件的语法如下：

```
object.onclick=function(){
SomeJavaScriptCode
};
```

参数 SomeJavaScriptCode 为必选参数。用于规定该事件发生时执行的 JavaScript 代码。

例如，为“测试”按钮绑定 onclick 事件，单击按钮时弹出相应的对话框。代码如下：

```
<button id="test">测试</button>
<script type="text/javascript">
    document.getElementById("test").onclick = function () {
        alert("您单击了测试按钮");
    }
</script>
```

13．DOM 简介

DOM 是 Document Object Model（文档对象模型）的缩写。网页被加载时，浏览器会创建页面的文档对象模型。文档对象模型采用的分层结构为树形结构，以树节点方式表示文档中的各项内容。在文档对象模型中，每个对象都被称为一个节点（Node）。下面介绍一下几种节点的概念。

☑ 根节点：最顶层的<html>节点。

☑ 父节点：某节点之上的节点称为该节点的父节点（parent）。例如，<html>是<head>和<body>的父节点，<head>是<title>的父节点。

☑ 子节点：某节点之下的节点称为该节点的子节点（child）。例如，<head>和<body>是<html>的子节点，<title>是<head>的子节点。

☑ 兄弟节点：位于同一层次且拥有相同父节点的节点就是兄弟节点（sibling）。例如，<head>和<body>就是兄弟节点。

下面来看一下与文档对象相关的属性和方法。

（1）nodeName 属性

nodeName 属性可以根据节点类型返回其名称。语法格式如下：

```
node.nodeName
```

例如，获取 id 属性值为 js 的元素的节点名称，代码如下：

```
<div id="js">JavaScript</div>
<script type="text/javascript">
    alert(document.getElementById("js").nodeName);
</script>
```

运行结果：DIV

（2）value 属性

value 属性用于设置或者返回属性的值。

设置属性值的语法格式如下：

```
attribute.value=value
```

返回属性值的语法格式如下：

```
attribute.value
```

例如，单击“提交”按钮时输出文本框的值，代码如下：

```
<input type="text" id="demo" size="15">
<input type="button" value="提交" onclick="show()">
<script type="text/javascript">
    function show(){
        alert(document.getElementById("demo").value);
    }
</script>
```

运行结果如图 11.2 所示。

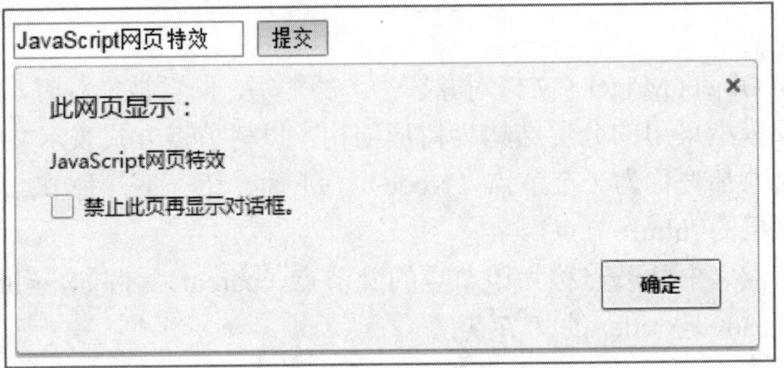

图 11.2　实现效果

（3）checked 属性

checked 属性用于设置或返回复选框是否应被选中。

设置 checked 属性的语法格式如下：

```
checkboxObject.checked=true|false
```

返回 checked 属性的语法格式如下：

```
checkboxObject.checked
```

例如，单击“选中”按钮时，设置复选框为选中状态，代码如下：

```
<input type="checkbox" id="agree">同意协议
<input type="button" value="选中" onclick="check()">
<script type="text/javascript">
    function check(){
        document.getElementById("agree").checked=true;
    }
</script>
```

运行结果如图 11.3 和图 11.4 所示。

□同意协议 [选中]	☑同意协议 [选中]
图 11.3　原始效果	图 11.4　选中复选框

（4）innerHTML 属性

innerHTML 属性用于设置或返回元素含有的 HTML 文本，不包括元素本身的开始标记和结束标记。例如，通过 innerHTML 属性设置<div>标记的内容，代码如下：

```
<div id="demo"></div>
<script type="text/javascript">
    document.getElementById("demo").innerHTML="功夫不负有心人";
</script>
```

运行结果：功夫不负有心人

（5）className 属性

className 属性用于设置或返回元素的 class 属性值。

获取 class 属性值的语法格式如下：

```
HTMLElementObject.className
```

设置 class 属性值的语法格式如下：

```
HTMLElementObject.className=classname
```

例如，获取指定 div 元素的 class 属性值，代码如下：

```
<div id="myid" class="mystyle"></div>
<script type="text/javascript">
    document.write(document.getElementById('myid').className);
</script>
```

运行结果：mystyle

（6）getElementById()方法

getElementById()方法是 DOM 中定义的查找元素方法，用于返回对拥有指定 id 的第一个对象的引用。语法如下：

```
document.getElementById(elementID)
```

参数 elementID 为必选参数，表示元素的 id 属性值。

例如，输出 id 属性值为 demo 的元素的 HTML 内容，代码如下：

```
<div id="demo">明日科技</div>
<script type="text/javascript">
    alert(document.getElementById("demo").innerHTML);
</script>
```

运行结果：明日科技

（7）getElementsByTagName()方法

getElementsByTagName()方法是 DOM 中定义的查找元素的方法，用于返回带有指定标签名的对象的集合。语法如下：

```
document.getElementsByTagName(tagname)
```

参数 tagname 为必选参数，表示需要获取元素的标签名。

例如，设置第一个 div 元素的 HTML 内容，代码如下：

```
<div></div>
<script type="text/javascript">
    document.getElementsByTagName("div")[0].innerHTML="笑书神侠倚碧鸳";
</script>
```

运行结果：笑书神侠倚碧鸳

（8）querySelector()方法

querySelector()方法用于返回文档中匹配指定 CSS 选择器的一个元素，且仅返回匹配指定选择器的第一个元素。语法如下：

```
document.querySelector(selectors)
```

参数 selectors 为必选参数，用于指定一个或多个匹配元素的 CSS 选择器。可以使用其 id、类、类型、属性、属性值等来选取元素。多个选择器之间使用逗号隔开。

例如，将页面中第一个 div 元素的内容修改为“JavaScript”，代码如下：

```
<div>HTML</div>
<div>CSS</div>
<script type="text/javascript">
    document.querySelector("div").innerHTML = "JavaScript";
</script>
```

运行结果：JavaScript

CSS

（9）querySelectorAll()方法

querySelectorAll()方法用于返回文档中匹配指定 CSS 选择器的所有元素。语法如下：

```
document.querySelectorAll(selectors)
```

参数 selectors 为必选参数，用于指定一个或多个匹配元素的 CSS 选择器。可以使用其 id、类、类型、属性、属性值等来选取元素。多个选择器之间使用逗号隔开。

例如，将页面中第二个 div 元素的内容修改为“JavaScript”，代码如下：

```
<div>HTML</div>
<div>CSS</div>
<script type="text/javascript">
    var div = document.querySelectorAll("div");
    div[1].innerHTML = "JavaScript";
</script>
```

（10）getElementsByClassName()方法

getElementsByClassName()方法是 DOM 中定义的用于查找元素的方法，可返回文档中所有指定类名的元素集合。语法如下：

```
document.getElementsByClassName(classname)
```

参数 classname 为必选参数，表示需要获取的元素类名，多个类名之间使用空格分隔。

例如，设置类名为 wuxia 的第一个元素的 HTML 内容，代码如下：

```
<div class="wuxia"></div>
<script type="text/javascript">
    document.getElementsByClassName("wuxia")[0].innerHTML="飞雪连天射白鹿";
</script>
```

运行结果：飞雪连天射白鹿

14. style 对象简介

style 对象是 HTML 对象的一个属性。style 对象提供了一组对应于浏览器所支持的 CSS 样式的属性（如 background、fontSize、borderColor 等）。每一个 HTML 对象都有一个 style 属性，可以使用这个属性访问 CSS 样式属性。

在 style 对象中，样式标签属性和样式属性基本上是相互对应的，两种属性的用法也基本相同。唯一的区别是样式标签属性用于设置对象的属性，而样式属性用于检索或更改对象的属性。也可以说，样式标签属性是静态属性，样式属性是动态属性。

例如，利用 style 对象改变字体的大小，代码如下：

```
<style type="text/css">
    body{
        color: green;
    }
    p{
        font-size: 12px;
    }
</style>
<body>
<p id="pid">改变字体大小</p>
<script type="text/javascript">
    document.getElementById("pid").style.fontSize = '36px';
</script>
</body>
```

（1）width 属性

width 属性可以设置或返回元素的宽度。

设置 width 属性的语法格式如下：

```
Object.style.width="auto|length|%|inherit"
```

☑ auto：默认值，表示浏览器设置的宽度。

☑ length：使用 px、cm 等单位定义的宽度。

☑ %：定义宽度为父元素的百分比。

☑ inherit：width 属性的值从父元素继承。

返回 width 属性的语法格式如下：

```
Object.style.width
```

例如，单击“改变宽度”按钮时，设置按钮的宽度为 100 像素，代码如下：

```
<script type="text/javascript">
    function changeWidth(){
        document.getElementById("but").style.width="100px";
    }
</script>
<input type="button" id="but" onclick="changeWidth()" value="改变宽度">
```

运行结果如图 11.5 和图 11.6 所示。

图 11.5　单击前

图 11.6　单击后

（2）opacity 属性

opacity 属性可以设置或返回元素的不透明度。当元素的不透明度为 1 时，表示完全不透明；当元素的不透明度为 0.5 时，表示半透明；当元素的不透明度为 0 时，表示完全透明。

设置 opacity 属性的语法格式如下：

```
object.style.opacity="number|initial|inherit"
```

☑ number：指定的不透明度。

☑ initial：设置不透明度为其默认值。

☑ inherit：从父元素继承不透明度值。

返回 opacity 属性的语法格式如下：

```
object.style.opacity
```

例如，设置 id 属性值为 js 的 div 元素的不透明度为 0.5，代码如下：

```
<style type="text/css">
    div{
        width: 100px;
        height: 50px;
        line-height: 50px;
        background: green;
    }
</style>
<div id="js">JavaScript</div>
<script type="text/javascript">
    document.getElementById("js").style.opacity=0.5;
</script>
```

运行结果如图 11.7 所示。

（3）left 属性

left 属性用于设置或返回定位元素的左部位置。

设置 left 属性的语法格式如下：

```
Object.style.left="auto|length|%|inherit"
```

☑ auto：默认值，表示通过浏览器计算左部的位置。
☑ length：使用 px、cm 等单位定义元素左边距离最近一个具有定位设置父元素的左部边缘的位置。可使用负值。
☑ %：定义元素左边距离最近一个具有定位设置父元素的左部边缘的百分比位置。
☑ inherit：left 属性的值从父元素继承。

返回 left 属性的语法格式如下：

```
Object.style.left
```

例如，设置 id 属性值为 demo 的元素到页面左端的距离为 50 像素，代码如下：

```
<div id="demo" style="position: absolute;">明天会更好</div>
<script type="text/javascript">
    document.getElementById("demo").style.left="50px";
</script>
```

运行结果如图 11.8 所示。

（4）top 属性

top 属性用于设置或返回定位元素的顶部位置。

设置 top 属性的语法格式如下：

```
Object.style.top="auto|length|%|inherit"
```

☑ auto：默认值，表示通过浏览器计算顶部的位置。
☑ length：使用 px、cm 等单位定义元素顶边距离最近一个具有定位设置父元素的顶部边缘的位置。可使用负值。
☑ %：定义元素顶边距离最近一个具有定位设置父元素的顶部边缘的百分比位置。
☑ inherit：top 属性的值从父元素继承。

返回 top 属性的语法格式如下：

```
Object.style.top
```

例如，设置 id 属性值为 demo 的元素到页面顶端的距离为 100 像素，代码如下：

```
<div id="demo" style="position: absolute;">明天会更好</div>
<script type="text/javascript">
    document.getElementById("demo").style.top="100px";
</script>
```

运行结果如图 11.9 所示。

图 11.7　设置不透明度　　图 11.8　设置 left 属性　　图 11.9　设置 top 属性

（5）display 属性

display 属性用于设置或返回元素的显示类型。该属性允许用户显示或隐藏一个元素，与 visibility 属性类似。不同的是：设置 display:none，会隐藏整个元素；设置 visibility:hidden，元素内容虽不可见，但会保留原来的位置和大小。

设置 display 属性的语法格式如下：

```
Object.style.display="value"
```

返回 display 属性的语法格式如下：

```
Object.style.display
```

display 属性的可选值及其说明如表 11.2 所示。

表 11.2　display 属性的可选值及说明

属　性	说　明
block	设置元素为块级元素
compact	设置元素为块级元素或内联元素，取决于上下文
inherit	display 属性值从父元素继承
inline	默认，设置元素为内联元素
inline-block	设置元素为内联盒子内的块盒子
inline-table	设置元素为内联表格（类似于<table>），表格前后没有换行符
list-item	设置元素为列表
marker	在盒子前后设置内容为标记（与:before 和:after 伪元素一起使用，否则该值与 inline 相同）
none	设置元素不会被显示
run-in	设置元素为块级或内联元素，取决于上下文
table	设置元素为块级表格（类似于<table>），表格前后带有换行符
table-caption	设置元素为表格标题（类似于<caption>）
table-cell	设置元素为表格单元格（类似于<td>和<th>）
table-column	设置元素为表格列（类似于<col>）
table-column-group	设置元素为一个或多个列的分组（类似于<colgroup>）
table-footer-group	设置元素为表格页脚行（类似于<tfoot>）
table-header-group	设置元素为表格页眉行（类似于<thead>）
table-row	设置元素为表格行（类似于<tr>）
table-row-group	设置元素为一个或多个行的分组（类似于<tbody>）

例如，单击“隐藏文本”按钮时设置文本隐藏，代码如下：

```
<script type="text/javascript">
    function hiddenText(){
        document.getElementById("demo").style.display="none";
    }
</script>
<input type="button" onclick="hiddenText()" value="隐藏文本">
<p id="demo">天生我材必有用</p>
```

运行结果如图 11.10 和图 11.11 所示。

隐藏文本 天生我材必有用	隐藏文本
图 11.10　原始效果	图 11.11　文本隐藏

（6）paddingLeft 属性

paddingLeft 属性可以设置或返回元素的左内边距。

设置 paddingLeft 属性的语法格式如下：

```
Object.style.paddingLeft="%|length|inherit"
```

- ☑ %：定义左内边距基于父元素宽度的百分比。
- ☑ length：使用 px、cm 等单位定义左内边距的宽度。
- ☑ inherit：左内边距从父元素继承。

返回 paddingLeft 属性的语法格式如下：

```
Object.style.paddingLeft
```

例如，设置 id 为 show 的元素的左内边距为 100px，代码如下：

```
<script type="text/javascript">
    document.getElementById("show").style.paddingLeft="100px";
</script>
```

15. 图像对象简介

（1）什么是图像对象

Document 对象的 images 属性的返回值是一个数组，其中的每个元素都是一个 Image 对象。Image 对象就是图像对象。HTML 文档中可能会存在多张图片，加载文档时，JavaScript 会自动创建一个 images[] 数组，数组中的元素个数是由文档中<img>标签的个数决定的。images[]数组中的每个元素都代表着文档中的一张图片。

在操作图像对象之前，首先应当确定要引用的图片。JavaScript 中有 3 种引用图片的方式，分别如下：

- ☑ 通过 document.images[]按编号访问图片，如 document. images[0]。

☑ 通过 document.images[imageName]按名称访问图片，如 document.images["book"]。

☑ 在支持 DOM 的浏览器中，使用 document.getElementById("imageID")定位要访问的图片。

例如，页面中有一张图片，代码如下：

```
<img name="flower" id="mypic" src="flower.png">
```

要引用该图片，可以使用 document.images[0]、document.images["flower"]或者 document.getElementById("mypic")3 种方式。

（2）width 属性和 height 属性

在图像对象中，width 属性可以设置或者返回图片的宽度，height 属性可以设置或者返回图片的高度。

width 属性的语法格式如下：

```
imageObject.width=pixels
```

height 属性的语法格式如下：

```
imageObject.height=pixels
```

例如，单击“改变图片大小”按钮时，设置图片的宽度和高度为 300 像素，代码如下：

```
<script type="text/javascript">
    function changeSize(){
        document.getElementById("mypic").width="300";
        document.getElementById("mypic").height="300";
    }
</script>
<img id="mypic" src="face.png" border="1"><br>
<input type="button" onclick="changeSize()" value="改变图片大小">
```

运行结果如图 11.12 和图 11.13 所示。

图 11.12　原图效果

图 11.13　大图效果

16．offsetLeft、offsetTop、offsetWidth、offsetHeight 属性

offsetLeft：元素左外边框到已设置定位属性的父元素左内边框之间的像素距离。如果父元素中没有定位元素，就返回相对于 body 左边缘的距离。

offsetTop：元素上外边框到已设置定位属性的父元素上内边框之间的像素距离。如果父元素中没有定位元素，就返回相对于 body 上边缘的距离。

offsetWidth：元素在水平方向上占用的空间大小，单位是像素。包括元素的宽度、左右内边距宽度以及左右边框的宽度。

offsetHeight：元素在垂直方向上占用的空间大小，单位是像素。包括元素的高度、上下内边距高度以及上下边框的高度。

17．scrollLeft、scrollTop 属性

scrollLeft：返回或者设置元素内容向左滚动的距离。该值是一个数字，单位是像素。

scrollTop：返回或者设置元素内容向上滚动的距离。该值是一个数字，单位是像素。

18．直接创建自定义对象的方法

直接创建自定义对象的语法格式如下：

```
var 对象名 = {属性名 1:属性值 1,属性名 2:属性值 2,属性名 3:属性值 3......}
```

直接创建自定义对象时，所有属性都放在大括号中，属性之间用逗号分隔，每个属性都由属性名和属性值两部分组成，属性名和属性值之间用冒号隔开。

例如，创建一个学生对象 student，并设置 3 个属性，分别为 name、sex 和 age，然后输出这 3 个属性的值，代码如下：

```
<script type="text/javascript">
    var student = {
        name:"张三",
        sex:"男",
        age:25
    }
    document.write("姓名："+student.name+"<br>");
    document.write("性别："+student.sex+"<br>");
    document.write("年龄："+student.age);
</script>
```

运行结果：

姓名：张三

性别：男

年龄：25

实战技能强化训练

训练一：基本功强化训练

1. 输出自动柜员机客户凭条 ▷①②③④⑤⑥

输出自动柜员机客户凭条信息，实现效果如图 11.14 所示。注意，将客户凭条中的交易日期及时间、受理银行行号、ATM 编号、交易序号、银行卡号、金额和手续费分别定义在变量中。

2. 输出《九阳神功》口诀 ▷①②③④⑤⑥

应用<pre>标签和转义字符输出《九阳神功》中的口诀，实现效果如图 11.15 所示。

自动柜员机客户凭条

交易日期及时间 2019-10-10 12:26:36	受理银行行号 0313
ATM编号 19060236	交易序号 002696
卡号 621483266569369****	
金额 300.00	手续费 0.00
转入卡号/账号	

图 11.14　输出自动柜员机客户凭条

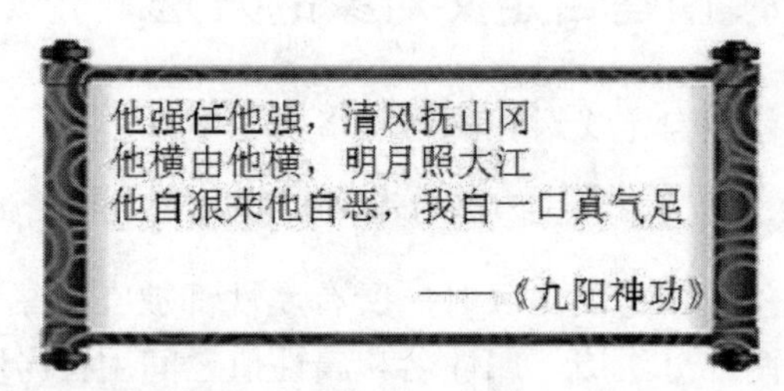

图 11.15　输出《九阳神功》口诀

3. 计算存款本息合计 ▷①②③④⑤⑥

假设某银行定期存款 3 年的年利率为 2.75%，某客户的存款金额为 10000 元，计算该客户存款 3 年后的本息合计是多少，实现效果如图 11.16 所示。

（提示：本息合计=存款金额+存款金额*年利率*存款期限）

存款计算	
存款金额(元)	10000
存款期限(年)	3
年利率(%)	2.75
本息合计(元)	10825

图 11.16　计算存款本息合计

4．计算身体质量指数　▷①②③④⑤⑥

身体质量指数（BMI）是目前国际上常用来衡量人体胖瘦程度以及是否健康的一个标准。BMI 值低于 18.4 表示身体偏瘦，BMI 值在 18.5 到 23.9 之间表示体重正常，BMI 值在 24 到 27.9 之间表示体重过重，BMI 值高于 28 表示身体肥胖。

试着编写一个计算 BMI 的程序。在文本框中输入身高和体重，通过计算 BMI 值判断身体状态，实现效果如图 11.17 和图 11.18 所示。

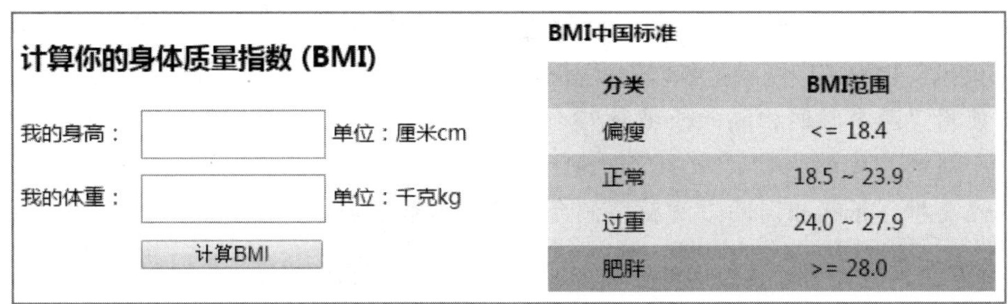

图 11.17　BMI 页面效果

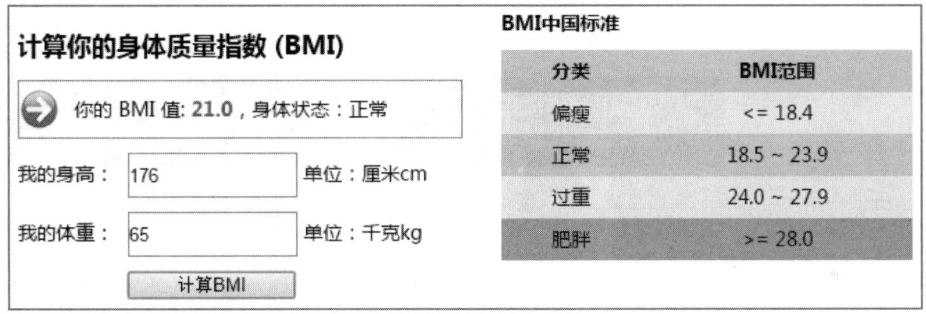

图 11.18　计算 BIM 结果

5．查看你是什么星座　▷①②③④⑤⑥

试着编写一个查看星座的程序。将用户输入的出生日期与十二星座起止日期进行比对，判断用户属于哪个星座。在文本框中输入出生月份和出生日期，单击“查看结果”按钮可查看所属星座，实现效果如图 11.19 和图 11.20 所示。

（提示：在 if 语句中对输入的月份、日期和各个星座对应的月份和日期进行比较）

判断你是什么星座
出生月份：　1~12
出生日期：　1~31
查看结果

图 11.19　查看星座（1）

判断你是什么星座
你的星座: 巨蟹座
出生月份：6　1~12
出生日期：23　1~31
查看结果

图 11.20　查看星座（2）

6. 输出由“*”组成的空心菱形 ▷①②③④⑤⑥

编写程序，输出由“*”组成的空心菱形图案，效果如图 11.21 所示。

（提示：在 for 语句中嵌套使用 for 语句）

7. 商品抢购倒计时 ▷①②③④⑤⑥

各大购物网站在双十一时都会推出商品抢购活动，用户在规定的时间内才可以抢购或秒杀到某些商品。编写程序，模拟购物网站中商品抢购以及商品秒杀倒计时的功能，实现效果如图 11.22 和图 11.23 所示。

（提示：使用“两个时间相隔的毫秒数/(24*60*60*1000)”，并应用 floor()方法获得相隔的天数，然后使用“两个时间相隔的毫秒数%(24*60*60*1000)/(60*60*1000)）”，并应用 floor()方法获得剩余的小时数，以此类推，根据相同的方法获得剩余的分钟数和秒数）

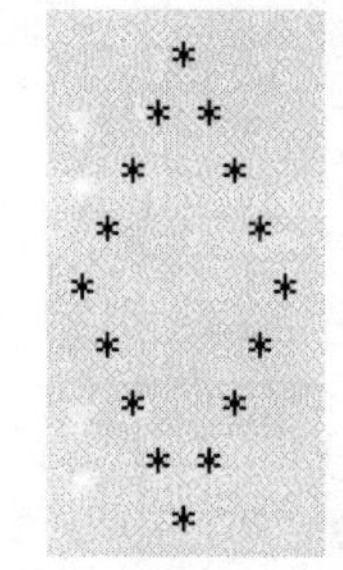

图 11.21　输出空心菱形

商品抢购即将开始
距开始 00:15:56

图 11.22　商品抢购倒计时

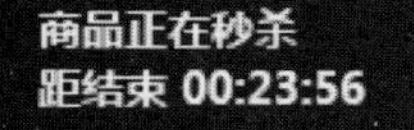

图 11.23　商品秒杀倒计时

8. 播放歌曲权限设置 ▷①②③④⑤⑥

模拟音乐网站中不登录就无法播放歌曲的权限设置及弹出提示功能。单击歌曲对应的播放按钮，将弹出“只有会员才能播放歌曲，请登录！”提示对话框，效果如图 11.24 所示。

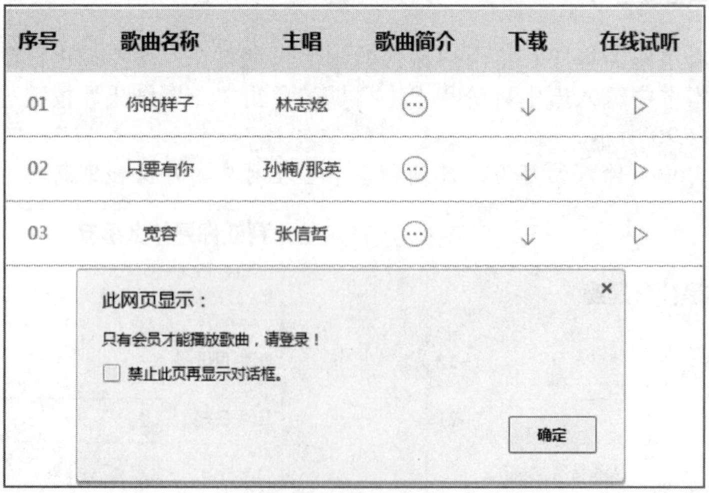

序号	歌曲名称	主唱	歌曲简介	下载	在线试听
01	你的样子	林志炫	⋯	↓	▷
02	只要有你	孙楠/那英	⋯	↓	▷
03	宽容	张信哲	⋯	↓	▷

此网页显示：
只有会员才能播放歌曲，请登录！
☐ 禁止此页再显示对话框。
确定

图 11.24　播放歌曲权限

9. 计算从出生到现在度过的时间　　▷①②③④⑤⑥

计算自己从出生到现在度过了多长时间。在 3 个文本框中分别输入出生年份、出生月份和出生日期，输入完毕之后单击“计算”按钮，下方文本框中将显示用户到当前为止已度过的时间。实现效果如图 11.25 所示。

图 11.25　计算从出生到现在度过的时间

10. 输出 2018 年内地电影票房排行榜　　▷①②③④⑤⑥

将2018年内地电影票房排行榜前十名的影片名称和票房定义在数组中，按影片票房进行降序排序，并将排序后的影片排名、影片名称和票房输出在页面中。实现效果如图 11.26 所示。

排名	电影名称	票房
1	红海行动	36.5
2	唐人街探案2	33.9
3	我不是药神	30.9
4	西虹市首富	25.4
5	复仇者联盟3：无限战争	23.9
6	捉妖记2	22.3
7	海王	19.5
8	毒液：致命守护者	18.7
9	侏罗纪世界2	16.9
10	头号玩家	13.9

图 11.26　2018 年内地电影票房排行榜

训练二：实战能力强化训练

11. 灯泡点亮与熄灭　　▷①②③④⑤⑥

设计一个点亮灯泡和熄灭灯泡的动画效果。当鼠标光标在灯泡上按下时，灯泡被点亮；当鼠标光标在灯泡上松开时，灯泡被熄灭，效果如图 11.27 和图 11.28 所示。

12．抽屉风格的滑出菜单 ▷①②③④⑤⑥

实现抽屉风格的滑出菜单。在页面中输出一个竖向的导航菜单，当鼠标移到某个菜单项上时，该菜单项会向右滑出；当鼠标移出菜单项时，该菜单项会恢复为初始状态。实现效果如图 11.29 和图 11.30 所示。

（提示：应用 event 对象的 target 属性获取发生事件的元素）

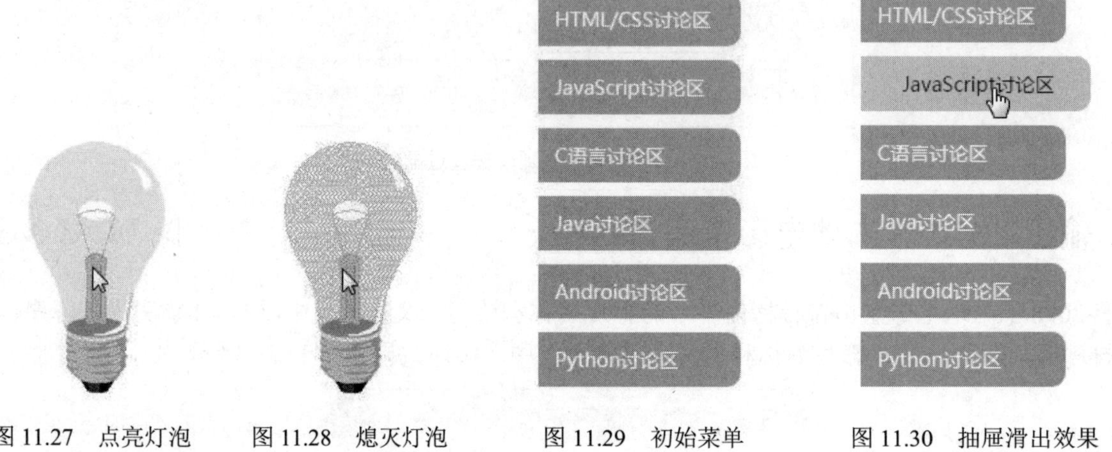

图 11.27　点亮灯泡　　图 11.28　熄灭灯泡　　图 11.29　初始菜单　　图 11.30　抽屉滑出效果

13．切换表情图片 ▷①②③④⑤⑥

定义 5 个表示不同表情的单选按钮，通过单击不同的单选按钮实现表情图片的切换，效果如图 11.31 和图 11.32 所示。

图 11.31　发呆表情

图 11.32　调皮表情

14．为图片添加和移除模糊效果 ▷①②③④⑤⑥

通过改变图片的不透明度，实现图片的模糊效果。当鼠标移入图片时，改变图片的不透明度；当鼠标移出图片时，恢复图片的初始清晰度，效果如图 11.33 和图 11.34 所示。

（提示：在事件处理函数中应用 style 对象的 opacity 属性设置元素的不透明度）

15. 简单计算器　　▷①②③④⑤⑥

制作一个简单的计算器。通过该计算器可以对数值进行加、减、乘、除等运算，实现效果如图 11.35 和图 11.36 所示。

（提示：在单击事件的处理函数中应用 eval()方法计算运算结果）

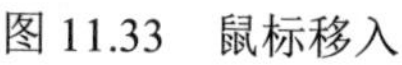
图 11.33　鼠标移入

图 11.34　鼠标移出

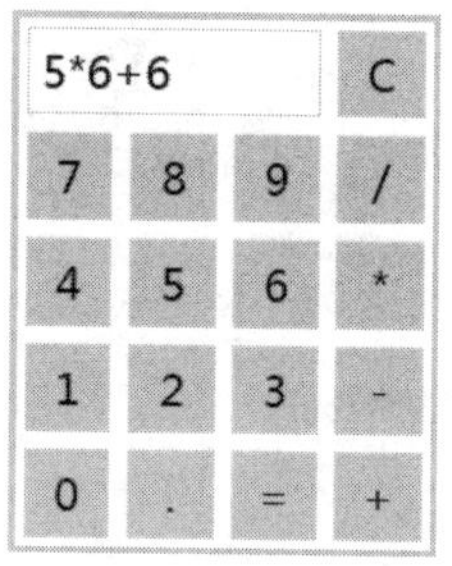

图 11.35　输出算式

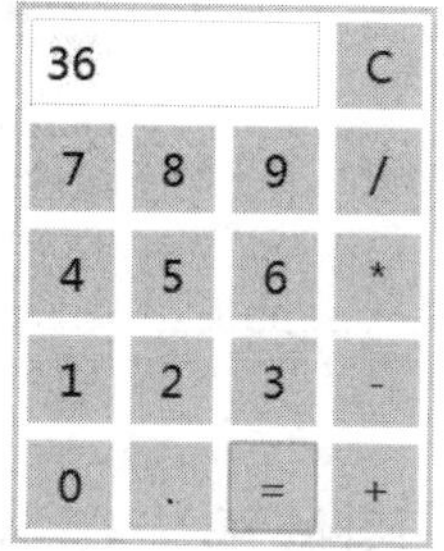

图 11.36　计算结果

16. 随意摆放的照片墙　　▷①②③④⑤⑥

实现图片在页面中随意摆放的功能。在页面中显示 3 张旋转一定角度的图片，通过拖动图片可以在页面中随意摆放照片。实现效果如图 11.37 所示。

（提示：应用鼠标事件中的 onmousedown、onmousemove 和 onmouseup 事件）

图 11.37　随意摆放的照片墙

17. 模拟画图软件调整图片大小　　▷①②③④⑤⑥

应用 Windows 系统自带的画图软件，可对图片的大小进行调整。编写程序，模拟画图软件中调整图片大小的功能。效果如图 11.38 和图 11.39 所示。

（提示：应用图像对象的 width 属性和 height 属性，设置图片的宽度和高度）

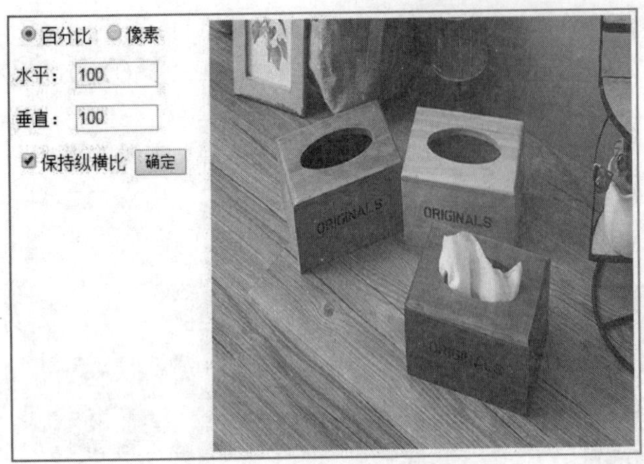

图 11.38　100%显示效果

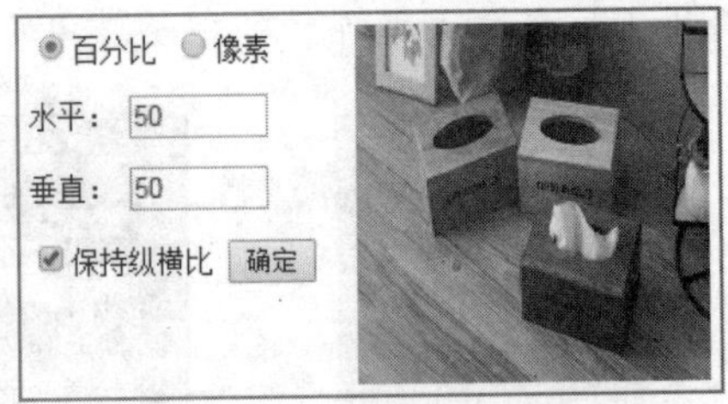

图 11.39　50%显示效果

18．图片放大镜效果

▷①②③④⑤⑥

在电子商城中选购商品时，单击商品主图，有时会看到放大显示的商品图片。编写程序，模拟电子商城中图片放大镜的功能。当鼠标光标移到商品图片某一区域上时，右侧会对该区域进行放大显示，效果如图 11.40 所示。

（提示：应用 left 和 top 属性对元素进行定位）

图 11.40　图片放大镜效果

19．显示选择的酒店类型

▷①②③④⑤⑥

在酒店预订网站中通常会事先筛选出一些可供选择的酒店类型，如商务酒店、快捷酒店等，用户可以根据自己的需要选择适合的酒店类型。编写程序，应用复选框定义多种酒店类型，用户通过单击复选框选择需要的类型，选择的酒店类型将输出在下方页面中，效果如图 11.41 所示。

（提示：在复选框的单击事件中应用 for 语句和 checked 属性判断哪些复选框已被选中）

酒店类型：☐酒店式公寓 ☑连锁品牌 ☐家庭旅馆 ☑商务型酒店 ☐招待所 ☑客栈 ☐青年旅舍 ☐主题酒店

您选择的类型：连锁品牌 商务型酒店 客栈

图 11.41　选择酒店类型

20. 切换商品类别选项卡　▷①②③④⑤⑥

设计一个可通过选项卡切换显示不同商品的网购页面。页面中有 5 个选项卡，分别代表不同的类别，当鼠标指向不同选项卡时，页面下方会显示对应的商品信息，效果如图 11.42 和图 11.43 所示。

（提示：为每个选项卡添加 onmouseover 事件，并设置当前选项卡对应的商品显示信息）

图 11.42　“推荐商品”选项卡

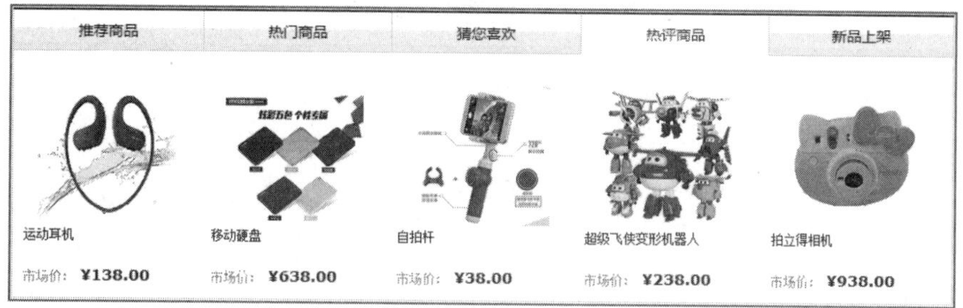

图 11.43　“热评商品”选项卡

21. 验证用户登录信息是否为空　▷①②③④⑤⑥

设计一个简单的用户登录页面。当用户名或密码输入框为空时，在输入框右侧给出相应的提示信息；如果输入框不为空，判断用户是否登录成功。效果如图 11.44 和图 11.45 所示。

（提示：为“账号”输入框和“密码”输入框添加 onblur 事件）

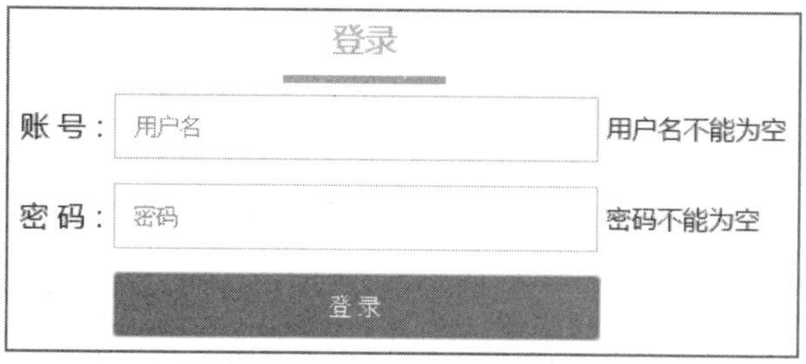

登录
账号：用户名　用户名不能为空
密码：密码　密码不能为空
登录

图 11.44　用户名为空

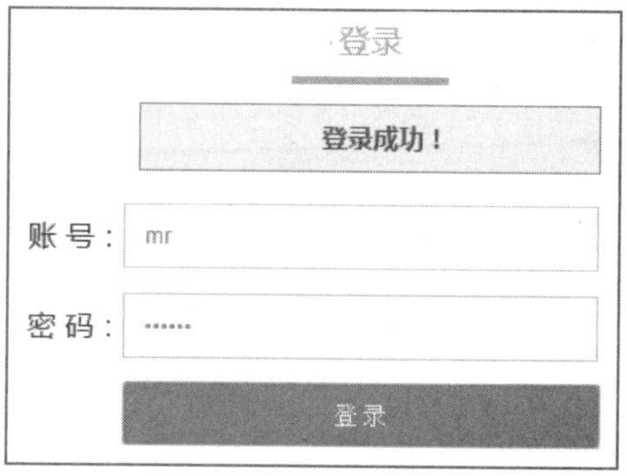

登录
登录成功！
账号：mr
密码：******
登录

图 11.45　登录成功

22．横向导航菜单 ▷①②③④⑤⑥

在页面中输出一个横向导航菜单，默认显示“交通出行”主菜单下的子菜单。当鼠标光标指向其他主菜单时，隐藏原子菜单显示对应的子菜单，效果如图 11.46 和图 11.47 所示。

（提示：为每个主菜单添加 onmouseover 事件，并设置当前主菜单对应的子菜单）

图 11.46　默认显示效果

图 11.47　选择其他主菜单

第 12 章　绘 制 图 形

本章训练任务对应核心技术分册第 12 章“绘制图形”部分。

重点练习内容：

1. 绘制直线。
2. 绘制曲线。
3. 绘制圆形。
4. 图形平移、缩放和旋转。
5. 输出文字。

应用技能拓展学习

1. sin()方法和 cos()方法

（1）sin()方法

sin()方法是 Math 对象中的方法，可返回一个数字的正弦值。返回值范围是-1.0～1.0。语法如下：

```
Math.sin(x)
```

参数 x 为必选参数，是一个以弧度表示的角。将角度乘以 0.017453293（2PI/360），即可转换为弧度。

（2）cos()方法

cos()方法是 Math 对象中的方法，可返回一个数字的余弦值。返回值范围是-1.0～1.0。语法如下：

```
Math.cos(x)
```

参数 x 为必选参数，是一个以弧度表示的角。将角度乘以 0.017453293（2PI/360），即可转换为弧度。

例如，分别应用 sin()方法和 cos()方法输出两个弧度的正弦值和余弦值。代码如下：

```
<script type="text/javascript">
    var a=Math.sin(90*Math.PI/180);
    var b=Math.cos(Math.PI);
    document.write(a+"<br>"+b);
</script>
```

运行结果：1
　　　　　−1

2. 状态的保存和恢复

状态保存和状态恢复是绘制复杂图形时必不可少的操作，需要用到 save()和 restore()方法。save()方法用于保存当前环境的状态，restore()方法用于返回之前保存过的路径状态和属性。这两个方法都没有参数。

下面来看一个示例。

```
<script type="text/javascript">
    window.onload=function(){
        var canvas = document.getElementById("canvas");
        var ctx = canvas.getContext("2d");
        ctx.fillStyle = "red";
        ctx.save();                //保存当前状态
        ctx.beginPath();
        ctx.fillRect(20,20, 100, 100);
        ctx.fillStyle = 'green';
        ctx.fillRect(150, 150, 100, 100);
        ctx.restore();             //恢复之前保存的状态
        ctx.fillRect(280, 280, 100, 100);
    }
</script>
<canvas id="canvas" width="400" height="400" style="border: 1px solid #ccc;"></canvas>
```

运行结果如图 12.1 所示。

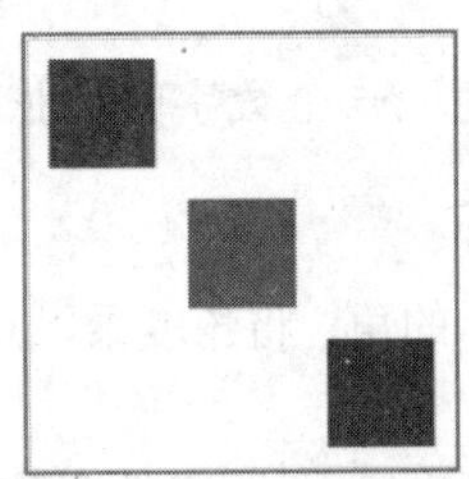

图 12.1　保存和恢复状态

3. onwheel 事件

鼠标滚轮在元素上滚动时触发 onwheel 事件。

onwheel 事件在 HTML 中的语法格式如下：

```
<element onwheel="myScript">
```

onwheel 事件在 JavaScript 中的语法格式如下：

```
object.onwheel=function(){myScript};
```

例如，当在元素上滚动鼠标滚轮时，设置元素字体大小为 36px，代码如下：

```
<div id="demo">欲穷千里目，<br>更上一层楼。</div>
```

```
<script type="text/javascript">
    document.getElementById("demo").onwheel=myFunction;
    function myFunction() {
        document.getElementById("demo").style.fontSize = "36px";
    }
</script>
```

4. zoom 属性

zoom 属性是 style 对象中的一个属性，可以设置或检索对象的缩放比例。语法如下：

```
Object.style.zoom=normal | number
```

☑ normal：使用对象的实际尺寸。

☑ number：使用百分数或者无符号浮点实数。无符号浮点实数值为 1.0 或百分数为 100%时，相当于此属性的 normal 值。

例如，在元素上滚动鼠标滚轮时，设置元素的放大比例为 300%，代码如下：

```
<div id="demo">欲穷千里目，<br>更上一层楼。</div>
<script type="text/javascript">
    document.getElementById("demo").onwheel=myFunction;
    function myFunction() {
        document.getElementById("demo").style.zoom = "300%";
    }
</script>
```

5. createPattern()方法

createPattern()方法可在指定的方向上重复指定的元素。元素可以是图片、视频或者其他<canvas>元素。语法如下：

```
context.createPattern(image,type);
```

image 参数为要重复的图片、画布或视频元素；type 参数的值必须是下面的字符串之一：

☑ repeat：默认值，表示在水平和垂直方向均重复。

☑ repeat-x：表示只在水平方向重复。

☑ repeat-y：表示只在垂直方向重复。

☑ no-repeat：表示只显示一次（不重复）。

例如，在画布中对指定图像进行重复显示。代码如下：

```
<canvas id="canvas" width="400" height="300" style="border: 1px solid #ccc;"></canvas>
<script type="text/javascript">
    var canvas = document.getElementById("canvas");
    var context = canvas.getContext('2d');
    var image = new Image();
    image.src = "imagemr.jpg";
    image.onload = function(){
```

```
            var ptrn = context.createPattern(image,'repeat');
            context.fillStyle = ptrn;
            context.fillRect(0,0,400,300);
        };
</script>
```

运行结果如图 12.2 所示。

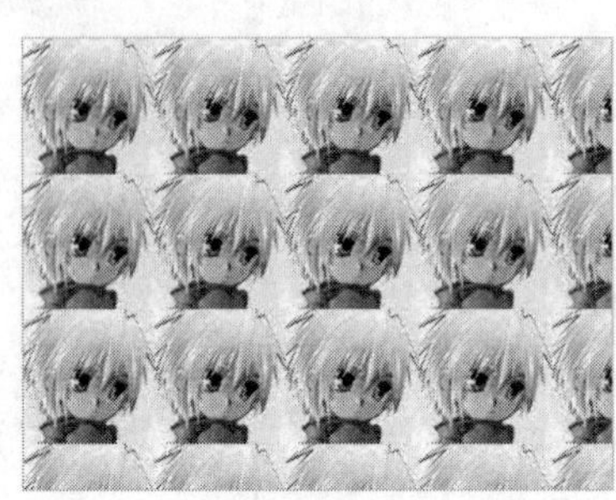

图 12.2　重复显示图像

6．绘制阴影

HTML5 中，使用 canvas 元素可以给图形添加阴影效果。通过设置图形上下文对象的 4 个阴影绘制属性，可以添加不同的阴影效果。

☑　shadowOffsetX：指定阴影的横向位移量。

☑　shadowOffsetY：指定阴影的纵向位移量。

☑　shadowBlur：指定阴影边缘的模糊范围。

☑　shadowColor：指定阴影的颜色。

shadowOffsetX 和 shadowOffsetY 用来设定阴影在 X 轴和 Y 轴的延伸距离。负值表示阴影会往上或左延伸，正值则表示阴影会往下或右延伸，其默认值均为 0。

shadowBlur 用于设定阴影的模糊程度。不希望阴影的边缘太清晰时可以使用该属性。该属性值必须设定为比 0 大的数字，否则将被忽略。一般设定在 0～10 之间，开发时可以根据情况调整这个数值，以达到满意效果。

shadowColor 用于设定阴影效果的颜色，值可以是标准的 CSS 颜色值，默认是全透明的黑色。

例如，为文字“天生我材必有用”设置阴影效果，代码如下：

```
<canvas id="canvas" width="300" height="100"></canvas>
<script type="text/javascript">
    var context = document.getElementById('canvas').getContext('2d');
    context.shadowOffsetX = 3;
    context.shadowOffsetY = 3;
    context.shadowBlur = 6;
    context.shadowColor = "rgba(255, 0, 0, 0.5)";
    context.font = "30px 宋体";
    context.fillStyle = "blue";
    context.fillText("天生我材必有用", 60, 30);
</script>
```

运行结果如图 12.3 所示。

天生我材必有用

图 12.3　设置阴影效果

7. clearRect()方法

clearRect() 方法用于清空给定矩形内的指定像素。语法格式如下：

```
context.clearRect(x,y,width,height);
```

☑ x：要清除的矩形左上角的 x 坐标。

☑ y：要清除的矩形左上角的 y 坐标。

☑ width：要清除的矩形的宽度，单位为像素。

☑ height：要清除的矩形的高度，单位为像素。

例如，在给定矩形内清空一个矩形，代码如下：

```
<canvas id="canvas" width="300" height="200"></canvas>
<script type="text/javascript">
    var canvas=document.getElementById("canvas");
    var ctx=canvas.getContext("2d");
    ctx.fillStyle="green";
    ctx.fillRect(0,0,300,200);
    ctx.clearRect(50,50,100,80);
</script>
```

运行结果如图 12.4 所示。

图 12.4　清空一个矩形

8. Date 对象中的几个方法

（1）　getHours()方法

Date 对象提供的 getHours()方法可以返回时间的小时字段，返回值是 0～23 的一个整数。语法格式如下：

```
dateObj.getHours()
```

参数 dateObj 为创建的 Date 对象名。

例如，输出当前时间的小时数，代码如下：

```
<script type="text/javascript">
    var now = new Date();
    var h = now.getHours();
    document.write(h);
</script>
```

运行结果：9

（2）getMinutes()方法

Date 对象提供的 getMinutes()方法可以返回时间的分钟字段，返回值是 0～59 的一个整数。语法格式如下：

```
dateObj.getMinutes()
```

参数 dateObj 为创建的 Date 对象名。

例如，输出当前时间的分钟数，代码如下：

```
<script type="text/javascript">
    var now = new Date();
    var m = now.getMinutes();
    document.write(m);
</script>
```

运行结果：58

（3）getSeconds()方法

Date 对象提供的 getSeconds()方法可以返回时间的秒字段，返回值是 0～59 的一个整数。语法格式如下：

```
dateObj.getSeconds()
```

参数 dateObj 为创建的 Date 对象名。

例如，输出当前时间的秒数。代码如下：

```
<script type="text/javascript">
    var now = new Date();
    var s = now.getSeconds();
    document.write(s);
</script>
```

运行结果：10

（4）getMilliseconds()方法

Date 对象提供的 getMilliseconds()方法可以返回时间的毫秒字段，返回值是 0～999 的一个整数。语法格式如下：

```
dateObj.getMilliseconds()
```

参数 dateObj 为创建的 Date 对象名。

例如，输出当前时间的毫秒数，代码如下：

```
<script type="text/javascript">
    var now = new Date();
    var ms = now.getMilliseconds();
    document.write(ms);
</script>
```

运行结果：396

9. 数组的 push()方法

push()方法用于向数组的末尾添加一个或多个元素，并返回添加后的数组长度。语法格式如下：

```
arrayObject.push(newelement1,newelement2,....,newelementX)
```

☑ arrayObject：必选项，表示数组名称。
☑ newelement1：必选项，表示要添加到数组的第一个元素。
☑ newelement2：可选项，表示要添加到数组的第二个元素。
☑ newelementX：可选项，表示可添加的多个元素。

例如，向数组的末尾添加一个数组元素，并输出新数组，代码如下：

```
<script type="text/javascript">
    var arr=new Array("JavaScript","HTML");
    arr.push("CSS");
    document.write(arr);
</script>
```

运行结果：JavaScript,HTML,CSS

10. 在 canvas 中应用 layerX 和 layerY 属性

在 canvas 中，使用事件对象中的 layerX 和 layerY 属性可以获取元素在发生事件时，鼠标相对于 canvas 元素左上角的横坐标和纵坐标。

例如，当鼠标单击 canvas 元素时，获取鼠标在 canvas 元素中的位置。代码如下：

```
<canvas id="canvas" width="300" height="200" style="border: 1px solid #000000"></canvas>
<div id="show"></div>
<script type="text/javascript">
    var canvas=document.getElementById("canvas");
    canvas.onclick=function(ev){
        show.innerHTML="X："+ev.layerX+"，Y："+ev.layerY;
    }
</script>
```

运行结果如图 12.5 所示。

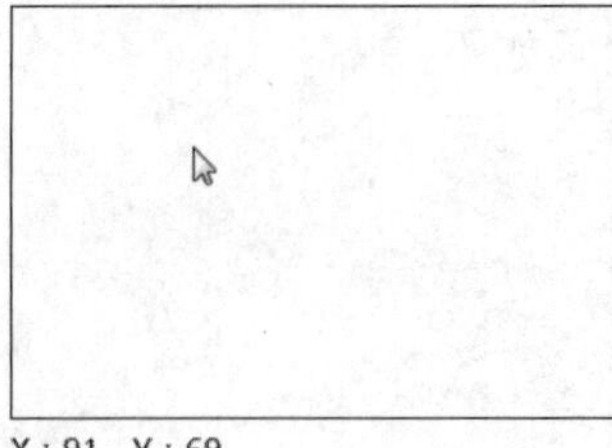

图 12.5　获取元素坐标

11．min()方法

min()方法是 Math 对象中的方法，可以返回指定数字中的最小值。语法如下：

```
Math.min(n1,n2,n3,...,nX)
```

参数 n1,n2,n3,...,nX 表示一个或多个指定数值。

例如，输出 5、6 和 9 三个数字中的最小值。代码如下：

```
<script type="text/javascript">
    document.write(Math.min(5,6,9));
</script>
```

运行结果：5

12．random()方法

Math 对象的 random 方法可返回 0（包含）～1（不包含）的一个随机数。语法如下：

```
Math.random()
```

例如，输出一个 0～1 的随机数。代码如下：

```
<script type="text/javascript">
    document.write(Math.random());
</script>
```

运行结果：0.979182268421426

13．requestAnimationFrame()方法

requestAnimationFrame()方法可以执行一个动画，并且要求浏览器在下次重绘之前调用指定的回调函数，以更新动画。该方法需要传入一个回调函数作为参数，该回调函数会在浏览器下一次重绘之前执行。语法格式如下：

```
window.requestAnimationFrame(callback);
```

参数 callback 为下一次重绘之前更新动画帧所调用的函数。

例如，应用 requestAnimationFrame()方法使数字不断地快速执行加 1 操作，代码如下：

```
<div id="demo"></div>
<script type="text/javascript">
    var oDiv = document.getElementById('demo');
    var num = 0;
    function account(){
        num++;
        oDiv.innerHTML = num;
        requestAnimationFrame(account);
    }
    account();
</script>
```

实战技能强化训练

训练一：基本功强化训练

1．绘制火柴人　▷①②③④⑤⑥

绘制火柴人时，将人抽象成火柴的形状，头部类似于火柴头，而身体和四肢类似于火柴杆。编写程序，应用 canvas 绘制一个火柴人，实现效果如图 12.6 所示。

2．绘制红心　▷①②③④⑤⑥

贝塞尔曲线常用于绘制复杂而有规律的形状。编写程序，使用三次方贝塞尔曲线绘制一个红色实心的红心。实现效果如图 12.7 所示。

3．绘制简易房屋　▷①②③④⑤⑥

应用 canvas 绘制一个简易的房屋。该房屋包括屋顶、房子主体、门和窗等几部分，效果如图 12.8 所示。

图 12.6　绘制火柴人

图 12.7　绘制红心

图 12.8　绘制简易房屋

4. 在图片上输出文字 ▷①②③④⑤⑥

在图片上显示填充文字。将文字“一幅美丽的风景画”输出在图片中，实现效果如图 12.9 所示。

5. 绘制向日葵 ▷①②③④⑤⑥

应用 canvas 绘制一个向日葵，效果如图 12.10 所示。
（提示：在 for 语句中应用 lineTo()方法绘制直线）

6. 在画布中显示图片 ▷①②③④⑤⑥

通过 canvas 还可以读取磁盘或网络中的图像文件，然后使用 canvas API 将图像绘制在画布中。编写程序，在 canvas 画布中显示一张指定的图片，效果如图 12.11 所示。

图 12.9 在图片上输出文字

图 12.10 绘制向日葵

图 12.11 在画布中显示图片

7. 通过鼠标滚轮放大和缩小图片 ▷①②③④⑤⑥

在 canvas 画布中显示一张指定的图片，并使用鼠标滚轮放大、缩小图片。当用户将鼠标指针移动到图片上时，图片会获取焦点，滚动鼠标滚轮，即可改变图片的大小，实现效果如图 12.12 和图 12.13 所示。

（提示：应用 onwheel 事件、zoom 属性和 scale()方法）

图 12.12 放大图片

图 12.13 缩小图片

8．制作图像平铺效果　▷①②③④⑤⑥

所谓图像平铺，就是使用按一定比例缩小后的图像将画布填满。编写程序，应用 canvas 实现图像的平铺效果，如图 12.14 所示。

9．制作文字阴影效果　▷①②③④⑤⑥

为了使文字更加美观，可为文字添加阴影效果。编写程序，为文字添加阴影效果，如图 12.15 所示。

图 12.14　图像平铺效果

天才出于勤奋

图 12.15　文字阴影效果

训练二：实战能力强化训练

10．绘制别墅与树木　▷①②③④⑤⑥

应用 canvas 绘制一幢别墅，在别墅两旁绘制两棵树，实现效果如图 12.16 所示。

11．制作桌面时钟　▷①②③④⑤⑥

试着应用图形路径、变形以及动画等知识制作一个动态的桌面时钟，实现效果如图 12.17 所示。

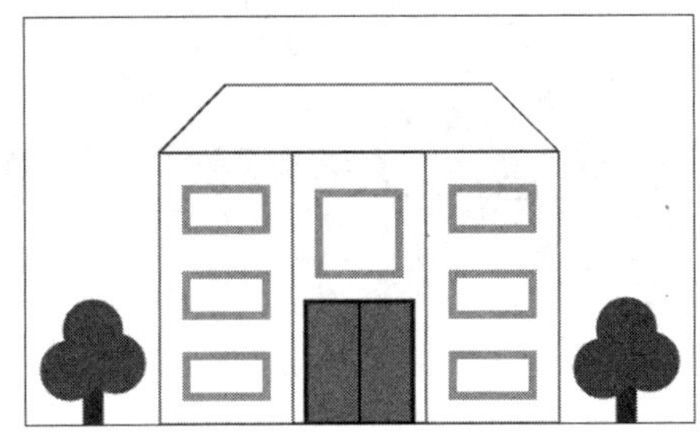

图 12.16　绘制别墅与树木

图 12.17　桌面时钟

12. 小车的移动和停止 ▷①②③④⑤⑥

编写程序，实现小车前进和停止的动画效果。当单击“前进”按钮时，小车开始向前移动；当单击“停止”按钮时，小车停止移动。实现效果如图 12.18 和图 12.19 所示。

（提示：应用 setInterval()方法和 translate()方法）

图 12.18　单击开始前进

图 12.19　停止前进

13. 图像放大镜 ▷①②③④⑤⑥

实现一个图像放大镜的效果。当鼠标指向图片时，鼠标右下角将对当前区域进行放大显示，效果如图 12.20 和图 12.21 所示。

（提示：应用 onmousemove 事件和 drawImage()方法）

图 12.20　原图效果

图 12.21　局部放大效果

14．制作简易写字板　▷①②③④⑤⑥

编写程序，制作一个简易的写字板，写字效果如图 12.22 所示。

（提示：为 canvas 画布分别应用 onmousedown、onmousemove 和 onmouseup 事件）

图 12.22　写作板效果

15．图片渐隐渐现效果　▷①②③④⑤⑥

在 canvas 画布中显示一张指定的图片，使图片从模糊状态变为清晰状态，然后又从清晰状态变为模糊状态。重复执行此操作，使图片形成渐隐渐现的效果，如图 12.23 和图 12.24 所示。

（提示：应用 setInterval()方法和 style 对象中的 opacity 属性）

图 12.23　模糊图片

图 12.24　清晰图片

16．图像局部放大效果　▷①②③④⑤⑥

编写程序，实现图像局部放大的功能。在页面左侧的图像中拖动鼠标选择准备放大的区域，在页面右侧会显示该区域放大后的图像，效果如图 12.25 所示。

（提示：为 canvas 画布应用 onmousedown、onmousemove 和 onmouseup 事件）

图 12.25　图像局部放大效果

17. 下雪动画效果 ▷①②③④⑤⑥

编写程序，模拟下雪的动画效果，如图 12.26 所示。

（提示：在 for 语句中应用 arc()方法绘制不同半径的圆形）

图 12.26　下雪动画效果

18. 地球绕太阳公转效果 ▷①②③④⑤⑥

编写程序，模拟地球围绕太阳公转的效果。页面中，太阳的位置不变，地球按照一定的速度沿着圆形轨道不断旋转，实现效果如图 12.27 所示。

（提示：应用 rotate()方法旋转坐标系，应用 drawImage()方法绘制地球图像，应用 requestAnimation Frame()方法实现动画效果）

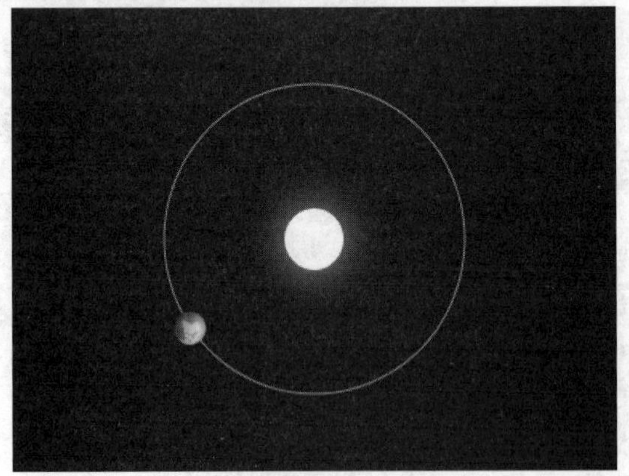

图 12.27　模拟公转效果

第 13 章　文件与拖放

本章训练任务对应核心技术分册第 13 章“文件与拖放”部分。

重点练习内容：

1. 应用file对象获取文件。
2. 获取文件的类型与大小。
3. 预览图片。
4. 读取文本文件。
5. 拖放文件。

应用技能拓展学习

1. Math 对象的两个方法

（1）log()方法

log()方法用于返回一个数的自然对数（基于 E）。语法格式如下：

```
Math.log(x)
```

参数 x 为必选项，表示一个任意数值或表达式。

例如，获取 6 的自然对数，代码如下：

```
<script type="text/javascript">
    document.write(Math.log(6));
</script>
```

运行结果：1.791759469228055

（2）pow()方法

pow()方法用于返回 x 的 y 次幂的值。语法格式如下：

```
Math.pow(x,y)
```

☑ x：必选项，表示底数，必须是数字。

☑ y：必选项，表示幂数，必须是数字。

例如，获取 2 的 6 次幂的值。代码如下：

```
<script type="text/javascript">
    document.write(Math.pow(2,6));
```

```
</script>
```

运行结果：64

2. 正则表达式简介

正则表达式描述了一种字符串匹配模式，即用户可使用一系列由普通字符和特殊字符构建的能够明确描述文本字符串的匹配模式，检查一个字符串是否含有某种子字符串，将匹配的子字符串替换掉，或者从某个字符串中取出符合一定条件的子字符串等。

正则表达式是一种可以用于模式匹配和替换的强有力的工具。其作用如下：

☑ 测试字符串的某个模式。例如，可以对输入的字符串进行测试，测试该字符串是否存在一个电话号码模式或一个信用卡号码模式。这称为数据有效性验证。

☑ 替换文本。可以在文档中使用一个正则表达式来标识特定文字，然后将其全部删除，或者替换为别的文字。

☑ 根据模式匹配从字符串中提取一个子字符串。例如，在文本或输入字段中查找特定的文字。

在 JavaScript 中，正则表达式是由 RegExp 对象表示的，利用 RegExp 对象可完成有关正则表达式的所有操作和功能。

（1）创建 RegExp 对象

每一条正则表达式模式对应一个 RegExp 实例。有两种方式可以创建 RegExp 对象的实例：一种是使用 RegExp 构造函数创建，另一种是采用纯文本格式创建。

使用 RegExp 构造函数创建 RegExp 对象的语法如下：

```
new RegExp("pattern"[,"flags"])
```

使用纯文本格式创建 RegExp 对象的语法如下：

```
/pattern/[flags]
```

上述两种语法中，pattern 部分为要使用的正则表达式模式文本，是必需的。在第一种方式中，pattern 部分以 JavaScript 字符串的形式存在，需要使用双引号或单引号括起来；在第二种方式中，pattern 部分嵌套在两个“/”之间，不能使用引号。

flags 部分设置正则表达式的标志信息，是可选项。如果设置 flags 部分，在第一种方式中，以字符串的形式存在；在第二种方式中，以文本的形式紧接在最后一个“/”字符之后。flags 可以是以下标志字符的组合。

☑ g：全局标志。如果设置了这个标志，对某个文本执行搜索和替换操作时，将对文本中所有匹配的部分起作用。如果不设置这个标志，则仅搜索和替换最早匹配的内容。

☑ i：忽略大小写标志。如果设置了这个标志，进行匹配比较时，将忽略大小写。

（2）RegExp 对象的 test()方法

该方法用于检查被查找字符串中是否存在指定的模式。如果存在，则返回 true，否则就返回 false。语法如下：

```
rgexp.test(str)
```

☑ rgexp：必选项，包含正则表达式模式或可用标志的正则表达式对象。

☑ str：必选项，表示被查找的字符串。

例如，判断字符串“HTML+CSS+JavaScript”中是否包含子字符串“JavaScript”，代码如下：

```
<script type="text/javascript">
    var myString="HTML+CSS+JavaScript";
    var myregex = new RegExp("JavaScript");
    if (myregex.test(myString)){
        document.write("找到了匹配的模式");
    }else{
        document.write("未找到匹配的模式");
    }
</script>
```

运行结果：找到了匹配的模式

3．naturalWidth 和 naturalHeight 属性

在 HTML5 中新增了 naturalWidth 和 naturalHeight 两个属性。其中，naturalWidth 属性可以获取图片的原始宽度，naturalHeight 属性可以获取图片的原始高度。

例如，获取指定图片的原始宽度和高度，代码如下：

```
<img id="myimg" src="face.png" width="200" height="200">
<script type="text/javascript">
    window.onload = function () {
        var Oimg = document.getElementById("myimg");
        document.write("原始宽度："+Oimg.naturalWidth+"，原始高度："+Oimg.naturalHeight);
    }
</script>
```

运行结果：原始宽度：219，原始高度：231

4．substr()方法

String 对象的 substr()方法可从字符串的指定位置开始，提取指定长度的子字符串。语法如下：

```
stringObject.substr(start,length)
```

☑ stringObject：String 对象名或字符变量名。

☑ start：必选参数。指定要提取的字符串片断的开始位置。该参数可以是负数，如果是负数，则从字符串的尾部开始算起。

☑ length：可选参数。用于指定提取的子字符串的长度。如果省略该参数，表示结束位置为字符串的最后一个字符。

注意：由于浏览器的兼容性问题，因此 substr()方法的第一个参数不建议使用负数。

例如，在字符串“你好 JavaScript”中，从下标为 2 的字符开始提取到字符串末尾。代码如下：

```
<script type="text/javascript">
    var str="你好 JavaScript";                    //定义字符串
    document.write(str.substr(2));
</script>
```

运行结果：JavaScript

例如，在字符串“你好 JavaScript”中，从下标为 2 的字符开始提取 4 个字符。代码如下：

```
<script type="text/javascript">
    var str="你好 JavaScript";                    //定义字符串
    document.write(str.substr(2,4));
</script>
```

运行结果：Java

5．canvas 元素的 toBlob()方法

toBlob()方法可以创造 Blob 对象，用于展示 canvas 上的图片，且该图片文件可以被缓存或保存到本地。如不特别指明，图片的格式默认为 image 或 png，分辨率为 96dpi。语法如下：

```
canvas.toBlob(callback, type, encoderOptions);
```

☑ callback：回调函数，可获得一个单独的 Blob 对象参数。
☑ type：String 类型，用于指定图片格式，默认格式为 image 或 png。
☑ encoderOptions：Number 类型，取值范围为 0～1。当请求图片格式为 image 或 jpeg 时，用来指定图片的输出质量。如果这个参数的值不在指定类型与范围之内，则使用默认值，其余参数将被忽略。

6．URL.createObjectURL()方法

URL.createObjectURL()方法会根据传入的参数创建一个指向该参数对象的 URL。这个 URL 的生命周期仅存在于它被创建的这个文档中。这个新的 URL 对象表示指定的 File 对象或者 Blob 对象。语法如下：

```
objectURL = URL.createObjectURL(object);
```

参数 object 为用于创建 URL 的 File 对象或 Blob 对象。

7．URL.revokeObjectURL()方法

URL.revokeObjectURL()方法用来释放一个之前已经存在的、通过调用 URL.Create ObjectURL()方法创建的 URL 对象。语法如下：

```
window.URL.revokeObjectURL(objectURL);
```

参数 objectURL 表示通过调用 URL.createObjectURL()方法产生的 URL 对象。

例如，通过 canvas 图像复制一张 png 格式的图片，并显示在页面中。代码如下：

```
<canvas id="canvas" width="200" height="200"></canvas>
<script type="text/javascript">
    var canvas = document.getElementById("canvas");
    var context = canvas.getContext('2d');
    context.fillStyle = 'lightgreen';
    context.fillRect(50, 50,100, 100);
    canvas.toBlob(function(blob) {
        var newImg = document.createElement("img");
        var url = URL.createObjectURL(blob);
        newImg.onload = function() {
            URL.revokeObjectURL(url);
        };
        newImg.src = url;
        document.body.appendChild(newImg);
    });
</script>
```

运行结果如图 13.1 所示。

8. createElement()方法

createElement()方法可根据指定的名称来创建一个 HTML 元素。语法如下：

```
sElement=document.createElement(sName)
```

☑ sElement：用来接收该方法返回的一个对象。
☑ sName：创建的元素名称。

9. appendChild()方法

appendChild()方法可向节点的子节点列表末尾添加一个新的子节点。语法如下：

```
obj.appendChild(node)
```

参数 node 为必选参数，表示要添加的节点对象。
例如，将创建的节点添加到列表中，代码如下：

```
<ul id="myList">
    <li>HTML</li>
    <li>CSS</li>
</ul>
<button onclick="myFunction()">添加列表项</button>
<script type="text/javascript">
    function myFunction(){
        var node=document.createElement("li");
        var textnode=document.createTextNode("JavaScript");
        node.appendChild(textnode);
```

```
        document.getElementById("myList").appendChild(node);
    }
</script>
```

运行程序，添加节点前的效果如图 13.2 所示，添加节点后的效果如图 13.3 所示。

图 13.1　复制图片效果　　图 13.2　添加节点前　　图 13.3　添加节点后

实战技能强化训练

训练一：基本功强化训练

1. 显示上传文件名　▷①②③④⑤⑥

使用 File 对象输出上传文件名。单击“选择文件”按钮，在弹出的对话框中选择要上传的文件；选择文件后单击“打开”按钮，关闭对话框；然后单击“显示文件名称”按钮，将弹出一个对话框，在这个对话框中显示上传文件的名称，实现效果如图 13.4 和图 13.5 所示。

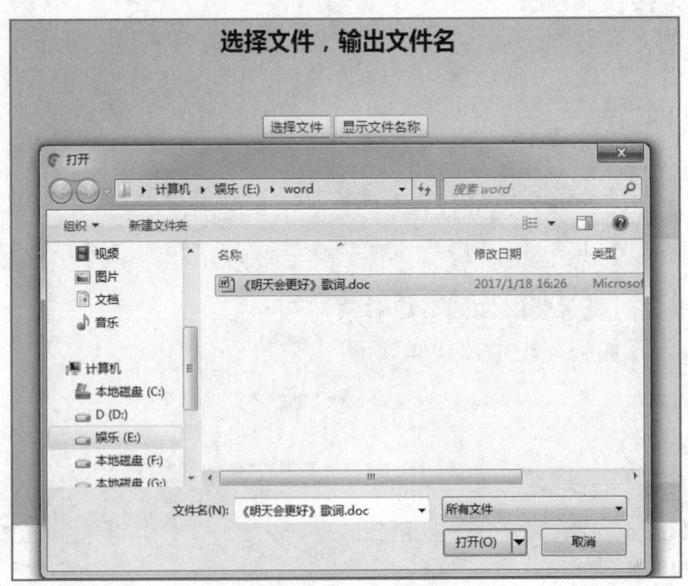

图 13.4　选择上传文件

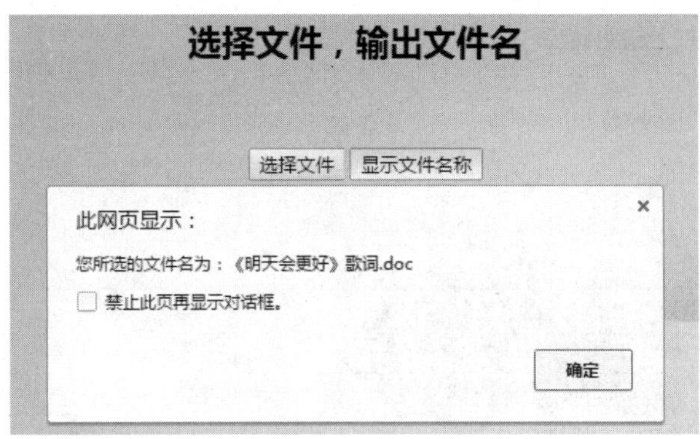

图 13.5　显示上传文件信息

2. 单图缩略图预览　▷①②③④⑤⑥

实现预览指定大小图片的功能。单击“选择文件”按钮，在弹出的对话框中选择要上传的图片文件，如图 13.6 所示，然后单击“打开”按钮并关闭对话框，此时在页面中会显示指定大小的图片，如图 13.7 所示。

（提示：应用 readAsDataURL()方法预览图片文件）

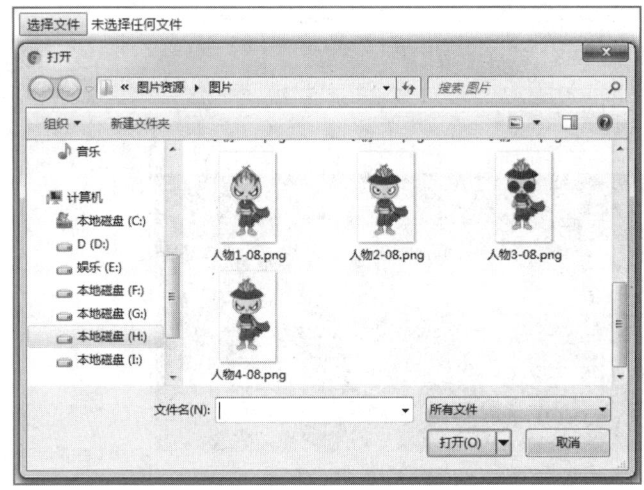

图 13.6　选择要上传的图片

图 13.7　显示缩略图

3. 单图预览并输出文件信息　▷①②③④⑤⑥

对单个上传图片进行预览，并获取上传图片信息。单击“选择文件”按钮，在弹出的对话框中选择要上传的图片文件，然后单击“打开”按钮并关闭对话框，页面中将输出图片以及图片的大小、类型、尺寸等信息，实现效果如图 13.8 和图 13.9 所示。

（提示：应用 readAsDataURL()方法预览图片文件）

图 13.8　选择上传图片

图 13.9　获取图片信息

4．编辑照片墙

▷①②③④⑤⑥

在有些博客类网站中提供了照片墙功能，其中可以显示用户已经上传的照片。编写程序，实现预览用户上传照片的功能。单击“选择文件”按钮，选择要上传的照片。然后单击“打开”按钮关闭对话框，单击“我选好了”按钮，用户选择的照片将显示在照片墙中。单击某张照片右上角的关闭按钮，还可以将其删除。实现效果如图 13.10 和图 13.11 所示。

（提示：应用 readAsDataURL()方法预览图片文件）

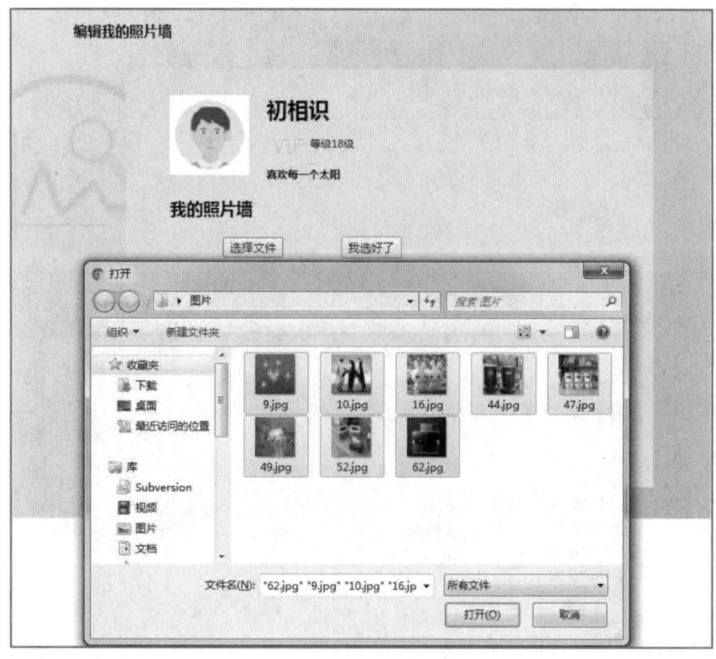

图 13.10　选择照片

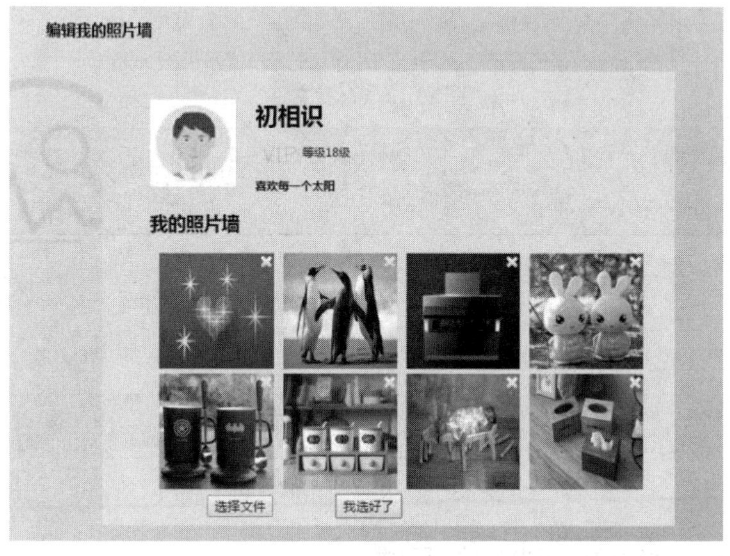

图 13.11　照片墙效果

5. 文本的上传预览　▷①②③④⑤⑥

实现文本的上传预览功能。单击“选择文件”按钮，选择要浏览的文本文件，然后单击“打开”按钮关闭对话框。单击“查看文件”按钮，弹出确认对话框，单击“确定”按钮，文本文件的内容将在页面中显示出来。实现效果如图 13.12 和图 13.13 所示。

（提示：应用 readAsDataURL()方法预览图片文件，应用 readAsText()方法读取文本文件）

图 13.12　查看文件

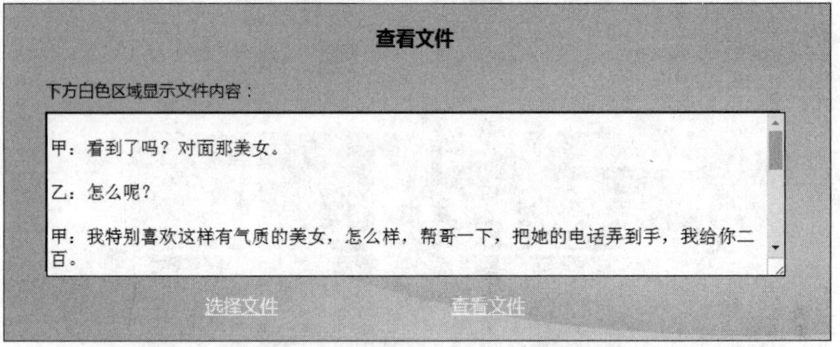

图 13.13　文件上传后效果

6．应用事件属性拖放图片到指定区域　▷①②③④⑤⑥

应用事件属性，将页面中的元素拖放到指定区域。页面中有一个矩形区域，矩形区域的右侧有一张图片。按住鼠标左键可以拖动图片，并且该图片只能被拖放到左侧的矩形区域中，实现效果如图 13.14 和图 13.15 所示。

（提示：在 ondrop 事件的处理函数中应用 appendChild()方法）

图 13.14　拖动图片前

图 13.15　拖动图片后

7. 应用事件监听器帮小鸟回家　▷①②③④⑤⑥

编写程序，模拟帮小鸟回家的游戏效果。拖动左上角的小鸟图片时，出现“小鸟正在回家...”文字。将其拖动到右下方房屋中时，出现“小鸟已经回家！”文字，效果如图 13.16 和图 13.17 所示。

图 13.16　初始效果

图 13.17　小鸟已回家

8. 将文件拖动到指定区域预览　▷①②③④⑤⑥

编写程序，实现文件拖拽到指定区域后自动预览文件的功能。在页面中显示一个文件预览区域，当把其他窗口中的图片文件或 TXT 文本文件拖拽到该区域时，会自动打开该文件进行预览。实现效果如图 13.18 和图 13.19 所示。

（提示：为目标元素添加 dragover 事件和 drop 事件）

图 13.18　选择文件

图 13.19　将文件拖动到指定区域

训练二：实战能力强化训练

9. 将商品拖至购物车 ▷①②③④⑤⑥

编写程序，实现将图书商品拖入购物车的效果。在页面中输出若干图书商品的图片，应用鼠标将图书直接拖放到购物车中，此时图书的书名、定价、数量和总价等信息将显示在下面的列表中，效果如图 13.20 和图 13.21 所示。

（提示：在 dragstart 事件中应用 setData()方法为元素添加数据，在 drop 事件中应用 getData()方法获取数据）

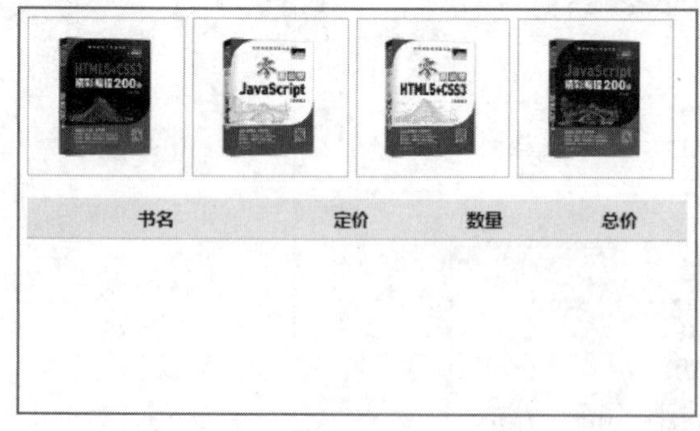

图 13.20　购物车为空

图 13.21　将图书拖至购物车

10. 随意拖动广告图 ▷①②③④⑤⑥

编写程序，实现页面中广告可随意拖动的效果。在页面左上角显示一张广告图片，按住鼠标左键，

可将广告图片拖动到页面中的任何位置，如图 13.22 和图 13.23 所示。

（提示：应用鼠标事件中的 onmousedown、onmousemove 和 onmouseup 事件）

图 13.22　随意拖动广告（1）

图 13.23　随意拖动广告（2）

11. 下载 canvas 图像　▷①②③④⑤⑥

编写程序，实现下载 canvas 图像的功能。在页面中输出一张 canvas 图像，单击“下载”按钮，该图像会被下载到本地计算机中，效果如图 13.24 所示。

（提示：设置<a>标签的 download 属性）

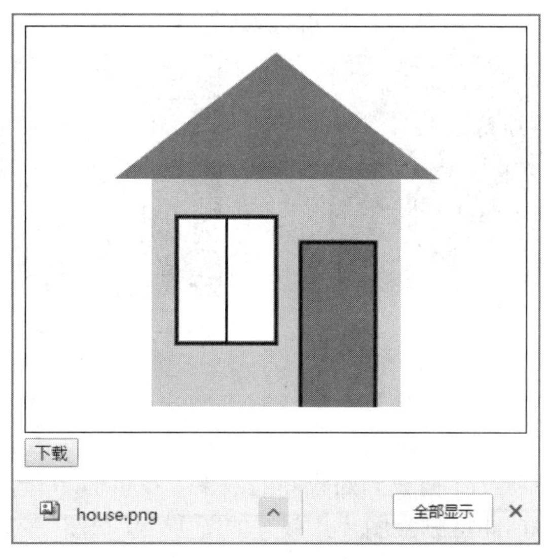

图 13.24　下载 canvas 图像

12. 预览多个上传文件信息　▷①②③④⑤⑥

编写程序，对多个上传图片进行预览，并获取上传图片的名称、大小信息。单击“选择文件”按钮，选择要上传的多个图片文件，然后单击“打开”按钮并关闭对话框后，会在页面中输出图片的缩略图以及图片的名称、大小等信息，如图 13.25 和图 13.26 所示。

图 13.25　选择多个上传图片

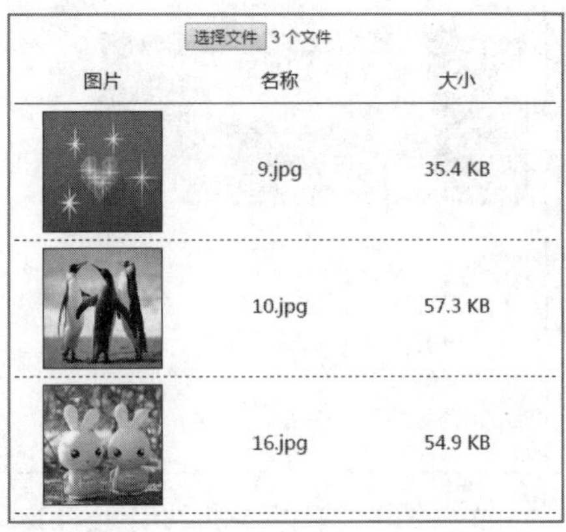

图 13.26　预览多个上传图片

13. 图片在两个容器内随意拖动　▷①②③④⑤⑥

编写程序，实现图片在两个容器内的随意拖动。在页面左侧有一张图片，应用鼠标可以将该图片拖动到右侧任意容器当中，如图 13.27 和图 13.28 所示。

（提示：在 ondrop 事件的处理函数中应用 appendChild()方法）

图 13.27　图片位于左侧

图 13.28　图片位于右侧

14. 将图片拖放到回收站　▷①②③④⑤⑥

编写程序，模拟计算机中将文件拖放到回收站的效果。在页面中有几个图片文件，用鼠标将其拖曳到右侧回收站（垃圾桶）中，即可删除图片，效果如图 13.29 和图 13.30 所示。

（提示：在 ondrop 事件的处理函数中应用 removeChild()方法）

图 13.29　将图片拖动到回收站中

图 13.30　图片已被删除

第 14 章　JavaScript 对象编程

本章训练任务对应核心技术分册第 14 章“JavaScript 对象编程”部分。

重点练习内容：

1．Window窗口对象的应用。
2．文档前景色和背景色的设置。
3．使用JavaScript操作表单。
4．DOM节点属性的使用。
5．对DOM节点的操作。

应用技能拓展学习

1．setInterval()方法和 clearInterval()方法

（1）setInterval()方法

setInterval()方法是 Window 对象中的方法，可按照指定周期（以毫秒计）调用函数或计算表达式。语法格式如下：

```
setInterval(要执行的代码或函数, 等待的毫秒数)
```

例如，每隔两秒钟执行一次 JavaScript 代码，在页面中弹出一个对话框。代码如下：

```
<script type="text/javascript">
    setInterval("alert('Hello JS');", 2000);
</script>
```

例如，每隔一秒钟执行一次函数，实时显示当前时间。代码如下：

```
<p id="demo"></p>
<script type="text/javascript">
    var myVar = setInterval(function(){ myTime() }, 1000);
    function myTime() {
        var now = new Date();
        var time = now.toLocaleTimeString();
        document.getElementById("demo").innerHTML = time;
    }
</script>
```

运行结果：上午 10:17:56

（2）clearInterval()方法

clearInterval()方法可取消由 setInterval()方法设定的定时执行操作。该方法的参数必须是由 setInterval()方法返回的 ID 值。语法格式如下：

```
clearInterval(id_of_setinterval)
```

参数 id_of_setinterval 为调用 setInterval()函数时所获得的返回值。

例如，单击“停止”按钮时，取消实时显示当前时间的操作。代码如下：

```
<p id="demo"></p>
<button onclick="stop()">停止</button>
<script type="text/javascript">
    var timerID = setInterval(function(){ myTime() }, 1000);
    function myTime() {
        var now = new Date();
        var time = now.toLocaleTimeString();
        document.getElementById("demo").innerHTML = time;
    }
    function stop() {
        clearInterval(timerID);
    }
</script>
```

2. classList 属性

classList 属性可以获取应用于指定元素的类名集合。该属性用于在元素中添加、移除或切换 CSS 类。语法如下：

```
element.classList
```

参数 element 为要操作的元素。

例如，输出 id 属性值为 demo 的 div 元素的类名，代码如下：

```
<div id="demo" class="a b"></div>
<script type="text/javascript">
    var oDiv = document.getElementById("demo");
    document.write(oDiv.classList);
</script>
```

运行结果：a b

classList 属性是只读属性，可以使用 add()和 remove()方法修改该属性。

（1）add()方法

add()方法用于在元素中添加一个或多个类名。如果指定的类名已存在，则不再添加。语法格式如下：

```
element.classList.add(class1, class2, ...)
```

参数 class1、class2 为要添加的类名。

例如，为 id 属性值为 demo 的 div 元素添加两个 CSS 类 c 和 d，并输出添加后元素的类名。代码如下：

```
<div id="demo" class="a b"></div>
<script type="text/javascript">
    var oDiv = document.getElementById("demo");
    oDiv.classList.add("c","d");
    document.write(oDiv.classList);
</script>
```

运行结果：a b c d

（2）remove()方法

remove()方法用于移除元素中的一个或多个类名。语法格式如下：

```
element.classList.remove(class1, class2, ...)
```

参数 class1、class2 为要移除的类名。

例如，为 id 属性值为 demo 的 div 元素移除 3 个 CSS 类 b、c 和 d，并输出移除后元素的类名。代码如下：

```
<div id="demo" class="a b c d"></div>
<script type="text/javascript">
    var oDiv = document.getElementById("demo");
    oDiv.classList.remove("b","c","d");
    document.write(oDiv.classList);
</script>
```

运行结果：a

（3）toggle()方法

toggle()方法用于在元素中切换类名。语法格式如下：

```
element.classList.toggle(class, true|false)
```

- ☑ class：必选参数，表示要在元素中移除的类名。如果该类名不存在，则在元素中添加类名。
- ☑ true|false：可选参数，是一个布尔值，用于设置元素是否强制添加或移除类（不管该类名是否存在）。

例如，在 id 属性值为 show 的 div 元素中切换类名，单击该 div 元素时通过切换类名实现元素样式的切换。代码如下：

```
<style type="text/css">
    .oldstyle{
        width: 200px;
        height: 50px;
        line-height: 50px;
        background-color: lightgreen;
        text-align: center;
        color: red;
```

```
            cursor: pointer;
        }
        .newstyle {
            width: 200px;
            height: 50px;
            line-height: 50px;
            background-color: blue;
            text-align: center;
            color: white;
            cursor: pointer;
        }
</style>
<div id="show" class="oldstyle">是金子总会发光</div>
<script type="text/javascript">
    document.getElementById("show").onclick = function (){
        this.classList.toggle("newstyle");
    }
</script>
```

运行结果如图 14.1 和图 14.2 所示。

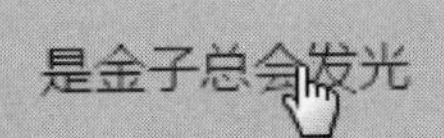

图 14.1　样式效果（1）

图 14.2　样式效果（2）

3. style 对象的几个属性

（1）backgroundColor 属性

backgroundColor 属性可以设置或返回元素的背景颜色。

设置 backgroundColor 属性的语法格式如下：

```
element.style.backgroundColor="color|inherit|transparent"
```

☑　color：定义背景颜色。

☑　inherit：表示背景颜色从父元素继承。

☑　transparent：默认值。表示背景颜色是透明的。

返回 backgroundColor 属性的语法格式如下：

```
element.style.backgroundColor
```

例如，单击“设置背景颜色”按钮时，设置页面背景颜色为绿色，代码如下：

```
<script type="text/javascript">
    function setBg(){
        document.body.style.backgroundColor="green";
    }
</script>
<button type="button" onclick="setBg()">设置背景颜色</button>
```

（2）cursor 属性

cursor 属性可以设置或返回鼠标指针显示的光标类型。

设置 cursor 属性的语法格式如下：

```
Object.style.cursor="value"
```

value 的常用值及其描述如表 14.1 所示。

表 14.1 value 的常用值及其描述

值	光标描述
auto	默认光标，即浏览器设置的光标（通常是一个箭头）
crosshair	十字线
default	默认光标（通常是一个箭头）
move	交叉箭头，指示某对象可被移动
pointer	指示链接的指针（通常是一只手）
wait	程序正忙（通常是一只表或沙漏）

返回 cursor 属性的语法格式如下：

```
Object.style.cursor
```

例如，当鼠标指向文本时设置指针光标类型为手型，代码如下：

```
<p id="demo">路漫漫其修远兮</p>
<script type="text/javascript">
    document.getElementById("demo").style.cursor="pointer";
</script>
```

（3）height 属性

height 属性可以设置或返回元素的高度。

设置 height 属性的语法格式如下：

```
Object.style.height="auto|length|%|inherit"
```

☑ auto：默认。浏览器设置的高度。

☑ length：使用 px、cm 等单位定义高度。

☑ %：定义高度为父元素的百分比。

☑ inherit：height 属性的值从父元素继承。

返回 height 属性的语法格式如下：

```
Object.style.height
```

例如，当单击“改变高度”按钮时设置按钮的高度为 60 像素，代码如下：

```
<script type="text/javascript">
    function changeHeight(){
        document.getElementById("but").style.height="60px";
```

```
    }
</script>
<input type="button" id="but" onclick="changeHeight()" value="改变高度">
```

运行结果如图 14.3 和图 14.4 所示。

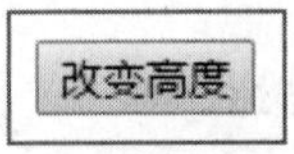

图 14.3　实现效果

图 14.4　实现效果

（4）marginTop 属性

marginTop 属性可以设置或返回元素的上外边距。

设置 marginTop 属性的语法格式如下：

```
Object.style.marginTop="%|length|auto|inherit"
```

- ☑ %：定义基于父元素宽度的百分比上外边距。
- ☑ length：使用 px、cm 等单位定义上外边距的宽度。
- ☑ auto：浏览器设定的上外边距。
- ☑ inherit：上外边距从父元素继承。

返回 marginTop 属性的语法格式如下：

```
Object.style.marginTop
```

例如，设置 id 为 show 的元素的上外边距为 50px，代码如下：

```
<script type="text/javascript">
    document.getElementById("show").style.paddingTop="50px";
</script>
```

（5）backgroundPosition 属性

backgroundPosition 属性可以设置或返回元素背景图像的位置。

设置 backgroundPosition 属性的语法格式如下：

```
Object.style.backgroundPosition="position"
```

参数 position 的可取值如表 14.2 所示。

表 14.2　参数 position 的可取值

值	描　述
top left、top center、top right、center left、center center、center right、bottom left、bottom center、bottom right	如果仅指定一个关键字，则另一个值默认为 center
x% y%	x 值表示水平位置，y 值表示垂直位置。左上角是 0% 0%。右下角是 100% 100%。如果仅指定一个值，则另一个值默认为 50%

续表

值	描　述
xpos ypos	x 值表示水平位置，y 值表示垂直位置。左上角是 0 0。单位可以是像素（0px 0px）或任何其他的 CSS 单位。如果仅指定一个值，则另一个值默认为 50%。还可以混合使用%和单位
inherit	背景位置属性的设置从父元素继承

返回 backgroundPosition 属性的语法格式如下：

```
Object.style.backgroundPosition
```

例如，设置 id 属性值为 show 的 div 元素的背景图像位于元素右下角的位置，代码如下：

```
<div id="show"></div>
<script type="text/javascript">
    var myDiv = document.getElementById("show");
    myDiv.style.backgroundPosition="bottom right";
</script>
```

（6）backgroundImage 属性

backgroundImage 属性可以设置或返回元素的背景图像。

设置 backgroundImage 属性的语法格式如下：

```
Object.style.backgroundImage="url('URL')|none|inherit"
```

- ☑ url('URL')：定义图像文件的位置。
- ☑ none：默认值，表示没有背景图像。
- ☑ inherit：该属性的设置从父元素继承。

返回 backgroundImage 属性的语法格式如下：

```
Object.style.backgroundImage
```

例如，为页面设置一个背景图像，代码如下：

```
<script type="text/javascript">
    document.body.style.backgroundImage="url('face.png')";
</script>
```

4. 按钮的 disabled 属性

在表单元素的按钮中，disabled 属性用于返回或设置按钮是否被禁用。该属性值为 true 时，禁用按钮；该属性值为 false 时，启用按钮。

例如，设置“添加”按钮禁用，代码如下：

```
<button type="button" id="add">添加</button>
<script type="text/javascript">
    var myButton = document.getElementById("add");
    myButton.disabled = true;
</script>
```

5．下拉菜单的 selectedIndex 属性

在表单元素的下拉菜单中，selectedIndex 属性用于返回或设置下拉菜单中，当前选中选项在所有下拉菜单选项中的索引。该索引从 0 开始，第一个选项的索引为 0，第二个选项的索引为 1，以此类推。

例如，当改变下拉菜单的选项时，输出当前选中选项的索引，代码如下：

```
<select id="type">
    <option selected>动作电影</option>
    <option>喜剧电影</option>
    <option>科幻电影</option>
</select>
<script type="text/javascript">
    var myType = document.getElementById("type");
    myType.onchange = function(){
        alert(myType.selectedIndex);
    }
</script>
```

6．clientHeight 属性

clientHeight 属性用于返回元素可见区域的高度，以像素计。包括元素的高度和上下内边距的高度，但不包括上下边框的高度。

例如，为 id 属性值为 show 的 div 元素设置样式，并输出该元素可见区域的高度，代码如下：

```
<div id="show" style="width: 100px;height: 50px;padding: 5px;border: 1px solid #000000;"></div>
<script type="text/javascript">
    alert(document.getElementById("show").clientHeight);
</script>
```

运行结果：60

7．setAttribute()和 getAttribute()方法

（1）setAttribute()方法

setAttribute()方法用于创建或改变某个新属性。如果指定属性已存在，则会设置该属性值。语法格式如下：

```
element.setAttribute(attributename,attributevalue)
```

☑ attributename：必选参数，要添加的属性名称。

☑ attributevalue：必选参数，要添加的属性值。

（2）getAttribute()方法

getAttribute()方法用于通过属性名称获取属性的值。语法格式如下：

```
element.getAttribute(attributename)
```

参数 attributename 为必选参数，表示要获取属性值的属性名称。

例如，为 id 属性值为 show 的 div 元素设置 name 属性，并输出该属性的值，代码如下：

```
<div id="show"></div>
<script type="text/javascript">
    var myDiv = document.getElementById("show");
    myDiv.setAttribute("name","music");
    alert(myDiv.getAttribute("name"));
</script>
```

运行结果：music

8．数组的 splice()方法

splice()方法可以删除数组中指定位置的元素，还可向数组的指定位置添加新元素。语法格式如下：

```
arrayObject.splice(start,length,element1,element2,…)
```

☑ arrayObject：必选项，数组名称。

☑ start：必选项，指定要删除的数组元素的开始位置，即数组的下标。

☑ length：可选项，指定要删除的数组元素的个数。如果未设置该参数，则删除从 start 开始到原数组末尾的所有元素。

☑ element：可选项，要添加到数组的新元素。

例如，在 splice()方法中应用不同参数，对相同数组中的元素进行删除操作。代码如下：

```
<script type="text/javascript">
    var arr1 = new Array("a","b","c","d");
    arr1.splice(1);
    document.write(arr1+"<br>");
    var arr2 = new Array("a","b","c","d");
    arr2.splice(1,2);
    document.write(arr2+"<br>");
    var arr3 = new Array("a","b","c","d");
    arr3.splice(1,2,"e","f");
    document.write(arr3+"<br>");
    var arr4 = new Array("a","b","c","d");
    arr4.splice(1,0,"e","f");
    document.write(arr4);
</script>
```

运行结果：a

a,d

a,e,f,d

a,e,f,b,c,d

9. globalCompositeOperation 属性

globalCompositeOperation 是 canvas 中的属性，用于设置或返回如何将一个源（新的）图像绘制到目标（已有的）的图像上。语法格式如下：

```
context.globalCompositeOperation=value;
```

value 的可用值及其描述如表 14.3 所示。

表 14.3　value 的可用值及其描述

值	描　述
source-over	默认值，在目标图像上显示源图像
source-atop	在目标图像顶部显示源图像。源图像位于目标图像之外的部分是不可见的
source-in	在目标图像中显示源图像。只有目标图像之内的源图像部分会显示，目标图像是透明的
source-out	在目标图像之外显示源图像。只有目标图像之外的源图像部分会显示，目标图像是透明的
destination-over	在源图像上显示目标图像
destination-atop	在源图像顶部显示目标图像。目标图像位于源图像之外的部分是不可见的
destination-in	在源图像中显示目标图像。只有源图像之内的目标图像部分会被显示，源图像是透明的
destination-out	在源图像之外显示目标图像。只有源图像之外的目标图像部分会被显示，源图像是透明的
lighter	显示源图像及目标图像
copy	显示源图像，忽略目标图像
xor	使用异或操作对源图像与目标图像进行组合

例如，应用 globalCompositeOperation 属性绘制图形。代码如下：

```
<canvas id="myCanvas" width="300" height="150" style="border:1px solid #CCCCCC;"></canvas>
<script type="text/javascript">
    var canvas=document.getElementById("myCanvas");
    var ctx=canvas.getContext("2d");
    ctx.fillStyle="red";
    ctx.fillRect(60,20,150,60);
    ctx.fillStyle="blue";
    ctx.globalCompositeOperation="destination-out";
    ctx.fillRect(90,50,150,60);
</script>
```

实现效果如图 14.5 所示。

图 14.5　绘制图形

实战技能强化训练

训练一：基本功强化训练

1. 删除订单信息　▷①②③④⑤⑥

购物网站的管理员通常都具备删除订单的操作权限。编写程序，在订单信息页面中单击欲删除订单后面的“删除”超链接，将弹出“确定要删除吗？”提示对话框；单击“确定”按钮，将执行删除操作。实现效果如图 14.6 和图 14.7 所示。

（提示：应用 removeChild()方法删除元素）

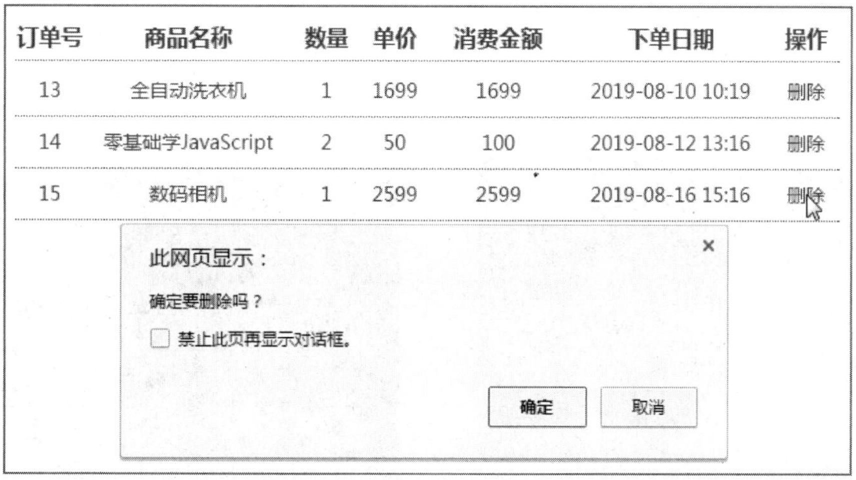

订单号	商品名称	数量	单价	消费金额	下单日期	操作
13	全自动洗衣机	1	1699	1699	2019-08-10 10:19	删除
14	零基础学JavaScript	2	50	100	2019-08-12 13:16	删除
15	数码相机	1	2599	2599	2019-08-16 15:16	删除

此网页显示：

确定要删除吗？

禁止此页再显示对话框。

确定　取消

图 14.6　删除订单提示

订单号	商品名称	数量	单价	消费金额	下单日期	操作
13	全自动洗衣机	1	1699	1699	2019-08-10 10:19	删除
14	零基础学JavaScript	2	50	100	2019-08-12 13:16	删除

图 14.7　删除订单后

2. 奥运知识问答　▷①②③④⑤⑥

在提示对话框中设计一个选择题，询问用户 2012 年奥运会在哪个城市举办。用户输入答案并单击“确定”按钮后，在页面中会给出答题结果，如图 14.8 和图 14.9 所示。

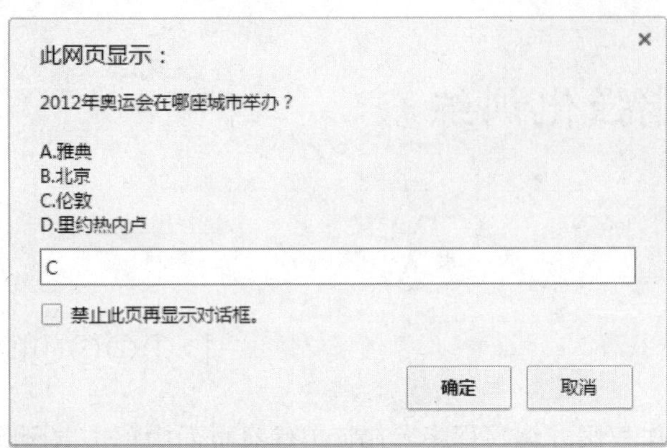

图 14.8　答题

正确！伦敦是2012年奥运会的举办城市

图 14.9　答题结果

3．单击火箭图片返回顶部　▷①②③④⑤⑥

实现单击图片快速返回页面顶部功能。向下拖动页面右侧的滚动条，会看到一张火箭图片，单击该图片，页面会快速返回顶部，效果如图 14.10 和图 14.11 所示。

（提示：应用 scrollTo()方法滚动窗口中的文档）

图 14.10　单击火箭前

图 14.11　单击火箭后

4．切换注册按钮的状态　▷①②③④⑤⑥

注册网站时，只有同意网站的注册协议，才能进一步实现注册。当用户未选中注册协议复选框时，“注册”按钮为禁用状态；当用户选中注册协议复选框时，“注册”按钮为启用状态。编程实现这一功能，效果如图 14.12 和图 14.13 所示。

（提示：应用按钮的 disabled 属性）

图 14.12　“注册”按钮不可用

图 14.13　“注册”按钮可用

5. 在列表中选择头像　▷①②③④⑤⑥

实现选择用户头像的功能。在“请选择头像”下拉列表框中选择某个头像后，上方将显示该项所代表的头像。用户也可以将该下拉列表框选中，然后按上、下方向键选择想要的头像。实现效果如图 14.14 所示。

图 14.14　列表中选择头像

6. 使用进度条模拟安装过程　▷①②③④⑤⑥

编写程序，模拟软件安装过程中的进度条效果。当页面加载时，可以看到进度条的完成情况和相应的百分比，当进度条进行到 100%时停止移动，实现效果如图 14.15 和图 14.16 所示。

（提示：在 setInterval()方法中设置进度条元素的宽度）

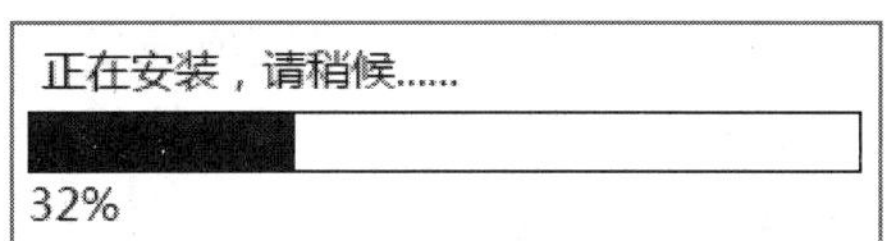

图 14.15　安装中

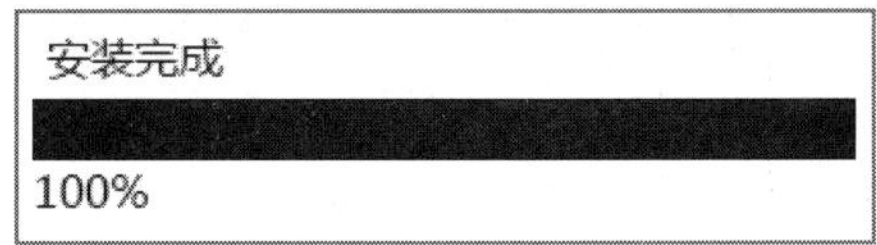

图 14.16　安装完成

7. 实现秒表计时功能　▷①②③④⑤⑥

编写程序，设计一个秒表计时的功能。单击“开始”按钮，开始计时；单击“暂停”按钮暂停计时；再次单击“开始”按钮，继续计时；单击“重置”按钮，使计时器时间归零。实现效果如图 14.17 和图 14.18 所示。

（提示：在“开始”按钮的单击事件中应用 setInterval()方法开始计时，在“暂停”和“重置”按钮的单击事件中应用 clearInterval()方法停止计时）

图 14.17　开始计时

图 14.18　暂停计时

8．输入取票码取票　▷①②③④⑤⑥

星哥在网上买了两张万达影城上映的《美女与野兽》的电影票，电影票的兑换码为 99648500463711。编写程序，模拟自动取票机的取票系统功能，判断星哥取票是否成功，效果如图 14.19 和图 14.20 所示。

图 14.19 取票机取票界面

图 14.20　输入取票码

9．获取验证码倒计时　▷①②③④⑤⑥

在有些应用中，用户注册需要填写个人的电话号码，并通过短信验证码来完成注册。编写程序，模拟用户注册时获取短信验证码倒计时的功能。当单击“获取验证码”按钮时，按钮文本会以倒计时的形式提示用户重新获取验证码的时间，实现效果如图 14.21 和图 14.22 所示。

（提示：在 setInterval()方法中设置元素的 innerHTML 属性）

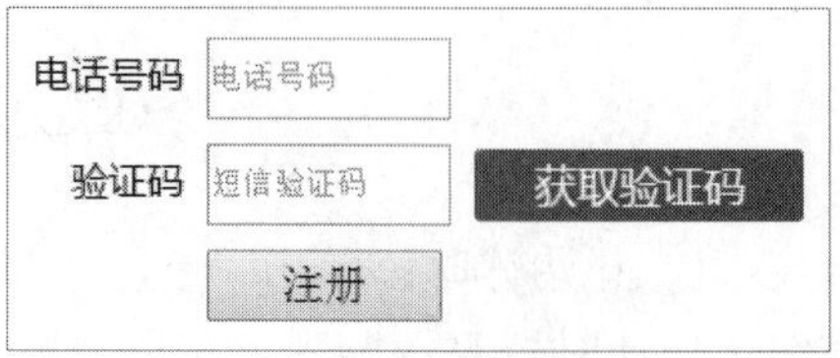

图 14.21　验证码表单

图 14.22　获取验证码中

10．更换页面主题 ▷①②③④⑤⑥

设置一个可选择页面主题的下拉列表，当选择某个选项时可以更换主题，实现文档背景色和文本颜色变换的功能，实现效果如图 14.23 和图 14.24 所示。

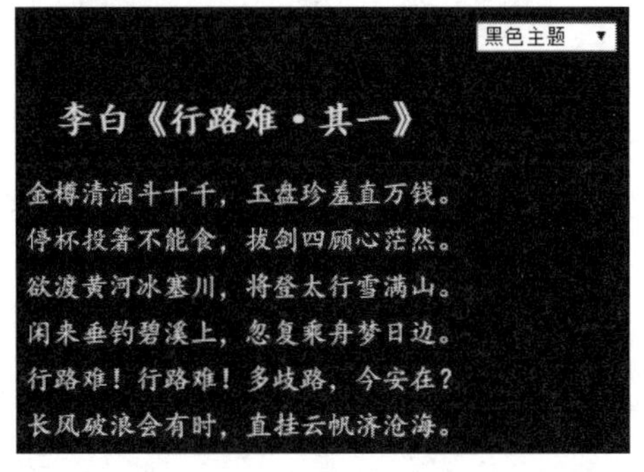

图 14.23　页面主题（1）

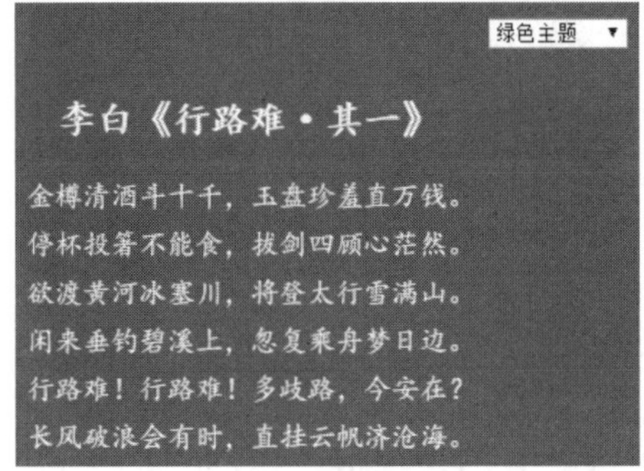

图 14.24　页面主题（2）

训练二：实战能力强化训练

11．实现图片轮播功能 ▷①②③④⑤⑥

实现一组具有图片轮播功能的选项卡。页面右侧有 4 个选项卡，每隔 2 秒钟选项卡就会自动切换一次，同时左侧的图片也会相应地随之变化。当鼠标指向某个选项卡时，左侧也会显示对应的图片。实现效果如图 14.25 和图 14.26 所示。

（提示：在 for 语句中为每个选项卡设置一个自定义的 index 属性，作为其索引值）

图 14.25　图一效果

图 14.26　图三效果

12．柱形图显示投票结果 ▷①②③④⑤⑥

在投票类网站中，使用柱形图来分析投票结果是比较常用的一种方式。设计一个应用柱形图显示投票结果的功能。在页面中输出 3 个以柱形图表示的投票选项，每个选项的最上方都有一个图片按钮，每单击一次图片按钮，对应的投票数就会加 1，且柱形图的高度会随着投票数的增加而变化，效果如图 14.27 和图 14.28 所示。

（提示：应用 style 对象中的 height 属性设置柱形图的高度）

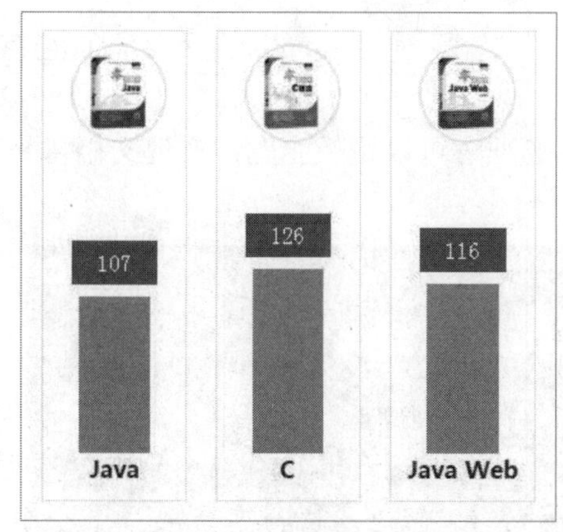

图 14.27 投票统计（1）

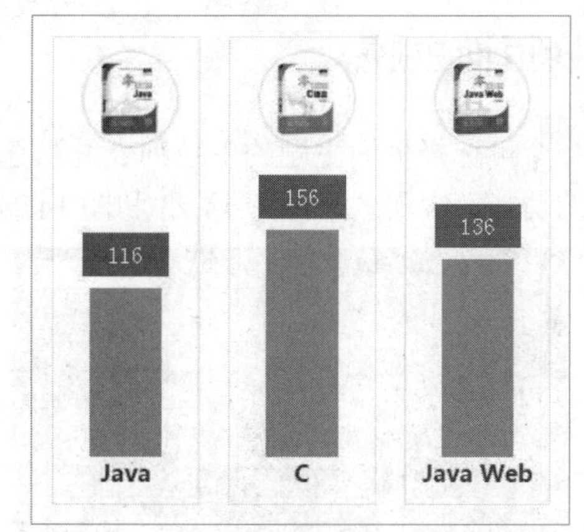

图 14.28 投票统计（2）

13．红心按钮点赞动画特效 ▷①②③④⑤⑥

设计一个红心按钮点赞的动画特效。页面中输出 3 个可以点赞的选项，当单击某个心形按钮时，该心形按钮会变成红色，并且在改变颜色的过程中会有一个动画效果。再次单击该心形按钮，可取消点赞，同时心形按钮的颜色会变成灰色。实现效果如图 14.29 和图 14.30 所示。

（提示：应用 classList 属性的 add()方法和 remove()方法为元素添加或移除动画效果）

图 14.29 点赞前

图 14.30 点赞后

14．开心小农场 ▷①②③④⑤⑥

操作 DOM 节点，实现一个开心小农场游戏。通过播种、生长、开花和结果 4 个按钮控制作物的生长，实现效果如图 14.31、图 14.32、图 14.33 和图 14.34 所示。

（提示：应用 appendChild()方法添加作物图片，应用 removeChild()方法移除作物图片，应用 replaceChild()方法替换作物图片）

图 14.31 播种

图 14.32 生长

图 14.33　开花

图 14.34　结果

15. 幸运大抽奖　▷①②③④⑤⑥

实现随机抽取幸运用户的抽奖页面。在页面中输出一个用于选择奖项等级的下拉菜单，一个显示参与抽奖用户名称的区域和一个“开始抽奖”按钮。单击“开始抽奖”按钮后，用户名称会随机进行变化，这时下方按钮中的文字变成了“结束抽奖”。单击“结束抽奖”按钮后，用户名称区域会显示中奖用户的名称，同时页面上方的中奖用户头像也会同步进行闪烁，实现效果如图 14.35、图 14.36 和图 14.37 所示。

（提示：应用 random()方法生成的随机数作为用户数组的索引，应用 setInterval()和 clearInterval()方法实现用户名称的变化和停止）

图 14.35　抽奖前

图 14.36　抽奖中

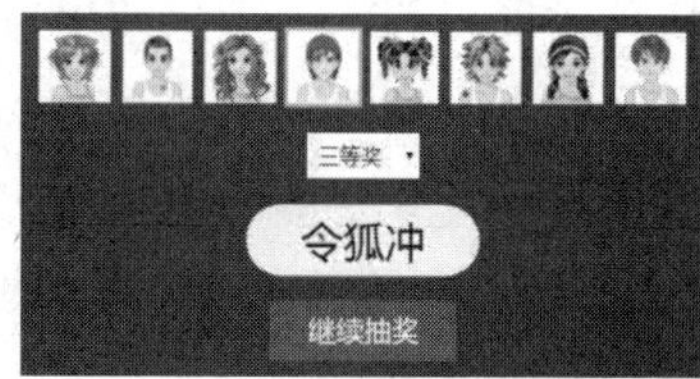

图 14.37　抽奖后

16. 模拟刮刮卡刮奖特效　▷①②③④⑤⑥

为了促进消费和回馈消费者，商家经常会发放有奖刮刮卡。编写程序，模拟刮刮卡的刮奖效果。在页面中有一个矩形的刮卡区域，按住鼠标在刮卡区域内移动，刮掉涂层后会显示中奖结果，实现效果如图 14.38 和图 14.39 所示。

（提示：在 onmousemove 事件的处理函数中，应用 canvas 绘制指定半径的圆形）

图 14.38　显示刮刮卡区域

图 14.39　显示中奖结果

17．歌曲置顶和删除　▷①②③④⑤⑥

模拟点歌系统中置顶歌曲和删除歌曲的功能。单击歌曲和歌手名称右侧的“置顶”按钮可置顶该歌曲；单击歌曲和歌手名称右侧的“删除”按钮，可删除该歌曲。实现效果如图 14.40、图 14.41 和图 14.42 所示。

（提示：应用 insertBefore()方法实现歌曲置顶，应用 removeChild()方法实现歌曲删除）

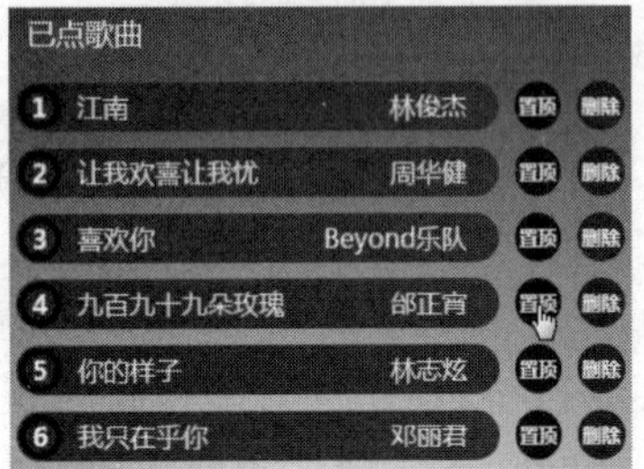

图 14.40　原始歌单

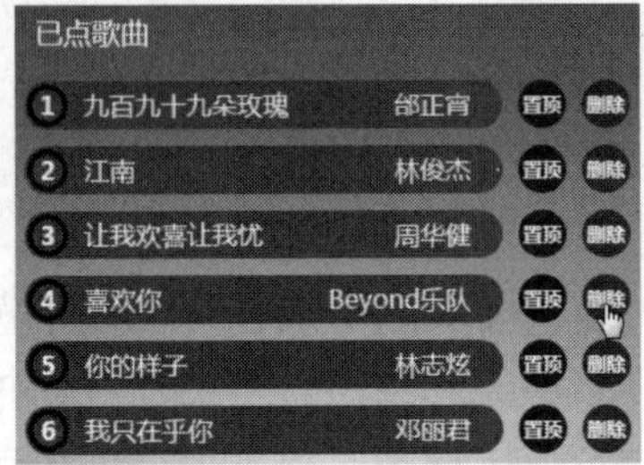

图 14.41　置顶歌曲

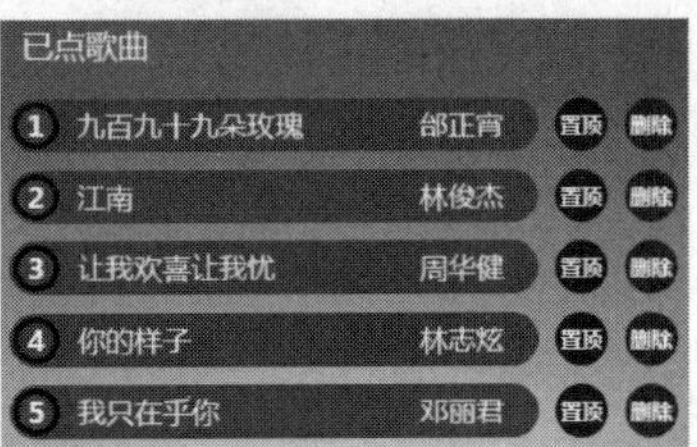

图 14.42　删除歌曲

18．模拟老虎机滚动抽奖效果　▷①②③④⑤⑥

模拟老虎机的滚动抽奖效果。页面中显示一个抽奖区域，单击下方的“立即抽奖”按钮，抽奖区中的奖品会上下翻滚。停止滚动后，抽奖区显示的奖品即为中奖奖品，效果如图 14.43 和图 14.44 所示。

（提示：设置元素 style 对象中的 top 属性，实现奖品上下滚动）

图 14.43　未中奖

图 14.44　中奖效果

19．幕帘动画效果　▷①②③④⑤⑥

拉开和关闭幕帘的动画效果可以用于广告特效，也可以用于个人主页。编写程序，实现拉开和关闭幕帘的动画效果。在初始状态下，幕帘是关闭的。单击“拉开幕帘”超链接，幕帘会向左右拉开；单击“关闭幕帘”超链接，幕帘会向中间关闭，实现效果如图 14.45 和图 14.46 所示。

（提示：在 setInterval()方法的处理函数中设置左、右两侧幕帘的宽度）

图 14.45　帘幕关闭

图 14.46　帘幕已拉开

20．模拟微信弹出菜单　▷①②③④⑤⑥

模拟微信弹出菜单功能。页面底部显示 3 个主菜单项，单击某菜单项，弹出其对应的子菜单。再次单击其他主菜单项，已弹出的子菜单项被隐藏，同时弹出新的子菜单项，效果如图 14.47 和图 14.48 所示。

（提示：设置元素 style 对象的 top 属性，隐藏和显示元素）

图 14.47　微信菜单

图 14.48　单击弹出子菜单

21．模拟微信输入支付密码 ▷①②③④⑤⑥

模拟微信支付时输入支付密码的功能。手机充值页面中有一个“立即支付”按钮，单击该按钮时，页面中弹出包括密码输入框和数字键盘的密码输入界面。按下某个数字按键，选择的数字会以密码形式显示在上方输入框中，当输入的密码为123456时，页面弹出支付成功的提示信息。实现效果如图14.49和图14.50所示。

（提示：设置元素style对象的height属性，改变高度）

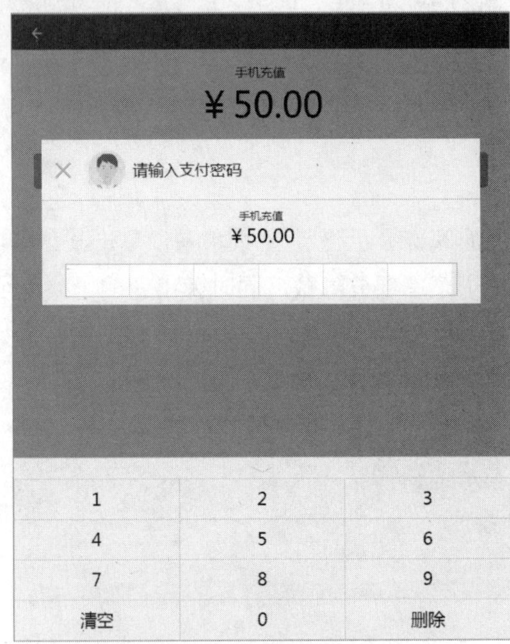

图14.49　密码输入页面

图14.50　密码正确后立即支付

22．实现电影海报轮播 ▷①②③④⑤⑥

实现热映电影海报轮播的动态效果。每屏显示5张电影海报，单击右上角的向左按钮和向右按钮，会切换至上一屏或下一屏的5部电影海报，效果如图14.51所示。

（提示：在 setInterval()方法的处理函数中应用元素 style 对象的 left 属性）

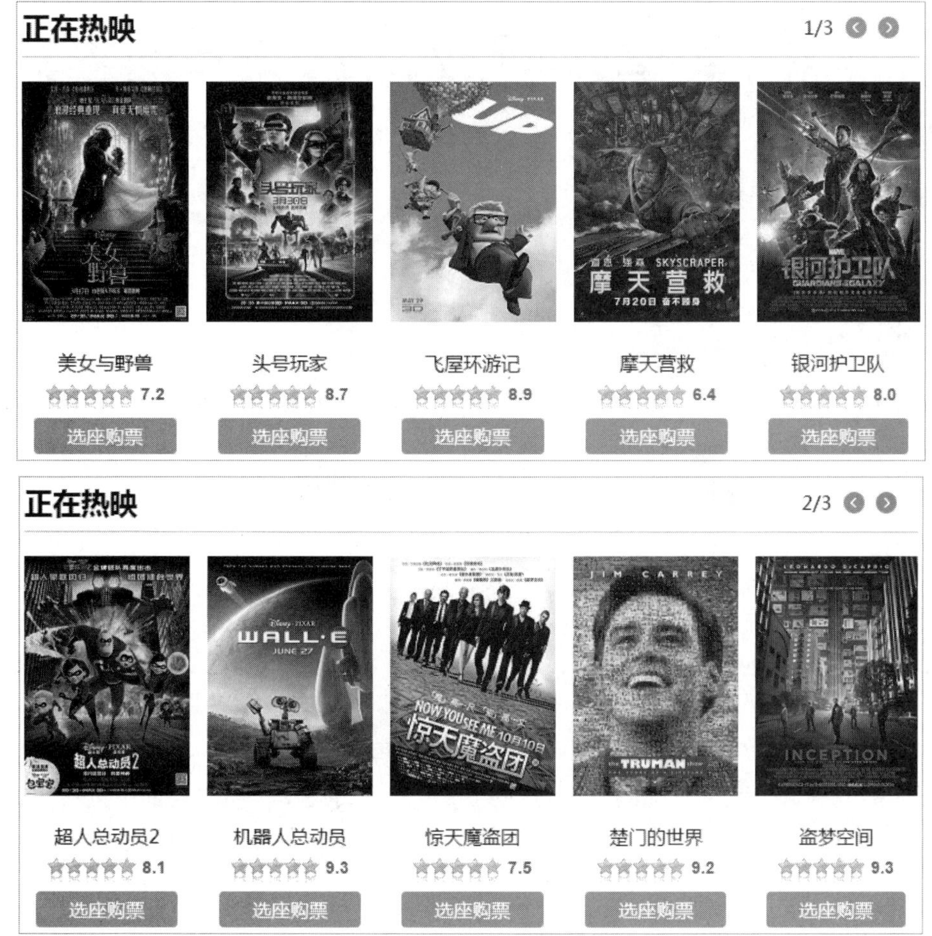

图 14.51　实现效果

第 15 章　响应式网页设计

本章训练任务对应核心技术分册第 15～16 章“响应式网页设计”与“组件”部分。

重点练习内容：

1．常见响应式布局的实现方式。
2．各种响应式布局的运用及优缺点。
3．媒体查询的使用。
4．运用响应式插件进行响应式布局。

应用技能拓展学习

1. 媒体查询的使用

媒体查询可以根据设备显示器的特性（如视口宽度、屏幕比例和设备方向），设定 CSS 的样式。媒体查询由媒体类型和一个或多个检测媒体特性的条件表达式组成。媒体查询中可用于检测的媒体特性有 width、height 和 color 等。使用媒体查询，可以在不改变页面内容的情况下，为特定的输出设备定制显示效果。

媒体查询的使用步骤如下：

首先，在 HTML 页面的<head>标签中添加 viewport 属性代码。代码如下：

```
<meta name="viewport content="width=device-width,initial-scale=1,maximum-scale=1,user-scalable=no"/>
```

其中，各属性值表示的含义如表 15.1 所示。

表 15.1　viewport 属性中常用的属性值及含义

属　性　值	含　　义
width=device-width	设定布局视口宽度
initial-scale=1	设定布局视口高度
maximum-scale=1	设定页面初始缩放比例（0～10）
user-scalable=no	设定用户是否可以缩放（yes/no）

然后，使用@media 关键字编写 CSS 媒体查询代码。

例如，当设备屏幕宽度为 320～720 像素时，在媒体查询中设置 body 的背景色 background-color 的属性值为 red，并覆盖原来的 body 背景色；当设备屏幕宽度小于等于 320 像素时，在媒体查询中设置 body 背景色的 background-color 属性值为 blue，并覆盖原来的 body 背景色。代码如下：

```
/*当设备宽度在 320～720px 时*/
@media screen and (max-width: 720px) and (min-width: 320px) {
    body {
        background-color: red;
    }
}
/*当设备宽度小于等于 320px 时*/
@media screen and (max-width: 320px) {
    body {
        background-color: blue;
    }
}
```

2. 响应式插件之栅格系统

栅格系统（Grid Systems）又叫作网格系统，即运用固定的格子来设计版面布局，其风格工整简洁。具体地说，就是将网页按宽度分为 12 等份，开发人员可以自由分配项目中列所占的份数。例如，定义每列的宽度为 2 格，则一行显示 6 列项目；定义每列的宽度为 3 格，则一行显示 4 列项目；以此类推，网格效果如图 15.1 所示。

这并不表示所有列的总宽度必须填满 12 列，而是只要不超过 12 列就可以。如果超过了 12 列，则自动进行换行处理。

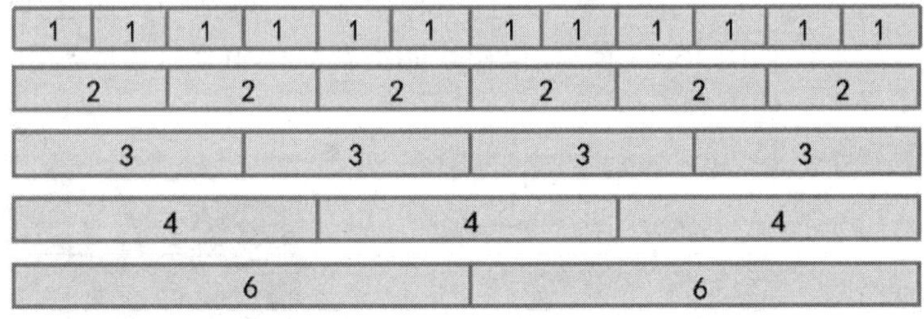

图 15.1　栅格系统

（1）网格化选项

栅格系统提供了 5 个网格等级，每个响应式分界点分隔出一个等级。各等级的屏幕尺寸以及类名前缀如表 15.2 所示。

表 15.2　栅格系统的网格等级

	超小屏幕（<576px）	小屏幕（≥576px）	中等屏（≥768px）	大屏幕（≥992px）	超大屏幕（≥1200px）
.container 最大宽度	None(auto)	540px	720px	960px	1140px
类前缀	.col-	.col-sm-	.col-md-	.col-lg-	.col-md-
适用设备	手机	平板	桌面显示器	大型桌面显示器	超大型桌面显示器

网格布局断点的媒体查询，都是基于宽度最小值（min-width）的。这意味着，对应的媒体查询可应用到该等级之上的所有设备中。例如，.col-md-4 的定义，可以在中等屏幕、大屏幕以及超大屏幕上呈现效果，但在小屏幕和超小屏幕上不会起作用。

（2）设置列的宽度

Bootstrap 3 中，需要严格定义栅格系统中每一列的宽度，如 col-md-3 等。Bootstrap 4 中，由于可与弹性布局相结合，因此可通过以下几种方式定义列的宽度。

☑ col：若一个 row 中定义了多个 col，则这几个 col 平分 row 的宽度。

☑ col-auto：该类名表示当空间缩小时，为该项保留足够空间。

☑ col-{sm|md|xm|lg } -x：该类名表示在对应屏幕范围类占据的个数，

注意：col 类名必须作为 row 的直接子元素，否则宽度设置无效。

实战技能强化训练

训练一：基本功强化训练

1．开心消消乐“最新活动”页面 ▷①②③④⑤⑥

开心消消乐是一款老少皆宜的休闲游戏，并且不时会推出一些活动。通过弹性布局实现开心消消乐官网的“最新活动”模块，如图 15.2 所示。该模块始终在页面中垂直居中显示，放大浏览器时，最左侧的内容放大，而中间和右边内容不变。

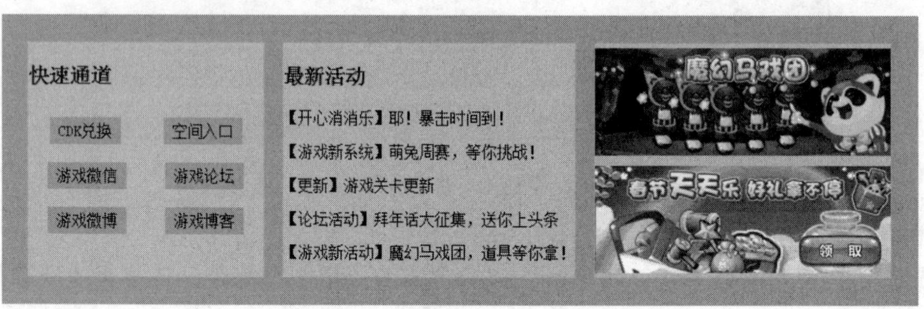

图 15.2 “最新活动”模块

2．浏览器缩小时，隐藏成绩表中的列 ▷①②③④⑤⑥

响应式表格中的一种表现方式是：可根据浏览器屏幕大小隐藏表格中的部分列。实现如图 15.3 所示的考试成绩表，当浏览器缩小至 800 像素时，表格的最后一列被隐藏；当浏览器继续缩小至 640 像素时，表格再次隐藏最后一列，效果如图 15.4 所示。

考试成绩

年份	数学	语文	英语	化学	物理	生物
2017年	85	90	75	68	66	87
2016年	78	96	78	68	78	85
2015年	96	86	93	71	82	93
2014年	74	85	68	63	66	96
2013年	85	90	75	68	66	87
2012年	89	74	85	92	82	74

图 15.3　完全显示的成绩表

考试成绩

年份	数学	语文	英语	化学
2017年	85	90	75	68
2016年	78	96	78	68
2015年	96	86	93	71
2014年	74	85	68	63
2013年	85	90	75	68
2012年	89	74	85	92

图 15.4　表格后两列被隐藏

3．翻转并滚动显示招聘表　▷①②③④⑤⑥

实现响应式表格的方法有 3 种：隐藏、滚动或转换表格中的列。编写程序，当表格完全显示时，滚动显示表格中的列，效果如图 15.5 所示；当浏览器屏幕缩小时，表格中的行、列互换，且表文部分滚动显示，效果如图 15.6 所示。

（提示：要使表格的行、列翻转，需将表格元素的 display 属性强行修改为 block）

工作地点	web前端	Android开发	Python	Java	测试
上海	5人	3人	1人	8人	2人
北京	7人	3人	8人	5人	2人
重庆	5人	5人	7人	2人	20人
广州	4人	6人	9人	5人	3人
深圳	5人	5人	4人	2人	1人
大连	7人	12人	3人	5人	6人

图 15.5　完全显示的招聘表

工作地点	上海	北京	重庆	广州	深圳
web前端	5人	7人	5人	4人	5人
Android开发	3人	3人	5人	6人	5人
Python	1人	8人	7人	9人	4人
Java	8人	5人	2人	5人	2人
测试	2人	2人	20人	3人	1人

图 15.6　行列翻转且滚动显示的表格

4. CSS 实现响应式导航栏 ▷①②③④⑤⑥

通过 CSS 中的媒体查询，实现响应式导航栏。在 PC 端浏览页面时，效果如图 15.7 所示；在手机端浏览页面时，轮播图将隐藏，导航栏由横向变为纵向，运行效果如图 15.8 所示。

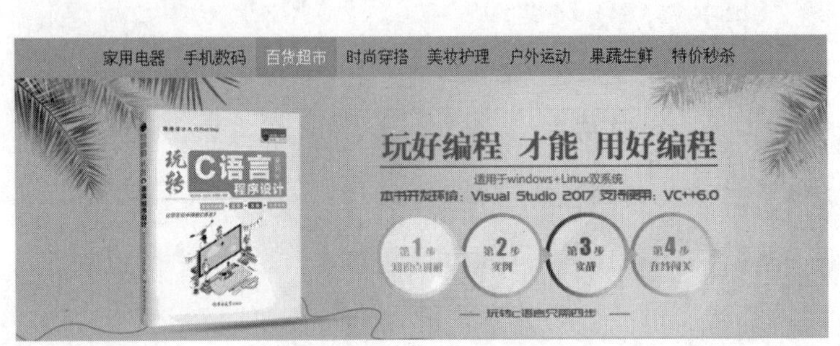

图 15.7 PC 端页面效果

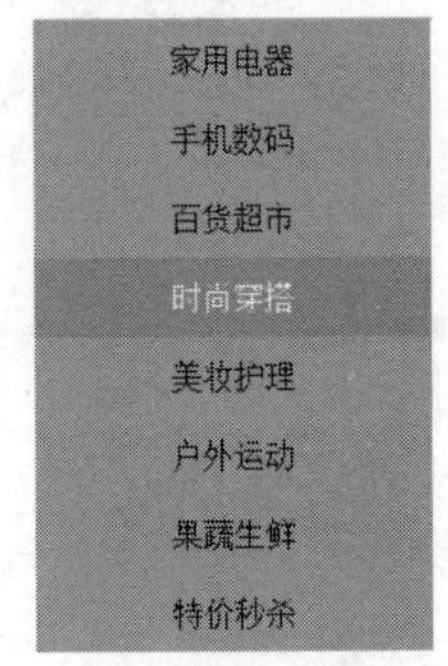

图 15.8 移动端页面效果

5. 实现课程推荐列表页面 ▷①②③④⑤⑥

编写程序，通过 bootstrap 中的弹性布局实现直播精品课程推荐页面。网页缩小或放大时，课程信息会随之伸缩，实现效果如图 15.9 所示。

（提示：通过 flex-grow-1 实现网页伸展，扩展该项目）

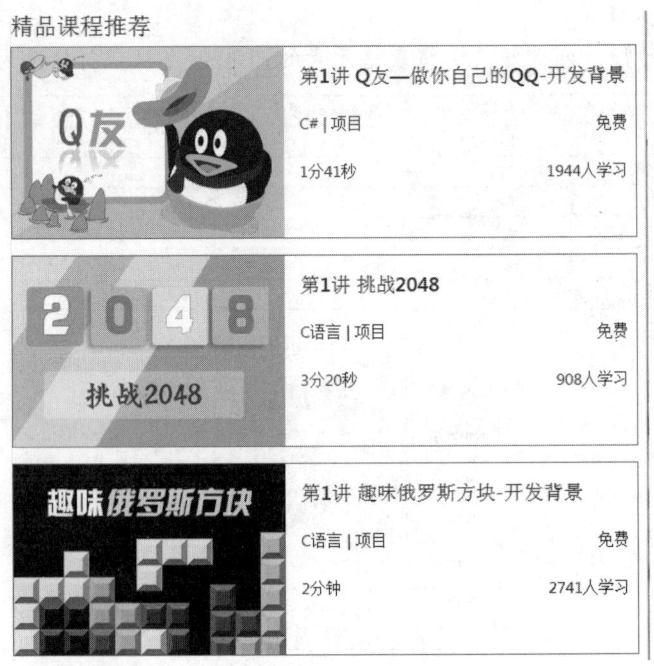

图 15.9 直播课程推荐列表

训练二：实战能力强化训练

6．360 趣玩页面

▷①②③④⑤⑥

通过 bootstrap 实现一则 360 趣玩推送消息。在 PC 端，页面在网页中居中固定显示；在移动端，页面全屏显示。具体实现效果如图 15.10 所示。

图 15.10　趣玩页面

7．响应式游戏活动介绍页面

▷①②③④⑤⑥

通过 bootstrap 实现响应式游戏活动介绍页面。在 PC 端的运行效果如图 15.11 所示，在移动端的运行效果如图 15.12 所示。

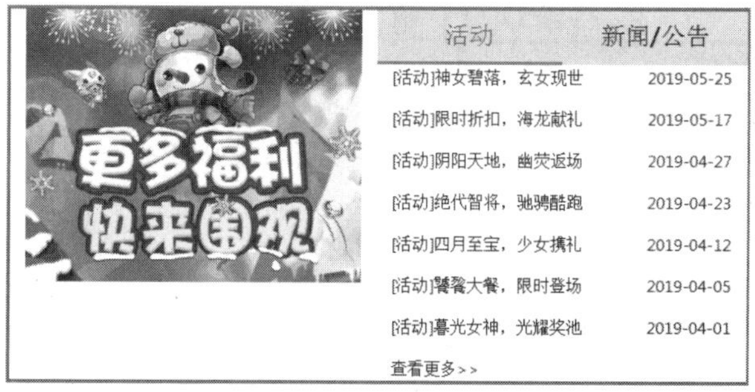

图 15.11　PC 端游戏活动页面

图 15.12　移动端游戏活动页面

8．响应式游戏列表页面 ▷①②③④⑤⑥

使用 bootstrap 中的混合布局，实现一个响应式游戏列表页面。初始 PC 端游戏列表显示为 6 列；缩小浏览器屏幕时，游戏列表的列数逐渐减少，如图 15.13 所示；当浏览器屏幕缩小至手机宽度时，游戏列表分两列展示，如图 15.4 所示。

图 15.13　页面分 3 列显示

图 15.14　页面分两列显示

9．女装专场活动页面 ▷①②③④⑤⑥

每逢节假日，京东、淘宝等各大购物网站都会开启打折促销活动。为电商网站制作一个女装专场页面，效果如图 15.15 所示。

（提示：通过 col-auto 属性实现元素始终在页面中留有足够空间）

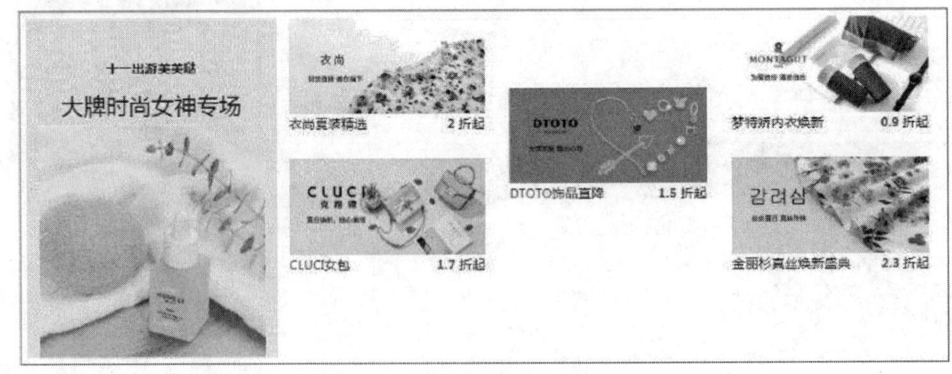

图 15.15　女装专场活动页面

10．Bootstrap 实现图片轮播　▷①②③④⑤⑥

轮播广告是网站重要的一部分。运用 Bootstrap 中的轮播图插件，实现页面图片的轮播效果，如图 15.16 所示。

图 15.16　bootstrap 实现图片轮播

答 案 提 示

第 1 章 基本功训练	第 1 章 实战强化训练	第 2 章 基本功训练	第 2 章 实战强化训练	第 3 章 基本功训练	第 3 章 实战强化训练
第 4 章 基本功训练	第 4 章 实战强化训练	第 5 章 基本功训练	第 5 章 实战强化训练	第 6 章 基本功训练	第 6 章 实战强化训练
第 7 章 基本功训练	第 7 章 实战强化训练	第 8 章 基本功训练	第 8 章 实战强化训练	第 9 章 基本功训练	第 9 章 实战强化训练
第 10 章 基本功训练	第 10 章 实战强化训练	第 11 章 基本功训练	第 11 章 实战强化训练	第 12 章 基本功训练	第 12 章 实战强化训练
第 13 章 基本功训练	第 13 章 实战强化训练	第 14 章 基本功训练	第 14 章 实战强化训练	第 15 章 基本功训练	第 15 章 实战强化训练

软件开发视频大讲堂

循序渐进，实战讲述

297个应用实例，30小时视频讲解，基础知识→核心技术→高级应用→项目实战

海量资源，可查可练

◎ 实例资源库　◎ 模块资源库　◎ 项目资源库

◎ 测试题库　　◎ 面试资源库　◎ PPT课件

（以《Java从入门到精通（第5版）》为例）